软件开发微视频讲堂

PHP从入门到精通

（微视频精编版）

明日科技　编著

清華大學出版社
北京

内 容 简 介

本书内容浅显易懂，实例丰富，详细介绍了使用 PHP 进行程序开发需要掌握的知识。

全书分为两册：核心技术分册和强化训练分册。核心技术分册共 16 章，包括初识 PHP、PHP 语言基础、流程控制语句、字符串操作与正则表达式、PHP 数组、面向对象、PHP 与 Web 交互、MySQL 数据库基础、PHP 操作 MySQL 数据库、PDO 数据库抽象层、Cookie 与 Session、图形图像处理技术、文件系统、PHP 与 Ajax 技术、ThinkPHP 框架和明日科技企业网站等内容。强化训练分册共 13 章，通过大量源于实际生活的趣味案例，强化上机实践，拓展和提升软件开发中对实际问题的分析与解决能力。

本书除纸质内容外，配书资源包中还给出了海量开发资源，主要内容如下。

- ☑ 微课视频讲解：总时长 19 小时，共 218 集
- ☑ 实例资源库：808 个实例及源码详细分析
- ☑ 模块资源库：15 个经典模块完整展现
- ☑ 项目资源库：15 个企业项目开发过程
- ☑ 测试题库系统：626 道能力测试题目
- ☑ 面试资源库：342 个企业面试真题

本书适合有志于从事软件开发的初学者、高校计算机相关专业学生和毕业生，也可作为软件开发人员的参考手册，或者高校的教学参考书。

图书在版编目（CIP）数据

PHP从入门到精通：微视频精编版/明日科技编著. —北京：清华大学出版社，2020.7
（软件开发微视频讲堂）
ISBN978-7-302-51938-6

I.①P… II.①明… III.①PHP语言-程序设计 IV.①TP312.8

中国版本图书馆CIP数据核字（2018）第288415号

责任编辑： 贾小红
封面设计： 魏润滋
版式设计： 文森时代
责任校对： 马军令
责任印制： 宋 林

出版发行： 清华大学出版社
网 址： http://www.tup.com.cn，http://www.wqbook.com
地 址： 北京清华大学学研大厦 A 座 **邮 编：** 100084
社 总 机： 010-62770175 **邮 购：** 010-62786544
投稿与读者服务： 010-62776969，c-service@tup.tsinghua.edu.cn
质量反馈： 010-62772015，zhiliang@tup.tsinghua.edu.cn
印 装 者： 北京鑫海金澳胶印有限公司
经 销： 全国新华书店
开 本： 203mm×260mm **印 张：** 30.75 **字 数：** 843 千字
版 次： 2020 年 7 月第 1 版 **印 次：** 2020 年 7 月第 1 次印刷
定 价： 99.80 元（全 2 册）

产品编号：079179-01

前　言

Preface

PHP 是一种面向对象的、完全跨平台的新型 Web 开发语言。PHP 应用领域比较广泛，可以进行中小型网站的开发、大型网站的业务逻辑结果展示、Web 办公管理系统、电子商务应用以及移动互联网开发等。因 PHP 语言简单易学，功能强大，所以受到很多程序员的青睐，成为程序开发人员使用的主流编程语言之一。

本书内容

本书分为两册：核心技术分册和强化训练分册。

核心技术分册共分 3 篇 16 章，提供了从入门到编程高手所必需的各类核心知识，大体结构如下图所示。

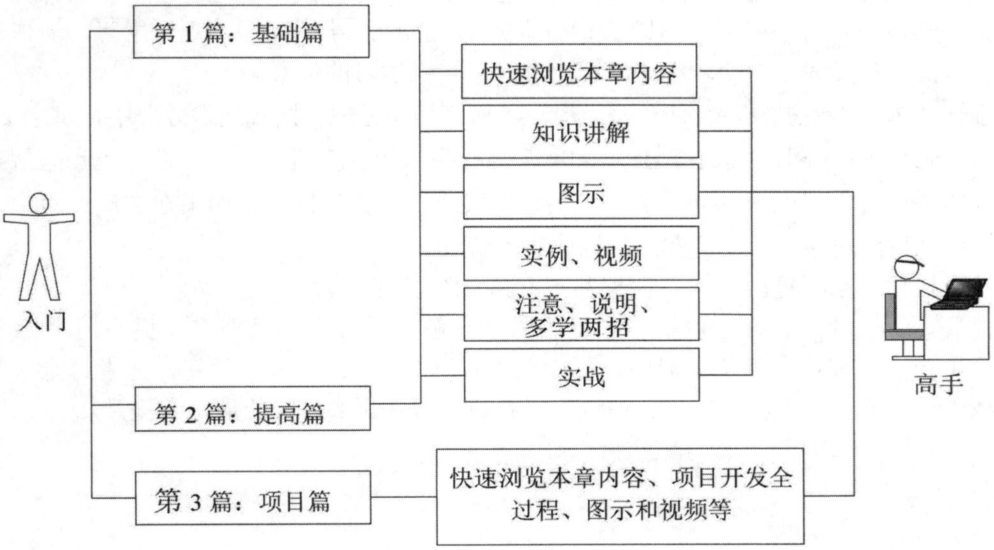

第 1 篇：基础篇。本篇通过初识 PHP、PHP 语言基础、流程控制语句、字符串操作与正则表达式、PHP 数组、面向对象、PHP 与 Web 交互、MySQL 数据库基础、PHP 操作 MySQL 数据库和 PDO 数据库抽象层等内容的介绍，并结合大量的图示、实例、视频和实战等，使读者快速掌握 PHP 语言基础，为以后编程奠定坚实的基础。

第 2 篇：提高篇。本篇介绍了 Cookie 与 Session、图形图像处理技术、文件系统、PHP 与 Ajax 技术以及 ThinkPHP 框架等内容。学习完本篇，读者将能够开发一些中小型应用程序。

第 3 篇：项目篇。本篇通过一个完整的明日科技企业网站项目，运用软件工程的设计思想，让读者学习如何进行软件项目的实践开发。书中按照“需求分析→系统设计→数据库设计→项目主要功能模块的实现”的流程进行介绍，带领读者亲身体验开发项目的全过程。

强化训练分册共 13 章，通过 214 个来源于实际生活的趣味案例，强化上机实战，拓展和提升读者对实际问题的分析与解决能力。

本书特点

☑ **由浅入深，循序渐进。**本书以初、中级程序员为对象，先从 PHP 语言基础学起，再学习如何使用 PHP 操作 Cookie 与 Session，操作文件系统等高级技术，最后学习开发一个完整项目。讲解过程中步骤详尽，版式新颖，使读者在阅读时一目了然，从而快速掌握书中内容。

☑ **实例典型，轻松易学。**通过例子学习是最好的学习方式，本书通过“一个知识点、一个例子、一个结果、一段评析、一个综合应用”的模式，透彻详尽地讲述了实际开发中所需的各类知识。另外，为了便于读者阅读程序代码，快速学习编程技能，书中几乎每行代码都提供了注释。

☑ **微课视频，讲解详尽。**本书为便于读者直观感受程序开发的全过程，书中大部分章节都配备了教学微视频，使用手机扫描正文小节标题一侧的二维码，即可观看学习，能快速引导初学者入门，感受编程的快乐和成就感，进一步增强学习的信心。

☑ **强化训练，实战提升。**软件开发学习，实战才是硬道理。核心技术分册中提供了 29 个实战练习，强化训练分册中更是给出了 214 个源自生活的真实案例。应用编程思想来解决这些生活中的难题，不但能锻炼动手能力，还可以快速提升实战技巧。如果在实现过程中遇到问题，可以从资源包中获取相应实战的源码进行解读。

☑ **精彩栏目，贴心提醒。**本书根据需要在各章安排了“注意”“说明”和“多学两招”等小栏目，让读者可以在学习过程中更轻松地理解相关知识点及概念，更快地掌握个别技术的应用技巧。在强化训练分册中，更设置了“▷①②③④⑤⑥”栏目，读者每亲手完成一次实战练习，即可涂上一个序号。通过反复实践，可真正实现强化训练和提升。

本书资源

为帮助读者学习，本书配备了长达 19 小时（共 218 集）的微课视频讲解。除此以外，还为读者提供了“PHP 开发资源库”系统，可以帮助读者快速提升编程水平和解决实际问题的能力。

本书和 PHP 开发资源库配合学习的流程如下图所示。

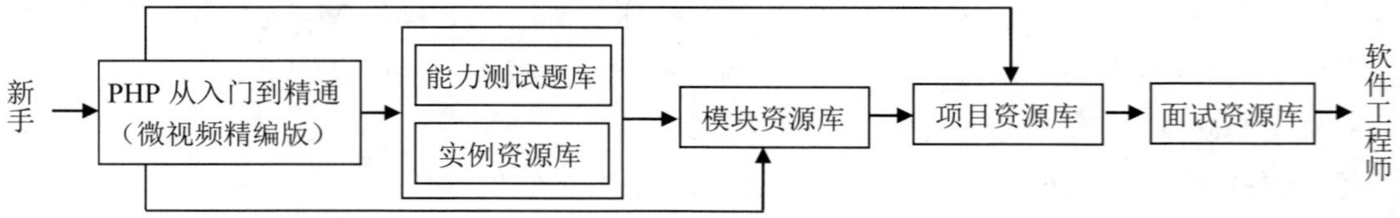

PHP 开发资源库的主界面如下图所示。

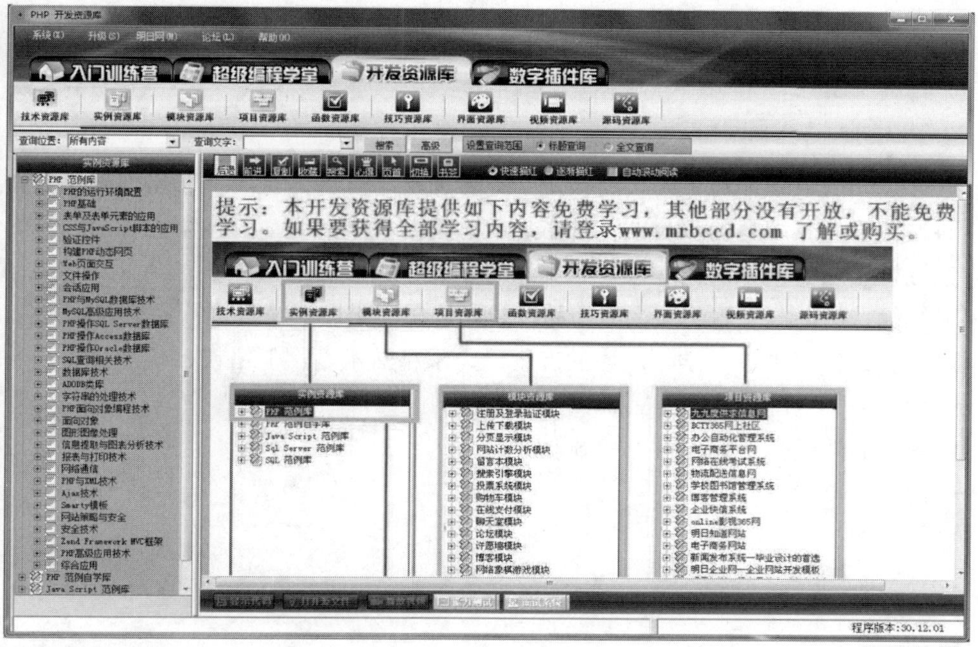

开发资源库
使用说明

在学习本书的过程中，可以配合实例资源库的相应章节，利用实例资源库提供的大量热点实例和关键实例巩固所学编程技能，提高编程兴趣和自信心；也可以配合能力测试题库的对应章节进行测试，检验学习成果。对于数学逻辑能力和英语基础较为薄弱的读者，或者想了解个人数学逻辑思维能力和编程英语基础的用户，本书提供了数学及逻辑思维能力测试和编程英语能力测试供练习和测试。

当本书学习完成时，可以配合模块资源库和项目资源库的 30 个模块和项目，全面提升个人综合编程技能和解决实际开发问题的能力，为成为 PHP 软件开发工程师打下坚实基础。面试资源库提供了大量国内外软件企业的常见面试真题，同时还提供了程序员职业规划、程序员面试技巧、企业面试真题汇编和虚拟面试系统等精彩内容，是程序员求职面试的绝佳指南。

读者对象

- ☑ 初学编程的自学者
- ☑ 编程爱好者
- ☑ 大中专院校的老师和学生
- ☑ 相关培训机构的老师和学员
- ☑ 做毕业设计的学生
- ☑ 初、中级程序开发人员
- ☑ 程序测试及维护人员
- ☑ 参加实习的“菜鸟”程序员

读者服务

学习本书时，请先扫描封底的权限二维码（需要刮开涂层）获取学习权限，然后即可免费学习书中的所有线上线下资源。本书所附赠的各类学习资源，读者可登录清华大学出版社网站

（www.tup.com.cn），在对应图书页面下获取其下载方式。也可扫描图书封底的“文泉云盘”二维码，获取其下载方式。

致读者

本书由明日科技软件开发团队组织编写。明日科技是一家专业从事软件开发、教育培训以及软件开发教育资源整合的高科技公司，其编写的教材非常注重选取软件开发中的必需、常用内容，同时也很注重内容的易学、方便性以及相关知识的拓展性，深受读者喜爱。其教材多次荣获“全行业优秀畅销品种”“全国高校出版社优秀畅销书”等奖项，多个品种长期位居同类图书销售排行榜的前列。

在编写本书的过程中，我们始终本着科学、严谨的态度，力求精益求精，但错误、疏漏之处在所难免，敬请广大读者批评指正。

感谢您购买本书，希望本书能成为您编程路上的领航者。

“零门槛”编程，一切皆有可能。

祝读书快乐！

编　者

2020 年 7 月

目 录

Contents

第1篇 基础篇

第 2 篇　提高篇

第3篇　项目篇

第1篇

基础篇

本篇通过搭建 PHP 开发环境、初识 PHP 程序结构、PHP 语言基础、流程控制语句、字符串操作与正则表达式、数组的使用、类和对象、PHP 与 Web 交互、MySQL 数据库基础、PHP 操作 MySQL 数据库以及 PDO 数据库抽象层等内容的介绍，并结合大量的图示、实例、视频和实战等，使读者快速掌握 PHP 语言基础，为以后编程奠定坚实的基础。

第 1 章

初识 PHP

（视频讲解：47 分钟）

随着 PHP 7 的发布，PHP 的性能已得到突破性的进展，在服务器端语言的使用数量上已遥遥领先。要使用 PHP，首先要搭建 PHP 开发环境。由于大多数初学者使用 Windows 操作系统，所以本章针对 Windows 用户，详细介绍 phpStudy 集成开发环境的下载、安装以及使用。最后详细介绍 PhpStorm 开发工具的下载、安装及设置。

学习摘要：

- PHP 概述
- 搭建 PHP 开发环境
- PhpStorm 编辑器基本操作
- PhpStorm 常用设置
- 编写第一个程序 Hello World

视频讲解

1.1　PHP 概述

PHP 起源于 1995 年，由 Rasmus Lerdorf 开发。到现在，PHP 已成为全球最受欢迎的脚本语言之一。PHP 语法结构简单，易于入门，很多功能只需一个函数即可实现。

1.1.1　什么是 PHP

PHP 是 PHP:Hypertext Preprocessor（超文本预处理器）的缩写，是一种服务器端、跨平台、HTML 嵌入式的脚本语言，其独特的语法混合了 C 语言、Java 语言和 Perl 语言的特点，是一种被广泛应用的开源式的多用途脚本语言，尤其适合 Web 开发。

PHP 是 B/S（Browser/Server，浏览器 / 服务器）体系结构，属于三层结构。服务器启动后，用户可以不使用相应的客户端软件，只使用浏览器即可访问，既保持了图形化的用户界面，又大大减少了应用维护量。

1.1.2　PHP 语言的优势

PHP 起源于自由软件，即开放源代码软件，使用 PHP 进行 Web 应用程序的开发具有以下优势。

- ☑ 安全性高：PHP 是开源软件，每个人都可以看到所有 PHP 的源代码，程序代码与 Apache 编译在一起的方式也可以让它具有灵活的安全设定。PHP 具有公认的安全性能。
- ☑ 跨平台特性：PHP 几乎支持所有的操作系统平台（如 Windows 或 UNIX/Linux/Macintosh/FreeBSD/OS2 等），并且支持 Apache、Nginx、IIS 等多种 Web 服务器，并以此广为流行。
- ☑ 支持广泛的数据库：可操作多种主流与非主流的数据库，如 MySQL、Access、SQL Server、Oracle、DB2 等，其中 PHP 与 MySQL 是目前最佳的组合，它们的组合可以跨平台运行。
- ☑ 易学性：PHP 嵌入在 HTML 语言中，以脚本语言为主，内置丰富函数，语法简单，书写容易，方便学习掌握。
- ☑ 执行速度快：占用系统资源少，代码执行速度快。
- ☑ 免费：在流行的企业应用 LAMP（Linux、Apache、MySQL、PHP）平台中，Linux、Apache、MySQL、PHP 都是免费软件，这种开源免费的框架结构可以为网站经营者节省很大一笔开支。

1.1.3　PHP 的发展趋势

由于 PHP 是一种面向对象的、完全跨平台的新型 Web 开发语言，所以无论从开发者角度考虑还是从经济角度考虑，都是非常实用的。PHP 语法结构简单，易于入门，很多功能只需一个函数就可以实现，并且很多机构都相继推出了用于开发 PHP 的 IDE 工具。

现在，越来越多的新公司或者新项目使用 PHP，这使得 PHP 相关社区越来越活跃，而这又反过来影响到很多项目或公司的选择，形成一个良性循环，因此 PHP 是国内大部分 Web 项目的首选。PHP 速度快，开发成本低，后期维护费用低，开源产品丰富，这些都是很多语言无法比拟的。而随着移动互联网技术的兴起，越来越多的 Web 应用也选择了 PHP 作为主流的技术方案。

PHP 的将来是由 PHP 7 决定的，再来看下 PHP 7 的表现。如图 1.1 所示是 Zend 公司发布的 PHP 与其他脚本语言运行效率对比，PHP 7 在动态语言运行效率中同样表现出色。

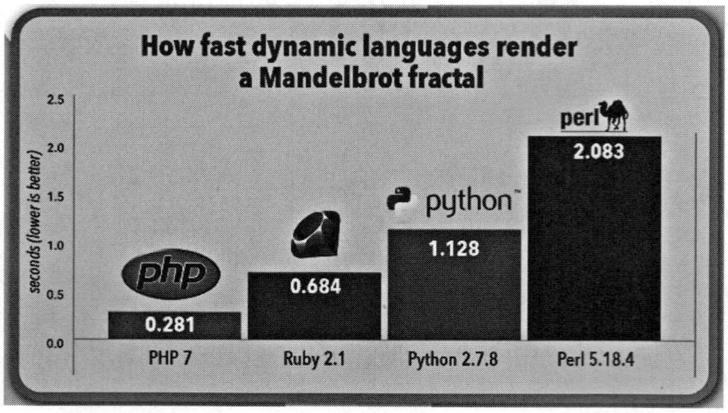

图 1.1　PHP 与其他脚本语言运行效率对比

1.1.4　PHP 的应用领域

PHP 在互联网高速发展的今天，应用范围可谓非常广泛，PHP 的应用领域主要包括：

☑　中小型网站的开发。
☑　大型网站的业务逻辑结果展示。
☑　Web 办公管理系统。
☑　硬件管控软件的 GUI。
☑　电子商务应用。
☑　Web 应用系统开发。
☑　多媒体系统开发。
☑　企业级应用开发。
☑　移动互联网开发。

视频讲解

1.2　搭建 PHP 运行环境

在使用 PHP 开发前，首先需要搭建 PHP 运行环境。对于 PHP 语言的初学者来说，Apache、PHP 以及 MySQL 的安装和配置较为复杂，这时可以选择集成安装环境快速安装配置 PHP 服务器。集成安装环境就是将 Apache、PHP 和 MySQL 等服务器软件整合在一起，免去了单独安装配置服务器带来的麻烦，实现了 PHP 开发环境的快速搭建。

目前比较常用的集成安装环境是 phpStudy、WampServer 和 AppServ 等，它们都集成了 Apache 服务器、PHP 预处理器以及 MySQL 服务器。本书以 phpStudy 为例介绍 PHP 服务器的安装与配置。由于 phpStudy 的版本会不断更新，因此这里以常用的 phpStudy 2016（以下简称 phpStudy）为例介绍 phpStudy 的下载和安装。

1.2.1　phpStudy 的下载与安装

phpStudy 官方网站的地址为 http://www.phpstudy.net，通过访问 phpStudy 的官方网站就可以对 phpStudy 进行下载。

下面以 Windows 7（64 位）系统为例，讲解 phpStudy 的安装步骤。

（1）下载完 phpStudy 安装文件的压缩包后，首先对该压缩包进行解压缩，然后双击 phpStudy2016.exe 安装文件，此时将弹出如图 1.2 所示的对话框。使用默认安装路径，单击“确定”按钮，运行效果如图 1.3 所示。

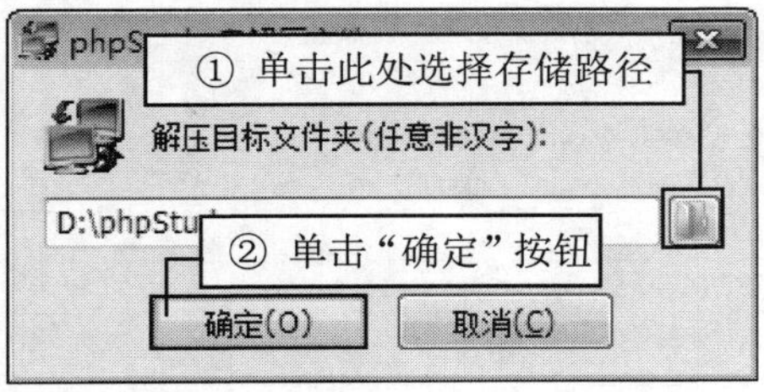

图 1.2　phpStudy 解压对话框

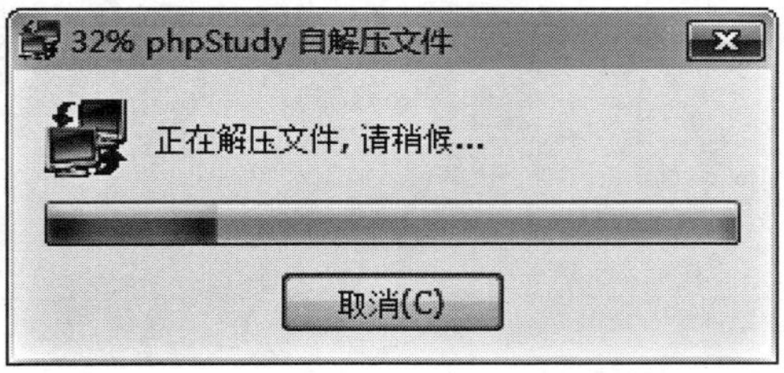

图 1.3　解压文件进度条

（2）解压文件完成后会弹出防止重复初始化的确认对话框，如图 1.4 所示。单击“是”按钮后进入 phpStudy 的启动界面，启动完成后的结果如图 1.5 所示。

在 Apache 服务和 MySQL 服务启动成功之后，即完成了 phpStudy 的安装操作。打开浏览器，在地址栏中输入 http://localhost/phpinfo.php 后按 Enter 键，如果运行结果出现如图 1.6 所示的页面，则说明 phpStudy 安装成功。

图 1.4　防止重复初始化确认对话框

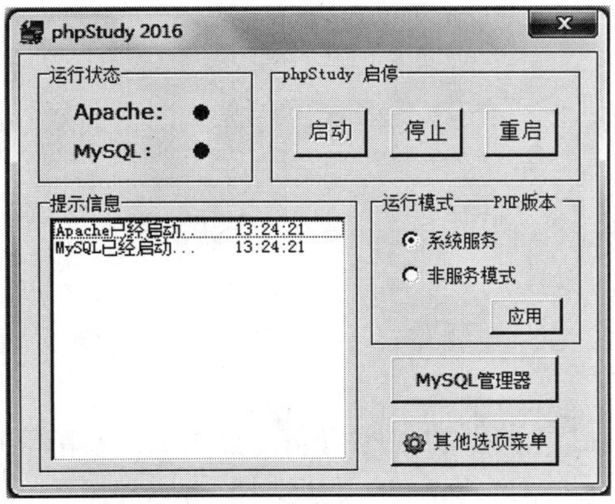

图 1.5　phpStudy 启动界面

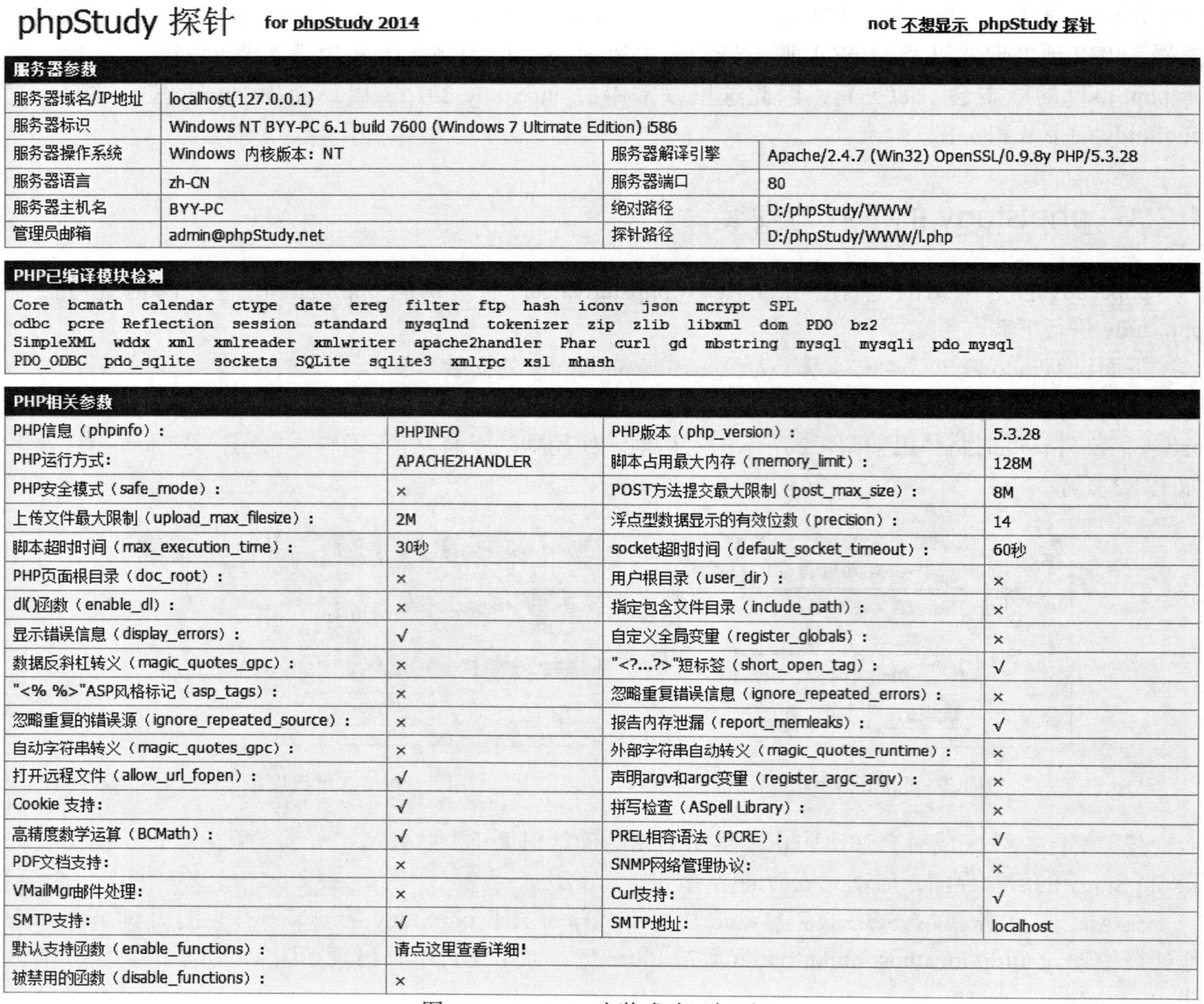

phpStudy 探针 for phpStudy 2014 not 不想显示 phpStudy 探针

服务器参数			
服务器域名/IP地址	localhost(127.0.0.1)		
服务器标识	Windows NT BYY-PC 6.1 build 7600 (Windows 7 Ultimate Edition) i586		
服务器操作系统	Windows 内核版本：NT	服务器解译引擎	Apache/2.4.7 (Win32) OpenSSL/0.9.8y PHP/5.3.28
服务器语言	zh-CN	服务器端口	80
服务器主机名	BYY-PC	绝对路径	D:/phpStudy/WWW
管理员邮箱	admin@phpStudy.net	探针路径	D:/phpStudy/WWW/l.php

PHP已编译模块检测

Core bcmath calendar ctype date ereg filter ftp hash iconv json mcrypt SPL
odbc pcre Reflection session standard mysqlnd tokenizer zip zlib libxml dom PDO bz2
SimpleXML wddx xml xmlreader xmlwriter apache2handler Phar curl gd mbstring mysql mysqli pdo_mysql
PDO_ODBC pdo_sqlite sockets SQLite sqlite3 xmlrpc xsl mhash

PHP相关参数			
PHP信息（phpinfo）：	PHPINFO	PHP版本（php_version）：	5.3.28
PHP运行方式:	APACHE2HANDLER	脚本占用最大内存（memory_limit）：	128M
PHP安全模式（safe_mode）：	×	POST方法提交最大限制（post_max_size）：	8M
上传文件最大限制（upload_max_filesize）：	2M	浮点型数据显示的有效位数（precision）：	14
脚本超时时间（max_execution_time）：	30秒	socket超时时间（default_socket_timeout）：	60秒
PHP页面根目录（doc_root）：	×	用户根目录（user_dir）：	×
dl()函数（enable_dl）：	×	指定包含文件目录（include_path）：	×
显示错误信息（display_errors）：	√	自定义全局变量（register_globals）：	×
数据反斜杠转义（magic_quotes_gpc）：	×	"<?...?>"短标签（short_open_tag）：	√
"<% %>"ASP风格标记（asp_tags）：	×	忽略重复错误信息（ignore_repeated_errors）：	×
忽略重复的错误源（ignore_repeated_source）：	×	报告内存泄漏（report_memleaks）：	√
自动字符串转义（magic_quotes_gpc）：	×	外部字符串自动转义（magic_quotes_runtime）：	×
打开远程文件（allow_url_fopen）：	√	声明argv和argc变量（register_argc_argv）：	×
Cookie 支持:	√	拼写检查（ASpell Library）：	×
高精度数学运算（BCMath）：	√	PREL相容语法（PCRE）：	√
PDF文档支持:	×	SNMP网络管理协议:	×
VMailMgr邮件处理:	×	Curl支持:	√
SMTP支持:	√	SMTP地址:	localhost
默认支持函数（enable_functions）：	请点这里查看详细！		
被禁用的函数（disable_functions）：	×		

图 1.6 phpStudy 安装成功运行页面

说明

如果提示“没有安装 VC 9 运行库”，则需要到微软官方下载。

（3）phpStudy 启动失败时的解决方法。

① 防火墙拦截

为了减少出错，安装路径不得有汉字。如有防火墙开启，会提示是否信任 httpd、mysqld 运行，请选择全部允许。

② 80 端口已经被别的程序占用（如 IIS、迅雷等）

由于端口问题无法启动时，请选择 phpStudy 的“其他选项菜单”→“环境端口检测”→“环境端口检测”→“检测端口”→“尝试强制关闭相关进程并启动”，如图 1.7 所示。

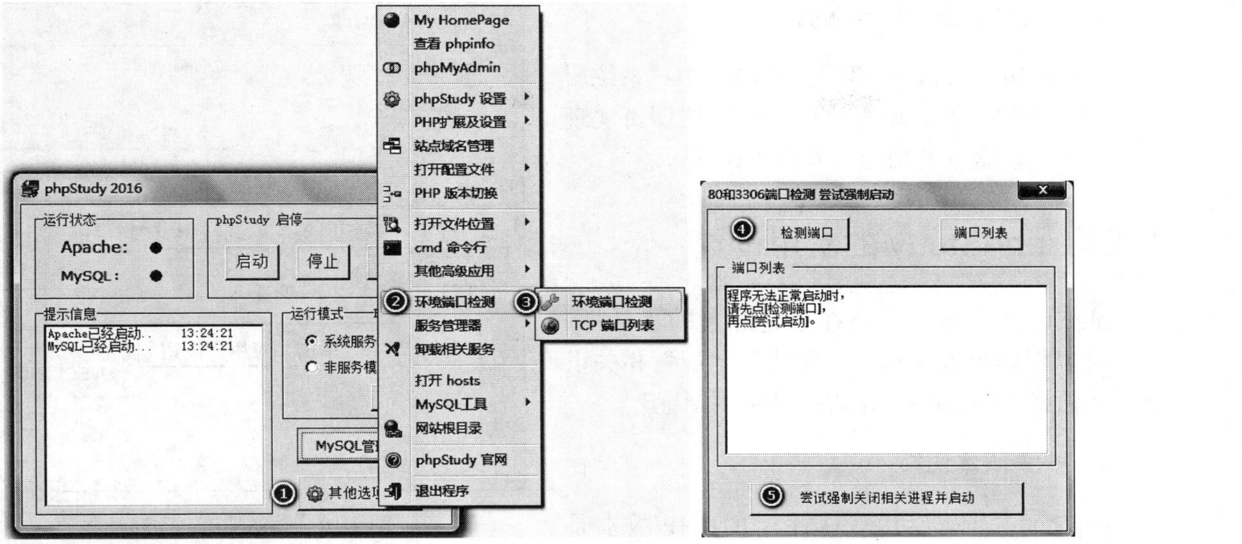

图 1.7　phpStudy 检测端口

1.2.2　PHP 服务器的启动与停止

PHP 服务器主要包括 Apache 服务器和 MySQL 服务器。重新启动计算机后，在默认状态下，Apache 服务和 MySQL 服务是停止的，下面介绍在 phpStudy 中启动与停止这两种服务器的方法。

1. 启动和停止服务器

双击 phpStudy 快捷方式图标打开 phpStudy，打开后的界面如图 1.8 所示，单击“启动”按钮即可同时启动 Apache 服务和 MySQL 服务，启动后的结果如图 1.9 所示。

如果想要停止 Apache 服务和 MySQL 服务，只需要单击图 1.9 中的“停止”按钮即可。另外，单击图 1.9 中的“重启”按钮还可以重启这两种服务。

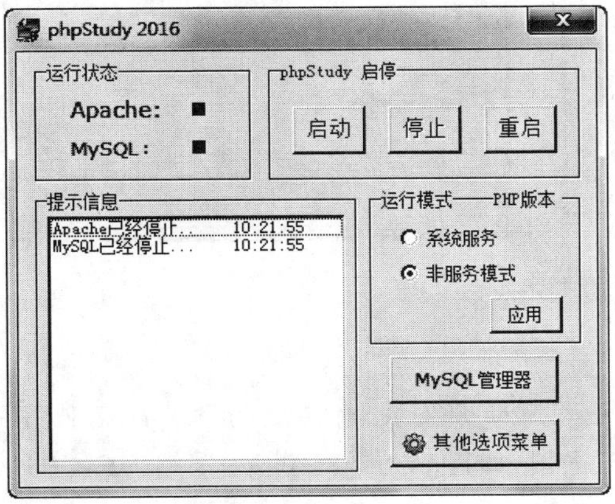

图 1.8　phpStudy 的打开界面

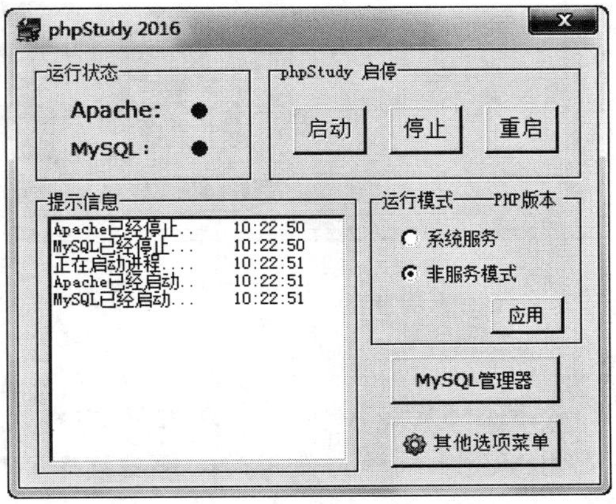

图 1.9　启动服务

2. 设置开机自动启动服务

在 phpStudy 的启动界面，只需选中“系统服务”单选按钮，然后单击“应用”按钮即可实现开机自动启动服务的功能，如图 1.10 所示。

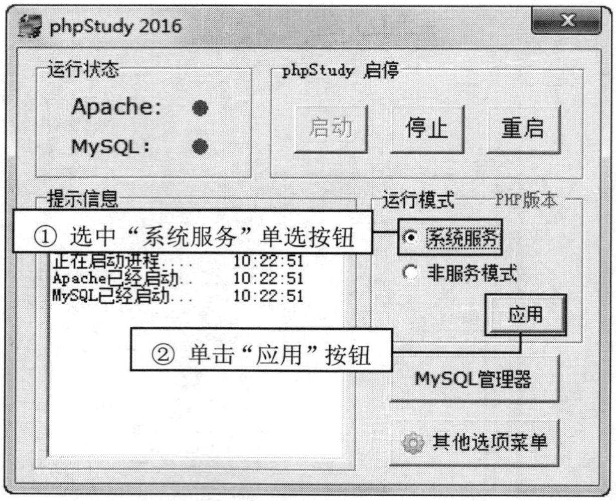

图 1.10　设置开机自动启动服务

1.2.3　phpStudy 的常用设置

phpStudy 的强大之处在于它配置的灵活性，用户可以根据个人需求，方便快捷地配置相关设置。下面将介绍 phpStudy 的一些常用配置。

1. PHP 版本切换

phpStudy 启动后，默认使用的 PHP 版本是 Apache + PHP 5.3，如果项目需要使用其他的服务器（如 Nginx）或其他的 PHP 版本，可以使用 phpStudy 快速切换。选择“其他选项菜单”→“PHP 版本切换”→“PHP 版本选择”→“应用”，如图 1.11 所示。

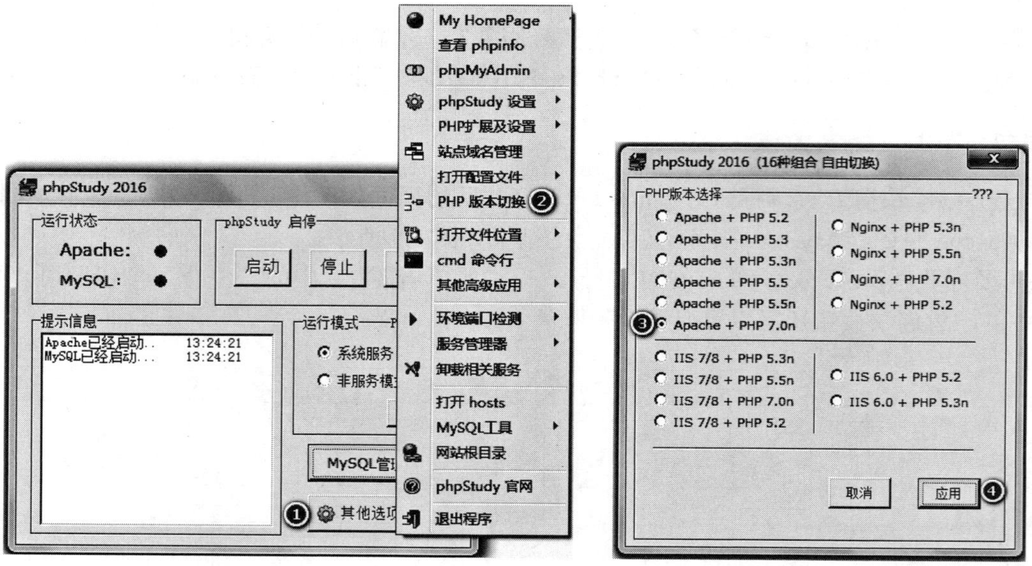

图 1.11　PHP 版本切换

注意

PHP 5.3、PHP 5.4 和 Apache 都是用 VC 9 编译，使用时必须安装 VC 9 运行库才能运行；PHP 5.5、PHP 5.6 是用 VC 11 编译，使用时必须安装 VC 11 运行库；PHP 7.0、PHP 7.1 是用 VC 14 编译，使用时必须安装 VC 14 运行库。

2. 开启 PHP 扩展设置

在开发某些项目时，会使用 PHP 扩展库中的扩展。通常情况下，如果要开启某个扩展，以 php_fileinfo.dll（bzip2 压缩函数库）为例，则需要打开 php.ini 文件，修改后代码如下：

```
extension=php_fileinfo.dll // 去除前面的分号
```

现在，使用 phpStudy 开启扩展，操作过程将变得非常简单，选择“其他选项菜单”→“PHP 扩展及设置”→“PHP 扩展”→选中相应的扩展，如图 1.12 所示。

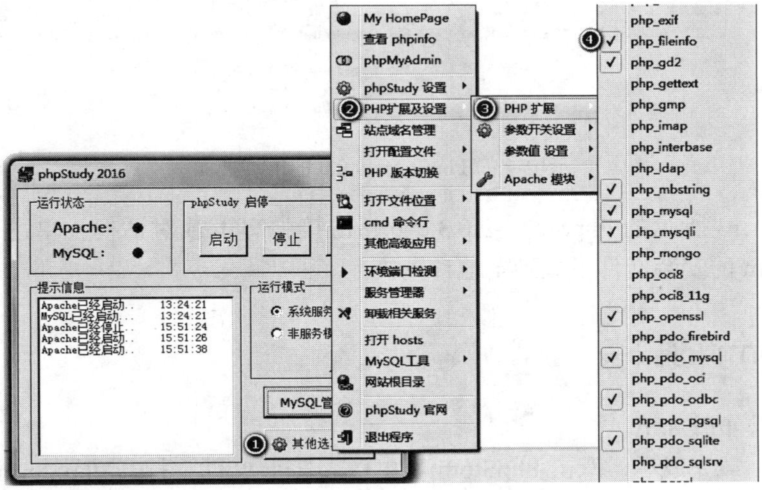

图 1.12　开启 PHP 扩展

1.3　PhpStorm 的下载与安装

视频讲解

PHP 的开发工具很多，每种开发工具都有其各自的优势。在编写程序时，一款好的开发工具会使开发人员的编码过程更加轻松、有效和快捷，达到事半功倍的效果。本书是以 PhpStorm 为开发工具对 PHP 程序进行开发。应用 PhpStorm 开发 PHP 程序有许多优点，它可以提高用户效率，提供智能代码补全、快速导航以及即时错误检查的功能。由于 PhpStorm 的版本会不断更新，因此这里以常用的 PhpStorm 9.0.3（以下简称 PhpStorm）为例，介绍 PhpStorm 的下载和安装。

1.3.1　PhpStorm 的下载

PhpStorm 是 JetBrains 公司开发的一款商业的 PHP 集成开发工具，其不同版本可以通过官方网站进行下载。下载地址为 http://www.jetbrains.com/phpstorm。

下载 PhpStorm 的步骤如下。

（1）在浏览器中输入 http://www.jetbrains.com/phpstorm，按 Enter 键进入 PhpStorm 的主页面。

（2）在 PhpStorm 主页面中，单击 Download 按钮，在打开的页面中找到 Previous versions 超链接。

（3）单击 Previous versions 超链接，进入 PhpStorm 不同版本的下载页面，在页面中找到 PhpStorm 9.0.3 的下载链接，如图 1.13 所示。

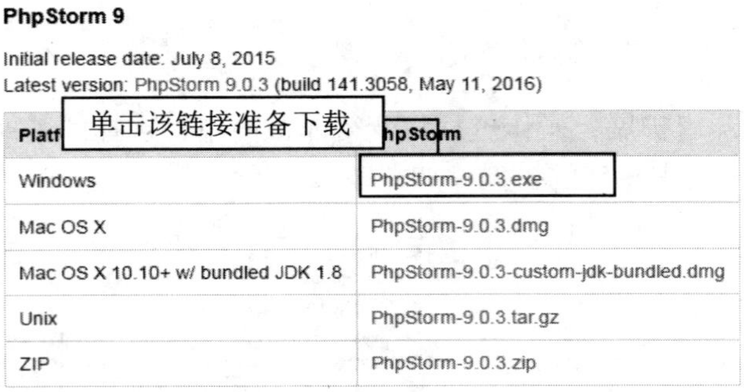
PhpStorm 9
Initial release date: July 8, 2015
Latest version: PhpStorm 9.0.3 (build 141.3058, May 11, 2016)
单击该链接准备下载
Platf
hpStorm
Windows
PhpStorm-9.0.3.exe
Mac OS X
PhpStorm-9.0.3.dmg
Mac OS X 10.10+ w/ bundled JDK 1.8
PhpStorm-9.0.3-custom-jdk-bundled.dmg
Unix
PhpStorm-9.0.3.tar.gz
ZIP
PhpStorm-9.0.3.zip

图 1.13　PhpStorm 9.0.3 的下载页面

（4）单击如图 1.13 所示的 PhpStorm-9.0.3.exe 超链接弹出下载对话框，单击对话框中的“下载”按钮即可将 PhpStorm 的安装文件下载到本地计算机上。

1.3.2　PhpStorm 的安装

PhpStorm 的安装步骤如下。

（1）PhpStorm 下载完成后，双击 PhpStorm-9.0.3.exe 安装文件，打开 PhpStorm 的安装欢迎界面。

（2）单击 Next 按钮，打开 PhpStorm 的许可协议界面。

（3）单击 I Agree 按钮，打开 PhpStorm 的选择安装路径界面。在该界面中可以设置 PhpStorm 的安装路径，这里将安装路径设置为 D:\PhpStorm 9.0.3，如图 1.14 所示。

（4）设置好 PhpStorm 的安装路径后，单击 Next 按钮，打开 PhpStorm 的安装选项界面，如图 1.15 所示。在该界面中可以设置是否创建 PhpStorm 的桌面快捷方式，以及选择创建关联文件。

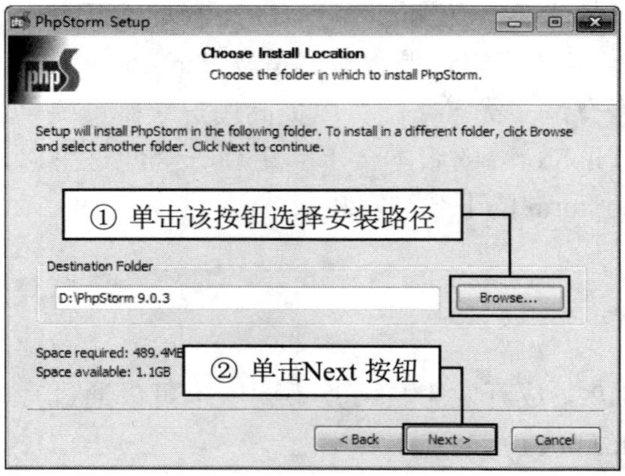

图 1.14　PhpStorm 选择安装路径界面

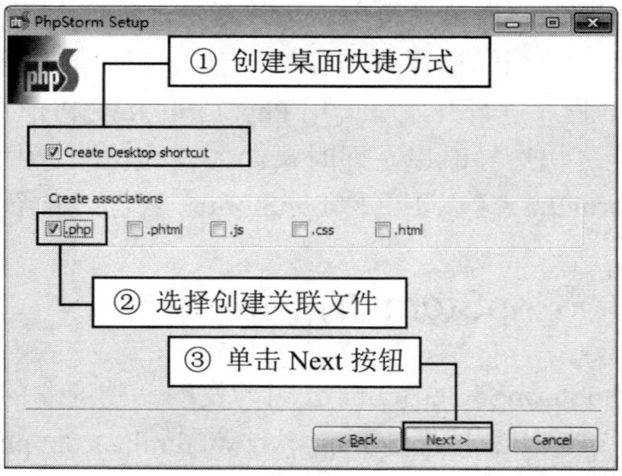

图 1.15　PhpStorm 安装选项界面

（5）设置完成后，单击 Next 按钮，打开 PhpStorm 的选择开始菜单文件夹界面。

（6）单击 Install 按钮开始安装 PhpStorm。

（7）安装结束后会打开软件，在该界面中选中 Run PhpStorm 复选框，然后单击 Finish 按钮即可运行 PhpStorm。

（8）首次运行 PhpStorm 时，会弹出对话框，提示用户是否需要导入 PhpStorm 上一版本的配置，这里保持默认选项即可，单击 OK 按钮。

（9）打开 PhpStorm 的许可证激活界面，如图 1.16 所示。由于 PhpStorm 是收费软件，因此这里选择的是 30 天试用版。如果想使用正式版，可以通过官方渠道购买。

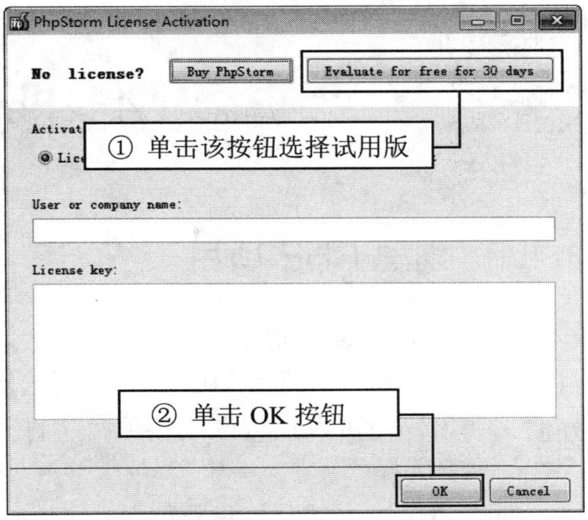

图 1.16　PhpStorm 许可证激活界面

（10）单击 Evaluate for free for 30 days 按钮选择 30 天试用版，然后单击 OK 按钮，将打开 PhpStorm 的许可协议界面。

（11）选中 Accept all terms of the license 复选框接受许可协议，然后单击 OK 按钮，打开 PhpStorm 的欢迎界面，同时弹出 PhpStorm 的初始配置对话框，这里保持默认选项即可。

（12）单击 OK 按钮关闭初始配置对话框，将打开 PhpStorm 的欢迎界面，如图 1.17 所示，这时表示 PhpStorm 启动成功。

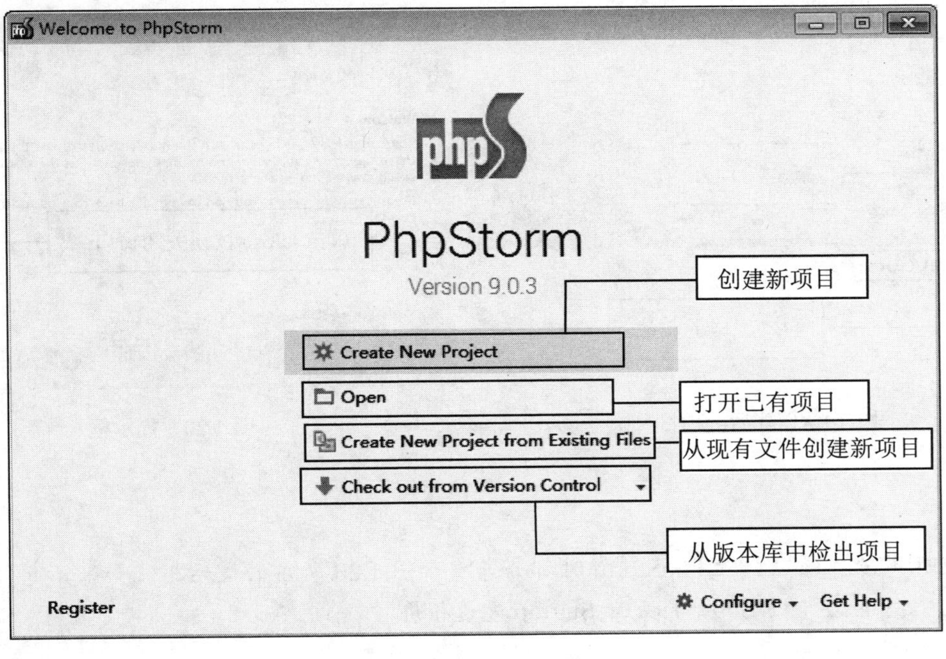

图 1.17　PhpStorm 欢迎界面

视频讲解

1.4　PhpStorm 基本操作

1.4.1　创建 PHP 项目

PhpStorm 安装完成后，如果还没有创建项目，在首次启动时将进入到如图 1.17 所示的欢迎界面。在该界面可以执行创建新项目、打开已经存在的项目等操作。

创建 PHP 项目的具体步骤如下。

（1）在 PhpStorm 的欢迎界面中单击 Create New Project 按钮，进入创建新项目对话框，如图 1.18 所示。在该对话框中首先选择项目存储路径，将项目文件夹存储在 D:\phpStudy\WWW 目录下，然后输入新创建的项目名称 myProject，最后单击 OK 按钮即可完成 PHP 新项目的创建。

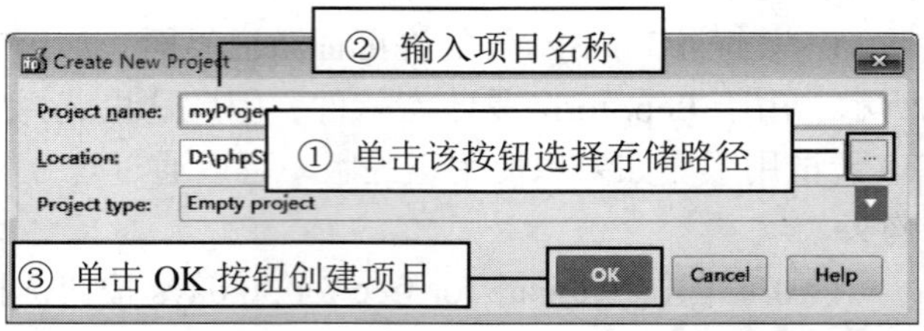

图 1.18　创建新项目对话框

（2）创建项目后会打开 PhpStorm 的主界面，在主界面的左侧显示新建的项目名称以及自动生成的文件，如图 1.19 所示。同时会弹出如图 1.20 所示的提示框，单击 Close 按钮将其关闭。

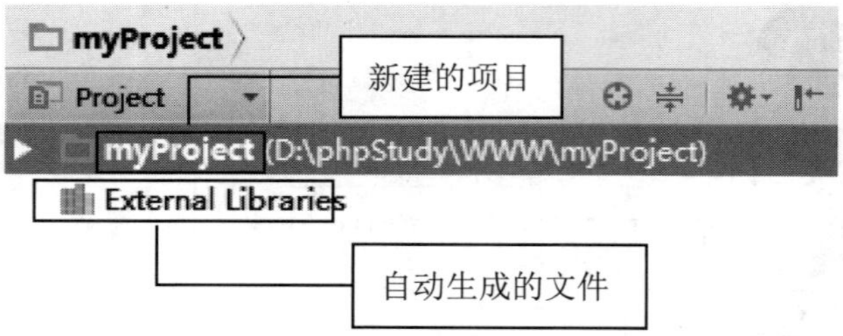

图 1.19　创建后的项目目录

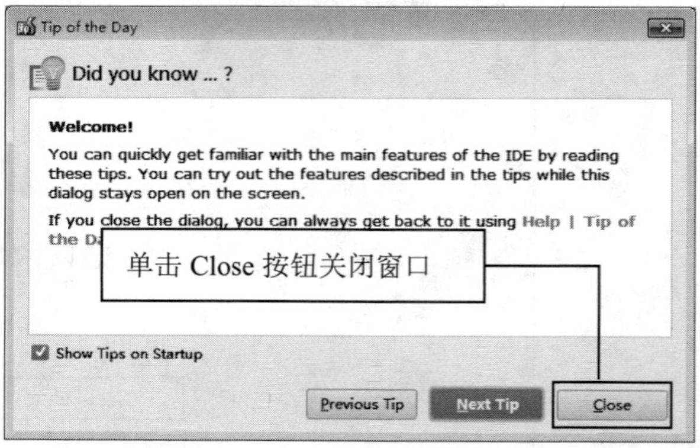

图 1.20　提示框

说明

默认情况下，在每次打开 PhpStorm 时都会弹出如图 1.20 所示的提示框。如果不想弹出该提示框，取消选中图 1.20 中的 Show Tips on Startup 复选框即可。

如果应用 PhpStorm 创建过项目，打开 PhpStorm 进入 PhpStorm 的主界面后，主界面中会默认打开之前创建过的项目，并弹出如图 1.20 所示的提示框，可以单击 Close 按钮将其关闭，然后新建一个 PHP 项目。具体步骤如下。

（1）找到菜单栏中的 File 菜单下的 New Project 命令，如图 1.21 所示。选择该命令，此时会弹出如图 1.22 所示的创建新项目对话框。

（2）在如图 1.22 所示的对话框中首先选择项目存储路径，将项目文件夹存储在 D:\phpStudy\WWW 目录下，然后输入新创建的项目名称 test，最后单击 OK 按钮创建项目，这时会弹出打开项目对话框，如图 1.23 所示。单击 This Window 按钮在当前窗口打开创建的项目。此时在主界面的左侧会显示新建的项目名称以及自动生成的文件，如图 1.24 所示。

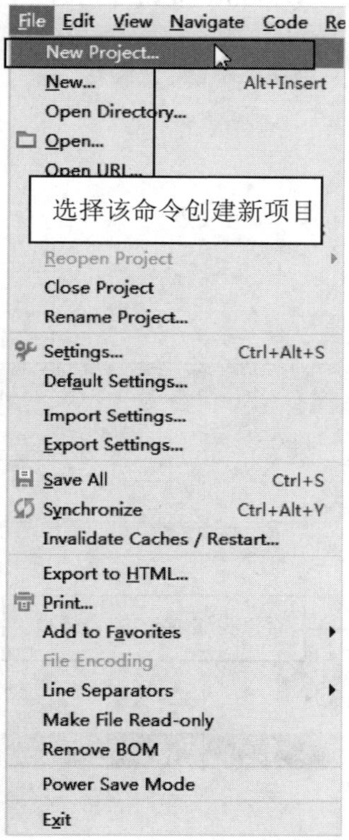

图 1.21　选择 New Project 命令

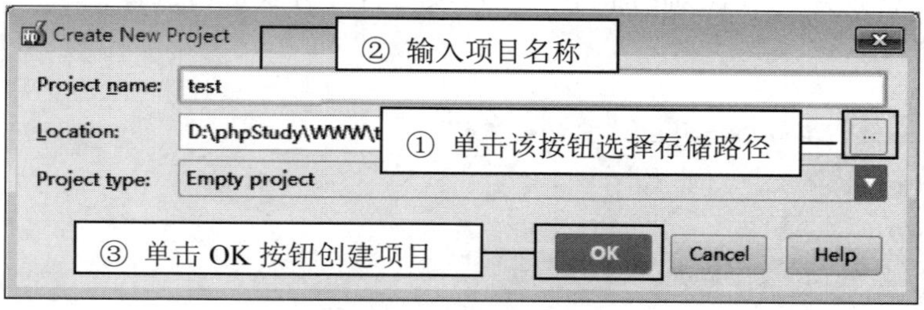

图 1.22　创建新项目对话框

图 1.23　打开项目对话框

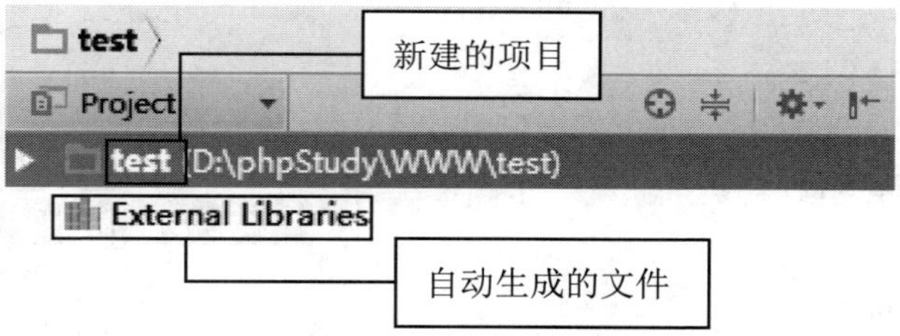

图 1.24　新建的项目目录

说明

如果在创建项目时弹出如图 1.25 所示的对话框，则说明 WWW 目录下已经存在该项目名称的文件夹，此时单击 Yes 按钮将其替换即可。

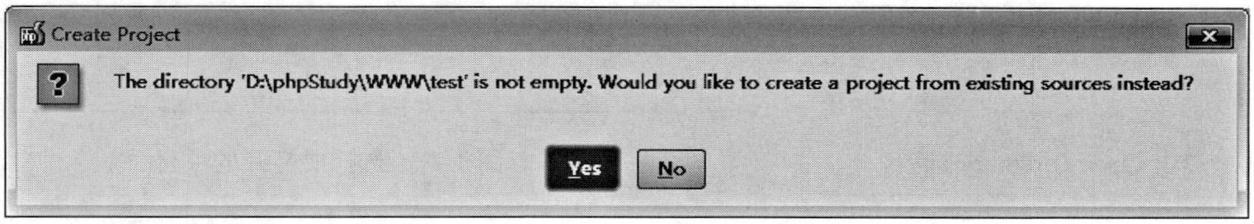

图 1.25　提示用户是否替换已存在的目录

1.4.2　打开已有项目

应用 PhpStorm 还可以打开已经存在的项目，具体方法如下。

（1）找到菜单栏中 File 菜单下的 Open Directory 命令，如图 1.26 所示。选择该命令，此时会弹出如图 1.27 所示的选择项目路径对话框。

（2）在如图 1.27 所示的对话框中选择要打开的项目，然后单击 OK 按钮，会弹出打开项目对话框，如图 1.28 所示。在该对话框中可以对项目打开方式进行选择，单击 This Window 按钮即可在当前窗口打开项目。

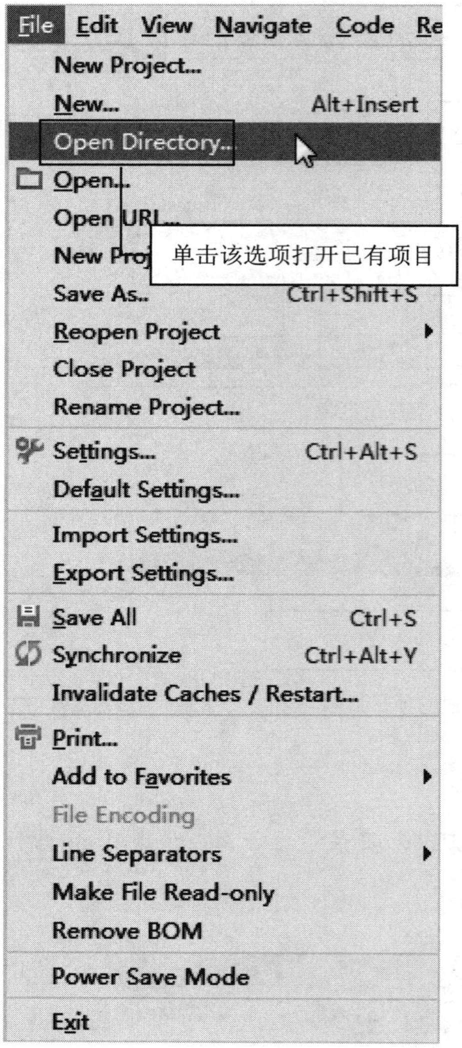

图 1.26　单击 Open Directory 选项

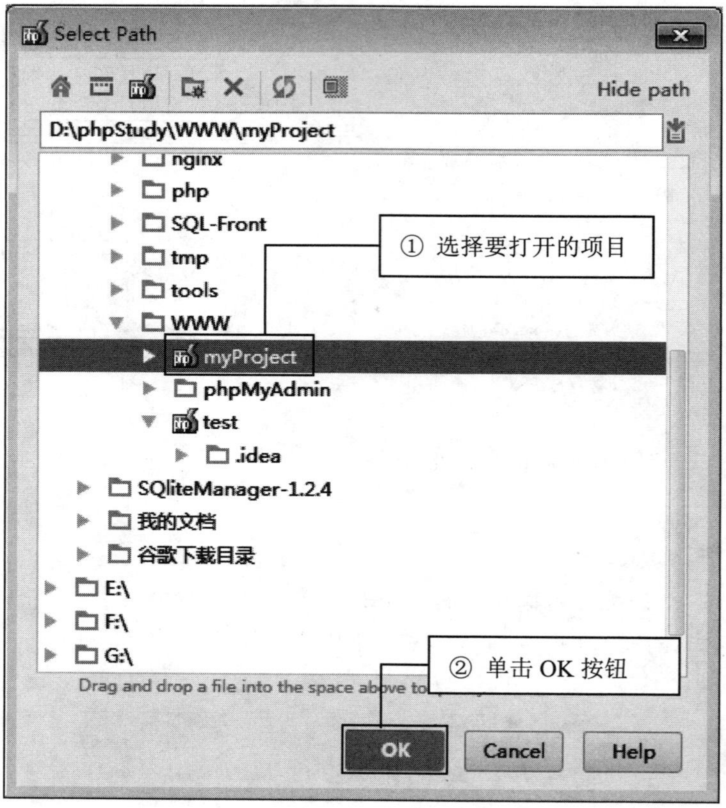

图 1.27　选择要打开的项目

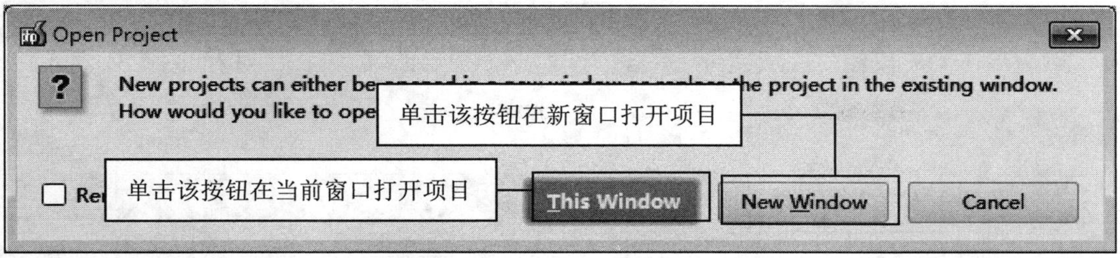

图 1.28　打开项目对话框

1.4.3　在项目中创建文件夹和文件

在 PHP 项目创建完成之后，接下来就可以在项目中创建文件夹和文件了。下面介绍在项目目录中创建文件夹以及文件的方法。

1. 在项目中创建文件夹

在项目目录 myProject 中创建一个名为 css 的文件夹，具体步骤如下。

（1）在项目名称 myProject 上单击鼠标右键，然后在弹出的快捷菜单中选择 New → Directory 命令，如图 1.29 所示。

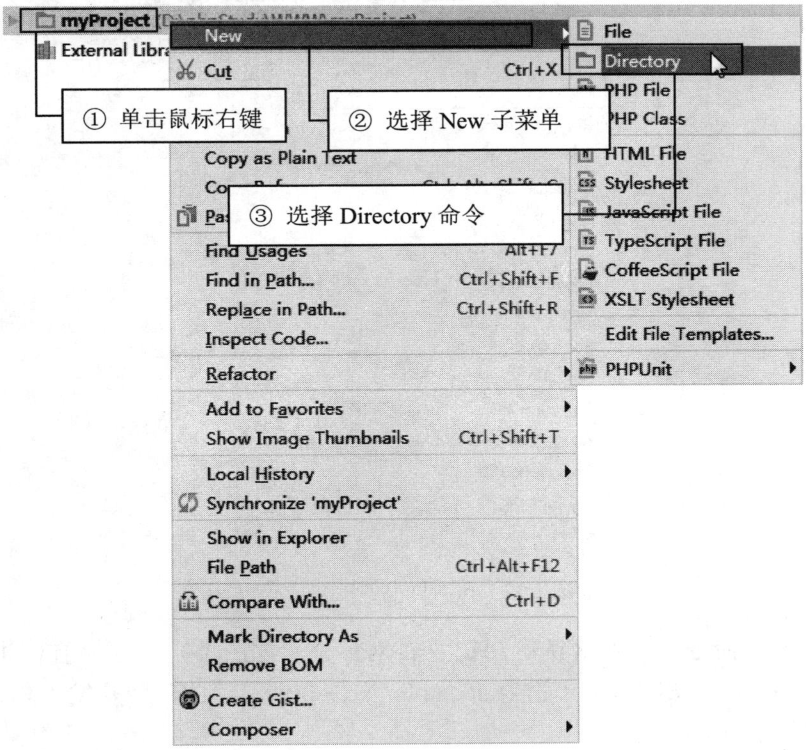

图 1.29　在项目中创建目录

（2）选择 Directory 命令后，弹出新建目录对话框，如图 1.30 所示，在文本框中输入新建目录的名称 css，然后单击 OK 按钮，完成文件夹 css 的创建，创建后的项目目录结构如图 1.31 所示。

图 1.30 输入新建目录名称

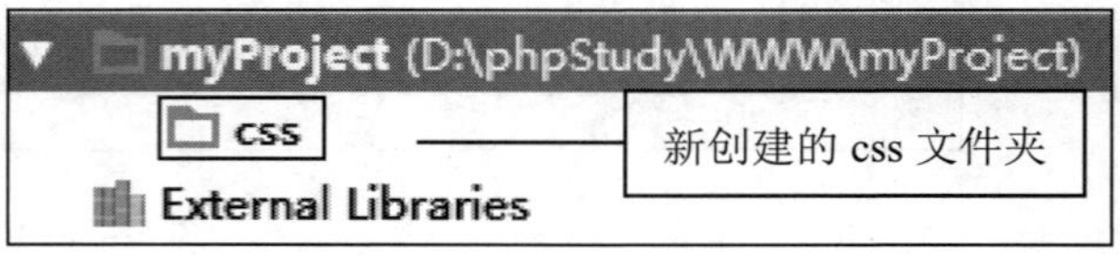

图 1.31 创建后的项目目录结构

2. 在项目中创建 PHP 文件

在项目目录 myProject 中创建一个 PHP 文件 index.php，具体步骤如下。

（1）在项目名称 myProject 上单击鼠标右键，然后在弹出的快捷菜单中选择 New → PHP File 命令，如图 1.32 所示。

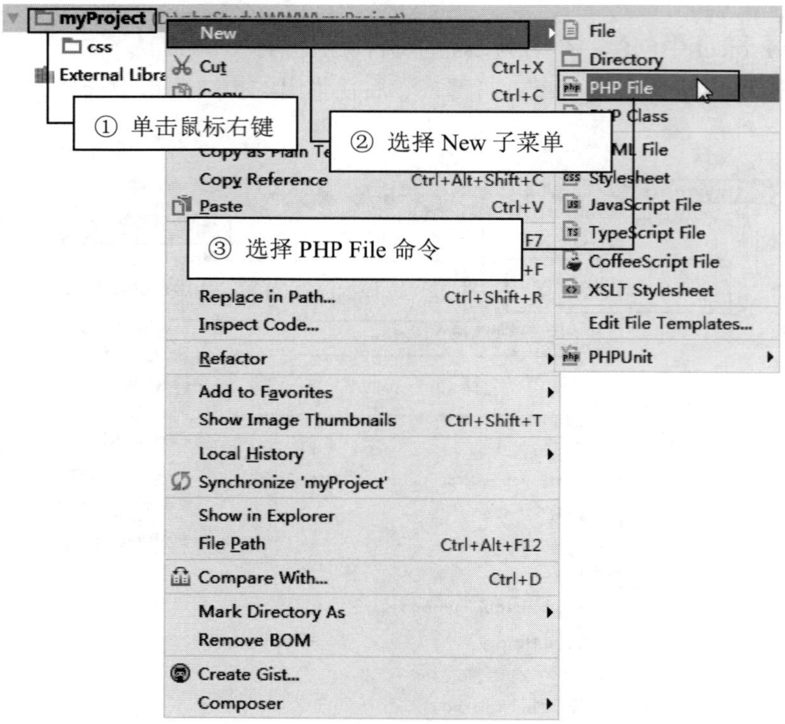

图 1.32 在项目中创建 PHP 文件

（2）选择 PHP File 命令后，弹出新建 PHP 文件对话框，如图 1.33 所示，在文本框中输入 PHP 文件的名称 index，然后单击 OK 按钮，完成 index.php 文件的创建。此时，开发工具会自动打开刚刚创建的文件，如图 1.34 所示。

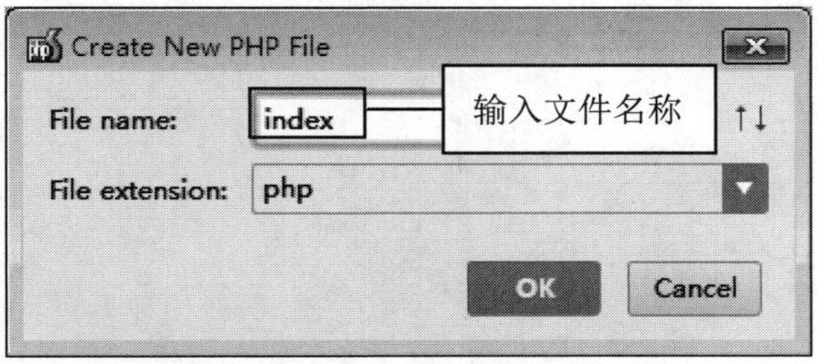

图 1.33　输入 PHP 文件名称

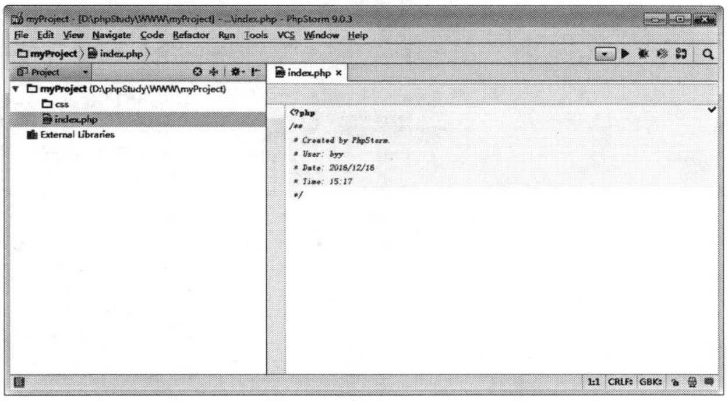

图 1.34　自动打开刚刚创建的文件

3. 运行第一个程序

下面来编写并运行第一个 PHP 程序。具体步骤如下。

（1）在 index.php 文件中编写代码，首先删除文件创建之后默认生成的代码，然后在页面中编写代码，输出字符串 Hello World，如图 1.35 所示。

（2）打开浏览器，在地址栏中输入 http://localhost/myProject/index.php，按 Enter 键后即可查看 index.php 页面的运行结果，如图 1.36 所示。

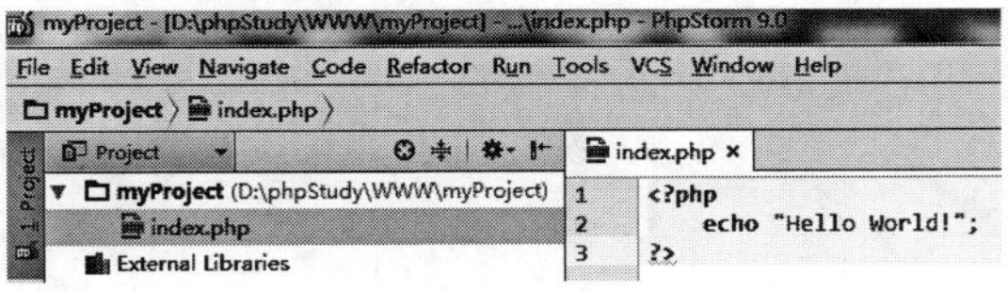

图 1.35　在文件中编写代码

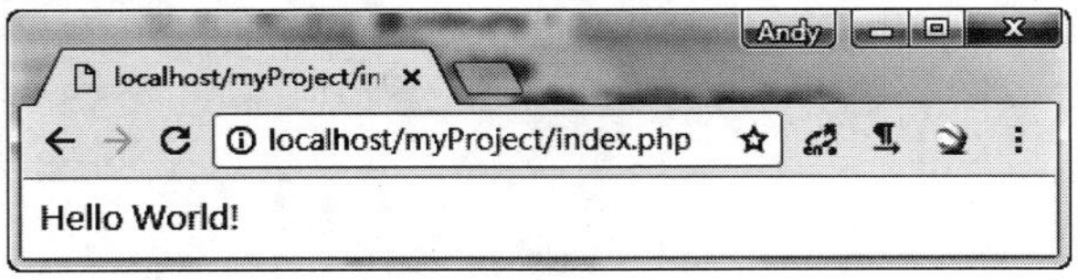

图 1.36　运行第一个 PHP 程序

视频讲解

1.5　PhpStorm 常用设置

PhpStorm 的功能十分强大，它可以快速有效地完成项目的创建，并为用户操作提供了很多方便之处。下面介绍一下在程序开发过程中 PhpStorm 常用的一些设置。

1.5.1　设置文件编码格式

现代 PHP 标准要求 PHP 文件的编码格式为 UTF-8，下面介绍两种方法设置文件编码格式。

1. 设置项目的编码格式

为保证整个项目的编码格式为 UTF-8，在创建完项目前，先设置项目的编码格式。选择 File → Settings，在打开的对话框搜索栏中输入 encodings，将 Project Encoding 设置为 UTF-8，具体操作如图 1.37 所示。

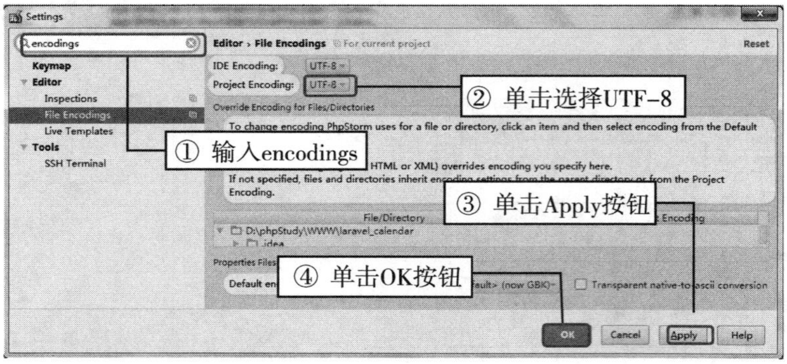

图 1.37　设置 PhpStorm 编码格式

2. 更改单个文件的编码格式

当从外复制一个文件到项目中时，如果该文件的编码格式为 GBK，则需要将其更改为 UFT-8。此时，可以使用 PhpStorm 更改单个文件的编码格式。使用 PhpStorm 打开该文件，单击窗口右下角的文件编码（如 GBK），弹出所有编码的菜单，选择 UTF-8，最后单击弹出对话框中的 Convert 按钮，具体操作如图 1.38 所示。

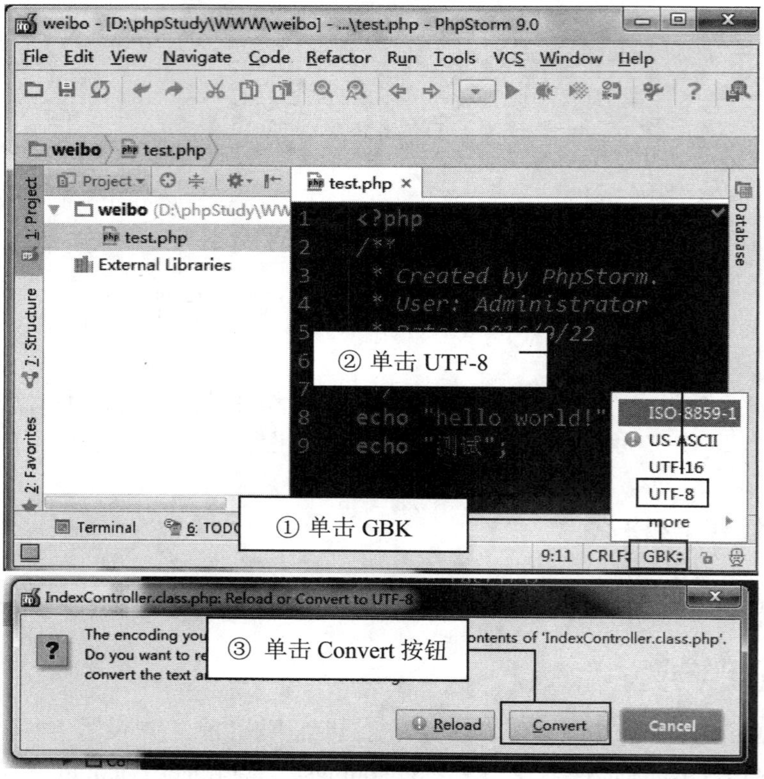

图 1.38　更改编码为 UTF-8

1.5.2　其他常用设置

在 PhpStorm 的 Settings 选项中，还可以设置 PhpStorm 的主题、字体、颜色等。此外，还可以为 PhpStorm 添加实用插件，更多功能请查阅官方网站。

1.6　小　　结

本章主要介绍了 PHP 概述，以及在 Windows 下如何搭建 PHP 环境，包括 phpStudy 集成环境的下载、安装和使用等知识。接着，介绍了 PhpStorm 开发工具的下载、安装及设置。此外，还编写了第一个 PHP 程序：输出 Hello Word!。希望读者通过本章的学习，对 PHP 有一个初步的了解，并能够配置好开发环境，为接下来的开发之旅做好准备。

第 2 章

PHP 语言基础

（视频讲解：1 小时 44 分钟）

通过第 1 章的学习，相信读者对 PHP 的概念和如何搭建 PHP 环境有了一个全面的了解，接下来将学习 PHP 的基础知识。无论是初出茅庐的“菜鸟”，还是资历深厚的“高手”，没有扎实的基础做后盾都是不行的。PHP 的特点是易学、易用，但这并不代表随随便便就可以熟练掌握。随着知识的深入，PHP 会越来越难学，基础的重要性也就越加明显。掌握了基础，就等于有了坚固的地基，才有可能“万丈高楼平地起”。

学习摘要：

- PHP 标记风格
- PHP 注释
- PHP 数据类型
- PHP 常量
- PHP 变量
- PHP 操作符
- PHP 表达式
- PHP 函数

2.1　PHP 标记风格

视频讲解

PHP 和其他几种 Web 语言一样，都是使用一对标记对将 PHP 代码部分包含起来，以便和 HTML 代码相区分。PHP 一共支持 4 种标记风格，下面分别进行介绍。

1. XML 风格

```
<?php
    echo " 这是 XML 风格的标记 ";
?>
```

XML 风格的标记是本书所使用的标记，也是推荐使用的标记，服务器不能禁用。该风格的标记在 XML、XHTML 中都可以使用。

2. 脚本风格

```
<script language="php">
    echo ' 这是脚本风格的标记 ';
</script>
```

3. 简短风格

```
<? echo '这是简短风格的标记' ; ?>
```

4. ASP 风格

```
<%
    echo ' 这是 ASP 风格的标记 ';
%>
```

说明

如果要使用简短风格和 ASP 风格，需要在 php.ini 中对其进行配置，打开 php.ini 文件，将 short_open_tag 和 asp_tags 都设置为 On，重启 Apache 服务器即可。

2.2　PHP 注释的应用

视频讲解

注释即代码的解释和说明，一般放到代码的上方或代码的尾部（放尾部时，代码和注释之间以 Tab 键进行分隔，以方便程序阅读），用来说明代码或函数的编写人、用途、时间等。注释不会影响到程序的执行，因为在执行时，注释部分会被解释器忽略不计。

PHP 支持 3 种风格的程序注释。

1. 单行注释（//）

这是一种来源于 C++ 语法的注释模式，可以写在 PHP 语句的上方，也可以写在后方。
写在 PHP 语句上方：

```
<?php
    // 这是写在 PHP 语句上方的单行注释
    echo '使用 C++ 风格的注释';
?>
```

写在 PHP 语句后方：

```
<?php
    echo '使用 C++ 风格的注释';  // 这是写在 PHP 语句后面的单行注释
?>
```

2. 多行注释（/*…*/）

这是一种来源于 C 语言语法的注释模式，可以分为块注释和文档注释。
块注释：

```
<?php
    /*
    $a = 1;
    $b = 2;
    echo ($a + $b);
    */
    echo ' PHP 的多行注释 ' ;
?>
```

文档注释：

```
<?php
/ *  说明：项目工具类
 *  作者：mrsoft
 *  E-mail:mingrisoft@mingrisoft.com
 */
class Util
{
    /**
    * 方法说明：给字符串加前缀
    * 参数：String $str
    * 返回值：String
    */
    function addPrefix ($str)
```

```
    {
        $str.= 'mingri';
        return $str;
    }
}
?>
```

注意

多行注释是不允许进行嵌套操作的。

3. # 号风格的注释（#）

```
<?php
    echo '这是 # 号风格的注释';        # 这是 UNIX 风格的单行注释
?>
```

注意

在单行注释中的内容不要出现“?>”标志，因为解释器会认为 PHP 脚本结束，而不去执行“?>”后面的代码。例如：

```
<?php
    echo '这样会出错的！！！！！ '                    // 不会看到 ?>
?>
```

运行结果如下：

这样会出错的！！！！！ 不会看到 ?>

2.3　PHP 的数据类型

视频讲解

2.3.1　数据类型

PHP 一共支持 8 种原始类型，包括 4 种标量类型，即 integer（整型）、float/double（浮点型）、string（字符串型）和 boolean（布尔型）；两种复合类型，即 array（数组）和 object（对象）；两种特殊类型，即 resource（资源）与 NULL（空）。数据类型及说明如表 2.1 所示。

表 2.1　数据类型

类　型	说　明
integer（整型）	整型数据类型只能包含整数，可以是正数或负数
float（浮点型）	浮点数据类型用于存储数字，和整型不同的是它有小数位
string（字符串型）	字符串就是连续的字符序列，可以是计算机所能表示的一切字符的集合
boolean（布尔型）	这是最简单的类型。只有两个值，真（true）和假（false）
array（数组）	用来保存具有相同类型的多个数据项

续表

类　型	说　明
object（对象）	用来保存类的实例
resource（资源）	资源是一种特殊的变量类型，保存了到外部资源的一个引用，如打开文件、数据库连接、图形画布区域等
NULL（空）	没有被赋值、已经被重置或者被赋值为特殊值 NULL 的变量

【例 2.01】 使用 echo 语句输出个人信息，包括“姓名”“性别”“年龄”“身高”“体重”，代码如下：（**实例位置：资源包 \ 源码 \02\2.01**）

```
<?php
    $name = " 明日科技小助手 ";
    $gender = " 女 ";
    $age  = 18;
    $height = 170;
    $weight = 45.5;
    echo " 姓名 :".$name."<br>";
    echo " 性别 :".$gender."<br>";
    echo " 年龄 :".$age." 岁 <br>";
    echo " 身高 :".$height." 厘米 <br>";
    echo " 体重 :".$weight." 公斤 <br>";
?>
```

上述代码中，包含的数据类型有字符串型、整型和浮点型，运行结果如图 2.1 所示。

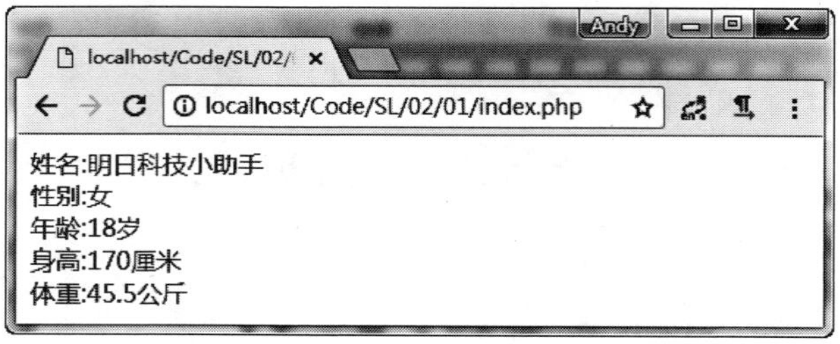

图 2.1　个人信息输出结果

多学两招

上述代码中，“.”是字符串连接符，
是换行标签，echo 是 PHP 的输出语句，将文本内容显示在浏览器上。常用的输出语句还有 var_dump() 函数和 print_r() 函数。

2.3.2　数据类型转换

PHP 是弱类型语言（或动态语言），不需要像 C 语言一样在使用变量前必须先声明变量的类型。在 PHP 中，变量的类型是由赋给它的值确定的。例如：

```
<?php
    $var1 = 'Hello World' ;                    // 给变量 $var1 赋值
    $var2 = 521;                               // 给变量 $var2 赋值
?>
```

说明

代码中“=”不是数学中的“等于”，它是赋值操作符，将“=”右边的值赋给“=”左边的变量。

上述代码中，变量 $var1 为字符串类型，变量 $var2 为整型。虽然 PHP 不需要先声明变量的类型，但有时仍然需要用到类型转换。PHP 中的类型转换非常简单，只需在变量前加上用括号括起来的类型名称即可。允许转换的类型如表 2.2 所示。

表 2.2　类型强制转换

转换操作符	转 换 类 型	举　　例
(int)，(integer)	转换成整型	(int)$boo、(integer)$str
(bool)，(boolean)	转换成布尔型	(bool)$num、(boolean)$str
(string)	转换成字符串型	(string)$boo
(array)	转换成数组	(array)$str
(float)，(double)，(real)	转换成浮点型	(float)$str、(double)$str
(object)	转换成对象	(object)$str
(unset)	转换为 NULL	(unset)$str

注意

在进行类型转换的过程中应该注意以下内容：转换成布尔型时，null、0 和未赋值的变量或数组会被转换为 false，其他的为 true；转换成整型时，布尔型的 false 转换为 0，true 转换为 1，浮点型的小数部分被舍去，字符串型如果以数字开头就截取到非数字位，否则输出 0。

类型转换还可以通过 settype() 函数来完成，该函数可以将指定的变量转换成指定的数据类型。

```
bool settype ( mixed $var, string $type )
```

参数 var 为指定的变量，参数 type 为指定的类型，参数 type 有 7 个可选值，即 boolean、float、integer、array、null、object 和 string。如果转换成功，则返回 true，否则返回 false。

当字符串转换为整型或浮点型时，如果字符串是以数字开头的，就会先把数字部分转换为整型，再舍去后面的字符串；如果数字中含有小数点，则会取到小数点前一位。

【例 2.02】 使用两种方法将指定的字符串进行类型转换，并比较两种方法之间的不同。代码如下：（实例位置：资源包 \ 源码 \02\2.02）

```
<?php
    $num = '3.1415926r*r';                              // 声明一个字符串变量
    echo '将字符串型数据转化为整型的结果是：';
    echo (int)$num;                                     // 使用 integer 转换类型
    echo '<br>';
    $result = settype($num, 'integer');                 // 使用 settype() 函数转换类型
    echo '使用 settype 函数转换变量 $num 类型，函数的返回值为：'.$result;
    echo '<br>';
    echo '输出转化后 $num 的值：'.$num;                   // 输出原始变量 $num
?>
```

运行结果如图 2.2 所示。

图 2.2 类型转换

可以看到，使用 (int) 能直接输出转换后的变量类型，并且原变量不发生任何变化。而使用 settype() 函数返回的是布尔值，也就是 true，而原变量被改变了。在实际应用中，可根据情况自行选择转换方式。

2.3.3 检测数据类型

PHP 还内置了检测数据类型的系列函数，可以对不同类型的数据进行检测，判断其是否属于某个类型，如果符合则返回 true，否则返回 false。检测数据类型的函数如表 2.3 所示。

表 2.3 检测数据类型

函 数	检 测 类 型	举 例
is_bool()	检查变量是否是布尔类型	is_bool(true)、is_bool(false)
is_string()	检查变量是否是字符串类型	is_string('string')、is_string(1234)
is_float/is_double()	检查变量是否为浮点类型	is_float(2.1415)、is_float('2.1415')
is_integer/is_int()	检查变量是否为整数类型	is_integer(34)、is_integer('34')
is_null()	检查变量是否为 null	is_null(null)
is_array()	检查变量是否为数组类型	is_array($arr)
is_object()	检查变量是否为一个对象类型	is_object($obj)
is_numeric()	检查变量是否为数字或由数字组成的字符串	is_numeric('5')、is_numeric('bccd110')

由于检测数据类型的函数的功能和用法都是相同的，下面使用 is_numeric() 函数和 is_null() 函数来分别检测变量中的数据是否是数字和变量是否为 null，从而了解并掌握 is 系列函数的用法。代码如下：

```
<?php
    $boo = "043112345678";                              //声明一个全由数字组成的字符串变量
    if(is_numeric($boo)){                               //判断该变量是否由数字组成
        echo "Yes,the \$boo is a phone number: $boo!";  //如果是，输出该变量
    }else{
        echo "Sorry,This is an error!";                 //否则，输出错误语句
    }
    if(is_null($boo)){
        echo "<p>$boo is null</p>";                     //判断变量是否为 null
    }else{
        echo "<p>$boo is not null</p>";
    }
?>
```

运行结果如下：

```
Yes,the $boo is a phone number：043112345678!
043112345678 is not null
```

视频讲解

2.4　PHP 常量

常量是一个简单值的标识符（名字）。如同其名称所暗示的，在脚本执行期间该值不能改变，常量默认为大小写敏感。一个常量由英文字母、下画线和数字组成，但数字不能作为首字符出现。传统上常量标识符总是大写的。

2.4.1　定义常量

在 PHP 中使用 define() 函数来定义常量，该函数的语法格式如下：

```
define(string $constant_name,$mixed value,$case_sensitive=false)
```

参数说明如下。

☑ constant_name：必选参数，常量名称，即标识符。

☑ value：必选参数，常量的值。

☑ case_sensitive：可选参数，指定是否大小写敏感。设定为 true 时，表示不敏感。

定义完常量后，使用常量名可以直接获取常量值。例如：

```
<?php
    define ("MESSAGE"," 我是一名 PHP 程序员 ");
    echo "MESSAGE is:".MESSAGE."<br>";       //输出常量 MESSAGE
    echo "Message is:".Message."<br>";       //输出错误提示，因为常量区分大小写
?>
```

运行结果如下：

```
MESSAGE is: 我是一名 PHP 程序员
Notice: Use of undefined constant Message
```

2.4.2 预定义常量

在 PHP 开发过程中，开发者们经常会使用一些通用的信息，PHP 已经将这些信息定义为常量，而不需要开发者重新定义，这就是预定义常量。常用的预定义常量如表 2.4 所示。

表 2.4 PHP 的预定义常量

常 量 名	功 能
__FILE__	默认常量，PHP 程序文件名
__LINE__	默认常量，PHP 程序行数
PHP_VERSION	内建常量，PHP 程序的版本，如 php6.0.0-dev
PHP_OS	内建常量，执行 PHP 解析器的操作系统名称，如 Windows
TRUE	该常量是一个真值（true）
FALSE	该常量是一个假值（false）
NULL	一个 null 值
E_ERROR	该常量指到最近的错误处
E_WARNING	该常量指到最近的警告处
E_PARSE	该常量指到解析语法有潜在问题处
E_NOTICE	该常量为发生不寻常处的提示但不一定是错误处

注意

__FILE__ 和 __LINE__ 中的“__”是两条下画线，而不是一条“_”。

说明

表中以 E_ 开头的预定义常量，是 PHP 的错误调试部分。如需详细了解，请参考 error_reporting() 函数。

预定义常量与用户自定义常量在使用上没什么差别，直接获取常量值。例如，下面使用预定义常量输出 PHP 中的信息。代码如下：

```
<?php
    echo " 当前文件路径：".__FILE__;                        // 输出 __FILE__ 常量
    echo "<br> 当前行数：".__LINE__;                        // 输出 __LINE__ 常量
    echo "<br> 当前 PHP 版本信息：".PHP_VERSION;            // 输出 PHP 版本信息
    echo "<br> 当前操作系统：".PHP_OS;                      // 输出系统信息
?>
```

运行结果如下：

```
当前文件路径：D:\phpStudy\WWW\Code\test.php
当前行数：3
当前 PHP 版本信息：5.5.30
当前操作系统：WINNT
```

说明

根据每个用户操作系统和软件版本的不同，所得的结果也不一定相同。

视频讲解

2.5　PHP 变量

把一个值赋给一个名字时，如把值 " 明日科技小助手 " 赋给 $name，$name 就称为变量。在大多数编程语言中，都把这称为“把值存储在变量中”。在计算机内存中的某个位置，字符串序列 " 明日科技小助手 " 已经存在。我们不需要准确地知道它们到底在哪里，只需要告诉 PHP 这个字符串序列的名字是 $name，从现在开始就要通过这个名字来引用这个字符串序列。这个过程就像上门取快递一样，内存就像一个巨大的货物架，在 PHP 中使用变量就像是给快递盒子加标签，如图 2.3 所示。

图 2.3　货物架中贴着标签的快递

顾客的快递存放在货物架上，上面附着写有名字的标签。当顾客来取快递时，并不需要知道它们存放在这个大型货架的哪个具体位置，只需要提供名字，快递员就会把快递交送到顾客手上。实际上，顾客的快递可能并不在原先所放的位置，不过快递员会记录快递的位置。要取回顾客的快递，只需要提供顾客的名字。变量也一样，我们不需要准确地知道信息存储在内存中的哪个位置，只需要记住存储变量时所用的名字，直接使用这个名字即可。

2.5.1　变量赋值及使用

和很多语言不同，在 PHP 中使用变量之前不需要声明变量（PHP 4 之前需要声明变量），只需为变量赋值即可。PHP 中的变量名称用“$ 符号 + 标识符”表示。标识符由字母、数字或下画线组成，并且不能以数字开头。另外，变量名是区分大小写的。

变量赋值，是指给变量一个具体的数据值，对于字符串和数字类型的变量，可以通过“=”来实现。格式如下：

```
$name = value;
```

对变量命名时，要遵循变量命名规则。例如，下面的变量命名是合法的：

```
<?php
    $thisCup="oink";
    $_Class="roof ";
?>
```

下面的变量命名则是非法的：

```
<?php
    $11112_var=11112;                    // 变量名不能以数字字符开头
    $@spcn = "spcn";                     // 变量名不能以字母或下画线以外的其他字符开头
?>
```

除了直接赋值外，还有两种方式可以为变量赋值，一种是变量间的赋值。变量间的赋值是指赋值后两个变量使用各自的内存，互不干扰，代码如下：

```
<?php
    $string1 = "mingribook";             // 为变量 $string1 赋值
    $string2 = $string1;                 // 使用 $string1 初始化 $string2
    $string1 = "mrbccd";                 // 改变变量 $string1 的值
    echo $string2;                       // 输出变量 $string2 的值
?>
```

运行结果如下：

```
mingribook
```

变量间的赋值就像是在网上买了一个商品后，一天后又下单买了相同的商品。这样在快递点就有两个一样的快递，这两个商品占用两个不同的货架位置，互不干扰。

另一种是引用赋值。从 PHP 4 开始，PHP 引入了“引用赋值”的概念。引用的概念是，用不同的名字访问同一个变量内容。当改变其中一个变量的值时，另一个也跟着发生变化。使用 & 符号来表示引用。例如，变量 $j 是变量 $i 的引用，当给变量 $i 赋值后，$j 的值也会跟着发生变化。代码如下：

```
<?php
    $i = "mingribook";                   // 为变量 $i 赋值
    $j = & $i;                           // 使用引用赋值，这时 $j 已经赋值为 mingribook
    $i = "mrbccd";                       // 重新给 $i 赋值
    echo $j;                             // 输出变量 $j
    echo "<br>";
    echo $i;                             // 输出变量 $i
?>
```

运行结果如下：

```
mrbccd
mrbccd
```

引用赋值就像在填写快递信息时，为避免和别人重名被人误取，于是在“收货人”位置上写了两个名字，一个是真名，一个是笔名。尽管是两个名字，但却是同一个商品，占用同一个货架。

注意

引用赋值和变量间的赋值的区别在于：变量间的赋值是将原变量内容复制下来，开辟一个新的内存空间来保存，而引用赋值则是给变量的内容再起一个名字。

2.5.2　预定义变量

PHP 还提供了很多非常实用的预定义变量，通过这些预定义变量可以获取到用户会话、用户操作系统的环境和本地操作系统的环境等信息。常用的预定义变量如表 2.5 所示。

表 2.5　PHP 的预定义变量

变量的名称	说　　明
$_SERVER['SERVER_ADDR']	当前运行脚本所在的服务器的 IP 地址
$_SERVER['SERVER_NAME']	当前运行脚本所在服务器主机的名称。如果该脚本运行在一个虚拟主机上，则该名称是由虚拟主机所设置的值决定
$_SERVER['REQUEST_METHOD']	访问页面时的请求方法。如 GET、HEAD、POST、PUT 等，如果请求的方式是 HEAD，PHP 脚本将在送出头信息后中止（这意味着在产生任何输出后，不再有输出缓冲）
$_SERVER['REMOTE_ADDR']	正在浏览当前页面用户的 IP 地址
$_SERVER['REMOTE_HOST']	正在浏览当前页面用户的主机名。反向域名解析基于该用户的 REMOTE_ADDR
$_SERVER['REMOTE_PORT']	用户连接到服务器时所使用的端口
$_SERVER['SCRIPT_FILENAME’]	当前执行脚本的绝对路径名。注意，如果脚本在 CLI 中被执行，作为相对路径，如 file.php 或者 .../file.php，$_SERVER['SCRIPT_FILENAME'] 将包含用户指定的相对路径
$_SERVER['SERVER_PORT']	服务器所使用的端口，默认为 80。如果使用 SSL 安全连接，则这个值为用户设置的 HTTP 端口
$_SERVER['SERVER_SIGNATURE']	包含服务器版本和虚拟主机名的字符串
$_SERVER['DOCUMENT_ROOT']	当前运行脚本所在的文档根目录。在服务器配置文件中定义
$_COOKIE	通过 HTTP Cookie 传递到脚本的信息。这些 Cookie 多数是由执行 PHP 脚本时通过 setcookie() 函数设置的
$_SESSION	包含与所有会话变量有关的信息。$_SESSION 变量主要应用于会话控制和页面之间值的传递

续表

变量的名称	说　明
$_POST	包含通过 POST 方法传递的参数的相关信息。主要用于获取通过 POST 方法提交的数据
$_GET	包含通过 GET 方法传递的参数的相关信息。主要用于获取通过 GET 方法提交的数据
$GLOBALS	由所有已定义全局变量组成的数组。变量名就是该数组的索引。它可以称得上是所有超级变量的超级集合

视频讲解

2.6　PHP 操作符

“+”“–”“*”“/”都称为操作符。这是因为它们会“操作”或处理放在符号两边的数字。“=”也是一个操作符，称为赋值操作符，因为我们可以用它为一个变量赋值。操作符就是会对它两边的东西有影响或者有“操作”的符号。这种影响可能是赋值、检查或者改变一个或多个这样的东西。完成算术运算的“+”“–”“*”“/”都是操作符。PHP 的操作符主要包括算术操作符、字符串操作符、赋值操作符、递增或递减操作符、逻辑操作符、比较操作符、条件操作符和位操作符，这里只介绍一些常用的操作符。

2.6.1　算术操作符

算术操作符是处理四则运算的符号，在数字的处理中应用得最多。PHP 常用的算术操作符如表 2.6 所示。

表 2.6　PHP 常用的算术操作符

名　称	操 作 符	举　例
加法运算	+	$a + $b
减法运算	–	$a–$b
乘法运算	*	$a * $b
除法运算	/	$a / $b
取余数运算	%	$a % $b

说明

在算术操作符中使用 % 求余，如果被除数（$a）是负数，那么取得的结果也是一个负值。

【例 2.03】 计算以 80km/h 的速度行驶 200km 需要花多长时间，答案为时 / 分的格式，如 X 小时 Y 分钟。相应的公式（用文字表述）是“行驶时间等于距离除以速度”。代码如下：（**实例位置：资源包\源码\02\2.03**）

```
<?php
       $s = 200;                                  // 距离
       $v = 80;                                   // 速度
       $h = $s/$v;                                // 时间
       echo '需要花费 '.$h.' 小时 ';
       echo '<br>';
       /** 转化为时、分格式 **/
       $h1 = (int)$h;                             // 时间取整
       $m  = ($h - $h1)*60;                       // 将小数部分转化为分钟
       echo '转化为时 / 分格式后为：'.$h1.' 小时 '.$m.' 分钟 ';
?>
```

运行结果如图 2.4 所示。

图 2.4　显示花费时间

2.6.2　字符串操作符

字符串操作符只有一个，即英文的句号“.”。它将两个字符串连接起来，结合成一个新的字符串。

例如，将 " 明日科技 " 和 " 有限公司 " 连接起来。代码如下：

```
<?php
       $str1 = " 明日科技 ";                      // 声明一个字符串变量
       $str2 = " 有限公司 ";                      // 声明另一个字符串变量
       $str = $str1.$str2;                        // 使用“.”操作符将两个变量连接
       echo $str;
?>
```

运行结果如下：

```
明日科技有限公司
```

多学两招

对于字符串型数据，既可以用单引号，也可以用双引号。分别应用单引号和双引号来输出同一个变量，其输出结果完全不同，双引号输出的是变量的值，而单引号输出的是字符串 "$i"。例如：

```
<?php
       $i = ' 明日科技 ';                         // 声明一个字符串变量
       echo "$i";                                 // 用双引号输出，结果为：明日科技
       echo ' $i ';                               // 用单引号输出，结果为：$i
?>
```

2.6.3　赋值操作符

赋值操作符是把基本赋值操作符“=”右边的值赋给左边的变量或者常量。PHP 的赋值操作符如表 2.7 所示。

表 2.7　PHP 的赋值操作符

操　作	符　号	举　例	展开形式	意　义
赋值	=	$a=3	$a=3	将右边的值赋给左边
加等于	+=	$a+= 2	$a=$a+2	将右边的值加到左边
减等于	–=	$a–= 3	$a=$a–3	将右边的值减到左边
乘等于	*=	$a*=4	$a=$a * 4	将左边的值乘以右边
除等于	/=	$a/= 5	$a=$a / 5	将左边的值除以右边
连接字符	.=	$a.='b'	$a=$a.'b'	将右边的字符加到左边
取余数	%=	$a%= 5	$a=$a % 5	将左边的值对右边取余数

注意

混淆“=”和“==”是编程中最常见的错误之一。

2.6.4　递增或递减操作符

两个加号“++”连接在一起，称为递增操作符。两个减号“--”连接在一起，称为递减操作符。递增或递减操作符有两种使用方法，一种是将操作符放在变量前面，即先将变量作加 1 或减 1 的运算后再将值赋给原变量，叫作前置递增或递减操作符，如图 2.5 所示。

另一种是将操作符放在变量后面，即先返回变量的当前值，然后变量的当前值作加 1 或减 1 的运算，叫作后置递增或递减操作符，如图 2.6 所示。

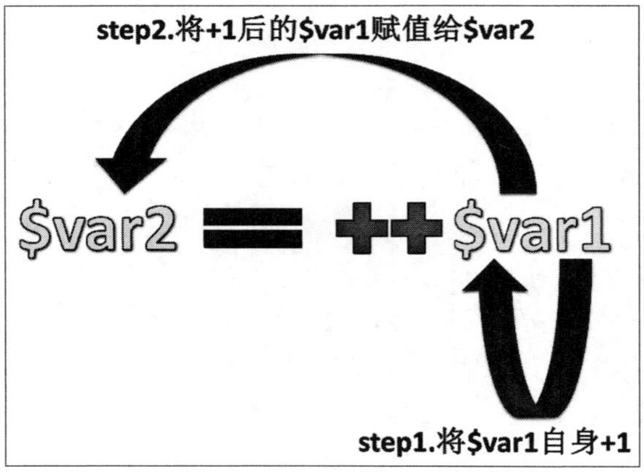

图 2.5　前置递增操作符执行顺序

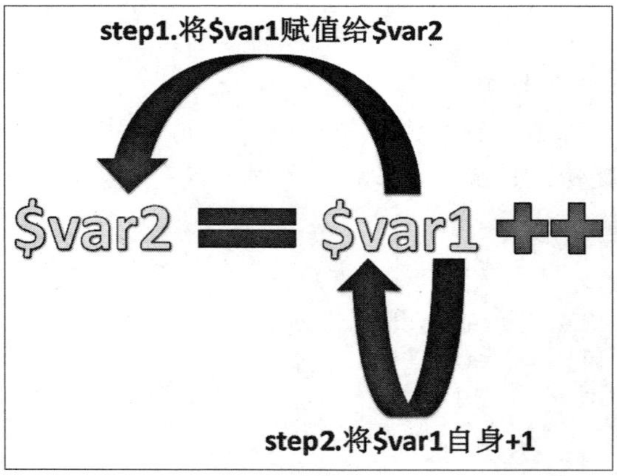

图 2.6　后置递增操作符执行顺序

例如，定义两个变量，将这两个变量分别利用递增和递减操作符进行操作，并输出结果。代码如下：

```
<?php
    // 前置递增
    $a = 3;
    $b = ++$a;
    echo " 前置递增运算后 a 值为 :".$a;
    echo "<br>";
    echo "b 值为 :".$b;
    echo "<br>";
    // 后置递增
    $c = 3;
    $d = $c++;
    echo " 后置递增运算后 c 值为 :".$c;
    echo "<br>";
    echo "d 值为 :".$d;
?>
```

运行结果如下：

```
前置递增运算后 a 值为 :4
b 值为 :4
后置递增运算后 c 值为 :4
d 值为 :3
```

2.6.5　逻辑操作符

逻辑操作符用来组合逻辑运算的结果，是程序设计中一组非常重要的操作符。PHP 的逻辑操作符如表 2.8 所示。

表 2.8　PHP 的逻辑操作符

<table>
<tr><th>操　作　符</th><th>举　　例</th><th>结 果 为 真</th></tr>
<tr><td>&& 或 and（逻辑与）</td><td>$m and $n</td><td>当 $m 和 $n 都为真时</td></tr>
<tr><td>|| 或 or（逻辑或）</td><td>$m || $n</td><td>当 $m 为真或者 $n 为真时</td></tr>
<tr><td>xor（逻辑异或）</td><td>$m xor $n</td><td>当 $m、$n 一真一假时</td></tr>
<tr><td>!（逻辑非）</td><td>!$m</td><td>当 $m 为假时</td></tr>
</table>

在逻辑判断时，经常要使用逻辑操作符，在后续章节中会使用到逻辑操作符。

2.6.6　比较操作符

比较操作符就是对变量或表达式的结果进行大小、真假等比较，如果比较结果为真，则返回 true，如果为假，则返回 false。PHP 的比较操作符如表 2.9 所示。

表 2.9　PHP 的比较操作符

操　作　符	说　　明	举　　例
<	小于	$m<$n
>	大于	$m>$n
<=	小于或等于	$m<=$n
>=	大于或等于	$m>=$n
==	相等	$m= =$n
!=	不等	$m!=$n
===	恒等	$m= = = $n
!==	非恒等	$m!==$n

其中，不太常见的就是 === 和 !==。$a === $b，说明 $a 和 $b 不只是数值上相等，而且两者的类型也一样。例如，false 和 0，在判断时，它们的关系是相等（==），但不是恒等（===）。

2.6.7　条件操作符（或三元操作符）

条件操作符（?:），也称为三元操作符，用于根据一个表达式在另两个表达式中选择一个，而不是用来在两个语句或者程序中选择。条件操作符最好放在括号中使用。

例如，应用条件操作符实现一个简单的判断功能，如果正确则输出“条件运算”，否则输出“没有该值”。代码如下：

```
<?php
    $value=100;                                          //声明一个整型变量
    echo ($value==true)?" 条件运算 ": " 没有该值 ";     //对整型变量进行判断
?>
```

运行结果如下：

```
条件运算
```

2.6.8　操作符的优先级

所谓操作符的优先级，是指在应用中哪一个操作符先计算，哪一个后计算，与数学的四则运算遵循的“先乘除，后加减”是一个道理。

PHP 的操作符在运算中遵循的规则是：优先级高的运算先执行，优先级低的操作后执行，同一优先级的操作按照从左到右的顺序进行。也可以像四则运算那样使用小括号，括号内的运算最先进行。表 2.10 从高到低列出了操作符的优先级。同一行中的操作符具有相同优先级，此时它们的结合方向决定求值顺序。

表 2.10　操作符的优先级

<table>
<tr><th>类　　型</th><th>说　　明</th></tr>
<tr><td>clone new</td><td>clone 和 new</td></tr>
<tr><td>[</td><td>array()</td></tr>
<tr><td>++ --</td><td>递增 / 递减操作符</td></tr>
<tr><td>~ – (int) (float) (string) (array) (object) (bool) @</td><td>类型</td></tr>
<tr><td>instanceof</td><td>类型</td></tr>
<tr><td>!</td><td>逻辑操作符</td></tr>
<tr><td>* / %</td><td>算术操作符</td></tr>
<tr><td>+ – .</td><td>算术操作符和字符串操作符</td></tr>
<tr><td><< >></td><td>位操作符</td></tr>
<tr><td>< <= > >= <></td><td>比较操作符</td></tr>
<tr><td>== != === !==</td><td>比较操作符</td></tr>
<tr><td>&</td><td>位操作符和引用</td></tr>
<tr><td>^</td><td>位操作符</td></tr>
<tr><td>|</td><td>位操作符</td></tr>
<tr><td>&&</td><td>逻辑操作符</td></tr>
<tr><td>||</td><td>逻辑操作符</td></tr>
<tr><td>?:</td><td>条件操作符</td></tr>
<tr><td>= += –= *= /= .= %= &= |= ^= <<= >>=</td><td>赋值操作符</td></tr>
<tr><td>and</td><td>逻辑操作符</td></tr>
<tr><td>xor</td><td>逻辑操作符</td></tr>
<tr><td>or</td><td>逻辑操作符</td></tr>
</table>

这么多的级别，如果想都记住是不太现实的，也没有必要。如果写的表达式很复杂，而且包含了较多的操作符，不妨多使用括号，例如：

```
<?php
    $a and (($b != $c) or (5 * (50 – $d)));
?>
```

这样就会减少出现逻辑错误的可能。

2.7　PHP 的表达式

视频讲解

表达式是构成 PHP 程序语言的基本元素，也是 PHP 最重要的组成元素。最基本的表达式形式是常量和变量。例如，$m=20，即表示将值 20 赋给变量 $m。表达式是 PHP 最重要的基石。简单的表达式如以下代码所示：

```php
<?PHP
    $num = 12;
    $a = "word" ;
?>
```

上述代码是由两个表达式组成的脚本，即 $num=12 和 $a="word"。此外，还可以进行连续赋值，例如：

```php
<?php
    $b = $a = 5;
?>
```

因为 PHP 赋值操作的顺序是由右到左的，所以变量 $b 和 $a 都被赋值 5。

在 PHP 的代码中，使用分号“;”来区分表达式，表达式也可以包含在括号内。可以这样理解：一个表达式再加上一个分号，就是一条 PHP 语句。

注意

在编写程序时，应该注意表达式后面的分号“;”不要漏写。

视频讲解

2.8 PHP 函数

函数就是可以完成某个工作的代码块，它就像是小朋友搭房子用的积木一样，可以反复地使用。在使用时，只需拿来即用，而不用考虑它的内部组成。PHP 函数可以分为两类，一类是内置函数，即 PHP 自身函数，只需要根据函数名调用即可。PHP 备受欢迎的一个原因就是拥有大量的内置函数，包括字符串操作函数和数组操作函数等。例如，var_dump() 函数就是输出变量的函数。第二类是自定义函数，就是由用户自己定义的，用来实现特定功能的函数。内置函数可以通过查阅 PHP 开发手册来学习，下面讲解自定义函数。

2.8.1 定义和调用函数

创建函数的基本语法格式如下：

```php
<?php
    function fun_name($str1,$str2,$strn){
        fun_body;
    }
?>
```

参数说明如下。

- ☑ function：为声明自定义函数时必须使用到的关键字。
- ☑ fun_name：为自定义函数的名称。

☑　$str1…$strn：为函数的参数。

☑　fun_body：为自定义函数的主体，是功能实现部分。

当函数被定义好后，所要做的就是调用这个函数。调用函数的操作十分简单，只需要引用函数名并赋予正确的参数即可完成函数的调用。

例如，定义了一个函数 example()，计算传入的参数的平方，然后连同表达式和结果全部输出。代码如下：

```
<?php
    /* 声明自定义函数 */
    function example($num){
        echo "$num * $num = ".$num * $num;          // 输出计算后的结果
    }
    example(10);                                    // 调用函数
?>
```

运行结果如下：

```
10 * 10 = 100
```

注意

如果定义了一个函数，但是从未调用这个函数，那么，这些代码将永远也不会执行。

2.8.2　在函数间传递参数

在调用函数时，有时需要向函数传递参数，如图 2.7 所示。

图 2.7　函数传递参数

参数传递的方式有按值传递、按引用传递和默认参数 3 种。

1. 按值传递方式

按值传递方式是最常用的参数传递方式，即将调用者括号内的值依次传递给函数括号内的值。从下面的例子中，验证函数接收参数的顺序。代码如下：

```
<?php
        function test($parameter1,$parameter2,$parameter3){
            echo '$parameter1 是：'.$parameter1."<br>";
            echo '$parameter2 是：'.$parameter2."<br>";
            echo '$parameter3 是：'.$parameter3;
        }
        test(1,2,3);
?>
```

运行结果如下：

```
$parameter1 是：1
$parameter2 是：2
$parameter3 是：3
```

2. 按引用传递方式

按引用传递就是将参数的内存地址传递到函数中。这时，在函数内部的所有操作都会影响到调用者参数的值。引用传递方式就是传值时在原基础上加 & 号即可。

举例说明按值传递和按引用传递的区别。

☑ 按值传递：张三和李四是同事，张三有一间独立的办公室，张三给李四建筑材料，李四也建造了一个跟张三一模一样的办公室，他们俩在各自办公室办公，彼此独立。

☑ 按引用传递：由于公司工费紧张，将李四安排到张三的办公室。二人各有一把钥匙，共用办公室的资源，张三和李四就会相互影响。

例如，下面的代码中，在第一个参数前添加一个 & 号。代码如下：

```
<?php
        function test(&$parameter1,$parameter2,$parameter3){
            echo '$parameter1 是：'.$parameter1."<br>";
            $parameter1++;
            echo '$parameter2 是：'.$parameter2."<br>";
            echo '$parameter3 是：'.$parameter3."<br>";
        }

        $number1 = 1;
        $number2 = 2;
        $number3 = 3;
        test($number1,$number2,$number3);
        echo "<br>";
        echo '$number1 是：'.$number1."<br>";
        echo '$number2 是：'.$number2."<br>";
        echo '$number3 是：'.$number3."<br>";
?>
```

运行结果如下：

```
$parameter1 是：1
$parameter2 是：2
$parameter3 是：3

$number1 是：2
$number2 是：2
$number3 是：3
```

从运行结果可以看出，第一个参数 $parameter1 使用引用后，函数体内改变 $parameter1 的值，调用者的参数 $number1 也相应改变，而 $number2 和 $number3 的值则没有改变。

3. 默认参数（可选参数）

还有一种设置参数的方式，即可选参数。可以指定某个参数为可选参数，将可选参数放在参数列表末尾，并且给它指定一个默认值。

例如，使用可选参数实现一个简单的价格计算功能，设置自定义函数 values() 的参数 $tax 为可选参数，其默认值为 0。第一次调用该函数，并且给参数 $tax 赋值 0.25，输出价格；第二次调用该函数，不给参数 $tax 赋值，输出价格。代码如下：

```
<?php
    function values($price,$tax=0){                //定义一个函数，其中的一个参数初始值为 0
        $price=$price+($price*$tax);               //声明一个变量 $price，等于两个参数的运算结果
        echo " 价格 :$price<br>";                  //输出价格
    }
    values(100,0.25);                              //为可选参数赋值 0.25
    values(100);                                   //没有给可选参数赋值
?>
```

运行结果如下：

```
价格 :125
价格 :100
```

注意

当使用默认参数时，默认参数必须放在非默认参数的右侧，否则函数可能出错。

2.8.3　从函数中返回值

我们已经知道，可以向函数发送信息（参数），不过函数还可以向调用者发回信息。从函数返回的值称为结果（result）或返回值（return value）。函数将返回值传递给调用者的方式是使用关键字 return。return 将函数的值返回给函数的调用者，即将程序控制权返回到调用者的作用域。该过程如图 2.8 所示。

【例 2.04】 模拟淘宝购物车功能，并计算购物车中商品总价。购物车中有如下商品信息：苹果手机单价 5000 元，购买数量 2 台；联想笔记本电脑单机 8000 元，购买数量 10 台。操作步骤为：先定义一个函数，命名为 total，该函数的作用是输入物品的单价和数量，然后计算总金额，最后返回商品金额。代码如下：（**实例位置：资源包\源码\02\2.04**）

图 2.8　函数返回值

```
<?php
    // 定义 total() 函数，计算商品总价
    function total($price,$number){
        $total = $price * $number;
        return $total;
    }
    $sum = 0;
    $phone = total(5000,2);                    // 调用函数，计算手机价格
    $computer = total(8000,10);                // 调用函数，计算笔记本电脑价格
    $sum = $phone + $computer;
    echo " 合计 ".$sum." 元 ";
?>
```

运行结果如下：

```
合计 90000 元
```

return 语句只能返回一个参数，即只能返回一个值，不能一次返回多个。如果要返回多个结果，就要在函数中定义一个数组，将返回值存储在数组中返回。

2.8.4　变量作用域

细心的读者可能注意到，有些变量在函数之外，有些则在函数之内，它们必须在有效范围内使用，如果变量超出有效范围，则变量也就失去其意义了。变量的作用域如表 2.11 所示。

表 2.11　变量作用域

作 用 域	说　　明
局部变量	在函数的内部定义的变量，其作用域是所在函数
全局变量	被定义在所有函数以外的变量，其作用域是整个 PHP 文件，但在用户自定义函数内部是不可用的。如果希望在用户自定义函数内部使用全局变量，则要使用 global 关键字声明
静态变量	能够在函数调用结束后仍保留变量值，当再次回到其作用域时，又可以继续使用原来的值。而一般变量是在函数调用结束后，其存储的数据值将被清除，所占的内存空间被释放。使用静态变量时，先要用关键字 static 来声明变量，把关键字 static 放在要定义的变量之前

在函数内部定义的变量，其作用域为所在函数，如果在函数外赋值，将被认为是完全不同的另一个变量。在退出声明变量的函数时，该变量及相应的值就会被清除。

2.9　小　　结

本章主要介绍了 PHP 语言的基础知识，包括数据类型、常量、变量、操作符、表达式和自定义函数，并详细介绍了各种类型之间的转换、系统预定义的常量和变量、操作符优先级和如何使用函数。基础知识是一门语言的核心，希望初学者能静下心来，牢牢掌握本章的知识，这样对以后的学习和发展能起到事半功倍的效果。

2.10　实　　战

2.10.1　输出圆周率的近似值

☑ **实例位置：资源包 \ 源码 \02\ 实战 \01**

使用 3 种书写方法（圆周率函数、传统书写格式和科学记数法）输出圆周率的近似值，运行结果如图 2.9 所示。

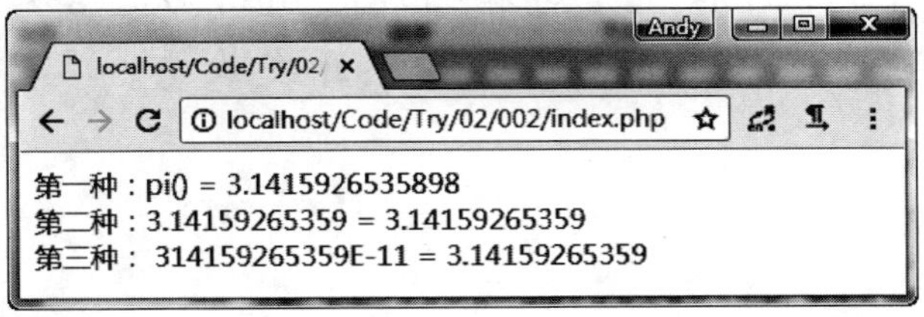

图 2.9　3 种方法显示圆周率

2.10.2　将华氏温度转化为摄氏温度

☑ **实例位置：资源包 \ 源码 \02\ 实战 \02**

美国洛杉矶当前温度为 72 华氏温度（F），把温度从华氏度转换为摄氏度（C）。转换公式是 C=5/9 × (F–32)。运行结果如图 2.10 所示。

图 2.10　将华氏温度转化为摄氏温度

第 3 章

流程控制语句

（视频讲解：51 分钟）

学习了 PHP 基础后，相信读者对 PHP 语言的基本运算有了一些了解，那么现在试着计算下面几个问题：输出 10 以内的偶数、计算 100 的阶乘、列举 1000 以内的所有素数。本章就来学习使用 PHP 语言中的流程控制语句解决上述问题。PHP 的流程控制语句有两种：条件控制语句和循环控制语句。合理使用这些控制结构可以使程序流程清晰、可读性强，从而提高程序开发效率。

学习摘要：

- if 语句
- switch 语句
- for 循环语句
- while 循环语句
- do…while 循环语句
- 跳转语句

视频讲解

3.1　条件控制语句

在生活中，我们总是要做出许多决策，程序也是一样。下面给出几个常见的例子：

☑　如果购买成功，用户余额减少，用户积分增多。
☑　如果输入的用户名和密码正确，提示登录成功，进入网站，否则，提示登录失败。
☑　如果用户使用微信登录，则使用微信扫一扫；如果使用 QQ 登录，则输入 QQ 号和密码；如果使用微博登录，则输入微博号和密码；如果使用手机号登录，则输入手机号和密码。

以上例子中的判断，就是程序中的条件控制语句。按照条件选择执行不同的代码片段。条件控制语句主要有 if、if…else、if…elseif…else 和 switch 4 种。下面分别进行讲解。

3.1.1　if 语句

PHP 的 if 语句的格式如下：

```
<?php
    if ( 表达式 )
        语句 ;
?>
```

如果表达式的值为真，那么就顺序执行语句；否则，就会跳过该条语句，再往下执行。如果需要执行的语句不止一条，那么可以使用“{}”，在“{}”中的语句被称为语句组，其格式如下：

```
<?php
    if( 表达式 ){
       语句 1;
       语句 2;
       …
    }
?>
```

if 语句的流程就像一辆运行的火车，从 A 站出发，可以直接到达 C 站，也可以经过 B 站，然后再到达 C 站，如图 3.1 所示。

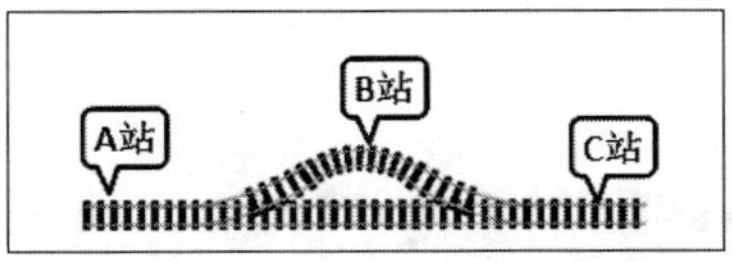

图 3.1　if 语句流程控制图

【例 3.01】 使用 rand() 函数生成一个随机数 $num，然后判断这个随机数是不是偶数，如果是，则输出结果。代码如下：（**实例位置：资源包 \ 源码 \03\3.01**）

```
<?php
      $num = rand(1,20);                                    // 使用 rand() 函数生成一个随机数
      echo '$num = '.$num;                                  // 打印随机数
      if ($num % 2 == 0){                                   // 判断变量 $num 是否为偶数
         echo "<br>$num 是偶数。";
      }
?>
```

运行结果如图 3.2 所示。

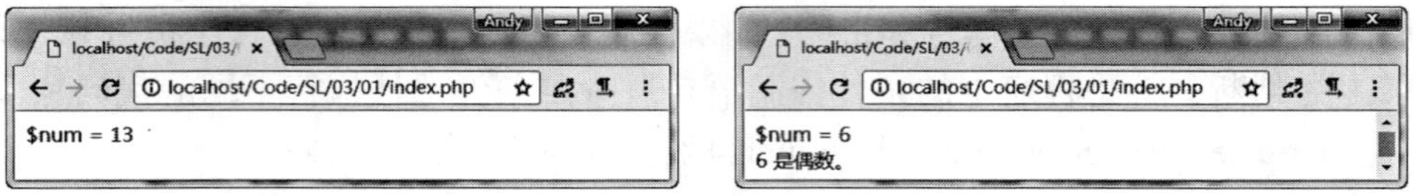

（a）　　　　（b）

图 3.2　判断随机数是否为偶数

说明

rand() 函数的作用是取得一个随机的整数，每次刷新页面后，会生成一个新的随机数，可能与图 3.2 所示不同。

3.1.2　if…else 语句

大多时候，总是需要在满足某个条件时执行一条语句，而在不满足该条件时执行其他语句。这时可以使用 if…else 语句，该语法格式如下：

```
<?php
     if( 表达式 ){
        语句 1;
     }else{
        语句 2;
     }
?>
```

该语句的含义为：当表达式的值为真时，执行语句 1；如果表达式的值为假，则执行语句 2。就像一辆运行的火车，只有两条轨道可以选择，如图 3.3 所示。

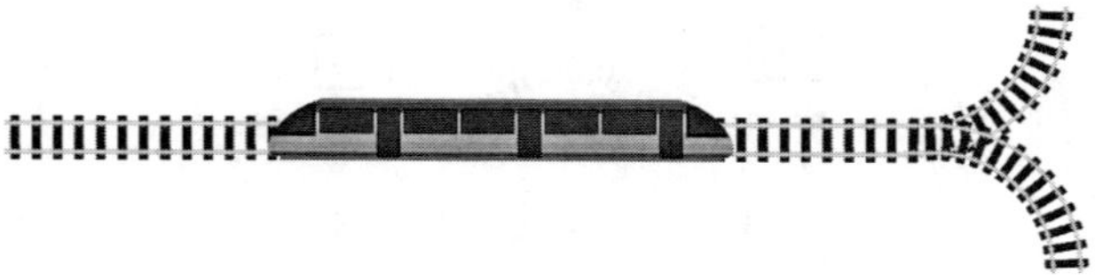

图 3.3　if…else 语句流程控制图

3.1.3　elseif 语句

if…else 语句只能选择两种结果：要么执行语句 1，要么执行语句 2。但有时会出现两种以上的选择，例如，一个班的考试成绩，如果是 90 分以上，则为“优秀”；如果是 60~90 分的，则为“良好”；如果低于 60 分，则为“不及格”。这时可以使用 elseif 语句来执行，语法格式如下：

```
<?php
    if( 表达式 1){
        语句 1;
    }elseif( 表达式 2){
        语句 2;
    }…
    else{
        语句 n;
    }
?>
```

elseif 语句的流程就像一辆运行的火车，从 A 站出发到达 B 站，有多条线路可以选择，根据铁路局的不同指示，选择相应的路线，如图 3.4 所示。

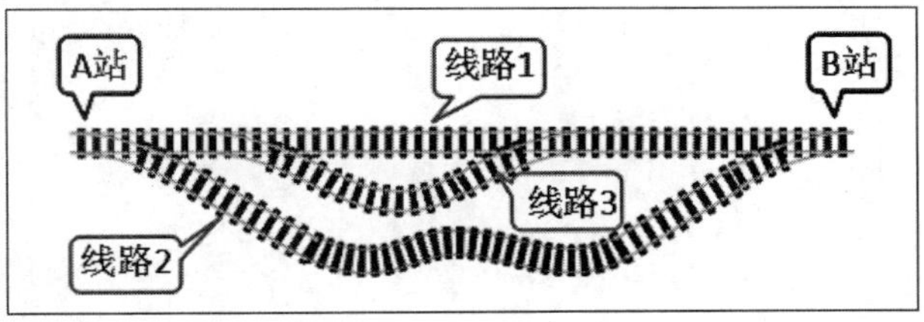

图 3.4　elseif 语句的流程控制图

【例 3.02】　通过 elseif 语句，判断今天是这个月的上、中或下旬。代码如下：（**实例位置：资源包 \ 源码 \03\3.02**）

```
<?php
    $month = date("n");                                    // 设置月份变量 $month
    $today = date("j");                                    // 设置日期变量 $today
    if ($today >= 1 and $today <= 10){                     // 判断日期变量是否在 1~10
        echo " 今天是 ".$month." 月 ".$today." 日，是本月上旬 ";      // 如果是，说明是上旬
    }elseif($today > 10 and $today <= 20){                 // 否则判断日期变量是否在 11~20
        echo " 今天是 ".$month." 月 ".$today." 日，是本月中旬 ";      // 如果是，说明是中旬
    }else{                                                 // 如果上面两个判断都不符合要求，则输出默认值
        echo " 今天是 ".$month." 月 ".$today." 日，是本月下旬 ";      // 说明是本月的下旬
    }
?>
```

运行结果如图 3.5 所示。

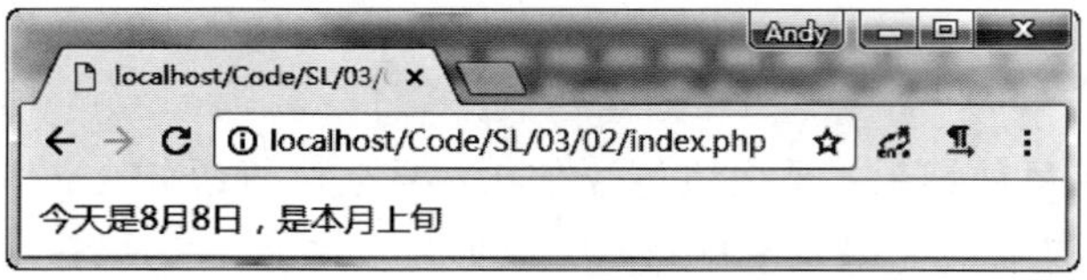

图 3.5　判断是上、中或下旬

3.1.4　switch 语句

虽然 elseif 语句可以进行多种选择，但如果条件较多时，就会变得十分烦琐。为了避免 if 语句过于冗长，提高程序的可读性，可以使用 switch 分支控制语句。switch 语句的语法格式如下：

```
<?php
    switch( 变量或表达式 ){
        case 常量表达式 1:
            语句 1;
            break;
        case 常量表达式 2:
            …
        case 常量表达式 n:
            语句 n;
            break;
        default:
            语句 n+1;
    }
?>
```

switch 语句根据变量或表达式的值，依次与 case 中常量表达式的值相比较，如果不相等，继续查找下一个 case；如果相等，就执行对应的语句，直到 switch 语句结束或遇到 break 为止。一般来说，switch 语句最终都有一个默认值 default，如果在前面的 case 中没有找到相符的条件，则输出默认语句，和 else 语句类似。

【例 3.03】 明日学院网站支持第三方登录，第三方登录包括 QQ 登录、微信登录、微博登录等。根据不同的登录方式，需要调用相应的第三方接口，这时，可以根据网址中传递的值不同，使用 switch 语句判断用户选择了哪一个第三方应用，然后调用该应用的接口。代码如下：（**实例位置：资源包 \ 源码 \03\3.03**）

```
<?php
    // 接收传递的参数，并使用三元操作符判断赋值
    $type = isset($_GET[' type']) ? $_GET[' type'] : '';
    // 根据参数值，执行不同的操作
    switch($type)
    {
        case'qq' :
            echo " 执行 qq 登录流程 ";
            break;
```

```
        case 'wechat':
            echo "执行微信登录流程";
            break;
        case 'weibo':
            echo "执行微博登录流程";
            break;
        default:
            echo "执行普通登录流程";
    }
?>
```

运行结果如图 3.6 所示。

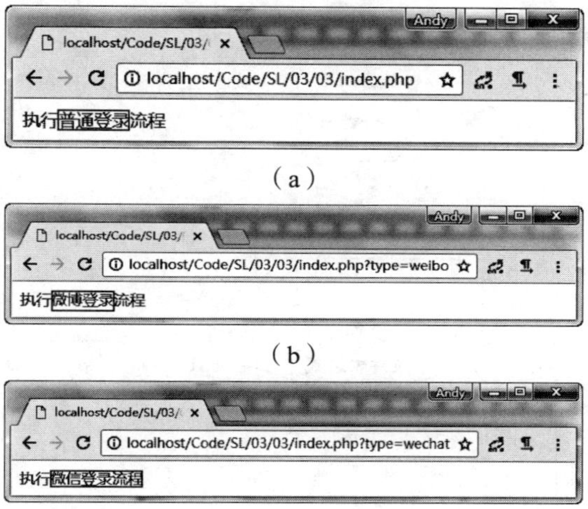

（a）

（b）

（c）

图 3.6　switch 多重判断语句

注意

switch 语句在执行时，即使遇到符合要求的 case 语句段，也会继续往下执行，直到 switch 语句结束。为了避免这种浪费时间和资源的行为，一定要在每个 case 语句段后加上 break 语句。这里 break 语句的意思是跳出当前循环，在 3.3.1 节中将详细介绍 break 语句。

视频讲解

3.2　循环控制语句

对于大多数人来说，反复地做同样的事情会让人厌烦，但是对计算机而言，它们却非常擅长去完成重复的任务。计算机程序通常会周而复始地重复同样的步骤，这称为循环。循环主要有两种类型：

重复一定次数的循环，称为计数循环，如 for 循环。

重复直至发生某种情况时结束的循环，称为条件循环（conditional loop），因为只要条件为真，这种循环会一直持续下去，如 while 循环和 do…while 循环。

3.2.1 for 循环语句

for 循环是 PHP 的计数循环结构，它的语法格式如下：

```
<?php
    for ( 初始化表达式 ; 条件表达式 ; 迭代表达式 ){
        语句 ;
    }
?>
```

其中，初始化表达式在第一次循环时无条件取一次值；条件表达式在每次循环开始前求值，如果值为真，则执行循环体里面的语句，否则跳出循环，继续往下执行；迭代表达式在每次循环后被执行。for 循环语句的流程控制图如图 3.7 所示。

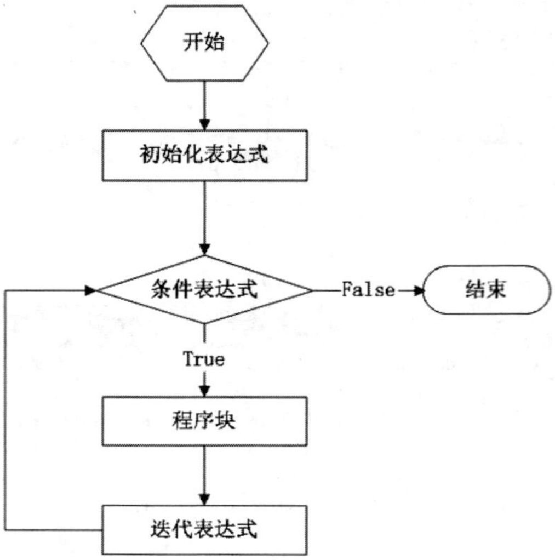

图 3.7　for 循环语句的流程控制图

我们以现实生活中的例子来理解 for 循环的执行流程。在体育课上，体育老师要求同学们沿着环形操场跑步 3 圈。老师从 0 开始计数，每次跑完 1 圈，将数量加 1。当完成第 3 圈时，同学会停下来，即循环结束。

【例 3.04】 通过 for 循环来计算 100 的阶乘，即 1×2×3×4×…×100。代码如下：（**实例位置：资源包 \ 源码 \03\3.04**）

```
<?php
    $sum = 1;                          // 声明整型变量 $sum
    for ($i = 1;$i <=100;$i++){
        $sum *= $i;                    // 当 $i 小于或等于 100 时，计算阶乘
    }
    echo "100 的阶乘是 ".$sum;
?>
```

上述代码中，第一步，执行 for 循环的初始表达式，即为 $i 赋值为 1。第二步，判断条件表达式，即 $i 是否小于或等于 100，如果判断的结果为真，则执行下面的程序块，将 $sum 乘以当前的 $i；否则跳出循环，不再继续执行。第三步，执行迭代表达式，即将 $i 加 1。此时，第一次循环结束，$i 的值为 2。然后判断 $i 是否小于或等于 100，重复第一次的操作。当 $i 为 100 时，执行第 100 次程序块代码。然后 $i 继续迭代，值为 101。此时，判断表达式的结果为假，循环结束，不再执行。运行结果如图 3.8 所示。

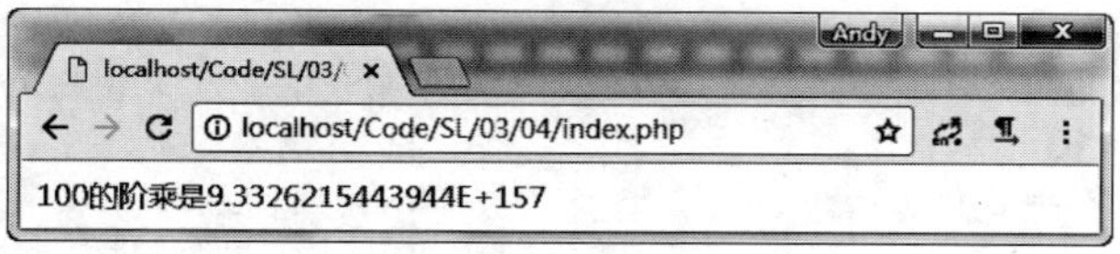

图 3.8　for 循环计算阶乘

注意

在 for 语句中当采用循环变量递增或递减的方式时，一定要保证循环能够结束，无期限的循环（死循环）将导致程序崩溃。

3.2.2　while 循环语句

while 循环是 PHP 中条件循环语句的一种，它的语法格式如下：

```
<?php
    while ( 表达式 )
        语句;
?>
```

当表达式的值为真时，将执行循环体内的 PHP 语句。执行结束后，再返回到表达式继续进行判断。直到表达式的值为假，才跳出循环。

while 循环语句的流程控制图如图 3.9 所示。

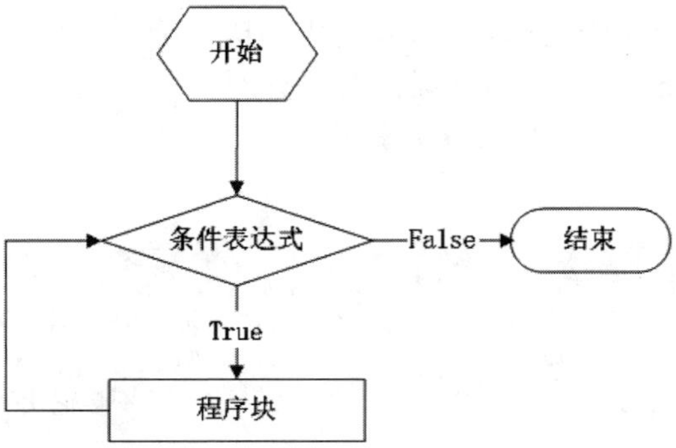

图 3.9　while 语句的流程控制图

我们同样以沿着操场跑步的例子来理解 while 循环。这一次，老师没有要求同学们跑几圈，而是要求当听到老师吹的哨子声时就停下来。同学们每跑一圈，可能会请求一次老师吹哨子。如果老师吹哨子，则停下来，即循环结束；否则，继续跑步，即执行循环。

【例 3.05】 依次判断 1~10 以内的数是否为偶数，如果是，则输出；如果不是，则继续下一次循环。代码如下：（**实例位置：资源包 \ 源码 \03\3.05**）

```
<?php
    $num = 1;                          // 声明一个整型变量 $num
    $str = "10 以内的偶数为：";          // 声明一个字符变量 $str
    while($num <= 10){                 // 判断变量 $num 是否小于或等于 10
        if($num % 2 == 0){             // 如果小于或等于 10，则判断 $num 是否为偶数
            $str .= $num." ";          // 如果当前变量为偶数，则添加到字符变量 $str 的后面
        }
        $num++;                        // 变量 $num 加 1
    }
    echo $str;                         // 循环结束后，输出字符串 $str
?>
```

运行结果如图 3.10 所示。

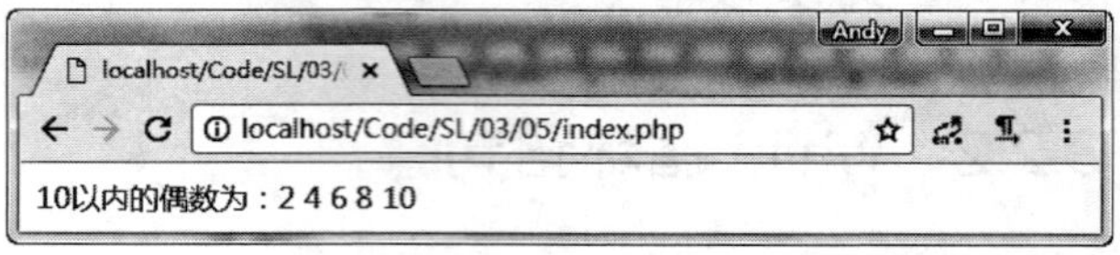

图 3.10　while 循环输出 10 以内的偶数

3.2.3　do…while 循环语句

while 语句还有另一种形式的表示，即 do…while。两者的区别在于，do…while 要比 while 语句多循环一次。当 while 表达式的值为假时，while 循环直接跳出当前循环；而 do…while 语句则是先执行一遍程序块，然后再对表达式进行判断。do…while 语句的流程控制图如图 3.11 所示。

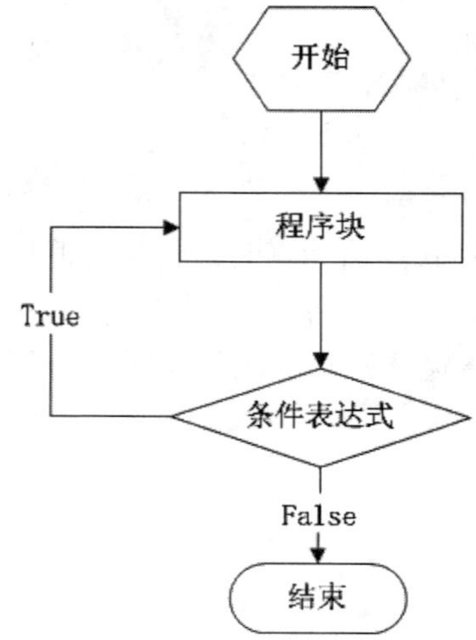

图 3.11　do…while 循环语句的流程控制图

依然以沿着操场跑步的例子来理解 do…while 循环。这一次，老师要求同学们先跑 1 圈，然后当听到老师吹的哨子声时再停下来。

【例 3.06】 分别使用 while 语句和 do…while 语句执行相同的代码块，即使用 echo 语句输出一段内容，并对比两个语句的区别。代码如下：（**实例位置：资源包 \ 源码 \03\3.06**）

```
<?php
    $num = 1;                          // 声明一个整型变量 $num
    while($num != 1){                  // 使用 while 循环输出
        echo " 执行 while 循环 ";        // 这句话不会输出
    }
    do{                                // 使用 do…while 循环输出
        echo " 执行 do…while 循环 ";     // 这句话会输出
```

```
    }while($num != 1);
?>
```

运行结果如图 3.12 所示。

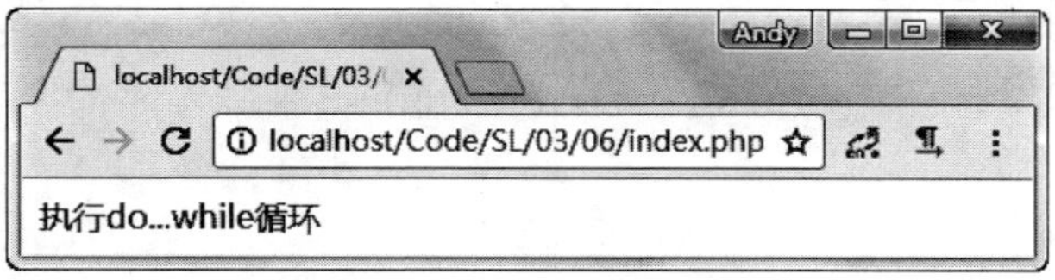

图 3.12 while 和 do…while 的区别

视频讲解

3.3 跳转语句

当循环条件一直满足时，程序将会一直执行下去，就像一辆迷路的车，在某个地方不停地转圆圈。如果希望在中间离开循环，也就是 for 循环结束计数之前，或者 while 循环找到结束条件之前，用以下两种方法来做到。

☑ break：完全中止循环。

☑ continue：直接跳到循环的下一次迭代。

3.3.1 break 语句

break 语句可以终止当前的循环，包括 while、do…while、for 和 switch 在内的所有控制语句。以独自一人沿着操场跑步为例，计划跑步 10 圈。可是在跑到第 2 圈时，遇到自己的女神或者男神，于是果断停下来，终止跑步，这样就提前终止循环。

【例 3.07】 使用一个 while 循环，while 后面的表达式的值为 true，即为一个无限循环。在 while 程序块中声明一个随机数变量 $tmp，只有当生成的随机数等于 10 时，使用 break 语句跳出循环。代码如下：(**实例位置：资源包 \ 源码 \03\3.07**)

```
<?php
    while(true){                                  // 使用 while 循环
        $tmp = rand(1,20);                        // 声明一个随机数变量 $tmp
        echo $tmp." ";                            // 输出随机数
        if($tmp == 10){                           // 判断随机数是否等于 10
            echo "<p> 变量等于 10，终止循环 ";
            break;                                // 如果等于 10，使用 break 语句跳出循环
        }
    }
?>
```

运行结果如图 3.13 所示。

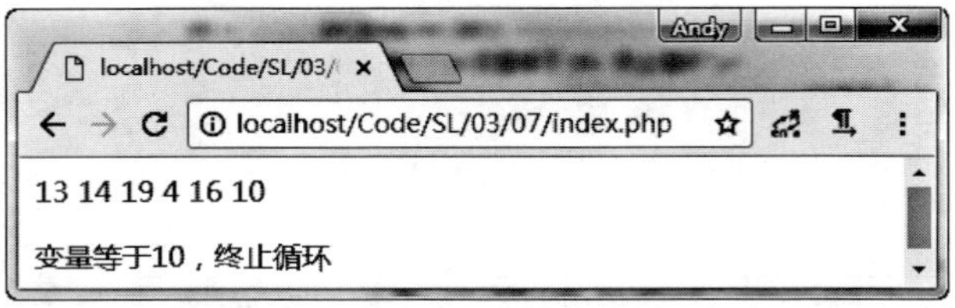

图 3.13　break 语句退出循环

3.3.2　continue 语句

continue 语句的作用没有 break 强大，continue 只能终止本次循环而进入到下一次循环中，continue 也可以指定跳出几重循环。

以独自一人沿着操场跑步为例，计划跑步 10 圈。当跑到第 2 圈一半的时候，遇到自己的女神或者男神也在跑步，于是果断停下来，跑回起点等待，制造一次完美邂逅，然后从第 3 圈开始继续。

【例 3.08】 使用 for 循环输出 0~4，当 $i 等于 2 时，执行 continue 语句，此时不执行下面的 print 语句，跳出该循环，继续执行 $i 等于 3 的语句。代码如下：（**实例位置：资源包 \ 源码 \03\3.08**）

```
<?php
    for ($i = 0; $i < 5; ++$i) {
        if ($i == 2){
            continue;
        }
        print "$i\n";
    }
?>
```

运行结果如图 3.14 所示。

图 3.14　continue 语句跳出循环

3.4　小　　结

本章通过几个简单的数学题学习了 PHP 的流程控制语句。流程控制语句是程序中必不可少的，也是变化最丰富的技术。无论是入门的数学公式，还是高级的复杂算法，都是通过这几个简单的语句来实现的。相信读者学习完本章之后，通过不断地练习和总结，能够掌握一套自己的方法和技巧。

3.5　实　　战

3.5.1　验证高斯定理

☑ **实例位置：资源包 \ 源码 \03\ 实战 \01**

使用 for 循环验证高斯求和 1+2+3+ ⋯ +100 之和。运行结果为 5050，如图 3.15 所示。

图 3.15　实例运行结果

3.5.2　输出三角形金字塔

☑ **实例位置：资源包 \ 源码 \03\ 实战 \02**

输出一个形状呈三角形的金字塔。该金字塔共 5 行，第 1 行 1 颗星，第 2 行 3 颗星，第 3 行 5 颗星，第 4 行 7 颗星，第 5 行 9 颗星。运行结果如图 3.16 所示。

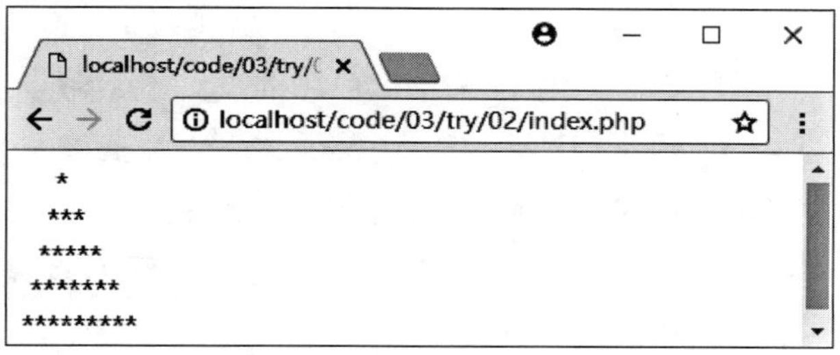

图 3.16　实例运行结果

3.5.3　将学生成绩转化为等级

☑ **实例位置：资源包 \ 源码 \03\ 实战 \03**

将学生成绩转化为等级，划分标准如下：

① 优秀：大于等于 90 分。

② 良好：大于等于 80 分，小于 90 分。

③ 及格：大于等于 60 分，小于 80 分。

④ 不及格：小于 60 分。

使用 rand() 函数随机生成成绩，输出与该成绩对应的等级。运行结果如图 3.17 所示。

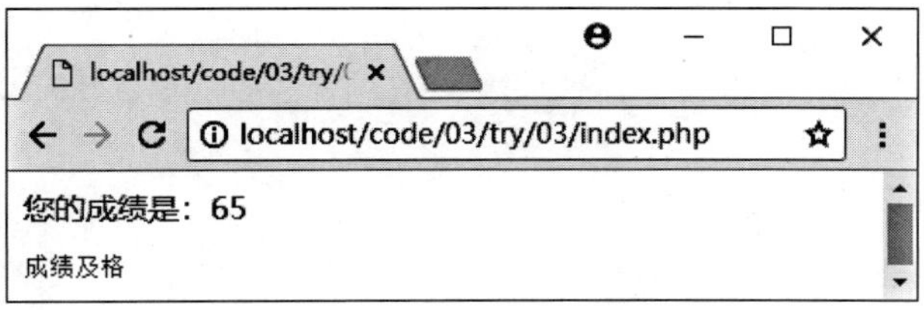

图 3.17　实例运行结果

第 4 章

字符串操作与正则表达式

（视频讲解：1 小时 56 分钟）

在 Web 编程中，字符串总是会被大量地生成和处理。正确地使用和处理字符串，对于 PHP 程序员来说越来越重要。本章从最简单的字符串定义一直引导读者到复杂的正则表达式，希望广大读者能够通过本章的学习，了解和掌握 PHP 字符串，达到举一反三的目的，为了解和学习其他的字符串处理技术奠定良好的基础。

学习摘要：

- 字符串的定义
- 字符串操作
- 正则表达式
- 正则表达式应用

4.1 字符串的定义方法

视频讲解

字符串，顾名思义，就是将一堆字符串联在一起。字符串最简单的定义方法是使用英文单引号（' '）或双引号（" "）包含字符。另外，还可以使用定界符指定字符串。

4.1.1 使用单引号或双引号定义字符串

字符串通常以串的整体作为操作对象，一般用双引号或者单引号标识一个字符串。单引号和双引号在使用上有一定区别。

下面分别使用双引号和单引号来定义一个字符串。例如：

```
<?php
    $str1 = "I Like PHP";                    //使用双引号定义一个字符串
    $str2 = 'I Like PHP';                    //使用单引号定义一个字符串
    echo $str1;                              //输出双引号中的字符串
    echo $str2;                              //输出单引号中的字符串
?>
```

运行结果如下：

```
I Like PHP
I Like PHP
```

从上面的结果中可以看出，对于定义的普通字符串看不出两者之间的区别。而通过对变量的处理，即可轻松地理解两者之间的区别。例如：

```
<?php
    $test = "PHP";
    $str = "I Like $test";
    $str1 = 'I Like $test';
    echo $str;                               //输出双引号中的字符串
    echo $str1;                              //输出单引号中的字符串
?>
```

运行结果如下：

```
I Like PHP
I Like $test
```

从以上代码中可以看出，双引号中的内容是经过 PHP 的语法分析器解析过的，任何变量在双引号中都会被转换为它的值进行输出显示；而单引号的内容是“所见即所得”的，无论有无变量，都被当作普通字符串进行原样输出。

说明

单引号字符串和双引号字符串在 PHP 中的处理是不相同的。双引号字符串中的内容可以被解释并且被替换，而单引号字符串中的内容则被作为普通字符进行处理。

4.1.2 使用定界符定义字符串

定界符（<<<）是从 PHP 4.0 开始支持的。定界符用于定义格式化的大文本，格式化是指文本中的格式将被保留，所以文本中不需要使用转义字符。在使用时后接一个标识符，然后是字符串，最后是同样的标识符结束字符串。定界符的语法格式如下：

```
$string = <<< str
    要输出的字符串。
str
```

其中 str 为指定的标识符，标识符读者可以自己设定，切记要前后保持一致。

使用定界符定义字符串的方式与双引号没什么区别，包含的变量也被替换成实际数值，例如：

```
<?php
    $i = '显示该行内容';                        //声明变量 $i
    echo <<<EOT
    这和双引号没有什么区别，\$i 同样可以被输出出来。<p>
    \$i 的内容为：$i
    EOT;
?>
```

运行结果如下：

```
这和双引号没有什么区别，$i 同样可以被输出出来。
$i 的内容为：显示该行内容
```

注意

结束标识符必须单独另起一行，并且不允许有空格。在标识符前后有其他符号或字符，也会发生错误。

视频讲解

4.2 字符串操作

字符串的操作在 PHP 编程中占有重要的地位，几乎所有的输入与输出都用到字符串。尤其是在 PHP 项目开发过程中，为了实现某项功能，经常需要对某些字符串进行特殊处理，如获取字符串的长度、截取字符串、替换字符串等。本节将对 PHP 常用的字符串操作技术进行详细讲解，并通过具体的实例加深对字符串函数的理解。

4.2.1　去除字符串首尾空格和特殊字符

用户在输入数据时，可能会无意中输入多余的空格，或在一些情况下，字符串前后不允许出现空格和特殊字符，此时就需要去除字符串中的空格和特殊字符。例如，图 4.1 中 "HELLO" 这个字符串前后都有一个空格。可以使用 PHP 中提供的 trim() 函数去除字符串左右两边的空格和特殊字符，也可以使用 ltrim() 函数去除字符串左边的空格和特殊字符，或使用 rtrim() 函数去除字符串右边的空格和特殊字符。

图 4.1　前后包含空格的字符串

1. trim() 函数

trim() 函数用于去除字符串首尾处的空白字符（或者其他字符）。语法格式如下：

```
string trim(string $str [,string $charlist]);
```

参数及返回值说明如下。

- ☑ str：操作的字符串。
- ☑ charlist：为可选参数，一般要列出所有希望过滤的字符，也可以使用“..”列出一个字符范围。如果不设置该参数，则所有的可选字符都将被删除。trim() 如果不指定 charlist 参数，trim() 函数将去除表 4.1 中的字符。
- ☑ 返回值：过滤后的字符串。

表 4.1　不指定 charlist 参数 trim() 函数去除的字符

参　数　值	说　　明
\0	NULL，空值
\t	制表符
\n	换行符
\x0B	垂直制表符
\r	回车符
" "	空格符

注意

除了以上默认的过滤字符列表外，也可以在 charlist 参数中提供要过滤的特殊字符。

【例 4.01】 明日学院网站中有搜索课程和社区的功能，当在输入框中输入关键词并单击“搜索”按钮时，程序会先处理用户输入的关键词，将关键词左右的空格去除。使用 trim() 函数实现该功能，代码如下：（**实例位置：资源包 \ 源码 \04\4.01**）

```
<?php
    $keyword = '  PHP 开发  ';
    echo " 用户输入的关键字是：".$keyword;
    $keyword = trim($keyword);
    echo "<br>";
    echo " 使用 trim 函数处理后关键字是：".$keyword;
?>
```

运行结果如图 4.2 所示。

图 4.2　trim() 去除左右空格

2. ltrim() 函数

ltrim() 函数用于去除字符串左边的空格或者指定字符串。ltrim() 函数参数与 trim() 函数相同。语法格式如下：

```
string ltrim(string $str [,string $charlist]);
```

例如，使用 ltrim() 函数去除字符串左边的空格及特殊字符 (:@_@，代码如下：

```
<?php
    $str="  (:@_@  创图书编撰伟业  @_@:)  ";
    echo ltrim($str);                        // 去除字符串左边的空格
    echo "<br>";                             // 执行换行
    echo ltrim($str," (:@_@ ");              // 去除字符串左边的特殊字符 (:@_@
?>
```

运行结果如下：

```
(:@_@ 创图书编撰伟业 @_@:)
创图书编撰伟业 @_@:)
```

3. rtrim() 函数

rtrim() 函数用于去除字符串右边的空格或指定字符。语法格式如下：

```
string rtrim(string $str [,string $charlist]);
```

例如，使用 rtrim() 函数去除字符串右边的空格及特殊字符 @_@:)，代码如下：

```
<?php
    $str="  (:@_@   展软件开发雄风   @_@:)  ";
    echo rtrim($str);                          // 去除字符串右边的空格
    echo "<br>";                               // 执行换行
    echo rtrim($str," @_@:)");                 // 去除字符串右边的特殊字符 @_@:)
?>
```

运行结果如下：

```
(:@_@ 展软件开发雄风 @_@:)
(:@_@ 展软件开发雄风
```

4.2.2　获取字符串的长度

在 PHP 中常见的计算字符串长度的函数有 strlen() 和 mb_strlen()。当字符全是英文字符时，两者功能是一样的。但是，当字符串中包含中文时，所占字节有所不同。先来了解一下英文和中文所占字节情况。

数字、英文、小数点、下画线和空格占 1 字节，一个汉字可能会占 2~4 字节，具体占几字节取决于采用的是什么编码。汉字在 GBK/GB 2312 编码中占 2 字节，在 UTF-8/Unicode 中一般占用 3 字节（或 2~4 字节）。本书中所有文件均使用 UTF-8 编码，即一个汉字占 3 字节，如图 4.3 所示。

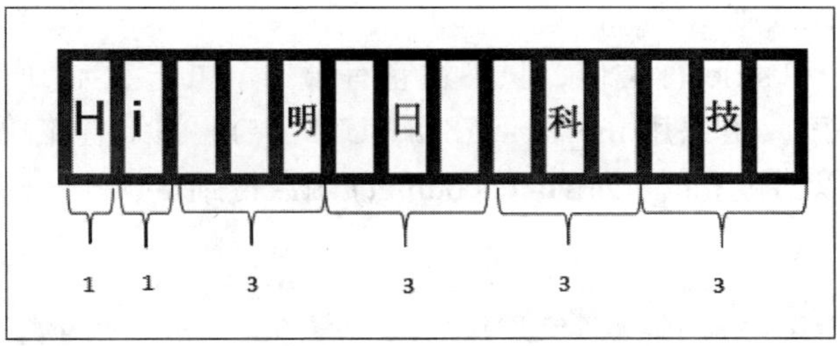

图 4.3　汉字和英文所占字节个数

下面讲解如何使用 strlen() 和 mb_strlen() 函数获取指定字符串的长度。

1. strlen() 函数

strlen() 函数主要用于获取指定字符串的长度。语法格式如下：

```
int strlen(string $str)
```

参数及返回值说明如下。

☑ str：需要计算长度的字符串。

☑ 返回值：成功则返回字符串 str 的长度；如果 str 为空，则返回 0。

例如，使用 strlen() 函数来获取指定字符串的长度，代码如下：

```
<?php
    $str = " 明日学院官方网站：www.mingrisoft.com";
    echo " 字符串长度为：".strlen($str);
?>
```

在上述代码中“明日学院官方网站：”均为中文字符，每个占 3 字节，共占用 27 字节。“www.mingrisoft.com”均为英文字符，每个占 1 字节，共占用 18 字节。运行结果如下：

```
字符串长度为：45
```

2. mb_strlen() 函数

由于 strlen() 无法正确处理中文字符串，它得到的只是字符串所占的字节数，可以采用 mb_strlen() 函数较好地解决这个问题。

mb_strlen() 函数主要用于获取指定字符串的长度。语法格式如下：

```
mixed mb_strlen ( string $str , string $encoding = mb_internal_encoding() )
```

参数及返回值说明如下。

☑ str：需要计算长度的字符串。

☑ encoding：字符编码。如果省略，则使用内部字符编码。

☑ 返回值：返回具有 encoding 编码的字符串 $str 包含的字符数。多字节的字符被计为 1。如果给定的 encoding 无效则返回 false。

mb_strlen() 函数的用法和 strlen() 类似，只不过它有第二个可选参数用于指定字符编码。例如，得到 UTF-8 的字符串 $str 长度，可以用 mb_strlen($str,'UTF-8')。如果省略第二个参数，则会使用 PHP 的内部编码。内部编码可以通过 mb_internal_encoding() 函数得到。

注意

mb_strlen() 并不是 PHP 核心函数，使用前需要确保在 php.ini 中加载了 php_mbstring.dll，即确保 extension=php_mbstring.dll 这一行存在并且没有被注释掉，否则会出现未定义函数的问题。

【例 4.02】 明日学院网站注册页面中，用户注册时输入的用户名必须为 3~18 位中英文字符，既可以是全中文，也可以是全英文或者中英文混合。使用 mr_strlen() 函数实现该功能，代码如下：（**实例位置：资源包 \ 源码 \04\4.02**）

```
<?php
    /** 定义 checkUsername() 函数 **/
```

```
    function checkUsername($username){
        $length = mb_strlen($username,'UTF-8'); // 使用 mb_strlen() 函数获取字符串长度
        // 判断字符串长度是否满足 3~18
        if($length < 3 or $length > 18){
            $message = " 不满足注册条件，用户名应该为 3-18 位 ";
        }else{
            $message = " 满足注册条件，可以注册 ";
        }
        return $message;
    }
    $username1 = '明日 ';                              // 定义变量
    $username2 = '明日 MR';                            // 定义变量
    $result1 =  checkUsername($username1);             // 调用 checkUsername()，传递 $username1
    $result2 =  checkUsername($username2);             // 调用 checkUsername()，传递 $username2
    echo '$username1'.$result1;                        // 输出结果
    echo "<br>";
    echo '$username2'.$result2;                        // 输出结果
?>
```

运行结果如图 4.4 所示。

图 4.4　判断用户名是否满足条件

4.2.3　截取字符串

PHP 对字符串截取可以采用内置函数 substr() 和 mb_substr() 实现。通常使用 substr() 函数截取英文字符，mb_substr() 函数截取中文或中英文混合字符。

1. substr() 函数

substr() 函数的语法格式如下：

```
string substr ( string $str, int $start [, int $length])
```

参数及返回值说明如下。

- ☑ str：指定字符串对象。
- ☑ start：指定开始截取字符串的位置。如果参数 start 为负数，则从字符串的末尾开始截取。
- ☑ length：可选参数，指定截取字符的个数，如果 length 为负数，则表示取到倒数第 length 个字符。
- ☑ 返回值：返回提取的子字符串，或者在失败时返回 false。

注意

本函数中，参数 start 的指定位置是从 0 开始计算的，即字符串中的第一个字符表示为 0，如图 4.5 所示。

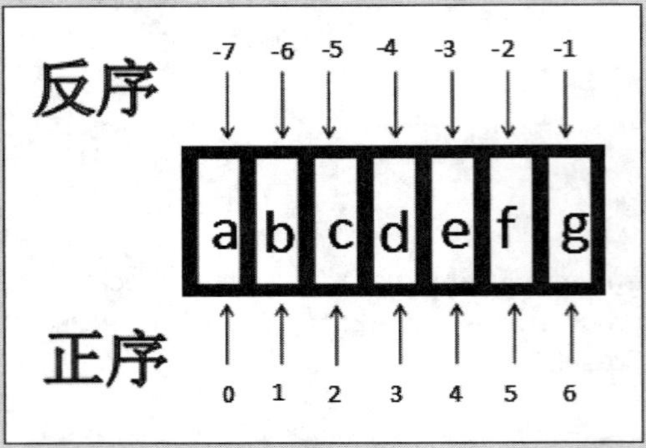

图 4.5　start 开始位置

使用 substr() 函数截取字符串中指定长度的字符，代码如下：

```
<?php
    $str = "She is a well-read girl";
    echo substr($str,0);                    // 从第 1 个字符开始截取
    echo "<br>";                            // 执行换行
    echo substr($str,4,14);                 // 从第 5 个字符开始连续截取 14 个字符
    echo "<br>";                            // 执行换行
    echo substr($str,-4,4);                 // 从倒数第 4 个开始截取 4 个字符
    echo "<br>";                            // 执行换行
    echo substr($str,0,-4);                 // 从第 1 个字符开始截取，到倒数第 4 个字符
?>
```

运行结果如下：

```
She is a well-read girl
is a well-read
girl
She is a well-read
```

由于在 UTF-8 编码下，一个汉字占 3 字节，所以在使用 substr() 函数时，可能出现截取汉字不完整的情况。例如，使用 substr() 函数截取字符串“Hi 明日科技”，代码如下：

```
<?php
    $string  = "Hi 明日科技 ";
    echo substr($string,0,7);
?>
```

上述代码中，start 为 0，length 为 7，即从第一个位置开始，截取 7 字节，如图 4.6 所示。由于在第 7 个字符位置，汉字“日”没有被截取完成，将会出现汉字乱码，运行结果如图 4.7 所示。

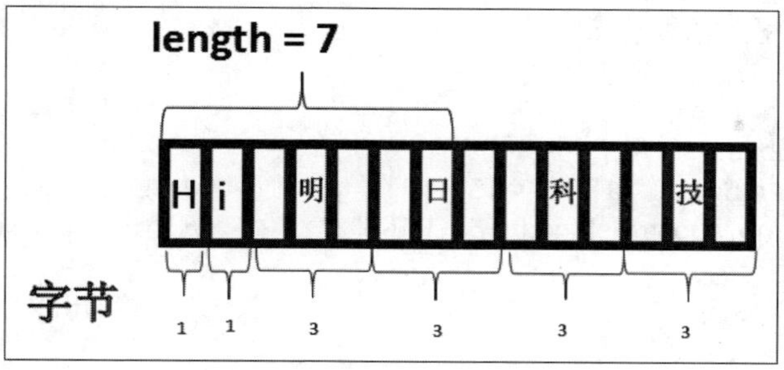

图 4.6　substr() 函数截取

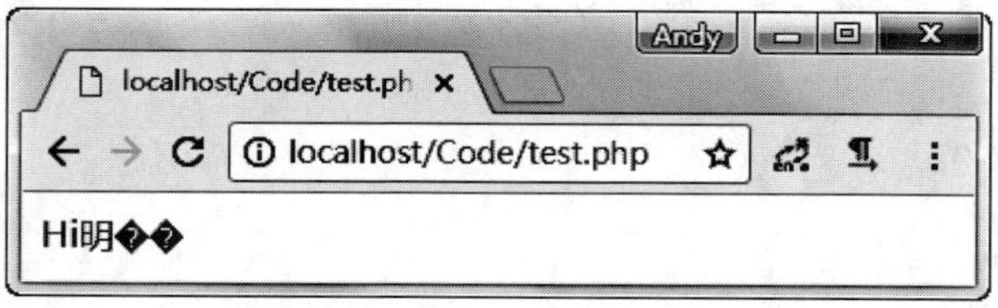

图 4.7　substr() 函数截取汉字乱码

2. mb_substr() 函数

针对 substr() 函数截取汉字乱码问题，可以使用 mb_substr() 函数来解决。mb_substr() 函数语法格式如下：

```
string mb_substr ( string $str , int $start [, int $length = NULL [, string $encoding = mb_internal_encoding() ]] )
```

参数及返回值说明如下。

☑ str：从该 string 中提取子字符串。
☑ start：str 中要截取的第一个字符的位置。
☑ length：可选参数，指定截取字符的个数，如果 length 为负数，则表示取到倒数第 length 个字符。
☑ encoding：字符编码。如果省略，则使用内部字符编码。
☑ 返回值：根据 start 和 length 参数返回 str 中指定的部分。

【例 4.03】 在明日学院网站“最新动态”专栏中，显示所有最新课程标题的列表。为了保持整个页面的合理布局，需要对一些超长标题进行部分显示，使用 mb_substr() 函数截取超长文本的部分字符串，剩余的部分用“…”代替。代码如下：（**实例位置：资源包 \ 源码 \04\4.03**）

```
<?php
    /** 列表页内容 **/
    $row1 = "11.5 继承泛型类与实现泛型接口（下）";
    $row2 = "11.4 继承泛型类与实现泛型接口（上）";
    $row3 = "11.3 限制泛型：泛型通配符 ";
```

```
    $row4 = "11.2 限制泛型：泛型继承类和接口 ";
    $row5 = "11.1 泛型类 ";
    $row6 = "10.7 枚举实现接口 ";
    $row7 = "10.6 枚举的类成员 ";
    $row8 = "10.5 枚举常用方法 ";
    /** 定义字符串截取函数 **/
    function getSubstr($string){
        if(mb_strlen($string,"UTF-8")>15){                    // 如果文本的字符串长度大于 15 字符
            echo mb_substr($string,0,15,"UTF-8")."…";         // 输出文本的前 15 个字符，然后输出省略号
        }else{
            echo $string;                                     // 直接输出文本
        }
        echo "<br>";
    }
    /** 调用 getSubstr() 函数，输出截取后的结果 **/
    getSubstr($row1);
    getSubstr($row2);
    getSubstr($row3);
    getSubstr($row4);
    getSubstr($row5);
    getSubstr($row6);
    getSubstr($row7);
?>
```

运行结果如图 4.8 所示。

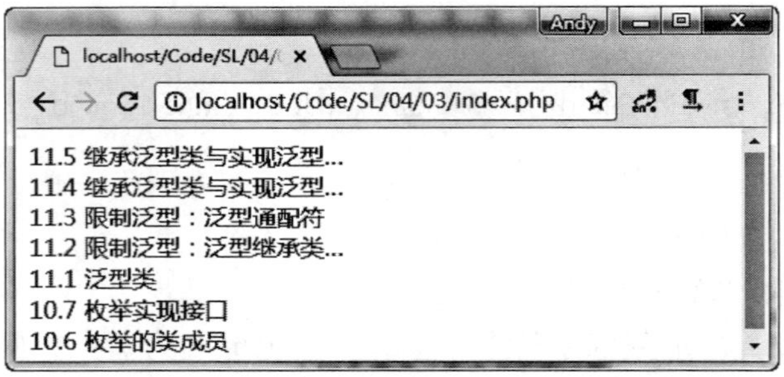

图 4.8　mb_substr() 函数截取字符串

4.2.4　检索字符串

在 PHP 中，提供了很多应用于字符串查找的函数，最常用的有 strstr() 函数和 strpos() 函数。

1. strstr() 函数

获取一个指定字符串在另一个字符串中首次出现的位置到后者末尾的子字符串。语法格式如下：

```
string strstr ( string $haystack , mixed $needle [, bool $before_needle = false ] )
```

参数及返回值说明如下。

☑ haystack：指定从该字符串中进行搜索。

☑ needle：指定搜索的对象。如果 needle 不是一个字符串，那么它将被转化为整型并且作为字符的序号来使用。

☑ before_needle：可选参数，默认为 false。若为 true，strstr() 将返回 needle 在 haystack 中的位置之前的部分。

☑ 返回值：返回 haystack 字符串从 needle 第一次出现的位置开始到 haystack 结尾的字符串。

例如，获取 "Hi 明日科技 " 字符串中 " 明日 " 以后的内容。代码如下：

```
<?php
      $string  = "Hi 明日科技 ";
      echo strstr($string," 明日 ");
?>
```

strstr() 函数实现方式如图 4.9 所示，运行结果如下：

```
明日科技
```

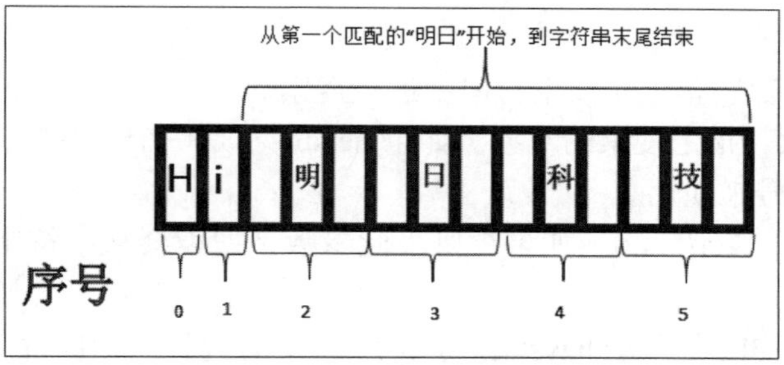

图 4.9　strstr() 函数实现方式

注意

本函数区分字母的大小写，如不区分大小写，可以使用 stristr() 函数。

【例 4.04】 使用 strstr() 函数，根据邮箱地址，获取邮箱用户名和服务器名，代码如下：（**实例位置：资源包 \ 源码 \04\4.04**）

```
<?php
      $email  = 'mingrisoft@163.com';
      $domain = strstr($email, '@');
      echo '邮箱服务器是 :'.$domain. '<br>';                 // 输出：@163.com
      $user = strstr($email, '@' , true);                  // 使用 strstr() 函数
      echo '用户名 是 :'.$user;                             // 输出：mingrisoft
?>
```

运行结果如图 4.10 所示。

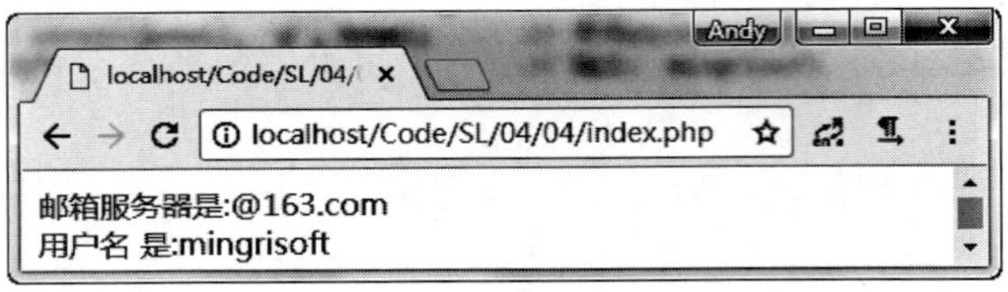

图 4.10　strstr() 函数获取用户名和服务器名

说明

strrchr() 函数与其正好相反，该函数是从字符串倒序的位置开始检索子字符串的。

2. strpos() 函数

查找字符串首次出现的位置，返回首次出现的数字位置。语法格式如下：

```
mixed strpos ( string $haystack , mixed $needle [, int $offset = 0 ] )
```

参数及返回值说明如下。

- ☑ haystack：必要参数，指定从该字符串中进行搜索。
- ☑ needle：必要参数，指定搜索的对象。如果 needle 不是一个字符串，那么它将被转化为整型并且作为字符的序号来使用。
- ☑ offset：可选参数，默认为 0。如果提供了此参数，搜索会从字符串该字符数的起始位置开始统计。
- ☑ 返回值：返回 needle 存在于 haystack 字符串起始的位置。同时注意字符串位置是从 0 开始，而不是从 1 开始的。如果没找到 needle，将返回 false。

注意

本函数区分字母的大小写，如不区分大小写，可以使用 stripos() 函数。

例如，获取 "Hi 明日科技 " 字符串中 " 明日 " 以后的内容。代码如下：

```
<?php
    $string  = "Hi 明日科技 ";
    echo strpos($string," 明日 ");
?>
```

strpos() 函数实现方式如图 4.11 所示，运行结果如下：

```
明日科技
```

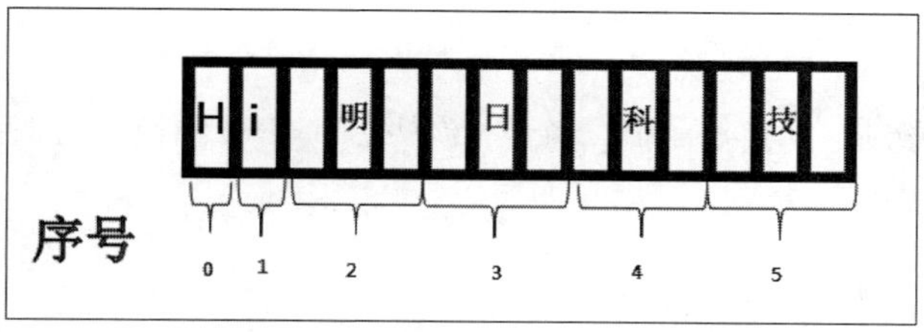

图 4.11　strpos() 函数实现方式

说明

strrpos() 函数与其正好相反，该函数是计算指定字符串在目标字符串中最后一次出现的位置。strrpos() 函数也区分大小写，如不区分大小写，可以使用 strripos() 函数。

4.2.5　替换字符串

通过字符串的替换技术可以实现对指定字符串中的指定字符进行替换。字符串的替换技术可以通过 str_replace() 函数和 substr_replace() 函数实现。

1. str_replace() 函数

使用新的子字符串替换原始字符串中被指定要替换的字符串。语法格式如下：

```
mixed str_replace ( mixed $search, mixed $replace, mixed $subject [, int &$count])
```

将所有在参数 subject 中出现的参数 search 以参数 replace 取代，参数 &count 表示取代字符串执行的次数。本函数区分大小写。

参数及返回值说明如下。

☑　search：必要参数，要搜索的值，可以使用数组来提供多个值。
☑　replace：必要参数，指定替换的值。
☑　subject：必要参数，要被搜索和替换的字符串或数组。
☑　count：可选参数，如果被指定，它的值将被设置为替换发生的次数。
☑　返回值：替换后的字符串或者数组。

例如，将文本中的指定字符串 " 某某 " 替换为 "**"，并且输出替换后的结果，代码如下：

```
<?php
    $str2=" 某某 ";                                    // 定义字符串变量
    $str1="**";                                        // 定义字符串变量
    $str=" 某某公司是一家以计算机软件技术为核心的高科技企业，涉及生产、管理、控制、仓储、物流、
        营销、服务等某某行业 ";                         // 定义字符串变量
    echo str_replace($str2,$str1,$str,$count);         // 输出替换后的字符串
    echo "<br>";
    echo " 替换数量：".$count." 个 ";
?>
```

运行结果如下：

```
** 公司是一家以计算机软件技术为核心的高科技企业，涉及生产、管理、控制、仓储、物流、营销、服务等 ** 行业
替换数量：2 个
```

注意

str_replace() 函数在执行替换操作时区分大小写，如果不需要对大小写加以区分，可以使用 str_ireplace() 函数。

2. substr_replace() 函数

对指定字符串中的部分字符串进行替换。语法格式如下：

```
mixed substr_replace ( mixed $string , mixed $replacement , mixed $start [, mixed $length ] )
```

参数及返回值说明如下。

☑ string：指定要操作的原始字符串，可以是字符串或数组。

☑ replacement：指定替换后的新字符串。

☑ start：指定替换字符串开始的位置。正数表示替换从字符串的第 start 位置开始；负数表示替换从字符串的倒数第 start 位置开始；0 表示替换从字符串中的第一个字符开始。

☑ length：可选参数，指定返回的字符串长度。默认值是整个字符串。正数表示被替换的子字符串的长度；负数表示待替换的子字符串结尾处距离字符串末端的字符个数；0 表示将 replacement 插入到 string 的 start 位置处。

☑ 返回值：返回结果字符串。如果 string 是个数组，那么也将返回一个数组。

注意

如果参数 start 设置为负数，而参数 length 数值小于或等于 start 数值，那么 length 的值自动为 0。

【例 4.05】 明日学院网站举办抽奖活动，活动结束后将获奖用户姓名和手机号公布在网站上，为保护用户隐私，将获奖用户的手机号中间 4 位用 "****" 替换，代码如下：（**实例位置：资源包\源码\04\4.05**）

```
<?php
    /** 定义 3 个用户 **/
    $username1 = '张三';
    $username1_phone = '40084978981';
    $username2 = '李四';
    $username2_phone = '40084978981';
    $username3 = '王五';
    $username3_phone = '40084978981';
    $replace = '****';                                    // 替换的字符串
    /** 输出替换后的结果 **/
    echo '姓名：'.$username1." 手机号：".substr_replace($username1_phone,$replace,3,4);
```

```
    echo "<br>";
    echo '姓名：'.$username2." 手机号：".substr_replace($username2_phone,$replace,3,4);
    echo "<br>";
    echo '姓名：'.$username3." 手机号：".substr_replace($username3_phone,$replace,3,4);
?>
```

运行结果如图 4.12 所示。

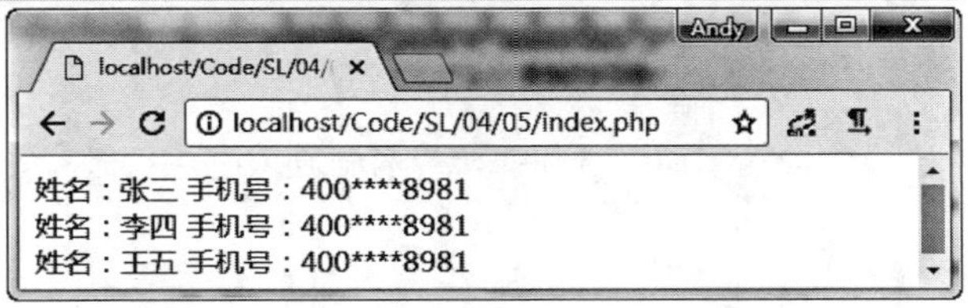

图 4.12　substr_replace() 函数替换手机号

4.2.6　分割、合成字符串

在 PHP 中，提供了分割和合成字符串的函数，它们都与数组相关。数组就是一组数据的集合，把一系列数据组织起来，形成一个可操作的整体。数组的知识会在第 5 章讲解，先来了解一下如何分割和合成字符串。

1. 分割字符串

explode() 函数按照指定的规则对一个字符串进行分割，返回值为数组。语法格式如下：

```
array explode ( string $delimiter , string $string [, int $limit ] )
```

参数及返回值说明如下。

☑ delimiter：边界上的分隔符。

☑ string：指定将要被进行分割的字符串。

☑ limit：可选参数，如果设置了 limit，则返回的数组包含最多 limit 个元素，而最后的元素将包含 $string 的剩余部分。

☑ 返回值：该函数返回由字符串组成的数组，每个元素都是 string 的一个子串，它们被字符串 delimiter 作为边界点分割出来。

2. 合成字符串

implode() 函数可以将数组的内容组合成一个新字符串。语法格式如下：

```
string implode(string $glue, array $pieces)
```

参数及返回值说明如下。

☑ glue：指定分隔符。

☑ pieces：指定要被合并的数组。

☑ 返回值：返回一个字符串，其内容为由 glue 分割开的数组的值。

例如，使用 implode() 函数将数组中的内容以 @ 为分隔符进行连接，从而组合成一个新的字符串，代码如下：

```
<?php
```

```
$str="PHP 编程词典 @NET 编程词典 @ASP 编程词典 @JSP 编程词典 ";            // 定义字符串变量
$str_arr = explode("@",$str);                                      // 应用标识 @ 分割字符串
$string = implode("@",$str_arr);                                   // 将数组合成字符串
echo $string;                                                      // 输出字符串
?>
```

运行结果如下：

```
PHP 编程词典 @NET 编程词典 @ASP 编程词典 @JSP 编程词典
```

说明

implode() 函数和 explode() 函数是两个相对的函数，一个用于合成，一个用于分割。

视频讲解

4.3 正则表达式

4.3.1 正则表达式简介

在编写处理字符串的程序或网页时，经常会有查找符合某些复杂规则的字符串的需要。正则表达式就是用于描述这些规则的工具。换句话说，正则表达式就是记录文本规则的代码。对于接触过 DOS 的读者来说，如果想匹配当前文件夹下所有的文本文件，可以输入 dir *.txt 命令，按 Enter 键后所有 .txt 文件将会被列出来。这里的 *.txt 即可理解为一个简单的正则表达式。

4.3.2 行定位符

行定位符用来描述字串的边界。“^”表示行的开始；“$”表示行的结尾。例如：

```
^tm
```

该表达式表示要匹配字串 tm 的开始位置是行头，如 tm equal Tomorrow Moon 就可以匹配，而 Tomorrow Moon equal tm 则不匹配。但如果使用：

```
tm$
```

后者可以匹配而前者不能匹配。如果要匹配的字串可以出现在字符串的任意部分，那么可以直接写成：

```
tm
```

这样两个字符串就都可以匹配了。

4.3.3　元字符

现在我们已经知道几个很有用的元字符了，如“^”“$”。正则表达式中还有更多的元字符，下面来看看更多的例子：

```
\bmr\w*\b
```

匹配以字母 mr 开头的单词，先是从某个单词开始处（\b），然后匹配字母 mr，接着是任意数量的字母或数字（\w*），最后单词结束处（\b）。该表达式可以匹配 mrsoft、mrbook、mr123456 等。更多常用元字符如表 4.2 所示。

表 4.2　常用元字符

元　字　符	说　　明
.	匹配除换行符以外的任意字符
\w	匹配字母或数字或下画线或汉字
\s	匹配任意的空白符
\d	匹配数字
\b	匹配单词的开始或结束
^	匹配字符串的开始
$	匹配字符串的结束

4.3.4　限定符

在上面的例子中，使用（\w*）匹配任意数量的字母或数字。如果想匹配特定数量的数字，该如何表示呢？正则表达式提供了限定符（指定数量的字符）来实现该功能。如匹配 8 位 QQ 号可用如下表示式：

```
^\d{8}$
```

常用的限定符如表 4.3 所示。

表 4.3　常用限定符

限定符	说　　明	举　　例
?	匹配前面的字符零次或一次	colou?r，该表达式可以匹配 colour 和 color
+	匹配前面的字符一次或多次	go+gle，该表达式可以匹配的范围从 gogle 到 goo…gle
*	匹配前面的字符零次或多次	go*gle，该表达式可以匹配的范围从 ggle 到 goo…gle
{*n*}	匹配前面的字符 *n* 次	go{2}gle，该表达式只匹配 google
{*n*,}	匹配前面的字符最少 *n* 次	go{2,}gle，该表达式可以匹配的范围从 google 到 goo…gle
{*n*,*m*}	匹配前面的字符最少 *n* 次，最多 *m* 次	employe{0,2}，该表达式可以匹配 employ、employe 和 employee 3 种情况

4.3.5 字符类

正则表达式查找数字和字母是很简单的，因为已经有了对应这些字符集合的元字符（如 \d 和 \w），但是如果要匹配没有预定义元字符的字符集合（如元音字母 a,e,i,o,u），应该怎么办？

很简单，只需要在方括号中列出它们即可，像 [aeiou] 就匹配任何一个英文元音字母，[.?!] 匹配标点符号（. 或 ? 或 !）。也可以轻松地指定一个字符范围，像 [0-9] 代表的含意与 \d 就是完全一致的：一位数字；同理 [a-z0-9A-Z_] 也完全等同于 \w（如果只考虑英文的话）。

4.3.6 排除字符

上面的例子是匹配符合命名规则的变量。现在反过来，匹配不符合命名规则的变量，正则表达式提供了“^”字符。这个元字符在 4.3.2 节中出现过，表示行的开始。而这里将会放到方括号中，表示排除的意思。例如：

```
[^a-zA-Z]
```

该表达式匹配的就是不以字母开头的变量名。

4.3.7 选择字符

试想一下，如何匹配身份证号码？首先需要了解一下身份证号码的规则。身份证号码长度为 15 位或者 18 位。如果为 15 位时，则全为数字；如果为 18 位时，前 17 位为数字，最后一位是校验位，可能为数字或字符 X。

在上面的描述中，包含着条件选择的逻辑，这就需要使用选择字符（|）来实现。该字符可以理解为“或”，匹配身份证的表达式可以写成如下方式：

```
(^\d{15}$)|(^\d{18}$)|(^\d{17}(\d|X|x)$)
```

该表达式的意思是匹配 15 位数字，或者 18 位数字，或者 17 位数字和最后一位。最后一位可以是数字或者是 X 或者是 x。

4.3.8 转义字符

正则表达式中的转义字符（\）和 PHP 中的大同小异，都是将特殊字符（如“.”“?”“\”等）变为普通的字符。举一个 IP 地址的实例，用正则表达式匹配诸如 127.0.0.1 这样格式的 IP 地址。如果直接使用点字符，格式如下：

```
[0-9]{1,3}(.[0-9]{1,3}){3}
```

这显然不对，因为“.”可以匹配一个任意字符。这时，不仅是 127.0.0.1 这样的 IP，连 127101011

这样的字串也会被匹配出来。所以在使用“.”时，需要使用转义字符（\）。修改后上面的正则表达式格式如下：

```
[0-9]{1,3}(\.[0-9]{1,3}){3}
```

说明

括号在正则表达式中也算是一个元字符。

4.3.9　分组

通过 4.3.8 节中的例子，相信读者已经对小括号的作用有了一定的了解。小括号字符的第一个作用就是可以改变限定符的作用范围，如“|”“*”“^”等。来看下面的一个表达式：

```
(thir|four)th
```

这个表达式的意思是匹配单词 thirth 或 fourth，如果不使用小括号，那么就变成了匹配单词 thir 和 fourth 了。

小括号的第二个作用是分组，也就是子表达式。如 (\.[0-9]{1,3}){3}，就是对分组 (\.[0-9]{1,3}) 进行重复操作。

视频讲解

4.4　正则表达式在 PHP 中的应用

PHP 中提供了两套支持正则表达式的函数库，即 PCRE 函数库和 POSIX 函数库。PCRE 函数库在执行效率上要略优于 POSIX 函数库，所以这里只讲解 PCRE 函数库中的函数。PCRE 函数库中常用函数如表 4.4 所示。

表 4.4　PCRE 函数库中常用函数

函　　数	说　　明
preg_filter()	执行一个正则表达式搜索和替换
preg_grep()	返回匹配模式的数组条目
preg_last_error()	返回最后一个 PCRE 正则执行产生的错误代码
preg_match_all()	执行一个全局正则表达式匹配
preg_match()	执行匹配正则表达式
preg_quote()	转义正则表达式字符
preg_replace_callback()	执行一个正则表达式搜索并且使用一个回调进行替换
preg_replace()	执行一个正则表达式的搜索和替换
preg_split()	通过一个正则表达式分割字符串

下面讲解如何使用 PHP 中最常用的 preg_match() 函数。

preg_match() 函数用于执行匹配正则表达式，函数语法如下：

```
int preg_match ( string $pattern , string $subject [, array &$matches] )
```

参数及返回值说明如下。

☑ pattern：要搜索的模式，字符串类型。

☑ subject：输入字符串。

☑ matches：可选参数，如果提供了参数 matches，它将被填充为搜索结果。$matches[0] 将包含完整模式匹配到的文本，$matches[1] 将包含第一个捕获子组匹配到的文本，以此类推。

☑ 返回值：返回 pattern 的匹配次数。它的值将是 0 次（不匹配）或 1 次，因为 preg_match() 在第一次匹配后将会停止搜索。如果发生错误 preg_match() 返回 false。

【例 4.06】 在明日学院网站注册页面中，需要对用户输入的手机号码格式进行检测，以避免用户手误导致注册失败。使用 preg_match() 函数实现该功能，代码如下：（**实例位置：资源包 \ 源码 \04\4.06**）

```
<?php
    $mobile1 = '12888888888';                          // 手机号码 1
    $mobile2 = '13578982158';                          // 手机号码 2
    /** 定义检测手机号码格式的函数 **/
    function checkMobile($mobile){
        if (preg_match('/1[34578]\d{9}$/',$mobile)){   // 判断格式是否正确
            echo $mobile." 手机号格式正确 ";             // 输出正确的信息
        }else{
            echo $mobile." 手机号格式错误 ";             // 输出错误的信息
        }
    }

    checkMobile($mobile1);                             // 调用检测方法
    echo "<br>";
    checkMobile($mobile2);                             // 调用检测方法
?>
```

运行结果如图 4.13 所示。

图 4.13　preg_match() 函数检测手机号码格式

多学两招

preg_match_all() 函数用于执行一个全局正则表达式匹配。它会一直搜索 subject 直到到达结尾。

4.5　小　　结

本章主要对常用的字符串操作技术进行了详细讲解，其中去除字符串首尾空格、获取字符串的长度、截取字符串和字符串的查找与替换等都是需要重点掌握的技术。此外，还介绍了正则表达式的基础知识。这些内容也是作为一个 PHP 程序员必须熟悉和掌握的知识。相信通过本章的学习，读者能够举一反三，对所学知识灵活运用，从而开发实用的 PHP 程序。

4.6　实　　战

4.6.1　"…" 代替多余字符

☑ **实例位置：资源包 \ 源码 \04\ 实战 \01**

模拟淘宝详情页，当商品名称多于 30 字时，截取前 20 个字符，剩余用 "…" 代替。运行结果如图 4.14 所示。

图 4.14　实例运行结果

4.6.2　判断车牌号归属地

☑ **实例位置：资源包 \ 源码 \04\ 实战 \02**

将“津 A· 12345”“沪 A· 23456”“京 A· 34567”这 3 张号牌放到数组中，然后在遍历数组的过程中完成对每张号牌归属地的判断，运行结果如图 4.15 所示。

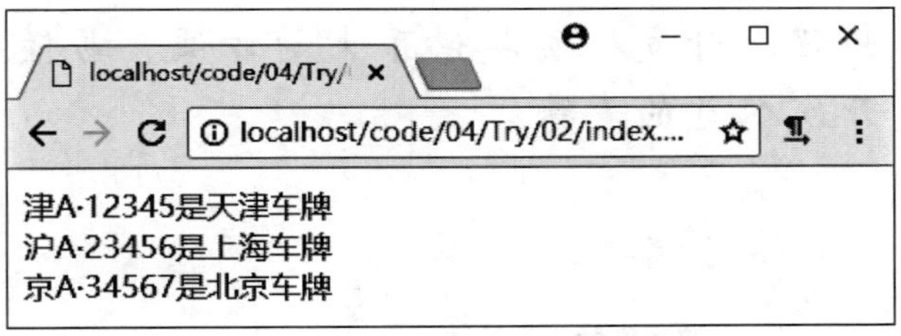

图 4.15　实例运行结果

4.6.3　检测邮箱格式

☑ **实例位置：资源包 \ 源码 \04\ 实战 \03**

模拟明日学院网站登录页面，实现检测邮箱格式的功能，运行结果如图 4.16 所示。

图 4.16　实例运行结果

第 5 章

PHP 数组

（视频讲解：1 小时 7 分钟）

数组是对大量数据进行有效组织和管理的手段之一。通过数组，可以对大量性质相同的数据进行存储、插入、排序及计算等操作，从而可以有效地提高程序开发效率及改善程序的编写方式。PHP 作为市面上最为流行的 Web 开发语言之一，凭借其代码开源、升级速度快等特点，对数组的操作能力更加强大，尤其是 PHP 为程序开发人员提供了大量方便、易懂的数组操作函数，更使 PHP 深受广大 Web 开发人员的青睐。

学习摘要：

- **数组的定义**
- **创建数组**
- **数组的类型**
- **多维数组**
- **遍历数组**
- **统计数组元素个数**
- **查询数组中指定元素**
- **获取数组中最后一个元素**
- **向数组中添加元素**
- **其他常用数组函数**

5.1　什么是数组

视频讲解

数组，顾名思义，本质上就是一系列数据的组合。在这个组合中，每个数据都是独立的，可以对每个单独的数据进行分配和读取，然而这一系列数据必须是同一种类型，不能属于不同类型。在程序设计中引入数组可以更有效地管理和处理数据。我们可以单独定义 a、b、c、d、e 这 5 个变量，也可以定义一个数组，包含这 5 个变量，如图 5.1 所示。

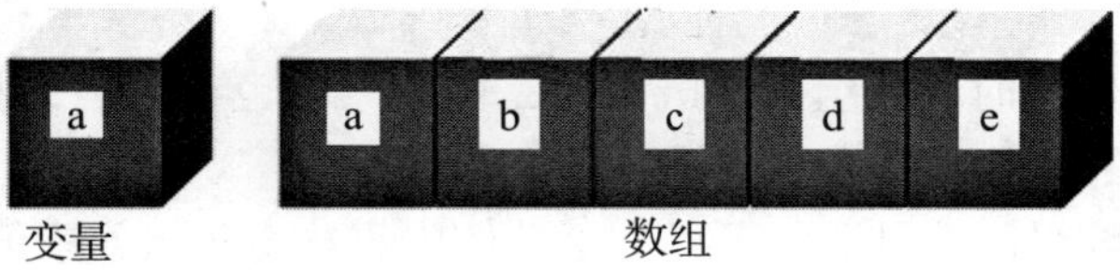

图 5.1　变量和一维数组的概念图

数组中的每个实体都包含两项：键（也称为下标）和值。可以通过键值来获取相应数组元素。这就像篮球球员和球衣号码一样，如 NBA 芝加哥公牛队乔丹球衣号码是 23 号，那么，公牛队就是一个数组，23 就是数组的键，乔丹就是键对应的值。我们可以通过球衣号码对应找到球员。例如，2017 年 NBA 全明星西部首发阵容可以用数组表示，如图 5.2 所示。

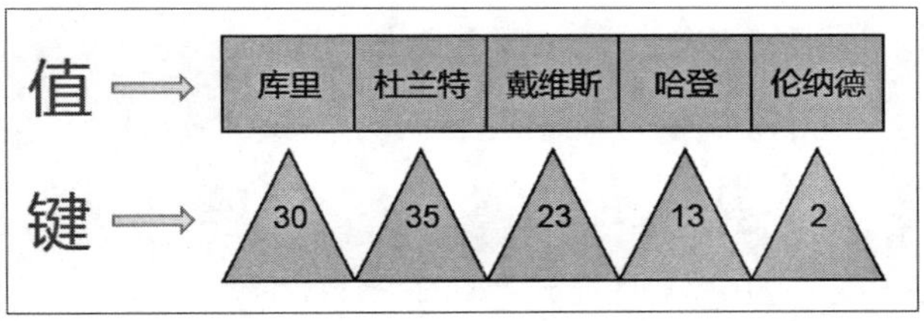

图 5.2　NBA 全明星西部首发数组键值对

5.2　创建数组

视频讲解

在 PHP 中创建数组的方式主要有两种：一种是应用 array() 函数创建数组，另一种是直接通过为数组元素赋值的方式创建数组。

5.2.1　使用 array() 函数创建数组

可以用 array() 函数来新建一个数组，该数组接受任意数量用逗号分隔的 key（键）=>value（值）对，格式如下：

```
array( key => value,
...
    )
```

说明

键（key）可以是一个整数（integer）或字符串（string），如果省略了索引，则会自动产生从 0 开始的整数索引。如果索引是整数，则下一个产生的索引将是目前最大的整数索引 +1。如果定义了两个完全一样的索引，则后面一个会覆盖前一个。值（value）可以是任意类型的值，如果是数组类型时，就是二维数组。

应用 array() 函数声明数组时，数组下标既可以是数值索引也可以是关联索引。下标与数组元素值之间用“=>”进行连接，不同数组元素之间用逗号进行分隔。

应用 array() 函数定义数组比较灵活，可以在函数体中只给出数组元素值，而不必给出键名。例如：

```
<?php
    $array = array ("asp", "php", "jsp");          // 定义数组
    echo "<pre>";
    print_r($array);                                // 输出数组元素
?>
```

运行结果如下：

```
Array
(
    [0] => asp
    [1] => php
    [2] => jsp
)
```

注意

自 PHP 5.4 起可以使用短数组定义语法，用 [] 替代 array()，如 $array = ["asp", "php", "jsp"];。

在使用 array() 函数创建的数组中的数据时，可以直接利用它们在数组中的排列顺序取值，这个顺序称为数组的下标。例如：

```
<?php
    $array = array ("asp", "php", "jsp");          // 定义数组
   echo $array[ 1 ];                                // 输出数组元素
?>
```

运行结果如下：

```
php
```

注意

使用这种方式定义数组时，下标默认从 0 开始，而不是 1，然后依次增加 1。所以下标为 2 的元素是指数组的第 3 个元素。

例如，下面将通过 array() 函数创建数组，代码如下：

```
<?php
    $array=array("1"=>"编","2"=>"程","3"=>"词","4"=>"典"); // 声明数组
    print_r($array);                                     // 输出数组元素
    echo "<br>";
    echo $array[1];                                      // 输出数组元素的值
    echo $array[2];                                      // 输出数组元素的值
    echo $array[3];                                      // 输出数组元素的值
    echo $array[4];                                      // 输出数组元素的值
?>
```

运行结果如下：

```
Array ( [1] => 编 [2] => 程 [3] => 词 [4] => 典 )
编程词典
```

5.2.2　通过赋值方式创建数组

PHP 中另一种比较灵活的数组创建方式是直接为数组元素赋值。如果在创建数组时不知道所创建数组的大小，或在实际编写程序时数组的大小可能发生改变，采用这种数组创建的方法较好。

为了加深读者对这种数组声明方式的理解，下面通过具体实例对该种数组声明方式进行讲解，代码如下：

```
<?php
    $array[1]="编";
    $array[2]="程";
    $array[3]="词";
    $array[4]="典";
    print_r($array);                                     // 输出所创建数组的结构
?>
```

运行结果如下：

```
Array ([1] => 编 [2] => 程 [3] => 词 [4] => 典 )
```

注意

通过直接为数组元素赋值方式创建数组时，要求同一数组元素中的数组名相同，例子中都赋值给 $array。

视频讲解

5.3 数组的类型

PHP 支持两种数组：索引数组（indexed array）和关联数组（associative array），前者使用数字作为键，后者使用字符串作为键。

5.3.1 数字索引数组

PHP 数字索引一般表示数组元素在数组中的位置，它由数字组成，数字索引数组默认索引值从数字 0 开始，不需要特别指定，PHP 会自动为索引数组的键名赋一个整数值，然后从这个值开始自动增量，当然，也可以指定从某个位置开始保存数据。我们可以使用数字索引定义 5.1 节中的 2017 年 NBA 全明星西部首发数组，如图 5.3 所示。

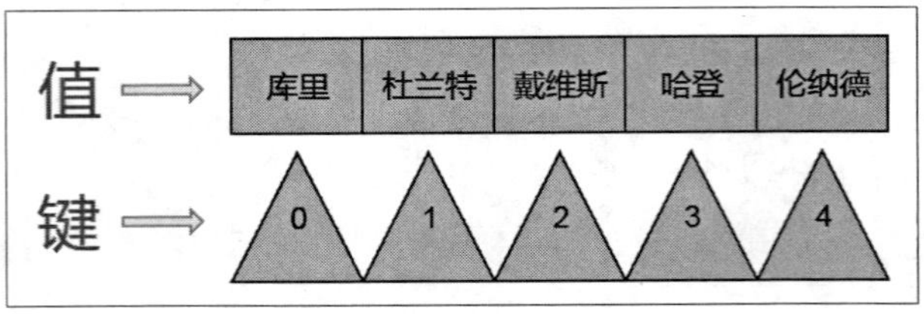

图 5.3　NBA 全明星西部首发数组数字索引

例如，创建两个数组 $project1 和 $project2，具体代码如下：

```
<?php
    $project1 = array('明日科技','明日学院','明日图书','明日论坛');              //不用下标
    $project2 = array(1=>'明日科技','明日学院','明日图书','明日论坛');           //下标从 1 开始，递增
    print_r($project1);                                                         //输出数组
   echo "<br>";
    print_r($project2);                                                         //输出数组
?>
```

运行结果如下：

```
Array ( [0] => 明日科技 [1] => 明日学院 [2] => 明日图书 [3] => 明日论坛 )
Array ( [1] => 明日科技 [2] => 明日学院 [3] => 明日图书 [4] => 明日论坛 )
```

5.3.2 关联数组

关联数组（associative array）的键名可以是数值和字符串混合的形式，而不像数字索引数组的键名只能为数字，在一个数组中，只要键名中有一个不是数字，那么这个数组就称为关联数组。以水果名称和价格的数组为例，键为水果名称，值为水果价格，如图 5.4 所示。

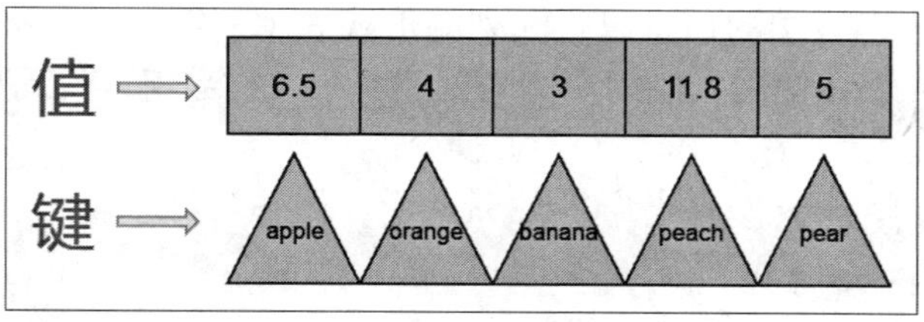

图 5.4　关联数组示意图

创建一个关联数组，代码如下：

```
<?php
    $newarray = array("first"=>1,"second"=>2,"third"=>3);
    echo $newarray["second"];
    echo "<br>";
    $newarray["third"]=8;
    echo $newarray["third"];
?>
```

运行结果如下：

```
2
8
```

多学两招

关联数组的键名可以是任何一个整数或字符串。如果键名是一个字符串，则不要忘了给这个键名或索引加上一个定界修饰符——单引号（'）或双引号（"）。

视频讲解

5.4　多维数组

数组不一定就是一个键和值的简单列表，数组中的每个位置还可以保存另一个数组。使用这种方法，可以创建一个二维数组。以某酒店的楼层和房间号为例，如图 5.5 所示，每一个楼层都是一个一维数组，楼层数本身又构成了一个数组，这样一间酒店就构成了一个二维数组。

楼层	房间号						
一楼	1101	1102	1103	1104	1105	1106	1107
二楼	2101	2102	2103	2104	2105	2106	2107
三楼	3101	3102	3103	3104	3105	3106	3107
四楼	4101	4102	4103	4104	4105	4106	4107
五楼	5101	5102	5103	5104	5105	5106	5107
六楼	6101	6102	6103	6104	6105	6106	6107
七楼	7101	7102	7103	7104	7105	7106	7107

图 5.5　二维表结构的楼层房间号

二维数组常用于表示表，表中的信息以行和列的形式表示，第一个下标代表元素所在的行，第二个下标代表元素所在的列。下面使用具体的实例来创建一个二维数组，代码如下：

```
<?php
    $str = array (
        " 书籍 "=>array (" 文学 "," 历史 "," 地理 "),
        " 体育用品 "=>array ("m"=>" 足球 ","n"=>" 篮球 "),
        " 水果 "=>array (" 橙子 ",8=>" 葡萄 "," 苹果 ") );          // 声明数组
    echo "<pre>";
    print_r ( $str) ;                                              // 输出数组元素
?>
```

运行结果如图 5.6 所示。

图 5.6　输出二维数组运行结果

视频讲解

5.5　遍历数组

遍历数组中的所有元素是常用的一种操作，在遍历的过程中可以完成查询等功能。在生活中，如果想要去商场买一件衣服，就需要在商场中逛一遍，看是否有想要的衣服，逛商场的过程就相当于遍历数组的操作。在 PHP 中遍历数组的方法有多种，下面介绍最常用的 foreach 遍历数组。

【例 5.01】 通过 foreach 结构遍历数组获取数据信息，代码如下：（**实例位置：资源包\源码\05\5.01**）

```
<?php
    // 声明数组
    $url = array('明日学院 '=>'www.mingrisoft.com',
            'PHP 官网 '=>'www.mrbccd.com',
            'PHP 之道 '=>'https://laravel-china.github.io/php-the-right-way'
    );
    // 遍历数组
    foreach ( $url as $key=>$link ) {
      echo $key.":".$link.'<br>';
    }
?>
```

运行结果如图 5.7 所示。

图 5.7　foreach 遍历数组运行结果图

在上面的代码中，PHP 为 $url 的每个元素依次执行循环体（echo 语句）一次，将 $link 赋值给当前元素的值，其中 $key 为数组的键值。各元素按数组内部顺序进行处理。

视频讲解

5.6　统计数组元素个数

在 PHP 中，使用 count() 函数对数组中的元素个数进行统计。语法格式如下：

```
int count ( mixed $array [, int $mode])
```

参数及返回值说明如下。

- ☑ array：必要参数。输入的数组。
- ☑ mode：可选参数。COUNT_RECURSIVE（或 1），如选中此参数，本函数将递归地对数组计数。对计算多维数组的所有单元尤其有用。此参数的默认值为 0。
- ☑ 返回值：返回 array 中的单元数量。

例如，使用 count() 函数统计数组元素的个数，代码如下：

```
<?php
    $array = array("PHP 函数参考大全 ","PHP 程序开发范例宝典 ",
                "PHP 网络编程自学手册 ","PHP5 从入门到精通 ");
    echo count($array);                    // 统计数组元素的个数，输出结果为 4
?>
```

运行结果如下：

```
4
```

例如，使用 count() 函数递归地统计数组中图书数量并输出，代码如下：

```
<?php
    // 声明一个二维数组
    $array = array("php" => array("PHP 函数参考大全 ",
                                  "PHP 程序开发范例宝典 ",
                                  "PHP 数据库系统开发完全手册 "),
                   "asp" => array("ASP 经验技巧宝典 ")
    );
    echo count($array,COUNT_RECURSIVE); // 递归统计数组元素的个数，2+4=6
?>
```

运行结果如下：

```
6
```

注意

在统计二维数组时，如果直接使用 count() 函数只会显示一维数组的个数，所以参数设为 COUNT_RECURSIVE（或 1），对计算多维数组的所有单元尤其有用。

视频讲解

5.7 查询数组中指定元素

array_search() 函数可以在数组中搜索给定的值，找到后返回键名，否则返回 false。语法格式如下：

```
mixed array_search ( mixed $needle, array $haystack [, bool $strict])
```

参数及返回值说明如下。

- ☑ needle：指定在数组中搜索的值。
- ☑ haystack：指定被搜索的数组。
- ☑ strict：为可选参数，默认值为 false。如果值为 true，还将在数组中检查给定值的类型。
- ☑ 返回值：如果找到了 needle 则返回它的键，否则返回 false。

【例 5.02】 明日学院图书效率排行榜中，排名前四位的 PHP 书籍分别是《零基础学 PHP》《PHP 项目开发实战入门》《PHP 从入门到精通》《PHP 开发实战》，其对应的价格依次是 69.80 元、69.80 元、62.90 元、55.90 元。使用 array_search() 函数查询图书《PHP 从入门到精通》的价格。代码如下：（**实例位置：资源包 \ 源码 \05\5.02**）

```
<?php
```

```
    $book_name  ='《PHP 从入门到精通》';
    $books = ['《零基础学 PHP》','《PHP 项目开发实战入门》','《PHP 从入门到精通》',
             '《PHP 开发实战》'];
    $price = [69.80,69.80,62.90,55.90];
    $key = array_search($book_name,$books);
    if($key){
        echo $book_name."价格：¥".$price[$key];
    }else{
        echo $book_name."价格："."未知";
    }
?>
```

上述代码中，使用 array_search() 函数查询 $book_name 变量在 $book 数组中的下标，根据该下标获取 $price 价格数组中对应的值。运行结果如图 5.8 所示。

图 5.8　查询数组中元素的值

5.8　获取数组中最后一个元素

视频讲解

通过函数 array_pop() 获取数组中的最后一个元素。语法格式如下：

```
mixed array_pop ( array $array)
```

参数及返回值说明如下。

☑ array：输入的数组。

☑ 返回值：返回数组的最后一个单元，并将原数组的长度减 1，如果数组为空（或者不是数组）将返回 null。

例如，应用 array_pop() 函数获取数组中的最后一个元素，代码如下：

```
<?php
    $arr = array ("ASP", "Java", "Java Web", "PHP", "VB");       // 定义数组
    $array = array_pop ($arr);                                   // 获取数组中最后一个元素
    echo "被弹出的单元是: $array <br />";                         // 输出最后一个元素值
    print_r($arr);                                               // 输出数组结构
?>
```

运行结果如下：

```
被弹出的单元是：VB
Array ( [0] => ASP [1] => Java [2] => Java Web [3] => PHP )
```

视频讲解

5.9 向数组中添加元素

通过 array_push() 函数向数组中添加元素。array_push() 函数将数组当成一个栈，将传入的变量压入该数组的末尾，该数组的长度将增加入栈变量的数目，返回数组新的元素总数。语法格式如下：

```
int array_push ( array $array, mixed $var [, mixed …])
```

参数及返回值说明如下。

☑ array：指定的数组。

☑ var：压入数组中的值。

☑ 返回值：数组新的单元总数。

例如，应用 array_push() 函数向数组中添加元素，代码如下：

```
<?php
    $array_push = array ("PHP 从入门到精通 ", "PHP 范例手册 ");                          // 定义数组
    array_push ($array_push, "PHP 开发典型模块大全 ","PHP 网络编程自学手册 ");          // 添加元素
    print_r($array_push);                                                               // 输出数组结果
?>
```

运行结果如下：

```
Array ( [0] => PHP 从入门到精通 [1] => PHP 范例手册 [2] => PHP 开发典型模块大全 [3] => PHP 网络编程自学手册 )
```

视频讲解

5.10 其他常用数组函数

由于篇幅有限，本章不能将数组函数逐一介绍，在此列举出其他常用数组函数，使读者先简单了解一下函数用途。在遇到问题需要使用时，可查找 PHP 手册，查找相应函数的用法，实现自己的功能。

5.10.1 数组排序函数

常用的数组排序函数如表 5.1 所示。

表 5.1　数组排序函数

函数名称	描　　述
sort()	本函数对数组进行排序。当本函数结束时数组元素将被从最低到最高重新安排。 不保持索引关系
rsort()	对数组逆向排序
asort()	对数组进行排序并保持索引关系
arsort()	对数组进行逆向排序并保持索引关系
ksort()	对数组按照键名排序
krsort()	对数组按照键名逆向排序
natsort()	用“自然排序”算法对数组排序
natcasesort()	用“自然排序”算法对数组进行不区分大小写字母的排序

【例 5.03】 明日学院网站的社区中，有一个热帖功能，即根据帖子的回复数量由多到少作为热帖的排名顺序。帖子数组如下所示：

```
$data = array(
      array('post_id'=>1,'title'=>'如何学好 PHP','reply_num'=>582),
      array('post_id'=>2,'title'=>'PHP 数组常用函数汇总 ','reply_num'=>182),
      array('post_id'=>3,'title'=>'PHP 字符串常用函数汇总 ','reply_num'=>982)
);
```

实现根据 reply_num 由多到少进行排序的功能，代码如下：（**实例位置：资源包 \ 源码 \05\5.03**）

```
<?php
    /**
     * 根据数组中的某个键值大小进行排序，仅支持二维数组
     *
     * @param array $array 排序数组
     * @param string $key 键值
     * @param bool $asc 默认正序 ,false 为降序
     * @return array 排序后数组
     */
    function arraySortByKey($array=array(), $key='', $asc = true){
        $result = array();
        /** 整理出准备排序的数组 **/
        foreach ( $array as $k => &$v ) {
            $values[$k] = isset($v[$key]) ? $v[$key] : '';
        }
        unset($v);                                  // 销毁变量
        $asc ? asort($values) : arsort($values);    // 对需要排序键值进行排序
        /** 重新排列原有数组 **/
        foreach ( $values as $k => $v ) {
            $result[$k] = $array[$k];
        }
        return $result;
    }
    /** 定义数组 **/
```

```
    $data = array(
            array('post_id'=>1,'title'=>'如何学好 PHP','reply_num'=>582),
            array('post_id'=>2,'title'=>'PHP 数组常用函数汇总','reply_num'=>182),
            array('post_id'=>3,'title'=>'PHP 字符串常用函数汇总','reply_num'=>982)
    );
    $new_arrray = arraySortByKey($data,'reply_num',false); // 调用 arrySortByKey() 函数
    echo "<pre>";                                          // 指定输出格式
    print_r($new_arrray);                                  // 输出数组
?>
```

运行结果如图 5.9 所示。

图 5.9　帖子排序运行结果

5.10.2　数组计算函数

常用的数组计算函数如表 5.2 所示。

表 5.2　数组计算函数

函数名称	描　述
array_sum()	计算数组中所有值的和
array_merge()	合并一个或多个数组
array_diff()	计算数组的差集
array_diff_assoc()	带索引检查计算数组的差集
array_intersect()	计算数组的交集
array_intersect_assoc()	带索引检查计算数组的交集

【例 5.04】 模拟淘宝多条件筛选商品的功能，根据手机品牌筛选出商品数组 $brand，根据手机颜色筛选出商品数组 $color。现选择品牌为 iPhone，颜色为“土豪金”的手机。使用 array_intersect() 函数实现该功能。代码如下：（**实例位置：资源包 \ 源码 \05\5.04**）

```
<?php
    $brand = array('iPhone7 土豪金 ','华为 P10 宝石蓝 ','小米 6 玫瑰红 ');
    $color = array('iPhone7 土豪金 ','华为土豪金 ','小米土豪金 ');
    $result = array_intersect($brand,$color);
    print_r($result);
?>
```

运行结果如图 5.10 所示。

图 5.10　array_intersect() 函数获取交集

5.11　小　　结

本章的重点是数组的常用操作，这些操作在实际应用中经常使用。另外，PHP 提供了大量的数组函数，完全可以在开发任务中轻松实现所需要的功能。希望通过本章的学习，读者能够举一反三，对所学知识进行灵活运用，开发实用的 PHP 程序。

5.12　实　　战

5.12.1　使用 foreach 遍历课程列表

☑ 实例位置：资源包 \ 源码 \05\ 实战 \01

在明日学院网站的课程分类中，有如下数组：

```
$category=array( '后端开发 '=>['PHP','Java','C++'],
                 '前端开发 '=>['HTML','CSS','JavaScript'],
                 '数据库开发 '=>['Mysql','Oracle']);
```

使用 foreach 嵌套 foreach，输出该课程列表，运行结果如图 5.11 所示。

图 5.11　foreach 循环嵌套

5.12.2　使用 foreach 生成标签链接

☑ 实例位置：资源包 \ 源码 \05\ 实战 \02

在博客首页中，左侧通常会有一个标签栏。当用户单击相应的标签后，页面即跳转到该标签下文章列表页。根据标签数组，使用 foreach 生成标签链接，如图 5.12 所示。

图 5.12　遍历标签列表

5.12.3　使用 array_unique() 函数去除重复数据

☑ 实例位置：资源包 \ 源码 \05\ 实战 \03

在明日学院网站的后台，可以添加相应版块的版主功能。每个版块可以有多个版主，用“,”分隔版主名称，如 PHP 版块的版主有“张三 , 李四 , 王五 , 赵六 , 张三”。试着使用 array_unique() 函数去除重复的版主名称。运行结果如图 5.13 所示。

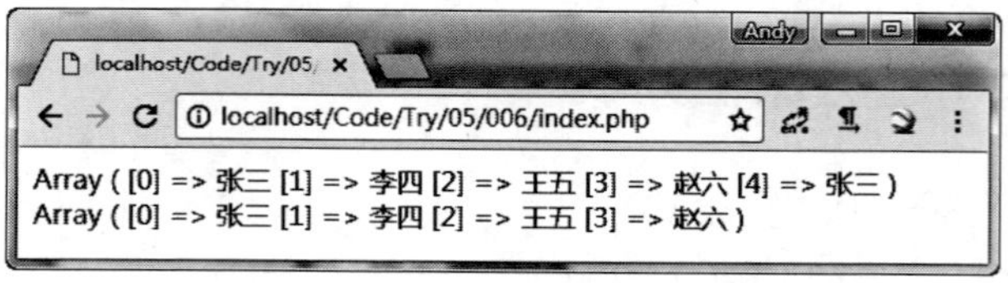

图 5.13　使用 array_unique() 函数去除重复数据

第 6 章

面向对象

（视频讲解：1 小时 21 分钟）

面向对象是一种计算机编程架构，比面向过程编程具有更强的灵活性和扩展性。面向对象编程也是一个程序员发展的“分水岭”，很多的初学者和略有成就的开发者，就是因为无法理解“面向对象”而放弃。这里想提醒一下初学者：要想在编程这条路上走得比别人远，就一定要掌握面向对象编程技术。

学习摘要：

- 面向对象的基本概念
- PHP 与对象

视频讲解

6.1 面向对象的基本概念

在前几章中，我们已经学习使用了字符串和数组组织数据，也学习了使用函数把一些代码收集到能够反复使用的单元中。本章介绍的对象（object）则让这种收集的思想更向前迈进一步。对象可以把函数和数据收集在一起。下面来了解一下面向对象的基本概念。

6.1.1 类的概念

世间万物都具有其自身的属性和方法，通过这些属性和方法可以将不同物质区分开来。例如，人具有身高、体重和肤色等属性，还可以进行吃饭、学习、走路等能动活动，这些活动可以说是人具有的功能。可以把人看作程序中的一个类，那么人的身高可以看作类中的属性，走路可以看作类中的方法。也就是说，类是属性和方法的集合，这是面向对象编程方式的核心和基础。通过类可以将零散的用于实现某项功能的代码进行有效管理。例如，创建一个运动类，包括 5 个属性：姓名、身高、体重、年龄和性别，定义 4 个方法：踢足球、打篮球、举重和跳高，如图 6.1 所示。

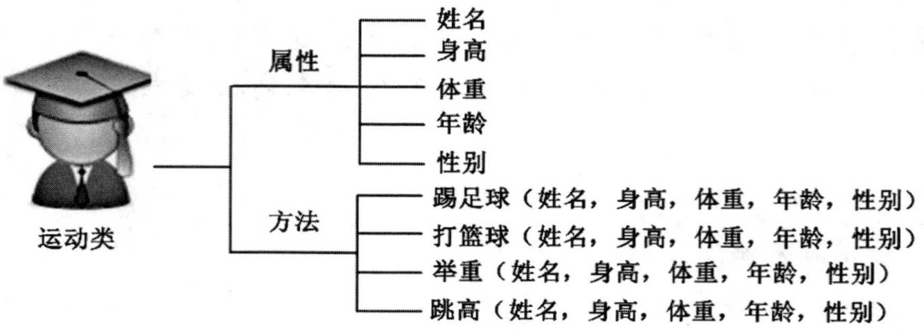

图 6.1　运动类

6.1.2 对象的概念

类只是具备某项功能的抽象模型，实际应用中还需要对类进行实例化，这样就引入了对象的概念。对象是类进行实例化后的产物，是一个实体。仍然以人为例，“黄种人是人”这句话没有错误，但反过来说“人是黄种人”这句话一定是错误的。因为除了有黄种人，还有黑人、白人等。那么“黄种人”就是“人”这个类的一个实例对象。可以这样理解对象和类的关系：对象实际上就是“有血有肉的、能摸得到看得到的”一个类。

这里实例化 6.1.1 节中创建的运动类，如图 6.2 所示。

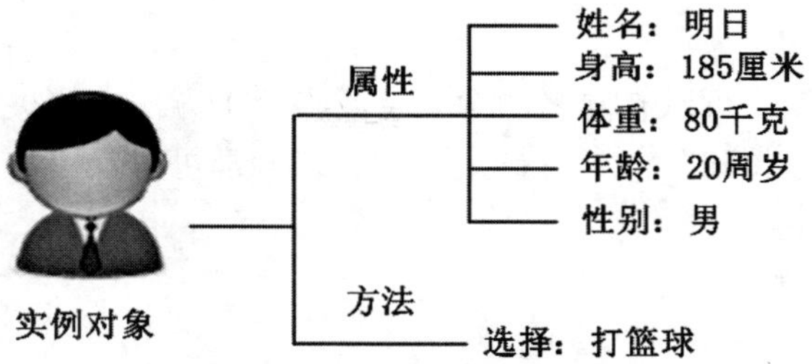

图 6.2　实例化对象

6.1.3　面向对象编程的三大特点

面向对象编程的三大特点是封装性、继承性和多态性。

1. 封装性

封装性，也可以称为信息隐藏。就是将一个类的使用和实现分开，只保留有限的接口（方法）与外部联系。对于用到该类的开发人员，只要知道这个类该如何使用即可，而不用去关心这个类是如何实现的。这样做可以让开发人员更多地把精力集中起来专注别的事情，同时也避免了程序之间相互依赖而带来的不便。这就像普通用户购买汽车，我们只需要知道如何驾驶汽车，并不需要去了解汽车内部的构造。

2. 继承性

在真实的世界中，人们可以从他们的父母或者其他直系亲戚那里继承一些东西。例如，在图 6.3 中，“我”可以继承“爸爸”和“妈妈”财产。同理，“爸爸”也可以继承“祖父”和“祖母”的财产。继承性就是派生类（子类）自动继承一个或多个基类（父类）中的属性与方法，并可以重写或添加新的属性或方法。继承这个特性简化了对象和类的创建，增加了代码的可重用性。

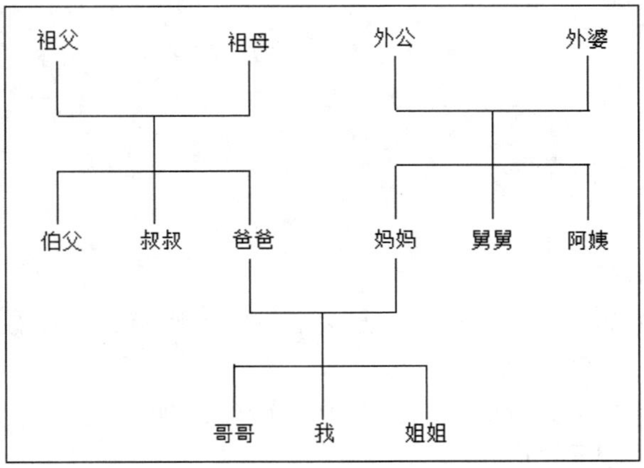

图 6.3　家族图谱

3. 多态性

多态性是指对于不同的类，可以有同名的两个（或多个）方法。取决于这些方法分别应用到哪个类。例如，定义一个“汽车”类和一个“自行车”类，二者都可以具有不同的“移动”操作。多态性增强了软件的灵活性和重用性。

视频讲解

6.2 PHP 与对象

6.2.1 类的定义

和很多面向对象的语言一样，PHP 也是通过 class 关键字加类名来定义类的。类的格式如下：

```
<?php
    class SportObject{                                    // 定义运动类
    //…
    }
?>
```

上述两个大括号中间的部分是类的全部内容，如上述 SportObject 就是一个最简单的类。SportObject 类仅有一个类的骨架，什么功能都没有实现，但这并不影响它的存在。

注意

一个类，即一对大括号之间的全部内容都要在一段代码段中，即一个“<?php … ?>”之间不能分割成多块，例如，下面的格式是不允许的：

```
<?php
    class SportObject{                                    // 定义运动类
    //…
?>
<?php
    //…
}
?>
```

6.2.2 成员方法

类中的函数被称为成员方法。函数和成员方法唯一的区别就是，函数实现的是某个独立的功能，而成员方法是实现类中的一个行为，是类的一部分。

下面就创建在图 6.1 中编写的运动类，并添加成员方法。将类命名为 SportObject，并添加打篮球的成员方法 beatBasketball()。代码如下：

```
<?php
    class SportObject{
        function beatBasketball($name,$height,$weight,$age,$sex){        //声明成员方法
            echo " 姓名：".$name;                                        //方法实现的功能
            echo " 身高：".$height;                                      //方法实现的功能
            echo " 年龄：".$age;                                         //方法实现的功能
        }
    }
?>
```

该方法的作用是输出申请打篮球人的基本信息，包括姓名、身高和年龄。这些信息是通过方法的参数传进来的。

6.2.3　类的实例化

定义完类和方法后，并不会真正创建一个对象。这有点像一辆汽车的设计图。设计图可以告诉我们汽车长什么样，但设计图本身不是一辆汽车。我们不能开走它，它只能用来建造真正的汽车，而且可以使用它制造很多汽车。那么如何创建对象呢？

首先要对类进行实例化，实例化是通过关键字 new 来声明一个对象。然后使用如下格式来调用要使用的方法：

```
对象名 -> 成员方法
```

在 6.1 节中已经讲过，类是一个抽象的描述，是功能相似的一组对象的集合。如果想用到类中的方法或变量，首先就要把它具体落实到一个实体，也就是对象上。

以 SportObject 类为例，实例化一个对象并调用 playBasketball() 方法。代码如下：

```
<?php
    class SportObject{
        function playBasketball($name,$height,$weight,$age,$sex){        //声明成员方法
            if($height>180 and $weight<=100){
                return $name."，符合打篮球的要求 !";                     //方法实现的功能
            }else{
                return $name."，不符合打篮球的要求 !";                   //方法实现的功能
            }
        }
    }
    $sport=new SportObject();
    echo $sport->playBasketball(' 小明 ',' 185',' 80',' 20 周岁 ',' 男 ');
?>
```

运行结果如下：

```
小明，符合打篮球的要求！
```

6.2.4 成员变量

类中的变量，也称为成员变量（也有称为属性或字段的）。成员变量用来保存信息数据，或与成员方法进行交互来实现某项功能。例如，在 SportObject 类中定义一个 name（运动员姓名）成员变量，接下来就可以在 playBasketball() 方法中使用该变量完成某个功能。

定义成员变量的格式如下：

```
关键字 成员变量名
```

说明

关键字可以使用 public、private、protected、static 和 final 中的任意一个。在 6.2.9 节之前，所有的实例都使用 public 来修饰。对于关键字的使用，将在 6.2.9 节中进行介绍。

访问成员变量和访问成员方法是一样的。只要把成员方法换成成员变量即可，格式如下：

```
对象名 -> 成员变量
```

【例 6.01】 以图 6.1 和图 6.2 中描述的类和类的实例化为例，将其通过代码实现。首先定义运动类 SportObject，声明 3 个成员变量 $name、$height、$weight。然后定义一个成员方法 playFootball()，用于判断申请的运动员是否适合这个运动项目。最后，实例化类，通过实例化返回对象调用指定的方法，根据运动员填写的参数，判断申请是否符合要求。代码如下：（**实例位置：资源包 \ 源码 \06\6.01**）

```
<?php
class SportObject{
        public $name;                                                    //定义成员变量
        public $height;                                                  //定义成员变量
        public $weight;                                                  //定义成员变量

        public function playFootball($name,$height,$weight){             //声明成员方法
            $this->name=$name;
            $this->height=$height;
            $this->weight=$weight;
            if($this->height<185 and $this->weight<85){
                return $this->name."，符合踢足球的要求 !";                   //方法实现的功能
            }else{
                return $this->name."，不符合踢足球的要求 !";                 //方法实现的功能
            }
        }
}
$sport=new SportObject();                                                //实例化类
echo $sport->playFootball('明日','185','80');                           //执行类中的方法
?>
```

运行结果如图 6.4 所示。

图 6.4　实例化类运行效果

说明

“$this ->”作用是调用本类中的成员变量或成员方法，这里只要知道含义即可。在 6.2.8 节中将介绍相关的知识。

注意

无论是使用“$this->”还是使用“对象名 ->”的格式，后面的变量是没有 $ 符号的，如 $this-> beatBasketBall、$sport-> beatBasketBall。

6.2.5　类常量

既然有变量，当然也会有常量。常量就是不会改变的量，是一个恒值。圆周率是众所周知的一个常量。定义常量使用关键字 const，如：

```
const PI= 3.14159;
```

例如，先声明一个常量，再声明一个变量，实例化对象后分别输出两个值。代码如下：

```
<?php
class SportObject{
      const BOOK_TYPE = '计算机图书';                    // 声明常量 BOOK_TYPE
      public $object_name;                               // 声明变量，用来存放商品名称
      function setObjectName($name){                     // 声明方法 setObjectName()
      $this -> object_name = $name;                      // 设置成员变量值
      }
      function getObjectName(){                          // 声明方法 getObjectName()
            return $this -> object_name;
      }
}
$book = new SportObject();                               // 实例化对象
$book->setObjectName("PHP 类");                          // 调用方法 setObjectName()
echo SportObject::BOOK_TYPE." -> ";                      // 输出常量 BOOK_TYPE
echo $book->getObjectName();                             // 调用方法 getObjectName()
?>
```

运行结果如下：

```
计算机图书 -> PHP 类
```

可以发现，常量的输出和变量的输出是不一样的。常量不需要实例化对象，直接由“类名＋常量名”调用即可。常量输出的格式如下：

```
类名 :: 常量名
```

说明

类名和常量名之间的两个冒号“::”称为作用域操作符，使用这个操作符可以在不创建对象的情况下调用类中的常量、变量和方法。关于作用域操作符，将在 6.2.8 节中进行介绍。

6.2.6 构造方法和析构方法

1. 构造方法

当一个类实例化一个对象时，可能会随着对象初始化一些成员变量。

说明

初始化表示“开始时做好准备”。在软件开发中对某个东西初始化时，就是把它设置成一种我们期望的形状或条件，以备使用。

如例 6.01 中的 SportObject 类，现在再添加一些成员变量，类的形式如下：

```
class SportObject{
    public $name;                                    //定义姓名成员变量
    public $height;                                  //定义身高成员变量
    public $weight;                                  //定义体重成员变量
    public $age;                                     //定义年龄成员变量
    public $sex;                                     //定义性别成员变量
}
```

实例化一个 SportObject 类的对象，并对这个类的一些成员变量赋初值。代码如下：

```
$sport=new SportObject( '明日', '185', '80', '20', '男');    //实例化类，并传递参数
$sport ->name="明日";                                          //为成员变量赋值
$sport ->height=185;                                           //为成员变量赋值
$sport ->weight=80;                                            //为成员变量赋值
$sport ->age=20;                                               //为成员变量赋值
$sport ->sex="男";                                             //为成员变量赋值
echo $sport->playFootball();                                   //执行方法
```

可以看到，如果赋初值比较多，写起来就比较麻烦。为此，PHP 引入了构造方法。构造方法是生成对象时自动执行的成员方法，作用就是初始化对象。该方法可以没有参数，也可以有多个参数。构造方法的格式如下：

```
void __construct([mixed args [,…]])
```

注意

函数中的“__”是两条下画线“_”。

例如，重写了 SportObject 类和 playFootBall() 方法，下面通过具体实例查看重写后的对象在使用上有哪些不一样。代码如下：

```
<?php
class SportObject{
      public $name;                                                    //定义成员变量
      public $height;                                                  //定义成员变量
      public $weight;                                                  //定义成员变量
      public $age;                                                     //定义成员变量
      public $sex;                                                     //定义成员变量
      public function __construct($name,$height,$weight,$age,$sex){    //定义构造方法
            $this->name=$name;                                         //为成员变量赋值
            $this->height=$height;                                     //为成员变量赋值
            $this->weight=$weight;                                     //为成员变量赋值
            $this->age=$age;                                           //为成员变量赋值
            $this->sex=$sex;                                           //为成员变量赋值
      }
      public function playFootBall(){                                  //声明成员方法
            if ($this->height<185 and $this->weight<85){
                  return $this->name."，符合踢足球的要求！";            //方法实现的功能
            }else{
                  return $this->name."，不符合踢足球的要求！";          //方法实现的功能
            }
      }
}
$sport=new SportObject('小明','185','80','20','男');                  //实例化类，并传递参数
echo $sport->playFootball();                                          //执行类中的方法
```

运行结果如下：

```
小明，不符合踢足球的要求！
```

可以看到，重写后的类，在实例化对象时只需一条语句即可完成赋值。

说明

构造方法是初始化对象时使用的。如果类中没有构造方法，那么 PHP 会自动生成。自动生成的构造方法没有任何参数，没有任何操作。

2. 析构方法

析构方法的作用和构造方法正好相反，是在对象被销毁时调用，作用是释放内存。析构方法的格式如下：

```
void __destruct ( void )
```

例如，首先声明一个对象 $sport，然后再销毁对象。可以看出，使用析构方法十分简单。代码如下：

```
<?php
class SportObject{
    public $name;                                                       //定义姓名成员变量
    public $height;                                                     //定义身高成员变量
    public $weight;                                                     //定义体重成员变量
    public $age;                                                        //定义年龄成员变量
    public $sex;                                                        //定义性别成员变量
    public function __construct($name,$height,$weight,$age,$sex){       //定义构造方法
        $this->name=$name;                                              //为成员变量赋值
        $this->height=$height;                                          //为成员变量赋值
        $this->weight=$weight;                                          //为成员变量赋值
        $this->age=$age;                                                //为成员变量赋值
        $this->sex=$sex;                                                //为成员变量赋值
    }
    public function playFootball(){                                     //声明成员方法
        if ($this->height<185 and $this->weight<85){
            return $this->name."，符合踢足球的要求 !";                    //方法实现的功能
        }else{
            return $this->name."，不符合踢足球的要求 !";                  //方法实现的功能
        }
    }
    function __destruct(){                                              //析构方法
        echo "<p><b> 对象被销毁，调用析构函数。</b></p>";
    }
}
$sport=new SportObject('明日 ','185','80','20','男 ');                  //实例化类，并传递参数
?>
```

运行结果如下：

```
对象被销毁，调用析构函数。
```

说明

PHP 使用的是一种“垃圾回收”机制，自动清除不再使用的对象，释放内存。也就是说即使不使用 unset() 函数，析构方法也会自动被调用，这里只是明确一下析构方法在何时被调用。一般情况下是不需要手动创建析构方法的。

6.2.7 继承和多态

继承和多态最根本的作用就是完成代码的重用。下面就来介绍 PHP 的继承和多态。

1. 继承

子类可以继承父类的所有成员变量和方法，包括构造方法。当子类被创建时，PHP 会先在子类中查找构造方法。如果子类有自己的构造方法，PHP 会先调用子类中的方法。当子类中没有时，PHP 则去调用父类中的构造方法，这就是继承。

例如，在 6.1 节中通过图片展示了一个运动类，在这个运动类中包含很多个方法，代表不同的体育项目，各种体育项目的方法中有公共的属性。例如，姓名、性别、年龄……但还会有许多不同之处，例如，篮球对身高的要求、举重对体重的要求……如果都由一个 SportObject 类来生成各个对象，除了那些公共属性外，其他属性和方法则需自己手动来写，工作效率得不到提高。这时，可以使用面向对象中的继承来解决这个难题。

下面来看如何通过 PHP 中的继承来解决上述问题。继承是通过关键字 extends 来声明的，继承的格式如下：

```
class subClass extends superClass{
…
}
```

说明

subClass 为子类名称，superClass 为父类名称。

【例 6.02】 使用 SportObject 类生成了两个子类：PlayBasketBall 和 WeightLifting，两个子类使用不同的构造方法实例化了两个对象 Playbasketball 和 weightlifting，并输出信息。代码如下：（**实例位置：资源包\源码\06\6.02**）

```
<?php

/**
 * Class SportObject 运动类（父类）
 */
class SportObject{
      public $name;                                              //定义姓名成员变量
      public $age;                                               //定义年龄成员变量
      public $weight;                                            //定义体重成员变量
      public $sex;                                               //定义性别成员变量
      public function __construct($name,$age,$weight,$sex){      //定义构造方法
            $this->name=$name;                                   //为成员变量赋值
            $this->age=$age;                                     //为成员变量赋值
            $this->weight=$weight;                               //为成员变量赋值
            $this->sex=$sex;                                     //为成员变量赋值
      }
      function showMe(){                                         //在父类中定义方法
            echo '这句话不会显示。';
      }
}
```

```

/**
 * Class PlayBasketBall 篮球类（子类）
 */
class PlayBasketBall extends SportObject{                          //定义子类，继承父类
    public $height;                                                //定义身高成员变量
    function __construct($name,$height){                           //定义构造方法
        $this -> height = $height;                                 //为成员变量赋值
        $this -> name   = $name;                                   //为成员变量赋值
    }
    function showMe(){                                             //定义方法
        if($this->height>185){
            return $this->name."，符合打篮球的要求！";              //方法实现的功能
        }else{
            return $this->name."，不符合打篮球的要求！";            //方法实现的功能

    }
}

/**
 * Class WeightLifting 举重类（子类）
 */
class WeightLifting extends SportObject{                           //继承父类
    function showMe(){                                             //定义方法
        if($this->weight<85){
            return $this->name."，符合举重的要求！";                //方法实现的功能
        }else{
            return $this->name."，不符合举重的要求！";              //方法实现的功能
        }
    }
}
//实例化对象
$Playbasketball = new PlayBasketBall('明日','190');               //实例化子类
$weightlifting  = new WeightLifting('科技','185','80','20','男');
echo $Playbasketball->showMe()."<br>";                             //输出结果
echo $weightlifting->showMe()."<br>";
?>
```

运行结果如图 6.5 所示。

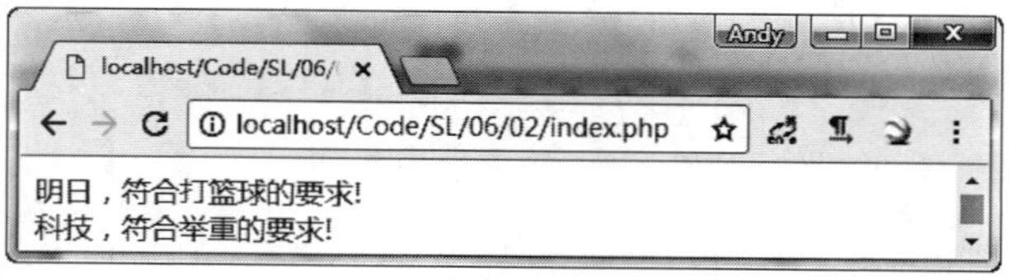

图 6.5　继承父类运行结果

2. 多态

多态好比有一个成员方法让大家去游泳，这个时候有的人带游泳圈，还有人拿浮板，还有人什么也不带。虽是同一种方法，却产生了不同的形态，这就是多态。

例如，定义一个汽车抽象类 Car，它有一个获取速度的成员方法 getSpeed()。现在有 3 个汽车品牌的子类，分别继承 Car 父类，并且都有一个获取速度的成员方法 getSpeed()。3 个不同子类，调用同一个方法，将产生 3 种不同的形态，代码如下：

```
<?php
/**
 * Class Car 定义抽象类 Car
 */
abstract class Car {
    abstract function getSpeed();                                   // 定义抽象方法
}

/**
 * Class Toyota 定义 Toyota 类，继承 Car 类
 */
class Toyota extends Car {
    function getSpeed() {
        return "Toyota'speed";
    }
}
/**
 * Class Nissan 定义 Nissan 类，继承 Car 类
 */
class Nissan extends Car {
    function getSpeed() {
        return "Nissan's speed";
    }
}
/**
 * Class Tesla 定义 Tesla 类，继承 Car 类
 */
class Tesla extends Car {
    function getSpeed() {
        return "Tesla's speed";
    }
}

$car = new Toyota();                                                // 实例化 Toyota 类
$speed = $car->getSpeed();                                          // 调用 getSpeed() 方法
echo $speed;

?>
```

运行结果如下：

```
Toyota'speed
```

6.2.8 “$this ->”和“::”的使用

通过例 6.02 可以发现，子类不仅可以调用自己的变量和方法，也可以调用父类中的变量和方法。那么对于其他不相关的类成员同样可以调用。

PHP 是通过伪变量“$this ->”和作用域操作符“::”来实现这些功能的，这两个符号在前面的学习中都有过简单的介绍。本节将详细讲解两者的使用。

1. $this->

在 6.2.3 节中，对如何调用成员方法有了基本的了解，即使用对象名加方法名，格式为“对象名 -> 方法名”。但在定义类时（如 SportObject 类），根本无法得知对象的名称是什么。这时如果想调用类中的方法，就要用伪变量“$this ->”。“$this”的意思就是本身，所以“$this->”只可以在类的内部使用。

例如，当类被实例化后，“$this”同时被实例化为本类的对象，这时对“$this”使用 get_class() 函数，将返回本类的类名。代码如下：

```
<?php
class example{                                          // 创建类 example
    function exam(){                                    // 创建成员方法
        if (isset($this)){                              // 判断变量 $this 是否存在
            echo '$this 的值为：'.get_class($this);     // 如果存在，输出 $this 所属类的名字
        }else{
            echo '$this 未定义';
        }
    }
}
$class_name = new example();                            // 实例化对象 $class_name
$class_name->exam();                                    // 调用方法 exam()
?>
```

运行结果如下：

```
$this 的值为：example
```

说明

get_class() 函数返回对象所属类的名字，如果不是对象，则返回 false。

2. 操作符“::”

相比伪变量“$this”只能在类的内部使用，操作符“::”更为强大。操作符“::”可以在没有声明任何实例的情况下访问类中的成员方法或成员变量。使用“::”操作符的通用格式如下：

```
关键字 :: 变量名 / 常量名 / 方法名
```

这里的关键字分为以下 3 种情况。

☑ parent 关键字：可以调用父类中的成员变量、成员方法和常量。

☑ self 关键字：可以调用当前类中的静态成员和常量。

☑ 类名：可以调用本类中的变量、常量和方法。

例如，依次使用了类名、parent 关键字和 self 关键字来调用变量和方法。读者可以观察输出的结果。代码如下：

```
<?php
class Book{
      const NAME = 'computer';                              // 常量 NAME
      function __construct(){                               // 构造方法
      echo '本年度图书类冠军为：'.Book::NAME.'<br>';         // 输出默认值
      }
}
class l_book extends Book{                                  //Book 类的子类
      const NAME = 'foreign language';                      // 声明常量
      function __construct(){                               // 子类的构造方法
           parent::__construct();                           // 调用父类的构造方法
           echo '本月图书类冠军为：'.self::NAME.' ';          // 输出本类中的默认值
      }
}
$obj = new l_book();                                        // 实例化对象
?>
```

运行结果如下：

```
本年度图书类冠军为：computer
本月图书类冠军为：foreign language
```

说明

关于静态变量（方法）的声明及使用可参考 6.2.10 节相关内容。

6.2.9　数据隐藏

细心的读者看到这里，一定会有一个疑问：面向对象编程的特点之一是封装性，即数据隐藏。但是在前面的学习中并没有突出这一点。对象中的所有变量和方法可以随意调用，甚至不用实例化也可以使用类中的方法、变量。这就是面向对象吗？

这当然不算是真正的面向对象。如果读者是从本章第一节来开始学习的，一定还会记得在 6.2.4 节讲成员变量时所提到的那几个关键字：public、private、protected、static 和 final。这就是用来限定类成员（包括变量和方法）的访问权限的。本节先来学习前 3 个。

说明

成员变量和成员方法在关键字的使用上都是一样的。这里只以成员变量为例说明几种关键字的不同用法。对于成员方法同样适用。

1. public（公共成员）

顾名思义，就是可以公开的、没有必要隐藏的数据信息。可以在程序中的任何位置（类内、类外）被其他的类和对象调用。子类可以继承和使用父类中所有的公共成员。

在本章的前半部分，所有的变量都被声明为 public，而所有的方法在默认状态下也是 public。所以对变量和方法的调用显得十分混乱。为了解决这个问题，就需要使用第二个关键字 private。

2. private（私有成员）

被 private 关键字修饰的变量和方法，只能在所属类的内部被调用和修改，不可以在类外被访问。在子类中也不可以。

例如，对私有变量 $name 的修改与访问，只能通过调用成员方法来实现。如果直接调用私有变量，将会发生错误。代码如下：

```
<?php
class Book{
      private $name = 'computer';                          // 声明私有变量 $name
      public function setName($name){                      // 设置私有变量方法
      $this -> name = $name;
      }
      public function getName(){                           // 读取私有变量方法
            return $this -> name;
      }
}
class LBook extends Book{                                  //Book 类的子类
}
$lbook = new LBook();                                      // 实例化对象
echo '正确操作私有变量的方法：';                               // 正确操作私有变量
$lbook -> setName("PHP5 从入门到应用开发 ");
echo $lbook -> getName();
echo '<br> 直接操作私有变量的结果：';                          // 错误操作私有变量
echo Book::$name;
?>
```

运行结果如图 6.6 所示。

图 6.6　private 关键字

说明

对于成员方法，如果没有写关键字，那么默认就是 public。从本节开始，以后所有的方法及变量都会带上关键字，这是一种良好的书写习惯。

3. protected（保护成员）

private 关键字可以将数据完全隐藏起来，除了在本类外，其他地方都不可以调用，子类也不可以。对于有些变量希望子类能够调用，但对另外的类来说，还要做到封装。这时，就可以使用 protected。

说明

被 protected 修饰的类成员，可以在本类和子类中被调用，其他地方则不可以被调用。

例如，声明一个 protected 变量，然后使用子类中的方法调用一次，最后在类外直接调用一次，观察一下运行结果。代码如下：

```
<?php
class Book{
    protected $name = 'computer';                       // 声明保护变量 $name
}
class LBook extends Book{                               //Book 类的子类
    public function showMe(){
        echo'对于 protected 修饰的变量，在子类中是可以直接调用的。如：$name ='.$this -> name;
    }
}
$lbook = new LBook();                                   // 实例化对象
$lbook->showMe();
echo '<p> 但在其他的地方是不可以调用的，否则：';          // 对私有变量进行操作
$lbook->name = 'history';
?>
```

运行结果如图 6.7 所示。

图 6.7 protected 关键字运行结果

说明

虽然 PHP 中没有对修饰变量的关键字做强制性的规定和要求，但从面向对象的特征和设计方面考虑，一般使用 private 或 protected 关键字来修饰变量，以防止变量在类外被直接修改和调用。

6.2.10　静态变量（方法）

不是所有的变量（方法）都需要通过创建对象来调用。可以通过给变量（方法）加上 static 关键字来直接调用。调用静态成员的格式如下：

```
关键字 :: 静态成员
```

关键字可以是：

☑ self，在类内部调用静态成员时所使用。

☑ 静态成员所在的类名，在类外调用类内部的静态成员时所使用。

注意

在静态方法中，只能调用静态变量，而不能调用普通变量，而普通方法则可以调用静态变量。

使用静态成员，除了可以不需要实例化对象，另一个作用就是在对象被销毁后，仍然保存被修改的静态数据，以便下次继续使用。这个概念比较抽象，下面结合一个实例说明。

首先声明一个静态变量 $num，声明一个方法，在方法的内部调用静态变量，然后给变量加 1。依次实例化这个类的两个对象，并输出方法。可以发现两个对象中的方法返回的结果有了一些联系。直接使用类名输出静态变量，看有什么效果。代码如下：

```
<?php
class Book{                                    //Book 类
    static $num = 0;                           // 声明一个静态变量 $num，初值为 0
    public function showMe(){                  // 声明一个方法
    echo '您是第 '.self::$num.' 位访客 ';      // 输出静态变量
    self::$num++;                              // 将静态变量加 1
    }
}
$book1 = new Book();                           // 实例化对象 $book1
$book1->showMe();                              // 调用对象 $book1 的 showMe() 方法
echo "<br>";
$book2 = new Book();                           // 实例化对象 $book2;
$book2->showMe();                              // 调用对象 $book2 的 showMe() 方法
echo "<br>";
echo '您是第 '.Book::$num.' 位访客 ';          // 直接使用类名调用静态变量
?>
```

运行结果如下：

```
您是第 0 位访客
您是第 1 位访客
您是第 2 位访客
```

如果将程序代码中的静态变量改为普通变量，如“private $num = 0;”，那么结果就不一样了。读者可以动手试一试。

说明

静态成员不用实例化对象，当类第一次被加载时就已经分配了内存空间，所以直接调用静态成员的速度要快一些。但如果静态成员声明得过多，空间一直被占用，反而会影响系统的功能。这个尺度只能通过实践积累，才能真正地掌握。

6.3　小　　结

本章主要介绍了面向对象的概念、特点和面向对象的应用。虽然本章关于面向对象概念介绍得很全面、很详细，但要想真正明白面向对象思想，必须要多动手实践，多动脑思考，注意平时积累等。希望读者通过自己的努力能有所突破。

6.4　实　　战

6.4.1　调用类的成员方法

☑ **实例位置：资源包 \ 源码 \06\ 实战 \01**

试着创建一个商品类 Goods，声明一个成员变量 $ids（商品 id 数组）。然后定义一个成员方法 searchGoods()，用于查找某个商品 id 是否存在于商品数组 $ids 中。运行结果如图 6.8 所示。

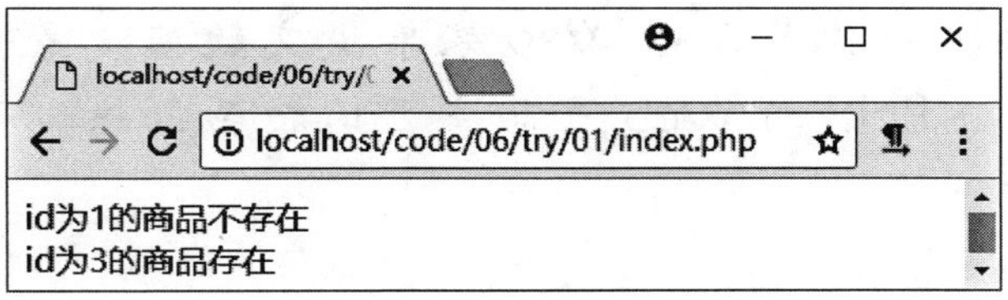

图 6.8　实例运行结果

6.4.2　生成图片验证码

☑ **实例位置：资源包 \ 源码 \06\ 实战 \02**

试着创建 ValidateCode 类，用于生成图片验证码，运行结果如图 6.9 所示。

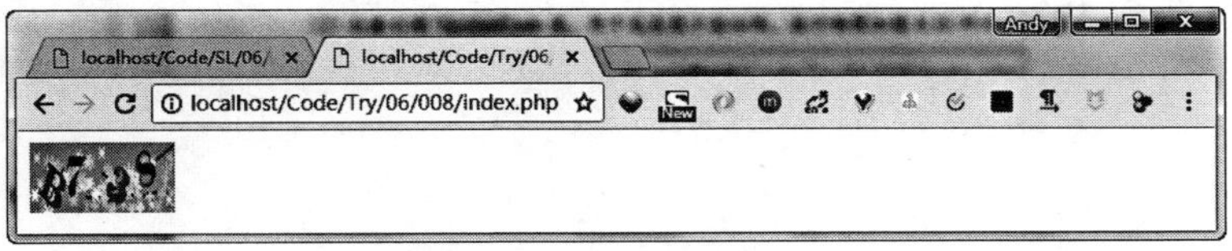

图 6.9　生成图片验证码

第 7 章

PHP 与 Web 交互

（视频讲解：1 小时 40 分钟）

PHP 与 Web 页面交互是学习 PHP 语言编程的基础。在 PHP 中提供了两种与 Web 页面交互的方法，一种是通过 Web 表单提交数据，另一种是通过 URL 参数传递。本章将详细讲解 PHP 与 Web 页面交互的相关知识，为以后学习 PHP 语言编程做好铺垫。

学习摘要：

- Web 工作原理
- HTML 表单
- CSS 美化表单页面
- JavaScript 表单验证
- PHP 获取表单数据

7.1　Web 工作原理

视频讲解

当用户浏览网页时，会打开浏览器，输入网址后按 Enter 键，然后浏览器中就会显示出想要浏览的内容。在这个看似简单的用户行为背后，到底隐藏了些什么呢？

7.1.1　HTTP 协议

超文本传输协议（HyperText Transfer Protocol，HTTP）是互联网上应用最为广泛的一种网络协议。所有的 WWW 文件都必须遵守这个标准。设计 HTTP 最初的目的是为了提供一种发布和接收 HTML 页面的方法。

HTTP 是一个客户端和服务器端请求和应答的标准（TCP）。客户端指的是终端用户，服务器端指的是服务器上的网站。通过使用 Web 浏览器、网络爬虫或者其他的工具，客户端发起一个到服务器上指定端口（默认端口为 80）的 HTTP 请求，基本原理如图 7.1 所示。

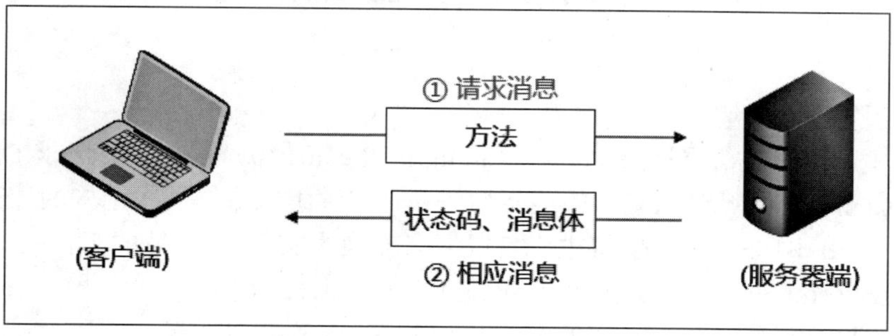

图 7.1　HTTP 基本原理

在客户端向服务器端发起请求时，常用的请求方法如表 7.1 所示。

表 7.1　HTTP 的常用请求方法

方　法	描　述
GET	请求指定的页面信息，并返回实体主体
POST	向指定资源提交数据进行处理请求（如提交表单或者上传文件）。数据被包含在请求体中。POST 请求可能会导致新的资源的建立和 / 或已有资源的修改
HEAD	类似于 GET 请求，只不过返回的响应中没有具体的内容，用于获取报头
PUT	从客户端向服务器传送的数据取代指定的文档内容
DELETE	请求服务器删除指定的页面
OPTIONS	允许客户端查看服务器的性能

在 PHP 与 Web 交互时，最常用的就是 GET 和 POST 两种方式。

7.1.2 Web 工作原理

遵循 HTTP，就可以向服务器发送请求，并接收消息。这中间又经历了哪些过程呢？ Web 工作原理可以简化为 8 个步骤，如图 7.2 所示。

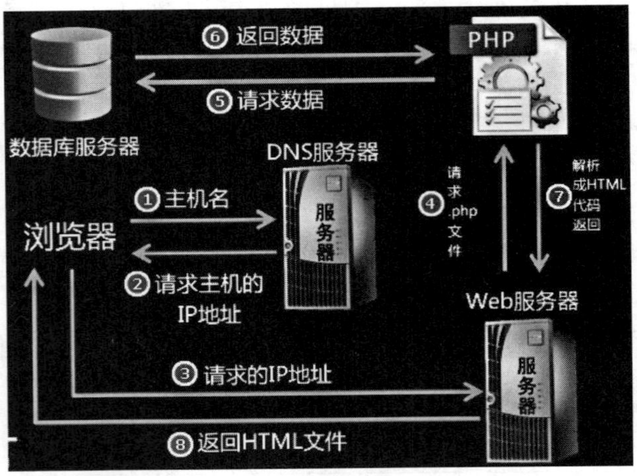

图 7.2　Web 工作原理图

下面就详细介绍每一个步骤。

（1）用户在浏览器中输入网址，如 www.mingrisoft.com，浏览器会去请求 DNS 服务器，DNS（Domain Name System）是“域名系统”的英文缩写，是一种组织成域层次结构的计算机和网络服务命名系统，它用于 TCP/IP 网络，它从事将主机名或域名转换为实际 IP 地址的工作。DNS 就是这样的一位“翻译官”，将 www.mingrisoft.com 翻译成 IP 地址 101.201.120.85。

（2）DNS 服务器将翻译过来的 IP 地址 101.201.120.85 传递给浏览器。

（3）浏览器通过 IP 地址找到 IP 对应的 Web 服务器（通常是 Apache 或者 Nginx），建立 TCP 连接，向服务器发送 HTTP Request（请求）包。

（4）Web 服务器发现用户访问了后缀为 php 的文件，如 index.php 文件，那么服务器就会访问 PHP 解析引擎。

（5）PHP 在解析时，发现需要使用数据库。于是，连接数据库，访问数据库服务器（可能是 MySQL、SQL Server、Oracle 等）。

（6）数据库根据查询条件查找数据，并将数据返回给 PHP 解析引擎。

（7）PHP 解析引擎拼接数据，解析成 HTML，返回给 Web 服务器。

（8）Web 服务器将 HTML 文件返回给浏览器，浏览器开始解析 HTML 文件，此时，用户在浏览器中就看到访问的网站内容。

注意

步骤（5）中的数据库内容将在第 8 章讲解，步骤（7）和步骤（8）中 HTML 内容会在接下来的 7.2 节中讲解。

7.2　HTML 表单

视频讲解

7.2.1　HTML 简介

HTML 是用来描述网页的一种语言。HTML 指的是超文本标记语言（Hyper Text Markup Language），它不是一种编程语言，而是一种标记语言。标记语言是一套标记标签，这种标记标签通常被称为 HTML 标签，它们是由尖括号包围的关键词，如 <html>。HTML 标签通常是成对出现的，如 <h1> 和 </h1>。标签对中的第一个标签是开始标签，第二个标签是结束标签。Web 浏览器的作用是读取 HTML 文档，并以网页的形式显示出它们。浏览器不会显示 HTML 标签，而是使用标签来解释页面的内容，如图 7.3 所示。

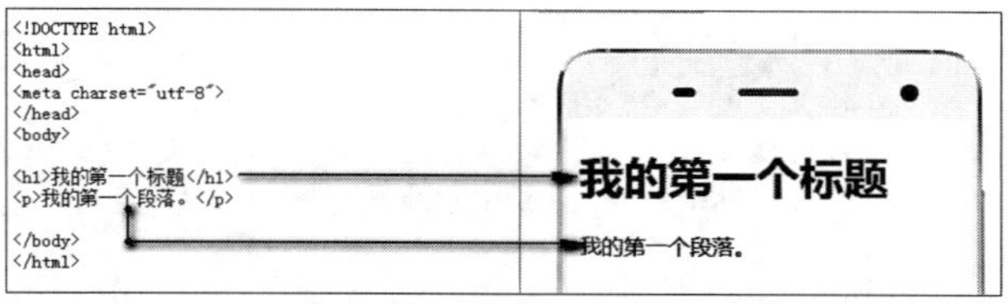

图 7.3　显示页面内容

在图 7.3 中，左侧是 HTML 代码，右侧是显示的页面内容。HTML 代码中，第一行的 <!DOCTYPE html> 表示使用的是 HTML5（最新 HTML 版本），其余的标签都是成对出现，并且在右侧的页面中，只显示标签中的内容，不显示标签。

那么，该如何创建一个 HTML 文件呢？当然，可以先创建一个文本文档，然后将后缀名 .txt 格式更改为 .html。但是 .txt 文件默认编码格式为 ANSI，而 PHP 编码规范要求使用 UTF-8，这就需要更改文件编码格式。下面介绍如何使用 PhpStorm 创建 HTML 文件。

创建一个 HTML 文件，将其命名为 index.html。在 index.html 文件中，编写 HTML 代码。具体步骤如下。

（1）使用 PhpStorm 创建 index.html 文件。

在 D:\phpstudy\WWW 路径下创建 Code 文件夹，打开 PhpStorm，选择 Code 文件夹。在 Code 文件下创建 index.html 文件，步骤如图 7.4 和图 7.5 所示。

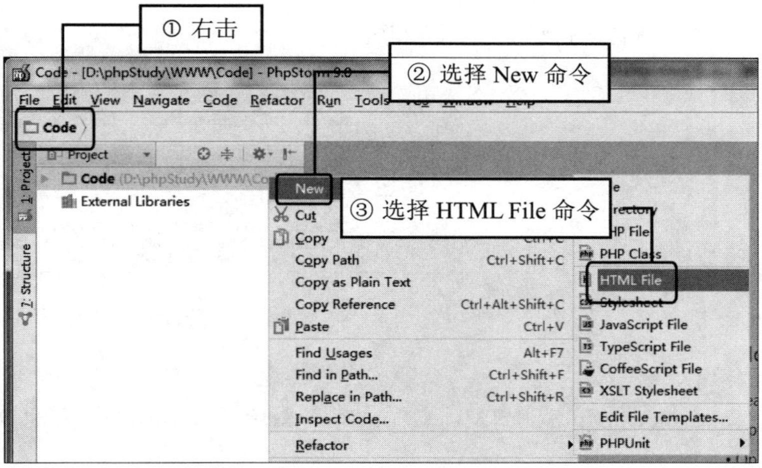

图 7.4　创建 HTML 文件

图 7.5　命名为 index.html

（2）编写 HTML 代码。

创建完成后，编辑器默认生成了基本的 HTML5 代码结构。在 <body> 和 </body> 标签内编写 HTML 代码，具体代码如下：

```
<!DOCTYPE html>
<html lang="en">
<head>
        <meta charset="UTF-8">
        <title></title>
</head>
<body>
        <h1> 明日学院 </h1>
        <p>
                明日学院，是吉林省明日科技有限公司倾力打造的在线实用技能学习平台，该平台于 2016 年正式
                上线，主要为学习者提供海量、优质的课程，课程结构严谨，用户可以根据自身的学习程度，自主安
                排学习进度。我们的宗旨是，为编程学习者提供一站式服务，培养用户的编程思维。
        </p>
</body>
</html>
```

（3）查看运行结果如图 7.6 所示。

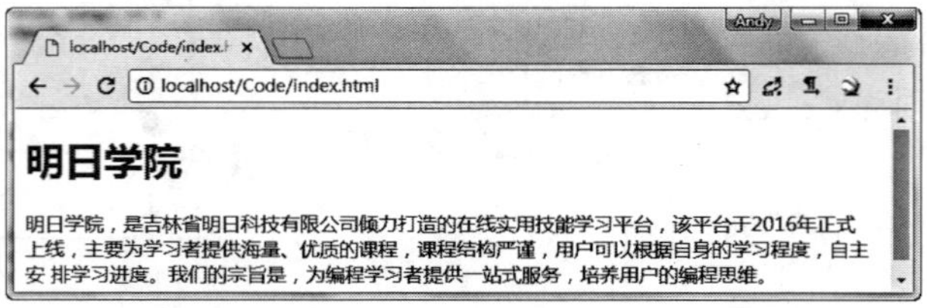

图 7.6　index.html 运行结果

注意

index.html 是 HTML 文件，不是 PHP 文件，Web 工作原理中只涉及了步骤（1）、（2）、（3）、（8）。

说明

由于 HTML 内容广泛，本章不可能全部涵盖，作为 PHP 初学者，只要求掌握基本的 HTML 内容。

7.2.2　HTML 表单

为了实现浏览器和服务器的互动，可以使用 HTML 表单搜集不同类型的用户输入，将输入的内容从客户端的浏览器传送到服务器端，经过服务器上的 PHP 程序进行处理后，再将用户所需要的信息传递回客户端的浏览器上，从而获得用户信息，使 PHP 与 Web 实现交互。HTML 表单形式很多，如用户注册、登录、发布文章等页面。

在 HTML 中，使用 <form> 元素，即可创建一个表单。表单结构如下：

```
<form name="form_name"  method="method" action="url"  enctype="value"  target="target_win">
    …插入的表单元素
</form>
```

<form> 元素的属性如表 7.2 所示。

表 7.2　<form> 元素的属性

<form> 元素的属性	说　明
name	表单的名称
method	设置表单的提交方式，GET 或者 POST 方式
action	指向处理该表单页面的 URL（相对位置或者绝对位置）
enctype	设置表单内容的编码方式
target	设置返回信息的显示方式，target 的属性值包括 _blank、_parent、_self 和 _top

说明

GET 方法是将表单内容附加在 URL 地址后面发送；POST 方式是将表单中的信息作为一个数据块发送到服务器上的处理程序中，在浏览器的地址栏不显示提交的信息。method 属性默认方法为 GET 方法。

7.2.3　表单元素

表单（form）由表单元素组成。常用的表单元素有以下几种：输入域元素 <input>、选择域元素 <select> 和 <option>、文字域元素 <textarea> 等。

1. 输入域元素 <input>

输入域元素 <input> 是表单中最常用的元素之一。常用的文本框、按钮、单选按钮、复选框等构成了一个完整的表单。

语法格式如下：

```
<form>
    <input name="file_name"  type="type_name">
</form>
```

参数 name 是指输入域的名称，参数 type 是指输入域的类型。在 <input type=" "> 元素中一共提供了 10 种类型的输入区域，用户所选择使用的类型由 type 属性决定。type 属性取值及举例如表 7.3 所示。

表 7.3　type 属性取值及举例

值	举　　例	说　　明	运行结果
text	<input name="user" **type="text"** value=" 纯净水 " size="12" maxlength="1000">	name 为文本框的名称，value 是文本框的默认值，size 指文本框的宽度（以字符为单位），maxlength 指文本框的最大输入字符数	添加一个文本框： 纯净水
password	<input name="pwd" **type="password"** value="666666" size="12" maxlength="20">	密码域，用户在该文本框中输入的字符将被替换显示为 *，以起到保密作用	添加一个密码域： ******
file	<input name="file" **type="file"** **enctype= "multipart/form-data"** size="16" maxlength="200">	文件域，当文件上传时，可用来打开一个模式窗口以选择文件。然后将文件通过表单上传到服务器，如上传 Word 文件等。必须注意的是，上传文件时需要指明表单的属性 enctype="multipart/form-data" 才可以实现上传功能	添加一个文件域： 浏览...
image	<input name="imageField" **type="image"** src="images/banner.gif" width="120" height="24" border="0">	图像域是指可以用在提交按钮位置上的图片，这幅图片具有按钮的功能	添加一个图像域： 
radio	<input name="sex" **type="radio"** value="1" **checked**> 男 <input name="sex" **type="radio"** value="0"> 女	单选按钮，用于设置一组选择项，用户只能选择一项。checked 属性用来设置该单选按钮默认被选中	添加一组单选按钮（如您的性别为：） ⊙ 男 ○ 女
checkbox	<input name="checkbox" **type="checkbox"** value="1" **checked**> 封面 <input name="checkbox" **type="checkbox"** value="1" **checked**> 正文内容 <input name="checkbox" **type="checkbox"** value="0"> 价格	复选框，允许用户选择多个选择项。checked 属性用来设置该复选框默认被选中。例如，收集个人信息时，要求在个人爱好的选项中进行多项选择等	添加一组复选框，（如影响您购买本书的因素：） ☑ 封面 ☑ 正文内容 ☐ 价 格
submit	<input **type="submit"** name="Submit" value=" 提交 ">	将表单的内容提交到服务器端	添加一个提交按钮： 提交

续表

值	举　　例	说　　明	运行结果
reset	<input **type="reset"** name="Submit" value=" 重置 ">	清除与重置表单内容，用于清除表单中所有文本框的内容，并使选择菜单项恢复到初始值	添加一个重置按钮：重置
button	<input **type="button"** name="Submit" value=" 按钮 ">	按钮可以激发提交表单的动作，可以在用户需要修改表单时，将表单恢复到初始的状态，还可以依照程序的需要发挥其他作用。普通按钮一般是配合 JavaScript 脚本进行表单处理的	添加一个普通按钮：按钮
hidden	<input **type="hidden"** name="bookid">	隐藏域，用于在表单中以隐含方式提交变量值。隐藏域在页面中对于用户是不可见的，添加隐藏域的目的在于通过隐藏的方式收集或者发送信息。浏览者单击“发送”按钮发送表单时，隐藏域的信息也被一起发送到 action 指定的处理页	添加一个隐藏域：

2. 选择域元素 <select> 和 <option>

通过选择域元素 <select> 和 <option> 可以建立一个列表或者菜单。菜单的使用是为了节省空间，正常状态下只能看到一个选项，单击右侧的倒三角按钮，打开菜单后才能看到全部的选项。列表可以显示一定数量的选项，如果超出了这个数量，会自动出现滚动条，浏览者可以通过拖动滚动条来查看各选项。

语法格式如下：

```
<select name="name" size="value" multiple>
    <option value="value" selected> 选项 1</option>
    <option value="value"> 选项 2</option>
    <option value="value"> 选项 3</option>
    …
</select>
```

其中参数 name 表示选择域的名称；参数 size 表示列表的行数；参数 value 表示菜单选项值；参数 multiple 表示以列表方式显示数据，省略则以菜单方式显示数据。

选择域元素 <select> 和 <option> 的显示方式及举例如表 7.4 所示。

表 7.4　选择域元素 <select> 和 <option> 的显示方式及举例

样　式	举　　例	说　　明	运行结果
列表方式	<select name="spec" id="spec"> <option value="0" selected> 网络编程 </option> <option value="1"> 办公自动化 </option> <option value="2"> 网页设计 </option> <option value="3"> 网页美工 </option> </select>	下拉列表框，通过选择域元素 <select> 和 <option> 建立一个列表，列表可以显示一定数量的选项，如果超出了这个数量，会自动出现滚动条，浏览者可以通过拖动滚动条来查看各选项。selected 属性用来设置该菜单项默认被选中	请选择所学专业： 
菜单方式	<select name="spec" id="spec" multiple > <option value="0" selected> 网络编程 </option> <option value="1"> 办公自动化 </option> <option value="2"> 网页设计 </option> <option value="3"> 网页美工 </option> </select>	multiple 属性用于下拉列表 <select> 元素中，指定该选项用户可以使用 Shift 和 Ctrl 键进行多选	请选择所学专业： 

说明

在上面的表格中给出了静态菜单项的添加方法，而在 Web 程序开发过程中，也可以通过循环语句动态添加菜单项。

3．文字域元素 <textarea>

文字域元素 <textarea> 用来制作多行的文字域，可以在其中输入更多的文本。

语法格式如下：

```
<textarea name="name" rows=value cols=value value="value" warp="value">
    …文本内容
</textarea>
```

其中参数 name 表示文字域的名称；rows 表示文字域的行数；cols 表示文字域的列数（这里的 rows 和 cols 以字符为单位）；value 表示文字域的默认值，warp 用于设定显示和送出时的换行方式，值为 off 表示不自动换行，值为 hard 表示自动硬回车换行，换行标记一同被发送到服务器，输出时也会换行，值为 soft 表示自动软回车换行，换行标记不会被发送到服务器，输出时仍然为一列。

文字域元素 <textarea> 的值及举例如表 7.5 所示。

表 7.5　文字域元素 <textarea> 的值及举例

格式	举　　例	说　　明	运 行 结 果
textarea	<textarea name="remark" cols="20" rows="4" id="remark"> 请输入您的建议！ </textarea>	文本域，也称多行文本框，用于多行文本的编辑	请发表您的建议： 

7.3　CSS 美化表单页面

视频讲解

7.3.1　CSS 简介

CSS（Cascading Style Sheets，层叠样式表），是一种标记语言，用于为 HTML 文档定义布局。例如，CSS 涉及字体、颜色、边距、高度、宽度、背景图像、高级定位等方面。运用 CSS 样式可以让页面变得美观，就像化妆前和化妆后的效果一样，如图 7.7 所示。

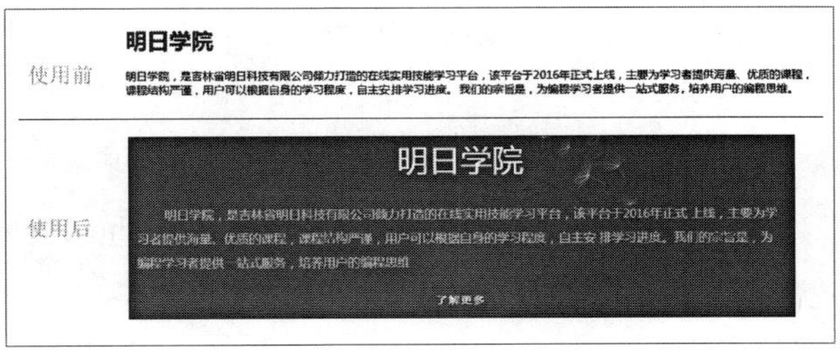

图 7.7　使用 CSS 前后效果对比

说明

更多 CSS 知识，请查阅相关教程。作为 PHP 初学者，只要求掌握基本的 CSS 知识。

7.3.2　插入 CSS

在 HTML 文件中插入 CSS 有 3 种方式。

1. 行内样式表

行内样式表就是使用 HTML 属性 style，在 style 属性内添加 CSS。具体代码如下：

```
<!DOCTYPE html>
<html lang="en">
<head>
    <meta charset="UTF-8">
    <title></title>
</head>
<body>
    <h1 style="color: blue"> 明日学院 </h1>
    <p style="background: yellow">
        明日学院，是吉林省明日科技有限公司倾力打造的在线实用技能学习平台，该平台于 2016 年正式
```

```
        上线，主要为学习者提供海量、优质的课程，课程结构严谨，用户可以根据自身的学习程度，自主安
        排学习进度。我们的宗旨是，为编程学习者提供一站式服务，培养用户的编程思维。
    </p>
</body>
</html>
```

运行结果如图 7.8 所示。

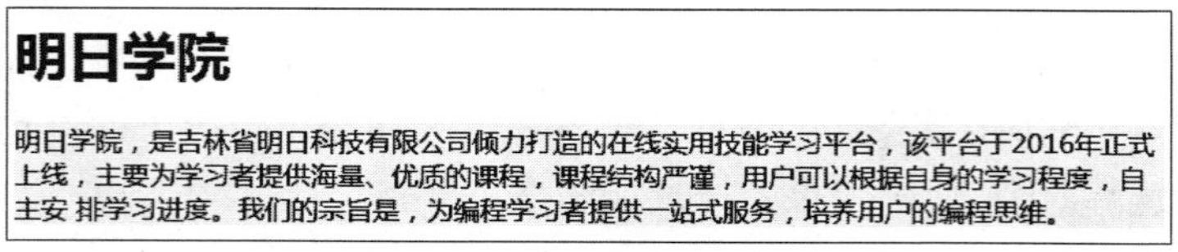

图 7.8　新增行内样式表效果

2. 内部样式表

内部样式表即在 HTML 文件内使用 <style> 元素，在文档头部 <head> 元素内定义内部样式表，具体代码如下：

```
<!DOCTYPE html>
<html lang="en">
<head>
    <meta charset="UTF-8">
    <title></title>
    <style>
        h1 {color: blue}
        p {background: yellow}
    </style>
</head>
<body>
    <h1> 明日学院 </h1>
    <p>
        明日学院，是吉林省明日科技有限公司倾力打造的在线实用技能学习平台，该平台于 2016 年正式
        上线，主要为学习者提供海量、优质的课程，课程结构严谨，用户可以根据自身的学习程度，自主安
        排学习进度。我们的宗旨是，为编程学习者提供一站式服务，培养用户的编程思维。
    </p>
</body>
</html>
```

运行结果与图 7.8 相同。

3. 外部样式表

外部样式表是一个扩展名为 .css 的文本文件。跟其他文件一样，我们可以把样式表文件放在 Web 服务器上或者本地硬盘上。例如，在 test 文件目录下有两个文件 index.html 和 css 文件夹。创建一个 CSS 文件，命名为 default.css，存放于 css 文件夹中。目录结构如图 7.9 所示。

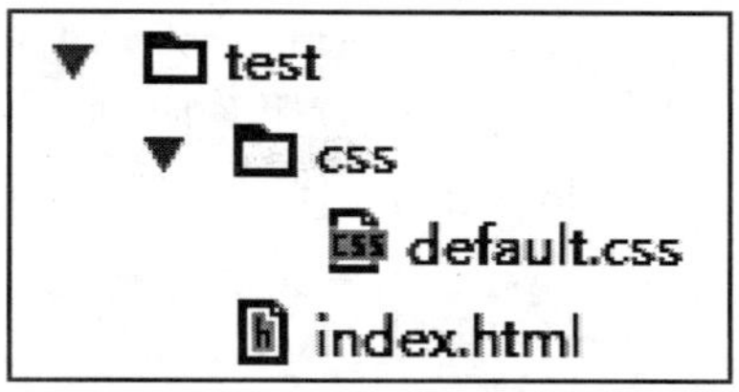

图 7.9　目录结构

那么，如何在一个 index.html 文档中引用一个外部样式表文件（default.css）呢？答案是：在 index.html 中创建一个指向外部样式表文件的链接（link）即可，语法格式如下：

```
<link rel="stylesheet" type="text/css" href="style/default.css" />
```

首先，编写 default.css 文件代码，即把原 index.html 内部的 CSS 代码单独写入 default.css 文件中，default.css 文件具体代码如下：

```
h1 {color: blue}
p {background: yellow}
```

然后，在 index.html 文件中使用 <link> 标签引入 default.css 外部 CSS 文件。注意，要在 href 属性中给出样式表文件的地址。这行代码必须被插入 HTML 代码的头部（header），即放在标签 <head> 和标签 </head> 之间。index.html 文件完整代码如下：

```
<!DOCTYPE html>
<html lang="en">
<head>
    <meta charset="UTF-8">
    <title></title>
    <link rel="stylesheet" type="text/css" href="css/default.css" />
</head>
<body>
    <h1> 明日学院 </h1>
    <p>
        明日学院，是吉林省明日科技有限公司倾力打造的在线实用技能学习平台，该平台于 2016 年正式
        上线，主要为学习者提供海量、优质的课程，课程结构严谨，用户可以根据自身的学习程度，自主安
        排学习进度。我们的宗旨是，为编程学习者提供一站式服务，培养用户的编程思维。
    </p>
</body>
</html>
```

运行结果如图 7.8 所示。

7.3.3　使用 CSS 美化表单页面

应用 HTML 表单，并使用 CSS 美化表单，创建一个模拟京东的商城注册页面。

【例 7.01】 创建一个 HTML 文件，命名为 register.html，该页面中包含一个注册表单。表单包含“邮箱”“密码”“确认密码”“手机号”和“是否同意服务协议”。在 register.html 文件中，使用 <link> 标签引入 2 个外部样式表文件 basic.css 和 login.css。代码如下：（**实例位置：资源包 \ 源码 \07\7.01**）

```
<!DOCTYPE html>
<html>
<head lang="en">
    <meta charset="UTF-8">
    <title> 注册 </title>
    <!-- 引入外部 CSS 文件 -->
    <link rel="stylesheet" type="text/css"  href="css/basic.css" />
    <link rel="stylesheet" type="text/css"  href="css/login.css" />
</head>
<body>
<!-- 顶部 -->
<div class="login-boxtitle">
    <a href="index.html"><img alt="" src="images/logobig.png"/></a>
</div>
<!-- 主区域 -->
<div class="res-banner">
    <div class="res-main">
        <div class="login-banner-bg"><span></span><img src="images/big.png"/></div>
        <div class="login-box">
            <div class="mr-tabs" id="doc-my-tabs">
                <ul class="mr-tabs-nav mr-nav mr-nav-tabs mr-nav-justify">
                    <li class="mr-active"><a href=""> 注册 </a></li>
                </ul>
                <div class="mr-tabs-bd">
                    <div class="mr-tab-panel mr-active">
                        <!-- 表单开始 -->
                        <form method="" action="">
                            <!-- 邮箱输入框 -->
                        <div class="user-email">
                        <label for="email"><i class="mr-icon-envelope-o"></i></label>
                        <input type="email" name="" id="email" placeholder=" 请输入邮箱账号 ">
                        </div>
                        <!-- 密码输入框 -->
                        <div class="user-pass">
                        <label for="password"><i class="mr-icon-lock"></i></label>
                        <input type="password" name="" id="password" placeholder=" 设置密码 ">
                        </div>
                        <!-- 确认密码输入框 -->
                        <div class="user-pass">
                        <label for="passwordRepeat"><i class="mr-icon-lock"></i></label>
                        <input type="password" name="" id="passwordRepeat"
                                placeholder=" 确认密码 ">
                        </div>
                        <!-- 手机号输入框 -->
                        <div class="user-pass">
```

```
                        <label for="passwordRepeat">
                            <i class="mr-icon-mobile"></i>
                            <span style="color:red;margin-left:5px">*</span></label>
                            <input type="text" name="" id="tel" placeholder=" 请输入手机号 ">
                        </div>
                        </form>
                        <!-- 表单结束 -->
                        <div class="login-links">
                            <!-- 服务协议勾选框 -->
                            <label for="reader-me">
                                <input id="reader-me" type="checkbox">
                                单击表示您同意商城《服务协议》
                            </label>
                            <a href="login.html" class="mr-fr"> 登录 </a>
                        </div>
                        <div class="mr-cf">
                            <input type="submit" value=" 注册 "
                            class="mr-btn mr-btn-primary mr-btn-sm mr-fl">
                        </div>
                    </div>
                </div>
            </div>
        </div>
    </div>
    <!-- 底部信息 -->
    <div class="footer ">
        <!-- 省略部分代码 -->
    </div>
</div>
</body>
</html>
```

运行结果如图 7.10 所示。

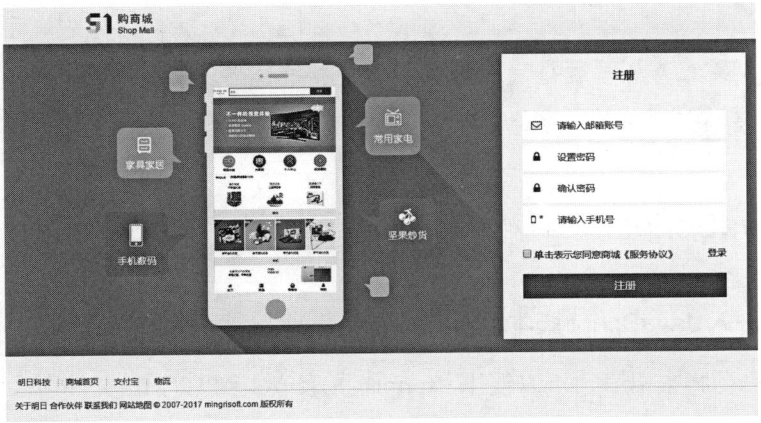

图 7.10　商城注册页面效果

视频讲解

7.4　JavaScript 表单验证

7.4.1　JavaScript 简介

通常，我们所说的前端就是指 HTML、CSS 和 JavaScript 3 项技术，它们的作用分别如下。

☑　HTML：定义了网页的内容。

☑　CSS：描述了网页的布局。

☑　JavaScript：描述了网页的行为。

JavaScript 是一种可以嵌入在 HTML 代码中由客户端浏览器运行的脚本语言。在网页中使用 JavaScript 代码，不仅可以实现网页特效，还可以响应用户请求实现动态交互的功能。例如，在用户注册页面中，需要对用户输入信息的合法性进行验证，包括是否填写了“邮箱”和“手机号”，填写的“邮箱”和“手机号”格式是否正确等。JavaScript 验证邮箱是否为空的效果如图 7.11 所示。

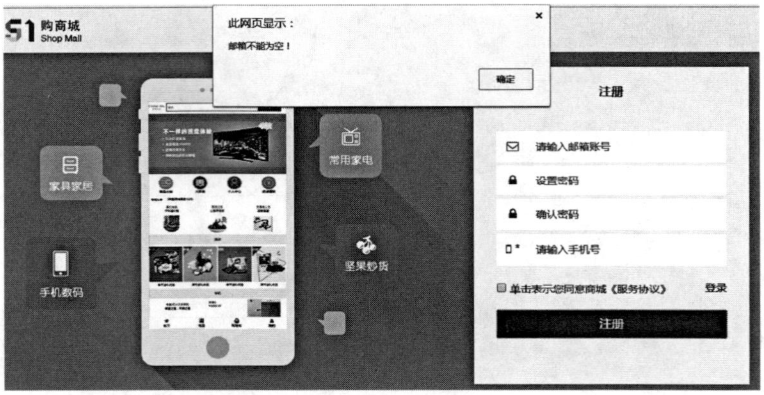

图 7.11　JavaScript 验证为空

注意

由于 JavaScript 是客户端编程语言，根据用户使用的浏览器不同，JavaScript 的提示框出现的位置可能不同。本书所有实例均使用谷歌浏览器运行。

7.4.2　调用 JavaScript

1. 在 HTML 中嵌入 JavaScript 脚本

JavaScript 作为一种脚本语言，可以使用 <script> 元素嵌入到 HTML 文件中。

语法格式如下：

```
<script >
…
</script>
```

例如，在 HTML 文件中嵌入 JavaScript 脚本。这里直接在 <script> 和 </script> 标签中间写入 JavaScript 代码，用于弹出一个提示对话框，代码如下：

```
<!DOCTYPE html>
<html>
<head>
      <title> 在 HTML 中嵌入 JavaScript 脚本 </title>
</head>
<body>
<script>
      alert(" 我很想学习 PHP 编程，请问如何才能学好这门语言 !");
</script>
</body>
</html>
```

在上面的代码中，<script> 与 </script> 标签之间调用 JavaScript 脚本语言 window 对象的 alert 方法，向客户端浏览器弹出一个提示对话框。运行结果如图 7.12 所示。

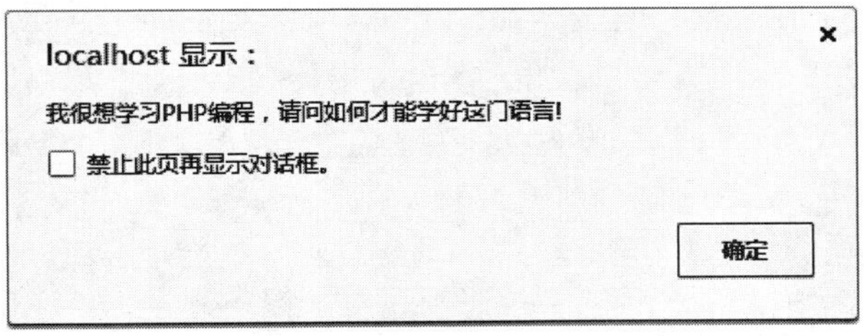

图 7.12　在 HTML 中嵌入 JavaScript 脚本

2. 应用 JavaScript 事件调用自定义函数

在 Web 程序开发过程中，经常需要在表单元素相应的事件下调用自定义函数。例如，在按钮的单击事件下调用自定义函数 check() 来验证表单元素是否为空，代码如下：

```
<input type="submit" name="Submit" value=" 检测 " onClick="check();">
```

然后在该表单的当前页中编写一个 check() 自定义函数，在该函数内实现验证是否为空。

3. 引用外部 JavaScript 文件

在网页中，除了可以在 <script> 与 </script> 标签之间编写 JavaScript 脚本代码，还可以通过 <script> 元素中的 src 属性指定外部的 JavaScript 文件（即 JS 文件，以 .js 为扩展名）的路径，从而引用对应的 JS 文件。该方式与引用外部 CSS 文件类似。

语法格式如下：

```
<script src = url></script>
```

其中，url 是 JS 文件的路径。使用外部 JS 文件的优点如下：

☑ 使用 JS 文件可以将 JavaScript 脚本代码从网页中独立出来，便于代码的阅读。

☑ 一个外部 JS 文件，可以同时被多个页面调用。当共用的 JavaScript 脚本代码需要修改时，只需要修改 JS 文件中的代码即可，便于代码的维护。

☑ 通过 <script> 元素中的 src 属性不但可以调用同一个服务器上的 JS 文件，还可以通过指定路径来调用其他服务器上的 JS 文件。

7.4.3 JavaScript 表单验证

应用 JavaScript 事件调用自定义函数，检测商城注册页面的输入信息。

【例 7.02】 使用例 7.01 中的代码，在 register.html 文件中添加 JavaScript 验证的代码。首先给 register.html 页面中的“注册”按钮添加 onclick 单击事件，调用自定义函数 mr_verify()。然后，在函数体内实现表单验证功能。代码如下：（**实例位置：资源包 \ 源码 \07\7.02**）

```
<!DOCTYPE html>
<html>
<head lang="en">
    <!-- 省略部分代码 -->
</head>
<body>
<!-- 省略部分代码 -->
<!-- 主区域 -->
<div class="res-banner">
    <div class="res-main">
        <!-- 省略部分代码 -->
        <!-- 表单开始 -->
        <form method="" action="">
        <!-- 省略部分代码 -->
        <div class="mr-cf">
        <input type="submit"  onclick="mr_verify()" value=" 注册 "
                class="mr-btn mr-btn-primary mr-btn-sm mr-fl">
        </div>
        <!-- 表单结束 -->
    </div>
    <!-- 底部信息 -->
    <div class="footer ">
        <!-- 省略部分代码 -->
    </div>
</div>
<script>
    // 表单验证
```

```
    function mr_verify(){
        // 获取表单对象
        var email = document.getElementById("email");
        var password = document.getElementById("password");
        var passwordRepeat = document.getElementById("passwordRepeat");
        var tel = document.getElementById("tel");
        var reader_me = document.getElementById("reader-me");
        // 验证项目是否为空
        if(email.value==='' || email.value===null){
            alert(" 邮箱不能为空！ ");
            return false;  // 终止程序，不再继续执行
        }
        if(password.value==='' || password.value===null){
            alert(" 密码不能为空！ ");
            return false;
        }
        if(passwordRepeat.value==='' || passwordRepeat.value===null){
            alert(" 确认密码不能为空！ ");
            return false;
        }
        if(tel.value==='' || tel.value===null){
            alert(" 手机号码不能为空！ ");
            return false;
        }
        if(password.value!==passwordRepeat.value ){
            alert(" 密码设置前后不一致！ ");
            return false;
        }
        // 验证邮件格式
        apos = email.value.indexOf("@")
        dotpos = email.value.lastIndexOf(".")
        if (apos < 1 || dotpos - apos < 2) {
            alert(" 邮箱格式错误！ ");
        }
        // 验证手机号格式
        if(isNaN(tel.value)){
            alert(" 手机号请输入数字！ ");
            return false;
        }
        if(tel.value.length!==11){
            alert(" 手机号是 11 个数字！ ");
            return false;
        }
        // 验证是否选择服务协议
        if(reader_me.checked == false){
            alert(" 只有同意商城《服务协议》才能注册 ");
            return false;
        }
        alert('注册成功！ ');
```

```
        }
</script>
</body>
</html>
```

当输入错误的手机号格式，运行结果如图 7.13 所示。注册成功如图 7.14 所示。

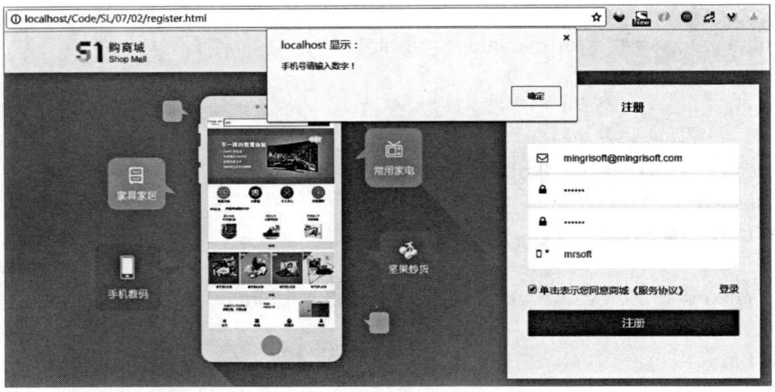

图 7.13　手机号格式错误提示

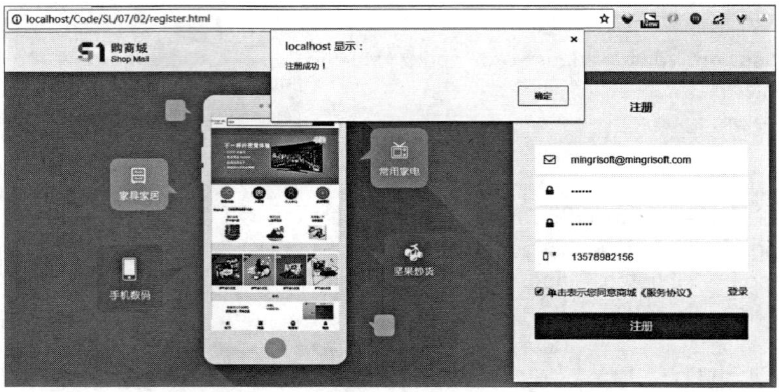

图 7.14　注册成功提示

视频讲解

7.5　PHP 获取表单数据

HTML 表单已经准备就绪，接下来就要提交表单，并且获取表单数据。提交表单，即是将表单信息从客户端提交到服务器端，这时需要使用 HTTP 的请求方法，本节中只讲解最常用的 POST 方法和 GET 方法，采用哪种方法是由 HTML 文件中 <form> 元素的 method 属性所指定的。服务器接收请求信息，这时服务器端语言 PHP 闪亮登场。

PHP 接收数据的方式非常简单，如果客户端使用 POST 方式提交，提交的表单域代码如下：

```
<form method="POST" action="register.php">
    <input name="username" value=" 张三 " />
    <!-- 省略其余代码 -->
</form>
```

上述代码中，使用 $_POST[' username '] 接收 <input> 元素中 name 属性为 username 的值，$_POST[' username '] 的值为“张三”。

如果以 GET 方式提交，则使用 $_GET[' username '] 接收，如图 7.15 所示。

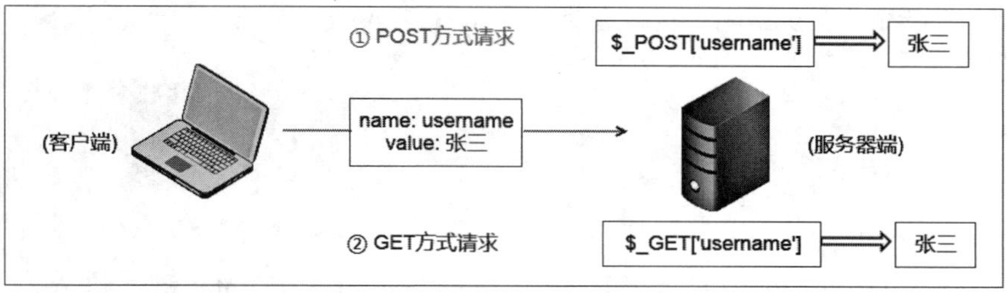

图 7.15　PHP 获取表单数据

7.5.1　获取 POST 方式提交的表单数据

应用 POST 方式时，只需将 <form> 元素中的属性 method 设置成 POST 即可。POST 方式不依赖于 URL，不会显示在地址栏。POST 方式可以没有限制地传递数据到服务器，所有提交的信息在后台传输，用户在浏览器端是看不到这一过程的，安全性高。所以 POST 方式比较适合用于发送保密的（如账号密码）或者容量较大的数据到服务器。

【例 7.03】 获取商城注册页面的输入信息。（**实例位置：资源包 \ 源码 \07\7.03**）

在例 7.02 商城注册页面中，使用 POST 方式将表单数据提交到 addUser.php 文件中，在该文件中接收表单数据并显示数据内容。具体步骤如下。

（1）修改 register.html 文件，使用 POST 方式提交表单数据，主要代码如下：

```
<!DOCTYPE html>
<html>
<head lang="en">
    <!-- 省略部分代码 -->
</head>
<body>
        <!-- 省略部分代码 -->
        <!-- 表单开始 -->
        <form method="POST" action="addUser.php">
        <!-- 省略部分代码 -->
</body>
</html>
```

（2）创建 addUser.php 文件，接收表单数据，完整代码如下：

```
<?php
    $email = $_POST['email'];                              // 接收 email
    $password = $_POST['password'];                        // 接收 password
    $passwordRepeat = $_POST['passwordRepeat'];            // 接收 passwordRepeat
    $tel = $_POST['tel'];                                  // 接收 tel
    /** 输出接收的信息 **/
    echo " 接收到的 email 是 :".$email."<br>";
    echo " 接收到的 password 是 :".$password."<br>";
    echo " 接收到的 passwordRepeat 是 :".$passwordRepeat."<br>";
    echo " 接收到的 tel 是 :".$tel."<br>";
    $array = $_POST;                                       // 接收全部信息
    echo "<pre>";
    print_r($_POST);                                       // 打印信息
?>
```

在浏览器中输入 http://localhost/Code/SL/07/03/register.html，按 Enter 键，进入商城注册页面，在表单中输入相应信息，单击“注册”按钮，输出用户注册信息。

操作过程如图 7.16 所示。

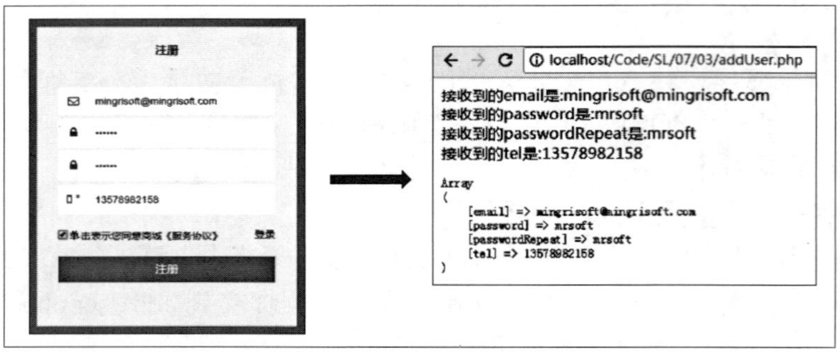

图 7.16　获取 POST 方式提交的表单数据

7.5.2　获取 GET 方式提交的表单数据

GET 方式是 <form> 元素中 method 属性的默认方法。使用 GET 方式提交的表单数据被附加到 URL 后，作为 URL 的一部分发送到服务器端。在程序的开发过程中，由于 GET 方式提交的数据是附加到 URL 上发送的，因此，在 URL 的地址栏中将会显示“URL+ 用户传递的参数”。

GET 方式的传参格式如图 7.17 所示。

其中，url 为表单响应地址（如 localhost/index.php），name1 为表单元素的名称，value1 为表单元素的值。url 和表单元素之间用“?”隔开，而多个表单元素之间用“&”隔开，每个表单元素的格式都是 name=value，固定不变。

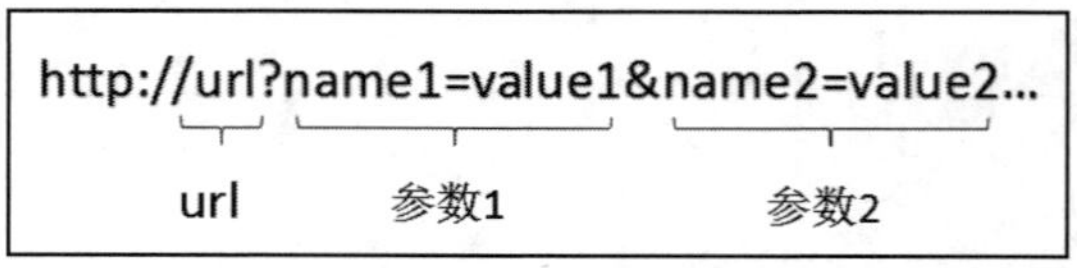

图 7.17　URL 接收 GET 参数示意图

注意

若要使用 GET 方式发送表单，URL 的长度应限制在 1MB 字符以内。如果发送的数据量太大，数据将被截断，从而导致意外或失败的处理结果。

【例 7.04】 创建一个表单来实现应用 GET 方式提交用户名和密码，并显示在 URL 地址栏中。添加一个文本框，命名为 user，添加一个密码域，命名为 pwd，将表单的 method 属性设置为 GET 方式，代码如下：（**实例位置：资源包 \ 源码 \07\7.04**）

```
<!DOCTYPE html>
<html>
<head>
    <meta charset="utf-8">
    <title>PHP 零基础 </title>
    <!-- 引入 Bootstrap 前端 UI 框架 -->
    <link href="bootstrap/css/bootstrap.css" rel="stylesheet">
</head>
<body class="bg-primary">
<h3 class="col-sm-offset-2">Form 表单 GET 示例 </h3>
<form class="form-horizontal" role="form" method="get" action="#">
    <div class="form-group">
        <label class="col-sm-2 control-label"> 姓名 </label>
        <div class="col-sm-3">
            <input type="text" name="username" class="form-control"
                placeholder=" 请输入用户名 ">
        </div>
    </div>
    <div class="form-group">
        <label  class="col-sm-2 control-label"> 密码 </label>
        <div class="col-sm-3">
            <input type="password" name="password"  class="form-control"
                placeholder=" 请输入密码 ">
        </div>
    </div>
    <div class="form-group">
        <div class="col-sm-offset-2 col-sm-10">
            <button type="submit" class="btn btn-info"> 提交 </button>
        </div>
        </div>
</form>
</body>
</html>
```

多学两招

上述代码中，使用了 Bootstrap 前端 UI 框架。Bootstrap，来自 Twitter 公司，是目前最受欢迎的前端框架。Bootstrap 是基于 HTML、CSS、JavaScript 开发的，它简洁灵活，使得 Web 开发更加快捷。中文网址为 http://www.bootcss.com。

运行本实例，在文本框中输入用户名“明日科技”和密码 mrsoft，单击“提交”按钮，文本框内的信息就会显示在 URL 地址栏中，如图 7.18 所示。

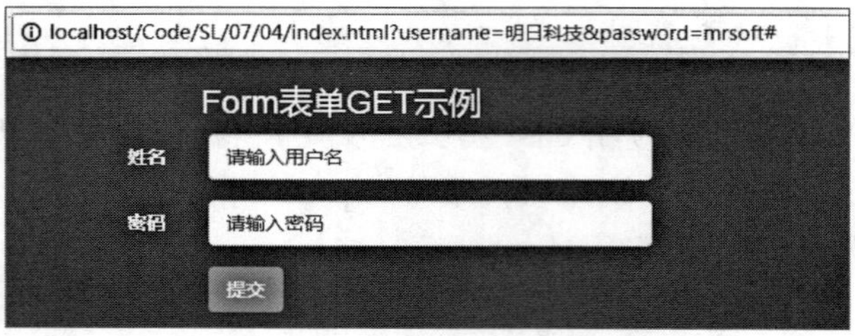

图 7.18　使用 GET 方式提交表单

显而易见，这种方法会将参数暴露。如果用户传递的参数是非保密性的参数（如 id=8），那么采用 GET 方式传递数据是可行的，如果用户传递的是保密性的参数（如密码），这种方法就会不安全。而使用 POST 方式则更为安全。

7.6　小　　结

本章内容涉及知识比较广泛，既有前端 HTML、CSS 和 JavaScript 技术，又有后端 PHP 使用两种方式接收表单数据的知识。相信读者在学习完本章后，可以对表单应用自如，从而轻松实现“人机交互”。掌握了本章的技术要点，就意味着已经有了开发动态网页的能力，为下一步的深入学习奠定了良好的基础。

7.7　实　　战

7.7.1　输出用户填写的信息

☑ 实例位置：资源包 \ 源码 \07\ 实战 \01

创建一个填写个人信息的页面 user.html，使用 POST 方式提交到 update.php，在 update.php 文件中，输出用户填写的信息，如图 7.19 所示。

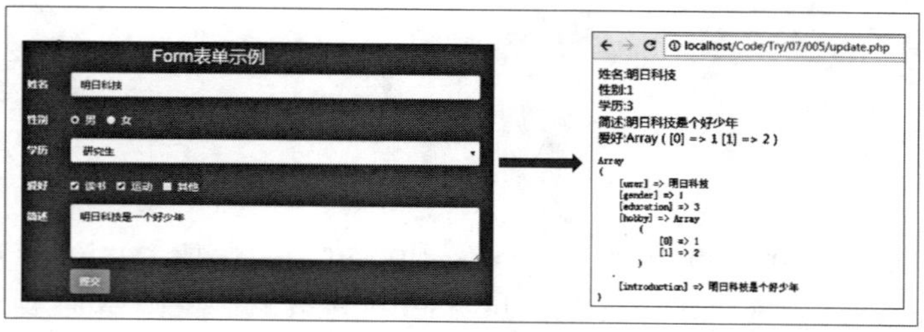

图 7.19　POST 方式提交用户信息

7.7.2　输出用户填写的登录信息

☑ 实例位置：资源包 \ 源码 \07\ 实战 \02

创建一个用户登录页面 login.html，使用 POST 方式提交到 checkLogin.php，在 checkLogin.php 文件中，输出填写的登录信息，如图 7.20 所示。

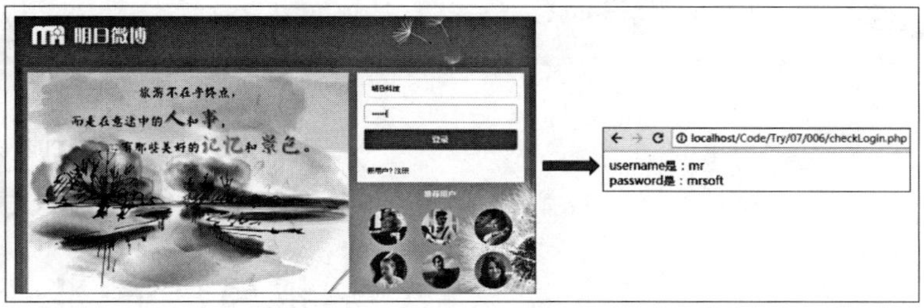

图 7.20　POST 方式提交用户登录信息

7.7.3　输出明日学院用户 id

☑ 实例位置：资源包 \ 源码 \07\ 实战 \03

在明日学院网站的用户列表中，用户单击“编辑”按钮，浏览器将使用 GET 方式发送请求，并且传递用户 id 到 editUser.php 文件。在 editUser.php 文件中，输出用户 id，如图 7.21 所示。试着实现该功能。

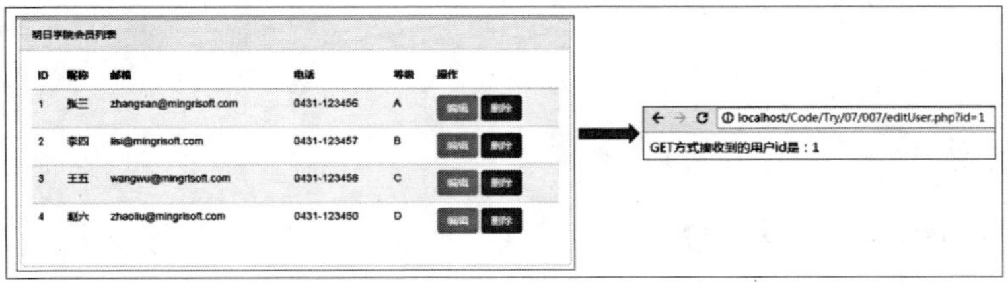

图 7.21　GET 方式接收用户 id

第 8 章

MySQL 数据库基础

（视频讲解：1 小时 44 分钟）

只有与数据库相结合，才能充分发挥动态网页编程语言的魅力，因为网络上的众多应用都是基于数据库的。PHP 支持多种数据库，尤其与 MySQL 被称为黄金搭档。MySQL 命令行通过 SQL 语句对数据库进行操作，本章将详细介绍 MySQL 数据库的基础知识，通过本章的学习，读者不但可以轻松掌握操作 MySQL 数据库、数据表的方法，还可以对 MySQL 数据库进行查询等操作。

学习摘要：

- MySQL 概述
- 启动和关闭 MySQL 服务器
- 操作 MySQL 数据库
- MySQL 数据类型
- 操作数据表
- 操作数据表记录
- MySQL 图形化管理工具

视频讲解

8.1　MySQL 概述

MySQL 是目前最为流行的开源数据库，是完全网络化的跨平台关系型数据库系统，它是由瑞典的 MySQL AB 公司开发，由 MySQL 的初始开发人员 David Axmark 和 Michael Monty Widenius 于 1995 年建立。它的象征符号是一只名为 Sakila 的海豚，如图 8.1 所示，代表着 MySQL 数据库和团队的速度、能力、精确和优秀本质。

图 8.1　MySQL 图标

除了具有许多其他数据库所不具备的功能和选择之外，MySQL 数据库还是一种完全免费的产品，用户可以直接从网上下载使用，而不必支付任何费用。

下面介绍 MySQL 的特点。

- ☑ 功能强大：MySQL 中提供了多种数据库存储引擎，各个引擎各有所长，适用于不同的应用场合，用户可以选择最合适的引擎以得到最高的性能，甚至可以处理每天访问量数亿的高强度 Web 搜索站点。MySQL 支持事务、视图、存储过程和触发器等。
- ☑ 支持跨平台：MySQL 支持至少 20 种以上的开发平台，包括 Linux、Windows、FreeBSD、IBM AIX 等。这使得在任何平台下编写的程序都可以进行移植，而不需要对程序做任何修改。
- ☑ 运行速度快：高速是 MySQL 的显著特性。在 MySQL 中，使用了极快的 B 树磁盘表（MyISAM）和索引压缩；通过使用优化的单扫描多连接，能够极快地实现连接；SQL 函数使用高度优化的类库实现，运行速度极快。
- ☑ 成本低：MySQL 数据库是一种完全免费的产品，用户可以直接从网上下载。
- ☑ 支持各种开发语言：MySQL 为各种流行的程序设计语言提供支持，为它们提供了很多的 API 函数，包括 PHP、ASP.NET、Java、Eiffel、Python、Ruby、Tcl、C、C++ 和 Perl 等。
- ☑ 数据库存储容量大：MySQL 数据库的最大有效表尺寸通常是由操作系统对文件大小的限制决定的，而不是由 MySQL 内部限制决定的。InnoDB 存储引擎将 InnoDB 表保存在一个表空间内，该表空间可由数个文件创建，表空间的最大容量为 64TB，可以轻松处理拥有上千万条记录的大型数据库。

视频讲解

8.2　启动和关闭 MySQL 服务器

8.2.1　启动 MySQL 服务器

由于我们使用的 phpStudy 集成开发环境中已经内置了 MySQL，所以，读者无须再重复安装 MySQL。当启动 phpStudy 时，MySQL 也随着默认启动，如图 8.2 所示。

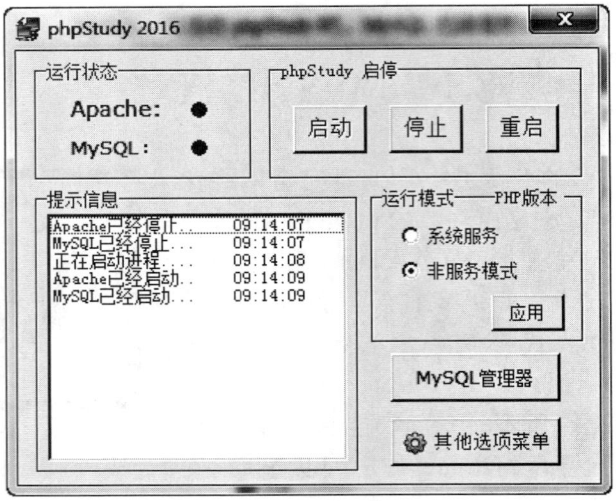

图 8.2　默认启动 MySQL

8.2.2　连接和断开 MySQL 服务器

1．连接 MySQL 服务器

MySQL 服务器启动后，下面连接服务器。MySQL 通过提供 MySQL console 命令窗口客户端实现了与 MySQL 服务器之间的交互。操作步骤如下：

选择“开始”→“运行”命令，在弹出的“运行”窗口中输入 cmd 命令，如图 8.3 所示。按 Enter 键后进入 CMD 命令行窗口，如图 8.4 所示。

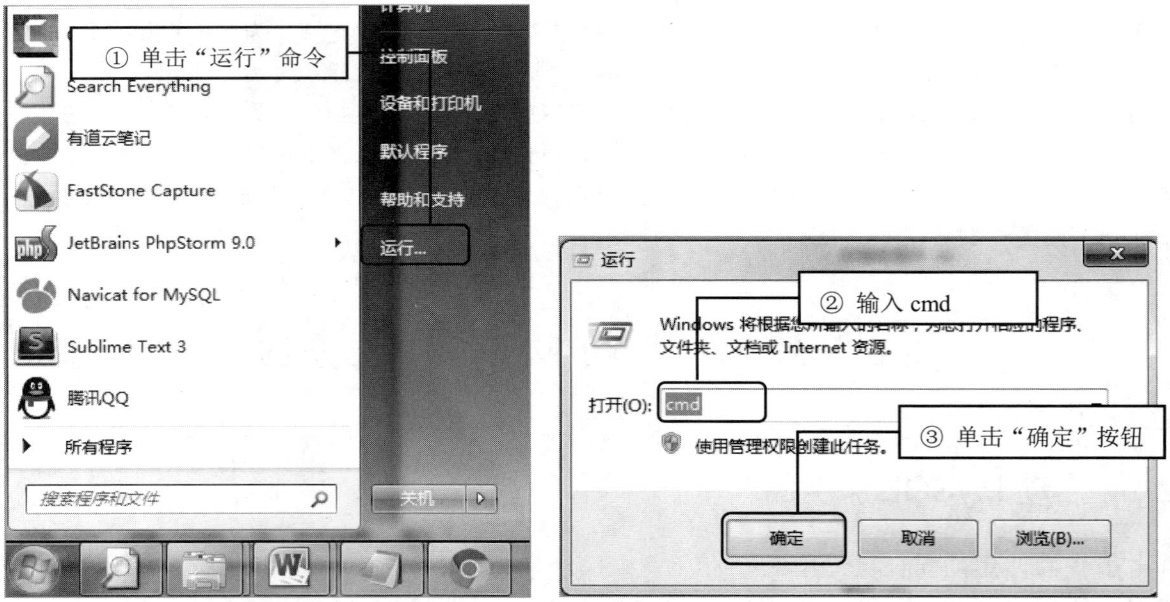

图 8.3　Windows 7 系统下运行窗口

图 8.4　CMD 命令行窗口

要使用 MySQL 命令，首先需要切换到 MySQL 命令行目录，即 D：\phpStudy\MySQL\bin，操作方法如图 8.5 所示。

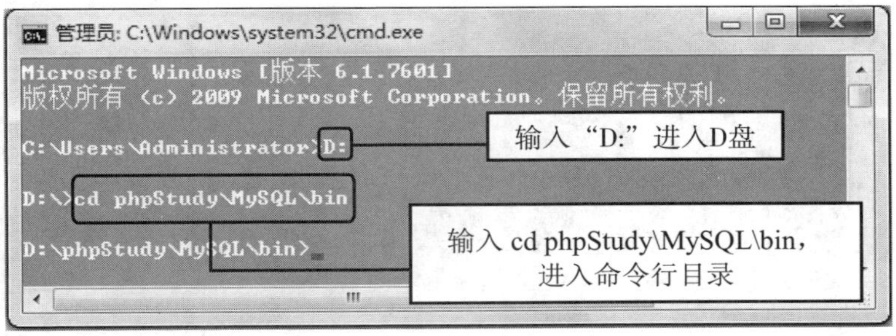

图 8.5　进入 MySQL 命令行目录

在命令提示符下，输入如下命令连接 MySQL：

```
mysql  -uroot  -proot
```

上述命令中，-uroot 表示用户名为 root，-proot 表示密码为 root。phpStudy 中 MySQL 的默认账号和密码都是 root。

注意

-uroot 中字母之间没有空格，-proot 也没有空格。

输入完命令语句后，按 Enter 键即可连接 MySQL 服务器，如图 8.6 所示。

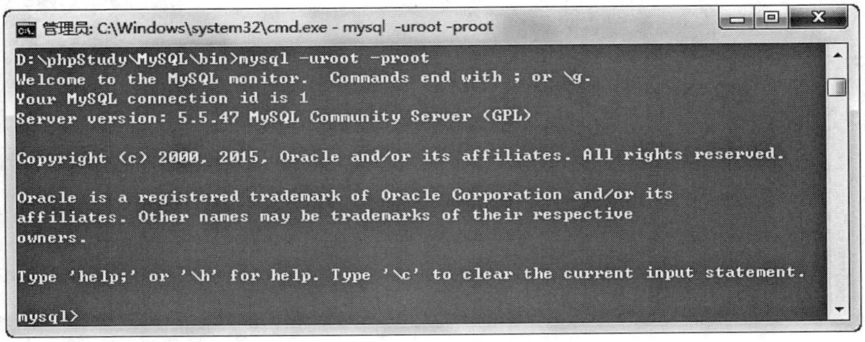

图 8.6　成功连接 MySQL 服务器

2. 断开 MySQL 连接

连接到 MySQL 服务器后，可以通过在 MySQL 提示符下输入 exit 或者 quit 命令并且按 Enter 键来断开 MySQL 连接，如图 8.7 所示。

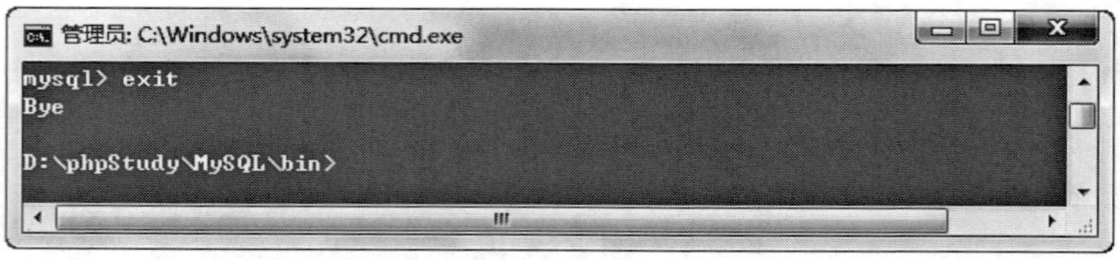

图 8.7 断开 MySQL 连接

3. 设置系统的环境变量

每次使用 MySQL 命令，都要切换到 MySQL 命令行目录，即 D:\phpStudy\MySQL\bin，如果在其他目录下执行 MySQL 命令，则会提示"'mysql' 不是内部或外部命令"错误信息，如图 8.8 所示。

图 8.8 "'mysql' 不是内部或外部命令"的错误提示

通过设置环境变量，可以实现在任何目录下都能使用 MySQL 命令的功能。下面介绍设置环境变量的方法。其步骤如下。

（1）右击"计算机"图标，在弹出的快捷菜单中选择"属性"命令，在弹出的对话框中选择"高级系统设置"选项，如图 8.9 所示。在弹出的"系统属性"对话框中单击"环境变量"按钮，如图 8.10 所示。

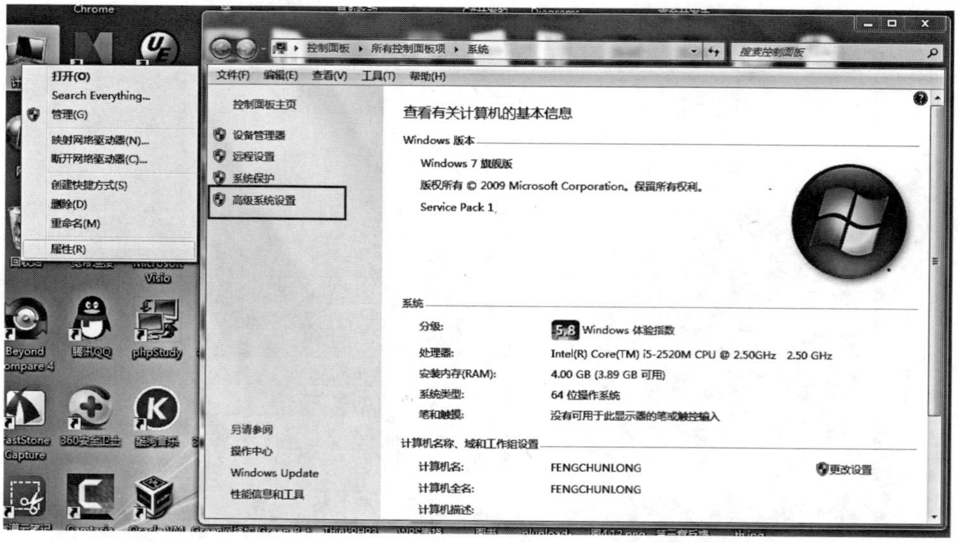

图 8.9 选择"高级系统设置"选项

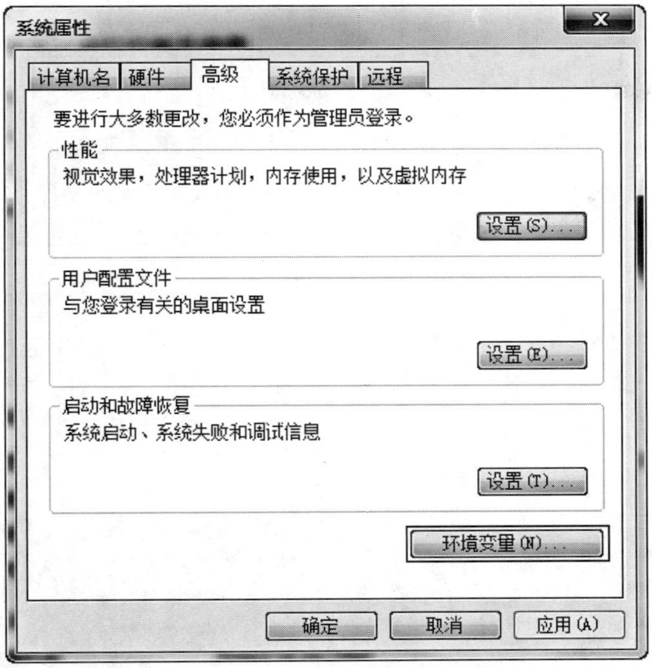

图 8.10　“系统属性”对话框

（2）在弹出的“环境变量”对话框中选择 PATH 选项，如图 8.11 所示。单击“编辑”按钮，将弹出“编辑用户变量”对话框，如图 8.12 所示。

图 8.11　“环境变量”对话框

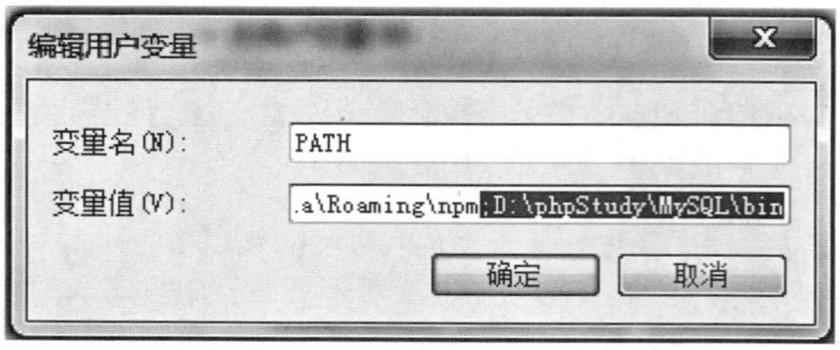

图 8.12 “编辑用户变量”对话框

在“编辑用户变量”对话框中，将 MySQL 服务器的 bin 文件夹路径（D:\phpStudy\MySQL\bin）添加到变量值文本框中，注意要使用“;”与其他变量值进行分隔，最后，单击“确定”按钮。环境变量设置完成后，即可在任何目录使用 MySQL 命令。例如，在“运行”窗口输入 cmd 命令进入的初始目录中使用 MySQL 命令，如图 8.13 所示。

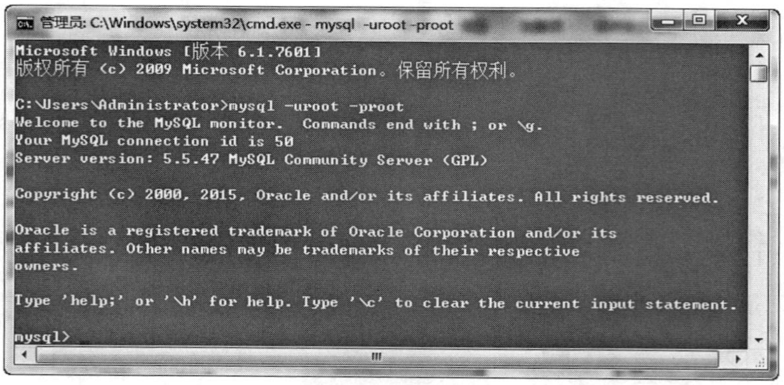

图 8.13 任意目录使用 MySQL 命令

视频讲解

8.3 操作 MySQL 数据库

针对 MySQL 数据库的操作可以分为创建、选择、查看和删除 4 种，下面介绍这 4 种操作。

8.3.1 创建数据库

在 MySQL 中，应用 create database 语句创建数据库。其语法格式如下：

```
create database 数据库名；
```

在创建数据库时，数据库的命名要遵循如下规则：

☑ 不能与其他数据库重名。

☑ 名称可以由任意字母、阿拉伯数字、下画线（_）或者“$”组成，可以使用上述的任意字符开头，但不能使用单独的数字，否则会造成它与数值相混淆。

- ☑ 名称最长可为 64 个字符组成（还包括表、列和索引的命名），而别名最多可长达 256 个字符。
- ☑ 不能使用 MySQL 关键字作为数据库、表名。
- ☑ 默认情况下，Windows 下数据库名、表名的字母大小写是不敏感的，而在 Linux 下数据库名、表名的字母大小写是敏感的。为了便于数据库在平台间进行移植，建议读者采用小写字母来定义数据库名和表名。

下面通过 create database 语句创建一个名称为 db_users 的数据库。在创建数据库时，首先连接 MySQL 服务器，然后编写 create database db_users;SQL 语句，数据库创建成功。运行结果如图 8.14 所示。

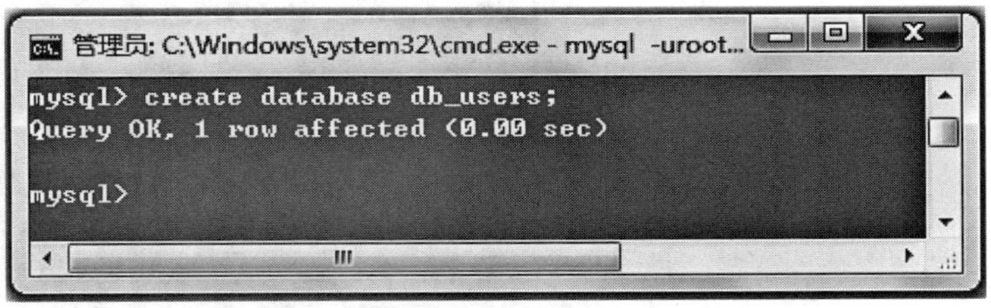

图 8.14　创建数据库

创建 db_users 数据库后，MySQL 管理系统会自动在 D:\phpStudy\MySQL\data 目录下创建 db_users 数据库文件夹及相关文件，实现对该数据库的文件管理。

说明

D:\phpStudy\MySQL\data 目录是 MySQL 配置文件 my.ini 中设置的数据库文件的存储目录。用户可以通过修改配置选项 datadir 的值来对数据库文件的存储目录进行重新设置。

8.3.2　选择数据库

use 语句用于选择一个数据库，使其成为当前默认数据库。其语法格式如下：

```
use 数据库名 ;
```

例如，选择名称为 db_users 的数据库，操作命令如图 8.15 所示。

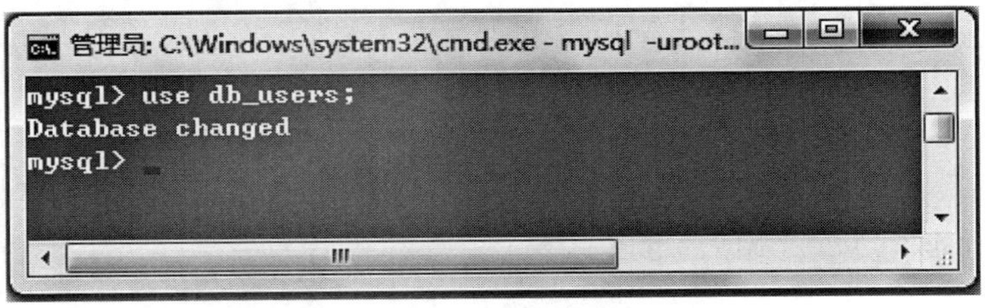

图 8.15　选择数据库

选择了 db_users 数据库之后，才可以操作该数据库中的所有对象。

8.3.3　查看数据库

数据库创建完成后，可以使用 show databases 命令查看 MySQL 数据库中所有已经存在的数据库。其语法格式如下：

```
show databases
```

例如，使用 show databases 命令显示本地 MySQL 数据库中所有存在的数据库名，如图 8.16 所示。

图 8.16　显示所有数据库名

注意

show databases 是复数形式，并且所有命令都以英文分号“;”结尾。

8.3.4　删除数据库

删除数据库使用的是 drop database 语句，其语法格式如下：

```
drop database 数据库名;
```

例如，在 MySQL 命令窗口中使用 drop database db_users;SQL 语句即可删除 db_users 数据库，如图 8.17 所示。删除数据库后，MySQL 管理系统会自动删除 D:\phpStudy\MySQL\data 目录下的 db_users 目录及相关文件。

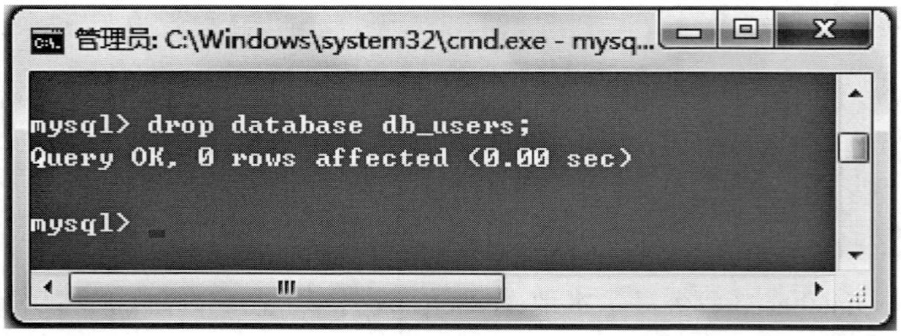

图 8.17　删除数据库

注意

对于删除数据库的操作，应该谨慎使用，一旦执行这项操作，数据库的所有结构和数据都会被删除，没有恢复的可能，除非数据库有备份。

视频讲解

8.4　MySQL 数据类型

在 MySQL 数据库中，每一条数据都有其数据类型。MySQL 支持的数据类型主要分成 3 类：数字类型、字符串（字符）类型、日期和时间类型。

8.4.1　数字类型

MySQL 支持的数字类型包括准确数字的数据类型（NUMERIC、DECIMAL、INTEGER 和 SMALLINT），还包括近似数字的数据类型（FLOAT、REAL 和 DOUBLE PRECISION）。其中，关键字 INT 是 INTEGER 的简写，关键字 DEC 是 DECIMAL 的简写。

一般来说，数字类型可以分成整型和浮点型两类，详细内容如表 8.1 和表 8.2 所示。

表 8.1　整型数据类型

数据类型	取值范围	说　明	单　位
TINYINT	符号值：-127~127 无符号值：0~255	最小的整数	1 字节
BIT	符号值：-127~127 无符号值：0~255	最小的整数	1 字节
BOOL	符号值：-127~127 无符号值：0~255	最小的整数	1 字节
SMALLINT	符号值：-32768~32767 无符号值：0~65535	小型整数	2 字节
MEDIUMINT	符号值：-8388608~8388607 无符号值：0~16777215	中型整数	3 字节
INT	符号值：-2147683648~2147683647 无符号值：0~4294967295	标准整数	4 字节
BIGINT	符号值： -9223372036854775808~9223372036854775807 无符号值：0~18446744073709551615	大整数	8 字节

表 8.2 浮点型数据类型

数据类型	取值范围	说明	单位
FLOAT	+（–）3.402823466E+38	单精度浮点数	8 字节或 4 字节
DOUBLE	+（–）1.7976931348623157E+308 +（–）2.2250738585072014E–308	双精度浮点数	8 字节
DECIMAL	可变	一般整数	自定义长度

说明

在创建表时，使用哪种数字类型，应遵循以下原则。

（1）选择最小的可用类型，如果值永远不超过 127，则使用 TINYINT 要比使用 INT 好。

（2）对于完全都是数字的，可以选择整数类型。

（3）浮点类型用于可能具有小数部分的数。例如，货物单价、网上购物交付金额等。

8.4.2 字符串类型

字符串类型可以分为 3 类：普通的文本字符串类型（CHAR 和 VARCHAR）、可变类型（TEXT 和 BLOB）和特殊类型（ENUM 和 SET）。它们之间都有一定的区别，取值的范围不同，应用的地方也不同。

（1）普通的文本字符串类型，即 CHAR 和 VARCHAR 类型，CHAR 列的长度在创建表时指定，取值在 1~255；VARCHAR 列的值是变长的字符串，取值和 CHAR 一样。普通的文本字符串类型如表 8.3 所示。

表 8.3 普通的文本字符串类型

类型	取值范围	说明
[NATIONAL] CHAR (M) [BINARY|ASCII|UNICODE]	0~255 个字符	固定长度为 M 的字符串，其中 M 的取值范围为 0~255。NATIONAL 关键字指定了应该使用的默认字符集。BINARY 关键字指定了数据是否区分大小写（默认是区分大小写的）。ASCII 关键字指定了在该列中使用 Latin1 字符集。UNICODE 关键字指定了使用 UCS 字符集
CHAR	0~255 个字符	和 CHAR(M) 类似
[NATIONAL] VARCHAR (M) [BINARY]	0~255 个字符	长度可变，其他和 CHAR (M) 类似

（2）TEXT 和 BLOB 类型。它们的大小可以改变，TEXT 类型适合存储长文本，而 BLOB 类型适合存储二进制数据，支持任何数据，如文本、声音和图像等。TEXT 和 BLOB 类型如表 8.4 所示。

表 8.4　TEXT 和 BLOB 类型

类　型	大　小	用　途
TINYBLOB	0~255 字节	不超过 255 个字符的二进制字符串
TINYTEXT	0~255 字节	短文本字符串
BLOB	0~65 535 字节	二进制形式的长文本数据
TEXT	0~65 535 字节	长文本数据
MEDIUMBLOB	0~16 777 215 字节	二进制形式的中等长度文本数据
MEDIUMTEXT	0~16 777 215 字节	中等长度文本数据
LONGBLOB	0~4 294 967 295 字节	二进制形式的极大文本数据
LONGTEXT	0~4 294 967 295 字节	极大文本数据

（3）特殊类型 ENUM 和 SET。特殊类型 ENUM 和 SET 的介绍如表 8.5 所示。

表 8.5　ENUM 和 SET 类型

类　型	最大值	说　明
ENUM ("VALUE1","VALUE2",…)	65 535	该类型的列只可以容纳所列值之一或为 NULL
SET ("VALUE1","VALUE2",…)	64	该类型的列可以容纳一组值或为 NULL

说明

在创建表时，使用字符串类型时应遵循以下原则。
（1）从速度方面考虑，要选择固定的列，可以使用 CHAR 类型。
（2）要节省空间，使用动态的列，可以使用 VARCHAR 类型。
（3）要将列中的内容限制在一种选择，可以使用 ENUM 类型。
（4）允许在一个列中有多于一个的条目，可以使用 SET 类型。
（5）如果要搜索的内容不区分大小写，可以使用 TEXT 类型。
（6）如果要搜索的内容区分大小写，可以使用 BLOB 类型。

8.4.3　日期和时间类型

日期和时间类型包括 DATE、TIME、DATETIME、TIMESTAMP 和 YEAR。其中的每种类型都有其取值的范围，如赋予它一个不合法的值，将会被“0”代替。日期和时间数据类型如表 8.6 所示。

表 8.6　日期和时间数据类型

类　型	取值范围	说　明
DATE	1000-01-01~9999-12-31	日期，格式 YYYY-MM-DD
TIME	-838:58:59~835:59:59	时间，格式 HH:MM:SS
DATETIME	1000-01-01 00:00:00 9999-12-31 23:59:59	日期和时间，格式 YYYY-MM-DD HH:MM:SS
TIMESTAMP	1970-01-01 00:00:00~ 2037 年的某个时间	时间标签，在处理报告时使用的显示格式取决于 M 的值
YEAR	1901~2155	年份可指定两位数字和四位数字的格式

在 MySQL 中，日期的顺序是按照标准的 ANSI SQL 格式进行输入的。

视频讲解

8.5　操作数据表

数据库创建完成后，即可在命令提示符下对数据库中的数据表进行操作，如创建数据表、更改数据表结构以及删除数据表等。

8.5.1　创建数据表

MySQL 数据库中，可以使用 create table 命令创建数据表。其语法格式如下：

```
create[TEMPORARY] table [IF NOT EXISTS] 数据表名
[(create_definition,…)][table_options] [select_statement]
```

create table 语句的参数说明如表 8.7 所示。

表 8.7　create table 语句的参数说明

关　键　字	说　　明
TEMPORARY	如果使用该关键字，表示创建一个临时表
IF NOT EXISTS	该关键字用于避免表存在时 MySQL 报告的错误
create_definition	这是表的列属性部分。MySQL 要求在创建表时，表要至少包含一列
table_options	表的一些特性参数
select_statement	SELECT 语句描述部分，用它可以快速地创建表

下面介绍列属性 create_definition 的使用方法，每一列具体的定义格式如下：

```
col_name  type [NOT NULL | NULL] [DEFAULT default_value] [AUTO_INCREMENT]
          [PRIMARY KEY ] [reference_definition]
```

属性 create_definition 的参数说明如表 8.8 所示。

表 8.8　属性 create_definition 的参数说明

参　　数	说　　明
col_name	字段名
type	字段类型
NOT NULL | NULL	指出该列是否允许是空值，但是数据“0”和空格都不是空值，系统一般默认允许为空值，所以当不允许为空值时，必须使用 NOT NULL
DEFAULT default_value	表示默认值
AUTO_INCREMENT	表示是否是自动编号，每个表只能有一个 AUTO_INCREMENT 列，并且必须被索引
PRIMARY KEY	表示是否为主键。一个表只能有一个 PRIMARY KEY。如表中没有一个 PRIMARY KEY，而某些应用程序要求 PRIMARY KEY，MySQL 将返回第一个没有任何 NULL 列的 UNIQUE 键，作为 PRIMARY KEY
reference_definition	为字段添加注释

在实际应用中，使用 create table 命令创建数据表时，只需指定最基本的属性即可，语法格式如下：

```
create table table_name ( 列名 1 属性，列名 2 属性 …);
```

例如，在命令提示符下应用 create database db_users 创建 db_users 数据库，然后使用 create table 命令，在数据库 db_users 中创建一个名为 tb_users 的数据表，表中包括 id、user name、password 和 createtime 等字段，实现过程如图 8.18 所示。

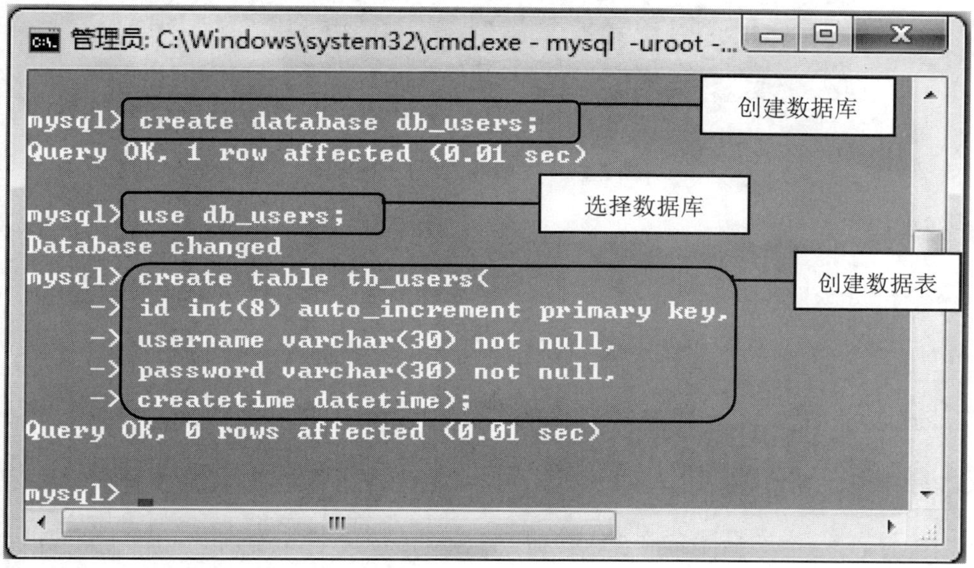

图 8.18　创建 MySQL 数据表

说明

按 Enter 键即可换行，结尾分号“;”表示该行语句结束。

8.5.2　查看表结构

成功创建数据表后，可以使用 show columns 命令或 describe 命令查看指定数据表的表结构。下面分别对这两个语句进行介绍。

1. show columns 命令

show columns 命令的语法格式如下：

```
show [full] columns  from 数据表名 [from 数据库名 ];
```

或写成：

```
show  [full] columns  FROM 数据库名 . 数据表名 ;
```

例如，应用 show columns 命令查看数据表 tb_users 表结构，如图 8.19 所示。

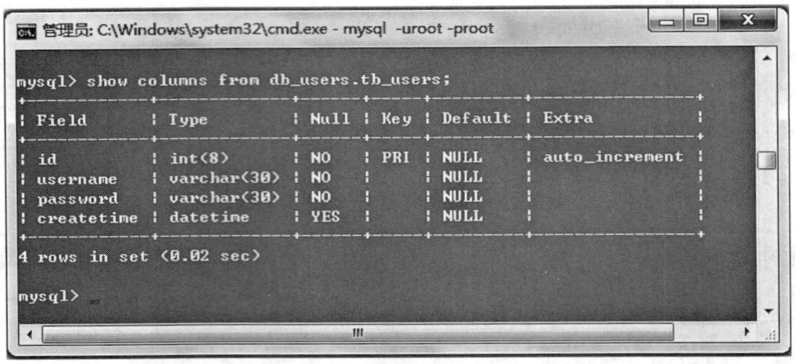

图 8.19　查看 tb_users 表结构

2. describe 命令

describe 命令的语法格式如下：

```
describe 数据表名；
```

其中，describe 可以简写为 desc。在查看表结构时，也可以只列出某一列的信息，语法格式如下：

```
describe 数据表名 列名；
```

例如，应用 describe 命令的简写形式查看数据表 tb_users 的某一列信息，如图 8.20 所示。

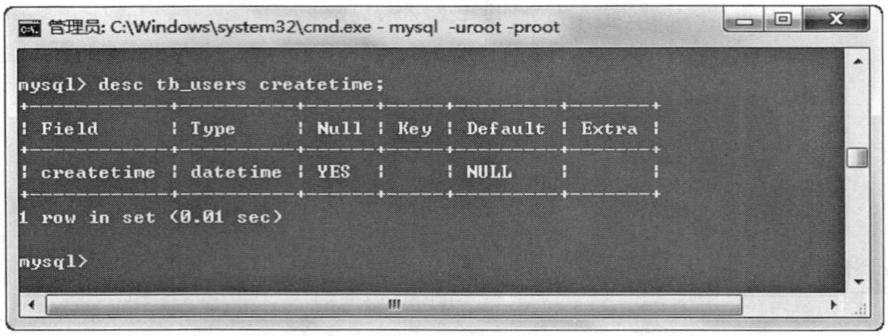

图 8.20　查看 tb_users 表 createtime 列的信息

8.5.3　修改表结构

修改表结构采用 alter table 命令。修改表结构指增加或者删除字段、修改字段名称或者字段类型、设置取消主键外键、设置取消索引以及修改表的注释等。其语法格式如下：

```
alter [IGNORE] table 数据表名 alter_specification[,alter_specification]...
```

需要注意的是，当指定 IGNORE 时，如果出现重复关键的行，则只执行一行，其他重复的行被删除。其中，alter_specification 子句用于定义要修改的内容，语法如下：

```
alter_specification:
    ADD [COLUMN] create_definition [FIRST | AFTER column_name ]          -- 添加新字段
  | ADD INDEX [index_name] (index_col_name,...)                          -- 添加索引名称
  | ADD PRIMARY KEY (index_col_name,...)                                 -- 添加主键名称
  | ADD UNIQUE [index_name] (index_col_name,...)                         -- 添加唯一索引
  | ALTER [COLUMN] col_name {SET DEFAULT literal | DROP DEFAULT}         -- 修改字段名称
  | CHANGE [COLUMN] old_col_name create_definition                       -- 修改字段类型
  | MODIFY [COLUMN] create_definition                                    -- 修改子句定义字段
  | DROP [COLUMN] col_name                                               -- 删除字段名称
  | DROP PRIMARY KEY                                                     -- 删除主键名称
  | DROP INDEX index_name                                                -- 删除索引名称
  | RENAME [AS] new_tbl_name                                             -- 更改表名
  | table_options
```

alter table 语句允许指定多个动作，动作间使用逗号分隔，每个动作表示对表的一个修改。

例如，向 tb_users 表中添加一个新的字段 address，类型为 varchar(60)，并且不为空值（not null），将字段 username 的类型由 varchar(30) 改为 varchar(50)，然后再用 show columns 命令查看修改后的表结构，如图 8.21 所示。

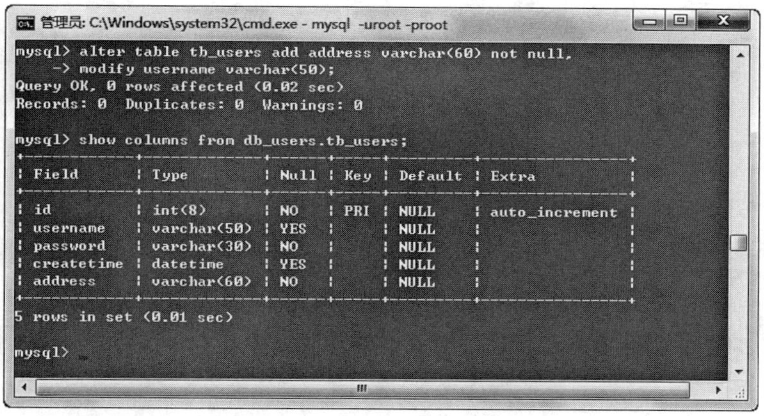

图 8.21　修改 tb_users 表结构

8.5.4　重命名数据表

重命名数据表采用 rename table 命令，其语法格式如下：

```
rename table 数据表名 1 to 数据表名 2;
```

例如，对数据表 tb_users 进行重命名，更名后的数据表为 tb_member，只需要在 MySQL 命令窗口中使用 rename table tb_users to tb_member; 语句即可。此时使用 show columns 查看 tb_users 表将输出错误信息，提示“tb_users 表不存在”。因为 tb_users 表已经变成 tb_member 表，可以使用 show columns

查看 tb_member 表，运行结果如图 8.22 所示。

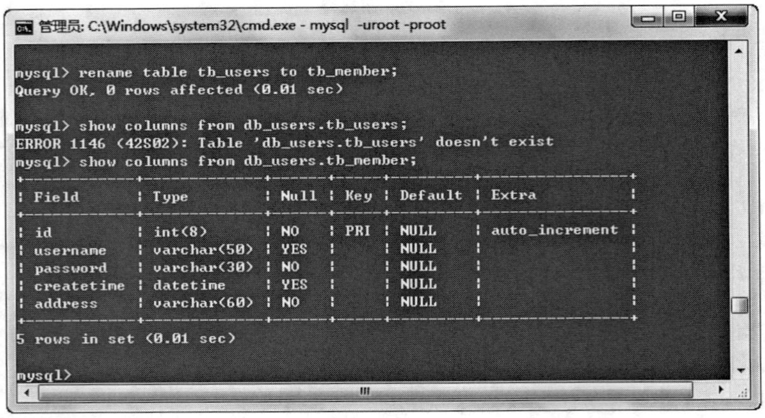

图 8.22　将 tb_users 表名更改为 tb_member 数据表

说明

该语句可以同时对多个数据表进行重命名，多个表之间以逗号“,”分隔。

8.5.5　删除数据表

删除数据表的操作很简单，与删除数据库的操作类似，使用 drop table 命令即可实现。其语法格式如下：

```
drop table 数据表名；
```

例如，在 MySQL 命令窗口中使用 drop table tb_member;SQL 语句即可删除 tb_member 数据表。删除数据表后，MySQL 管理系统会自动删除 D:\phpStudy\MySQL\data\db_users 目录下的表文件。

注意

删除数据表的操作应该谨慎使用。一旦删除了数据表，那么表中的数据将会全部清除，如果没有备份则无法恢复。

在删除数据表的过程中，如果删除一个不存在的表将会产生错误，这时在删除语句中加入 if exists 关键字就可以避免出错。其语法格式如下：

```
drop table if exists 数据表名；
```

注意

在对数据表进行操作之前，首先必须选择数据库，否则是无法对数据表进行操作的。

例如，先使用 drop table 语句删除一个 tb_users 表，查看提示信息，然后使用 drop table if exists 语句删除 tb_users 表。运行结果如图 8.23 所示。

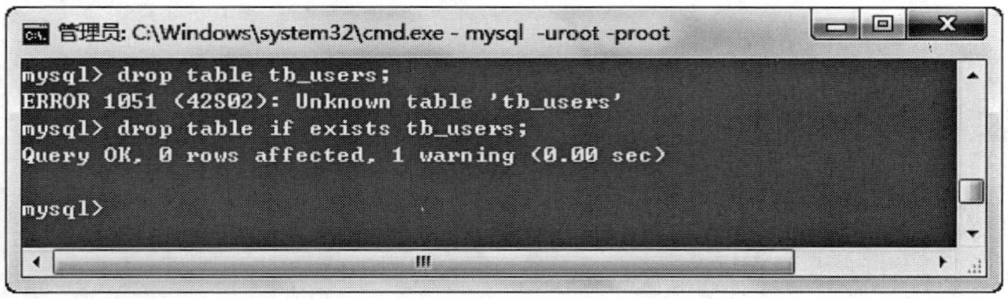

图 8.23　删除 tb_users 数据表

视频讲解

8.6　数据表记录的操作

数据库中包含数据表，而数据表中包含数据。在 MySQL 与 PHP 的结合应用中，真正被操作的是数据表中的数据，因此如何更好地操作和使用这些数据才是使用 MySQL 数据库的根本。

向数据表中插入、修改和删除记录可以在 MySQL 命令行中使用 SQL 语句完成。下面介绍如何在 MySQL 命令行中执行基本的 SQL 语句。

8.6.1　数据表记录的添加

建立一个空的数据库和数据表时，首先要想到的就是如何向数据表中添加数据。这项操作可以通过 insert 命令来实现。其语法格式如下：

```
insert into 数据表名 (column_name,column_name2, … ) values (value1, value2, … );
```

在 MySQL 中，一次可以同时插入多行记录，各行记录的值清单在 values 关键字后以逗号“,”分隔，而标准的 SQL 语句一次只能插入一行。

说明

值列表中的值应与字段列表中字段的个数和顺序相对应，值列表中值的数据类型必须与相应字段的数据类型保持一致。

例如，向用户信息表 tb_member 中插入一条数据信息，如图 8.24 所示。

图 8.24　向 tb_member 表中插入新记录

当向数据表中的所有列添加数据时，insert 语句中的字段列表可以省略，例如：

```
insert into tb_member values('2','小明','xiaoming','2017-6-20 12:12:12','长春市');
```

8.6.2 数据表记录的查询

数据表中插入数据后，可以使用 select 命令来查询数据表中的数据。其语法格式如下：

```
select selection_list  from 数据表名 where condition;
```

其中，selection_list 是要查找的列名，如果要查询多个列，可以用“,”隔开；如果查询所有列，可以用“*”代替。where 子句是可选的，如果给出该子句，将查询出指定记录。

例如，查询 tb_member 表中所有数据。运行结果如图 8.25 所示。

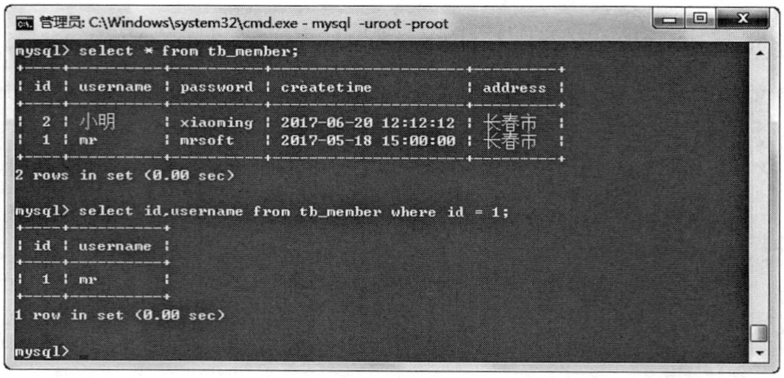

图 8.25　select 查找数据

8.6.3 数据表记录的修改

要执行数据修改的操作可以使用 update 命令，其语法格式如下：

```
update 数据表名 set column_name1 = new_value1,column_name2 = new_value2, …where condition;
```

其中，set 子句指出要修改的列及其给定的值；where 子句是可选的，如果给出该子句将指定记录中哪行应该被更新，否则，所有的记录行都将被更新。

例如，将用户信息表 tb_member 中用户名为 mr 的管理员密码 mrsoft 修改为 mingrisoft，SQL 语句如下：

```
update tb_member set password='mingrisoft' where username='mr';
```

运行结果如图 8.26 所示。

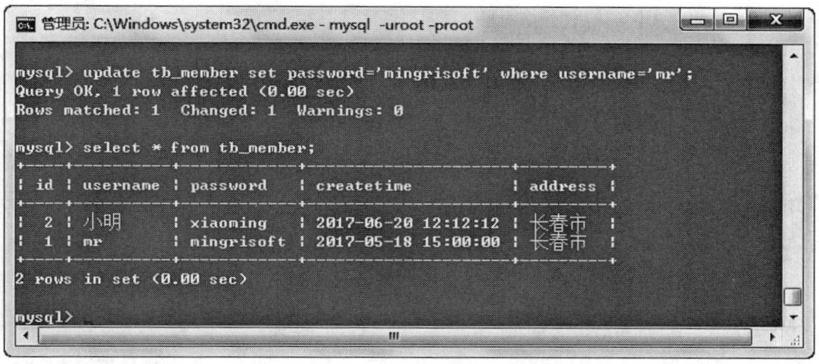

图 8.26　更改数据表记录

8.6.4　数据表记录的删除

在数据库中有些数据已经失去意义或者是错误的，这时就需要将它们删除，此时可以使用 delete 命令。其语法格式如下：

```
delete from 数据表名 where condition;
```

注意

该语句在执行过程中，如果没有指定 where 条件，将删除所有的记录；如果指定了 where 条件，将按照指定的条件进行删除。

使用 delete 命令删除整个表的效率并不高，还可以使用 truncate 命令，利用它可以快速删除表中所有的内容。

例如，删除用户信息表 tb_users 中用户名为 mr 的记录信息，SQL 语句如下：

```
delete from tb_member where username = 'mr';
```

删除后，使用 select 命令查看结果。运行结果如图 8.27 所示。

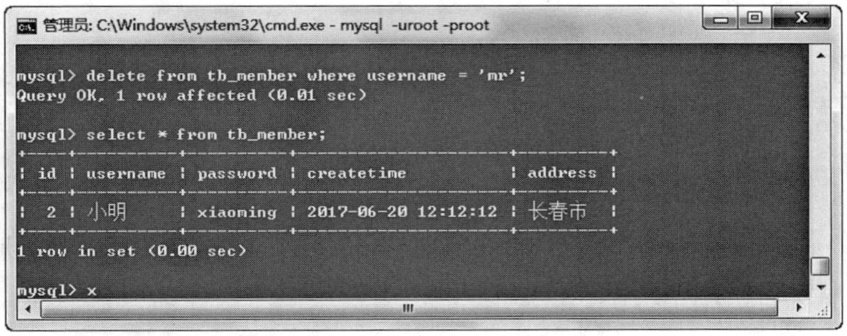

图 8.27　delete 命令删除记录

视频讲解

8.7 数据表记录的查询操作

对于数据表的“增删改查”，最常用的就是查询操作。在 8.6.2 节中，我们只是介绍了最基础的查询操作，实际应用中查询的条件要复杂得多。再来看一下比较复杂的 select 语法：

```
select selection_list                     -- 要查询的内容，选择哪些列
from table_list                           -- 指定数据表
where primary_constraint                  -- 查询时需要满足的条件
group by grouping_columns                 -- 如何对结果进行分组
order by sorting_cloumns                  -- 如何对结果进行排序
having secondary_constraint               -- 查询时满足的第二条件
limit count                               -- 限定输出的查询结果
```

下面对它的参数进行详细讲解。

1. selection_list

设置查询内容。如果要查询表中所有列，可以将其设置为“*”；如果要查询表中某一列或多列，则直接输入列名，并以“,”为分隔符。例如，查询 tb_mrbook 数据表中所有列和查询 id、bookname 列的代码如下：

```
select * from tb_mrbook;                      // 查询数据表中所有数据
select id,bookname from tb_mrbook;            // 查询数据表中 id 和 bookname 列的数据
```

2. table_list

指定查询的数据表。既可以从一个数据表中查询，也可以从多个数据表中进行查询，多个数据表之间用“,”进行分隔，并且通过 where 子句使用连接运算来确定表之间的联系。

例如，从 tb_mrbook 和 tb_bookinfo 数据表中查询“bookname='PHP 自学视频教程'”的 id 编号、书名、作者和价格，其代码如下：

```
select tb_mrbook.id,tb_mrbook.bookname,
    -> author,price from tb_mrbook,tb_bookinfo
    -> where tb_mrbook.bookname = tb_bookinfo.bookname and
    -> tb_bookinfo.bookname = 'php 自学视频教程';
```

在上面的 SQL 语句中，因为两个表都有 id 字段和 bookname 字段，为了告诉服务器要显示的是哪个表中的字段信息，要加上前缀。语法格式如下：

```
表名.字段名
```

tb_mrbook.bookname = tb_bookinfo.bookname 将表 tb_mrbook 和 tb_bookinfo 连接起来，叫作等同

连接；如果不使用 tb_mrbook.bookname = tb_bookinfo.bookname，那么产生的结果将是两个表的笛卡儿积，叫作全连接。

多学两招

笛卡儿积是指在数学中，两个集合 X 和 Y 的笛卡儿积（Cartesian product），又称直积，表示为 $X\times Y$，第一个对象是 X 的成员，而第二个对象是 Y 的所有可能有序对的其中一个成员。

3. where 条件语句

在使用查询语句时，如要从很多的记录中查询出想要的记录，就需要一个查询的条件。只有设定了查询的条件，查询才有实际的意义。设定查询条件应用的是 where 子句。

where 子句的功能非常强大，通过它可以实现很多复杂的条件查询。在使用 where 子句时，需要使用一些比较运算符，常用的比较运算符如表 8.9 所示。

表 8.9　常用的 where 子句比较运算符

运算符	名　称	示　例	运算符	名　称	示　例
=	等于	id=10	is not null	n/a	id is not null
>	大于	id>10	between	n/a	id between1 and 10
<	小于	id<10	in	n/a	id in (4,5,6)
>=	大于或等于	id>=10	not in	n/a	name not in (a,b)
<=	小于或等于	id<=10	like	模式匹配	name like ('abc%')
!= 或 <>	不等于	id!=10	not like	模式匹配	name not like ('abc%')
is null	n/a	id is null	regexp	常规表达式	name 正则表达式

表 8.9 中列举的是 where 子句常用的比较运算符，示例中的 id 是记录的编号，name 是表中的用户名。

例如，应用 where 子句，查询 tb_mrbook 表，条件是 type（类别）为 PHP 的所有图书，代码如下：

```
select * from tb_mrbook where type = 'PHP';
```

4. distinct 在结果中去除重复行

使用 distinct 关键字，可以去除结果中重复的行。

例如，查询 tb_mrbook 表，并在结果中去掉类型字段 type 中的重复数据，代码如下：

```
select distinct type from tb_mrbook;
```

5. order by 对结果排序

使用 order by 可以对查询的结果进行升序和降序（desc）排列，在默认情况下，order by 按升序输出结果。如果要按降序排列可以使用 desc 来实现。

对含有 NULL 值的列进行排序时，如果是按升序排列，NULL 值将出现在最前面，如果是按降序排列，NULL 值将出现在最后。例如，查询 tb_mrbook 表中的所有信息，按照 id 进行降序排列，并且只显示 5 条记录。代码如下：

```
select * from tb_mrbook order by id desc limit 5;
```

6. like 模糊查询

like 属于较常用的比较运算符，通过它可以实现模糊查询。它有两种通配符："%" 和 "_"。"%" 可以匹配一个或多个字符，而 "_" 只匹配一个字符。例如，查找所有书名（bookname 字段）包含 PHP 的图书，代码如下：

```
select * from tb_mrbook where bookname like('%PHP%');
```

说明

无论是一个英文字符还是中文字符都算作一个字符，在这一点上英文字母和中文没有什么区别。

7. concat 联合多列

使用 concat 函数可以联合多个字段，构成一个总的字符串。例如，把 tb_mrbook 表中的书名（bookname）和价格（price）合并到一起，构成一个新的字符串。代码如下：

```
select id,concat(bookname,":",price) as info,type from tb_mrbook;
```

其中，合并后的字段名为 concat() 函数形成的表达式 bookname:price，看上去十分复杂，通过 as 关键字给合并字段取一个别名，这样看上去就清晰了。如《PHP 项目开发实战入门》这本书定价为 69.80 元，concat() 查询结果中的 info 字段值则是 "PHP 项目开发实战入门 :69.80"。

8. limit 限定结果行数

limit 子句可以对查询结果的记录条数进行限定，控制它输出的行数。例如，查询 tb_mrbook 表，按照图书价格升序排列，显示 10 条记录，代码如下：

```
select * from tb_mrbook order by price asc limit 10;
```

使用 limit 还可以从查询结果的中间部分取值。首先要定义两个参数，参数 1 是开始读取的第 1 条记录的编号（在查询结果中，第 1 个结果的记录编号是 0，而不是 1）；参数 2 是要查询记录的个数。

例如，查询 tb_mrbook 表，从第 3 条记录开始，查询 6 条记录，代码如下：

```
select * from tb_mrbook limit 2,6;
```

9. 使用函数和表达式

在 MySQL 中，还可以使用表达式来计算各列的值，作为输出结果。表达式还可以包含一些函数。

例如，计算 tb_mrbook 表中各类图书的总价格，代码如下：

```
select sum(price) as totalprice,type from tb_mrbook group by type;
```

在对 MySQL 数据库进行操作时，有时需要对数据库中的记录进行统计，如求平均值、最小值、最大值等，这时可以使用 MySQL 中的统计函数，其常用的统计函数如表 8.10 所示。

表 8.10 MySQL 中常用的统计函数

名 称	说 明
Avg (字段名)	获取指定列的平均值
Count (字段名)	如指定了一个字段，则会统计出该字段中的非空记录。如在前面增加 distinct，则会统计不同值的记录，相同的值当作一条记录。如使用 count (*) 则统计包含空值的所有记录数
Min (字段名)	获取指定字段的最小值
Max (字段名)	获取指定字段的最大值
Std (字段名)	指定字段的标准背离值
Stdtev (字段名)	与 std 相同
Sum (字段名)	获取指定字段所有记录的总和

除了使用函数之外，还可以使用算术运算符、字符串运算符，以及逻辑运算符来构成表达式。例如，可以计算图书打九折之后的价格，代码如下：

```
select *, (price * 0.9) as '90% ' from tb_mrbook;
```

10. group by 对结果分组

通过 group by 子句可以将数据划分到不同的组中，实现对记录进行分组查询。在查询时，所查询的列必须包含在分组的列中，目的是使查询到的数据没有矛盾。在与 avg() 函数或 sum() 函数一起使用时，group by 子句能发挥最大作用。例如，查询 tb_mrbook 表，按照 type 进行分组，求每类图书的平均价格，代码如下：

```
select avg(price),type from tb_mrbook group by type;
```

11. 使用 having 子句设定第二个查询条件

having 子句通常和 group by 子句一起使用。在对数据结果进行分组查询和统计之后，还可以使用 having 子句来对查询的结果进行进一步筛选。having 子句和 where 子句都用于指定查询条件，不同的是 where 子句在分组查询之前应用，而 having 子句在分组查询之后应用，而且 having 子句中还可以包含统计函数。例如，计算 tb_mrbook 表中各类图书的平均价格，并筛选出图书的平均价格大于 60 元的记录，代码如下：

```
select avg(price),type from tb_mrbook group by type having avg(price)>60;
```

视频讲解

8.8 MySQL 图形化管理工具

在命令提示符下操作 MySQL 数据库的方式对 PHP 初学者并不友好，而且需要有专业的 SQL 语言知识，所以各种 MySQL 图形化管理工具应运而生。下面只简要介绍 phpMyAdmin、Navicat for MySQL 这两种工具的使用。

8.8.1 phpMyAdmin 简介

phpMyAdmin 是众多 MySQL 图形化管理工具中使用最广泛的一种，是一款使用 PHP 开发的 B/S 模式的 MySQL 客户端软件，该工具是基于 Web 跨平台的管理程序，并且支持简体中文。通过该管理工具可以对 MySQL 进行各种操作，如创建数据库、数据表和生成 MySQL 数据库脚本文件等。

phpStudy 集成开发环境中已经安装了 phpMyAdmin 图形化管理工具，所以用户无须再下载，可以按图 8.28 所示方式打开。

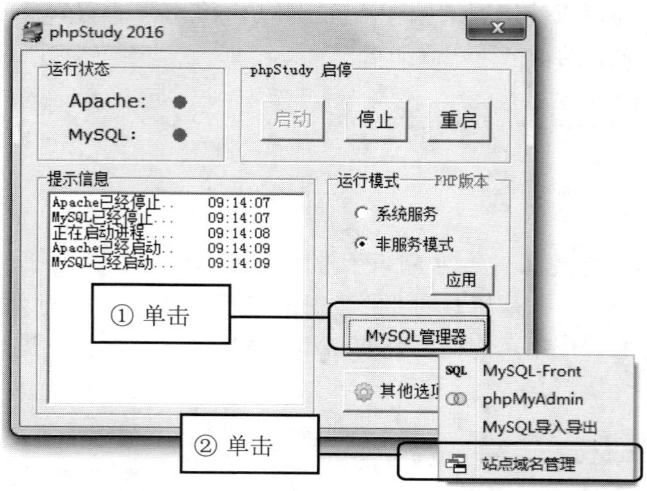

图 8.28　打开 phpMyAdmin

打开后，输入数据库的用户名 root，密码 root，如图 8.29 所示。

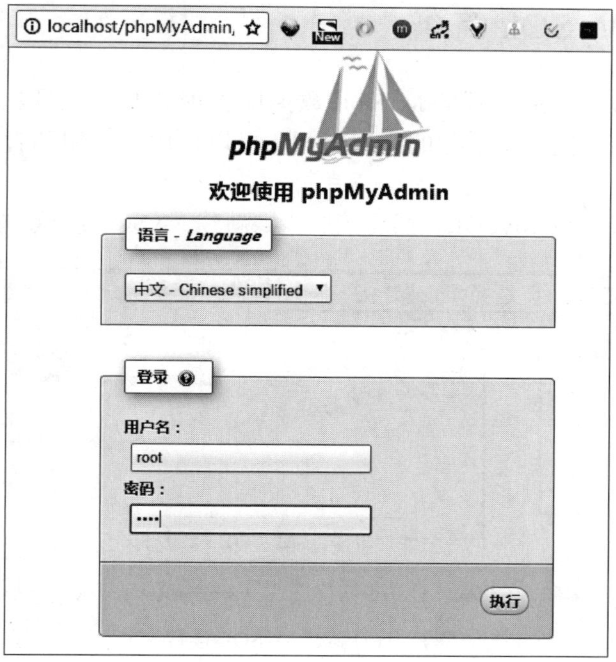

图 8.29　phpMyAdmin 连接 MySQL

单击“执行”按钮，进入 phpMyAdmin 管理平台，如图 8.30 所示。

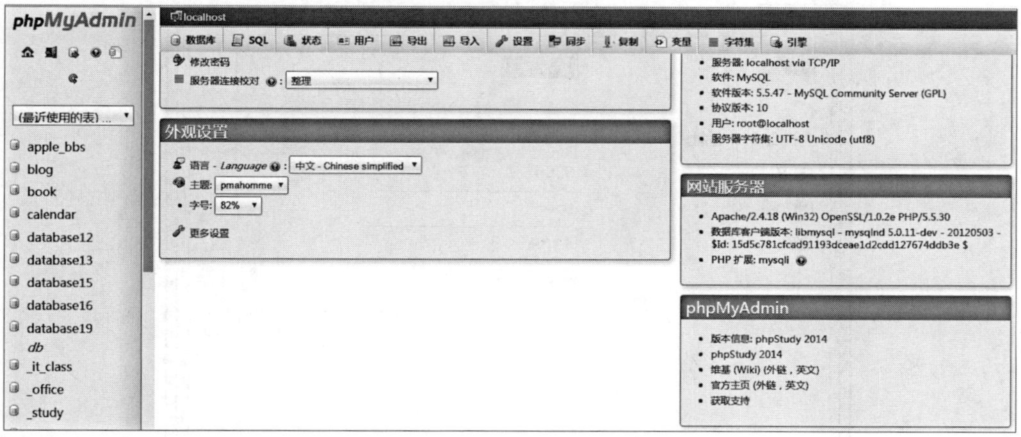

图 8.30　phpMyAdmin 管理平台首页

说明

phpMyAdmin 的更多操作请查阅相关资料。

8.8.2 Navicat for MySQL 简介

Navicat for MySQL 是一个桌面版的 MySQL 数据库管理和开发工具。和微软 SQLServer 的管理器很像，易学易用。Navicat 使用图形化的用户界面，可以让用户使用和管理更为轻松。官方网址是 https://www.navicat.com.cn。

首先下载、安装 Navicat for MySQL，然后按照步骤新建 MySQL 连接，如图 8.31 所示。

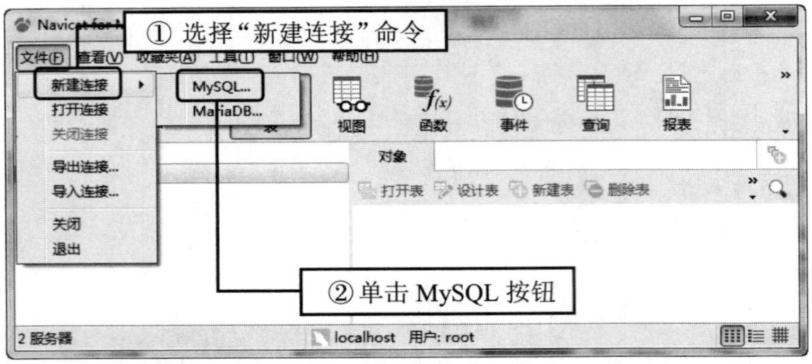

图 8.31 新建 MySQL 连接

弹出“连接属性”对话框后，输入连接信息，如图 8.32 所示，其中密码为 root。

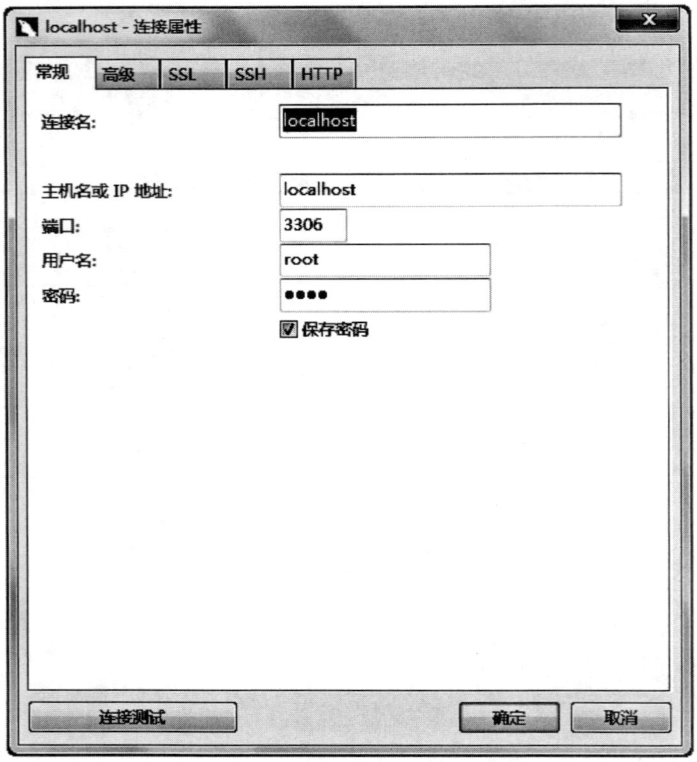

图 8.32 输入连接信息

单击“确定”按钮，创建完成。此时，双击 localhost，即进入 localhost 数据库。

说明

Navicat for MySQL 的更多操作请查阅相关资料。

8.9　小　　结

本章主要介绍 MySQL 数据库的基本操作，包括创建、查看、选择、删除数据库；创建、修改、更名、删除数据表；插入、浏览、修改、删除记录，这些是程序开发人员必须掌握的内容。如果用户不习惯在命令提示符下管理数据库，可以在可视化的图形工具中轻松操作和管理数据库。另外，本章还介绍了启动、连接和断开 MySQL 服务器的方法，要求读者熟练掌握。

第 9 章

PHP 操作 MySQL 数据库

（视频讲解：1 小时 35 分钟）

第 8 章中，我们学习了通过 MySQL 命令行或视图管理工具来操作 MySQL，本章将介绍如何使用 PHP 来操作 MySQL。很长时间以来，PHP 操作 MySQL 数据库使用的是 mysql 扩展库提供的相关函数，但是，随着 MySQL 的发展，mysql 扩展库开始出现一些问题，逐渐被 mysqli 扩展库取代。本章将介绍如何使用 mysqli 扩展库来操作 MySQL 数据库。

学习摘要：

- 连接 MySQL
- 选择数据库
- 执行 SQL 语句
- 返回结果集
- 从结果集中获取数据
- 释放内存
- 关闭 MySQL 连接
- 管理数据库中的记录

视频讲解

9.1　PHP 操作 MySQL 数据库的方法

mysqli 函数库和 mysql 函数库的应用基本类似，而且大部分函数的使用方法都一样，唯一的区别就是 mysqli 函数库中的函数名称都是以 mysqli 开始的。

9.1.1　连接 MySQL 服务器

PHP 操作 MySQL 数据库，首先要建立与 MySQL 数据库的连接。在第 8 章中，我们使用如下命令连接数据库：

```
mysql   -uroot -proot
```

现在，使用 mysqli 扩展提供的 mysqli_connect() 函数实现与 MySQL 数据库的连接，函数语法如下：

```
mysqli mysqli_connect ( [string $host [, string $username [, string $password
[, string $dbname [, int $port [, string $socket]]]]]] )
```

mysqli_connect() 函数用于打开一个到 MySQL 服务器的连接，如果成功则返回一个 MySQL 连接标识，失败则返回 false。该函数的参数如表 9.1 所示。

表 9.1　mysqli_connect() 函数的参数说明

参　数	说　明
host	MySQL 服务器地址
username	用户名。默认值是服务器进程所有者的用户名
password	密码。默认值是空密码
dbname	连接的数据库名称
port	MySQL 服务器使用的端口号
socket	UNIX 域 socket

例如，应用 mysqli_connect() 函数创建与 MySQL 服务器的连接，MySQL 数据库服务器地址为 localhost，用户名为 root，密码为 root，代码如下：

```
<?php
    $host = "localhost";                    //MySQL 服务器地址，本地测试也可以填写 127.0.0.1
    $userName = "root";                     // 用户名
    $password = "root";                     // 密码
    if ($link = mysqli_connect($host, $userName, $password)){
                                            // 建立与 MySQL 数据库的连接，并弹出提示对话框
```

```
        echo "<script type='text/javascript'>alert('数据库连接成功！');</script>";
    }else{
        echo "<script type='text/javascript'>alert('数据库连接失败！');</script>";
    }
?>
```

运行上述代码，如果在本地计算机中安装了 MySQL 数据库，并且连接数据库的用户名为 root，密码为 root，则会弹出如图 9.1 所示的对话框。

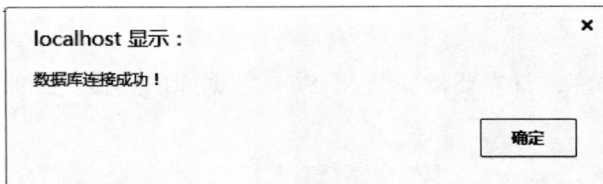

图 9.1　数据库连接成功

说明

代码中使用了 JavaScript 的 alert() 方法弹出提示框。

9.1.2　选择 MySQL 数据库

数据库连接完成以后，需要选择数据库。第 8 章中选择数据库命令如下：

```
use database db_users
```

现在，使用 mysqli 扩展库提供的 mysqli_connect() 函数可以创建与 MySQL 服务器的连接，同时也可以指定要选择的数据库名称，例如，在连接 MySQL 服务器的同时选择名称为 db_users 的数据库，代码如下：

```
$link= mysqli_connect("localhost", "root", "root", "db_users");
```

除此之外，mysqli 扩展库还提供了 mysqli_select_db() 函数用来选择 MySQL 数据库。其语法格式如下：

```
bool mysqli_select_db ( mysqli $link, string $dbname )
```

参数说明如下。

☑ link：为必选参数，应用 mysqli_connect() 函数成功连接 MySQL 数据库服务器后返回的连接标识。

☑ dbname：为必选参数，用户指定要选择的数据库名称。

例如，创建 database9 数据库，然后使用 mysqli_connect() 函数建立与 MySQL 数据库的连接，最后使用 mysqli_select_db() 函数选择 database9 数据库，实现代码如下：

```
<?php
$host = "localhost";                                    //MySQL 服务器地址
$userName = "root";                                     // 用户名
$password = "root";                                     // 密码
$dbName = "database9";                                  // 数据库名称
$link = mysqli_connect($host, $userName, $password);    // 建立与 MySQL 数据库服务器的连接
if(mysqli_select_db($link, $dbName)){                   // 选择数据库
    echo " 数据库选择成功！ ";
}else{
    echo " 数据库选择失败！ ";
}
?>
```

运行上述代码，如果本地 MySQL 数据库服务器中存在名为 database9 的数据库，将在页面中输出如下内容：

```
数据库选择成功！
```

否则输出：

```
数据库选择失败！
```

说明

在实际的程序开发过程中，通常将 MySQL 服务器的连接和数据库的选择存储于一个单独文件中，在需要使用的脚本中通过 require 语句包含这个文件即可。这样做既有利于程序的维护，同时也避免了代码的冗余。

9.1.3　执行 SQL 语句

在第 8 章中，使用 SQL 语句对数据库中的表进行操作。在 mysqli 扩展库中，同样使用 SQL 语句对数据表进行操作，但是需要使用 mysqli_query() 函数来执行 SQL 语句。其语法格式如下：

```
mixed mysqli_query( mysqli $link, string $query [, int $resultmode] )
```

参数说明如下。

☑ link：为必选参数，mysqli_connect() 函数成功连接 MySQL 数据库服务器后所返回的连接标识。

☑ query：为必选参数，所要执行的 SQL 语句。

☑ resultmode：为可选参数，该参数取值有 MYSQLI_USE_RESULT 和 MYSQLI_STORE_RESULT。其中 MYSQLI_STORE_RESULT 为该函数的默认值。如果返回大量数据可以应用 MYSQLI_USE_RESULT，但应用该值时，以后的查询调用可能返回一个 commands out of sync 错误，解决办法是应用 mysqli_free_result() 函数释放内存。

如果 SQL 语句是查询指令 select，成功则返回查询结果集，否则返回 false；如果 SQL 语句是 insert、delete、update 等操作指令，成功则返回 true，否则返回 false。

下面看一下如何通过 mysqli_query() 函数执行简单的 SQL 语句。

执行一个添加会员记录的 SQL 语句的代码如下：

```
$result = mysqli_query($link,"insert into tb_member values('mrsoft','123','mrsoft@
mrsoft.com')");
```

执行一个修改会员记录的 SQL 语句的代码如下：

```
$result = mysqli_query($link,"update tb_member set user='mrbook',pwd='mrsoft'
where user='mrsoft'");
```

执行一个删除会员记录的 SQL 语句的代码如下：

```
$result = mysqli_query($link,"delete from tb_member where user='mrbook'");
```

执行一个查询会员记录的 SQL 语句的代码如下：

```
$result = mysqli_query($link,"select * from tb_member");
```

mysqli_query() 函数不仅可以执行诸如 select、update 和 insert 等 SQL 指令，而且可以选择数据库和设置数据库编码格式。选择数据库的功能与 mysqli_select_db() 函数是相同的，代码如下：

```
mysqli_query($link,"use database9");            // 选择数据库 database9
```

设置数据库编码格式的代码如下：

```
mysqli_query($link,"set names utf8");           // 设置数据库的编码为 utf8
```

9.1.4 将结果集返回到数组

使用 mysqli_query() 函数执行 select 语句，如果成功将返回查询结果集。下面介绍一个对查询结果集进行操作的函数 mysqli_fetch_array()。它将结果集返回到数组中。其语法格式如下：

```
array mysqli_fetch_array ( resource $result [, int $result_type] )
```

参数说明如下。

☑ result：资源类型的参数，要传入的是由 mysqli_query() 函数返回的数据指针。

☑ result_type：可选项，设置结果集数组的表述方式。有以下 3 种取值。

- MYSQLI_ASSOC：返回一个关联数组。数组下标由表的字段名组成，如 id、name。
- MYSQLI_NUM：返回一个索引数组。数组下标由数字组成，如 0、1、2。
- MYSQLI_BOTH：返回一个同时包含关联和数字索引的数组。默认值是 MYSQLI_BOTH。

说明

本函数返回的字段名要区分大小写，这是初学者最容易忽略的问题。

到此，PHP 操作 MySQL 数据库的方法已经初露端倪，已经可以实现 MySQL 服务器的连接、选择数据库、执行查询语句，并且可以将查询结果集中的数据返回到数组中。下面编写一个实例，通过 PHP 操作 MySQL 数据库，读取数据库中存储的数据。

【例 9.01】 使用 mysqli_fetch_array() 函数读取数据。（**实例位置：资源包 \ 源码 \09\9.01**）

本例将利用 mysqli_fetch_array() 函数，读取 database9 数据库中 books 图书表中的数据。具体步骤如下。

（1）创建 database9 数据库，并选择 database9 数据库。SQL 语句如下：

```
create database database9;
use database9;
```

（2）创建 books 数据表，并设置数据库编码格式为 utf8。SQL 语句如下：

```
DROP TABLE IF EXISTS 'books';
CREATE TABLE 'books' (
  'id' int(8) NOT NULL AUTO_INCREMENT,
  'name' varchar(50) NOT NULL,
  'category' varchar(50) NOT NULL,
  'price' decimal(10,2) DEFAULT NULL,
  'publish_time' date DEFAULT NULL,
  PRIMARY KEY ('id')
) ENGINE=MyISAM AUTO_INCREMENT=1 DEFAULT CHARSET=utf8;
```

上述 SQL 语句创建了 books 表，该表共 5 个字段。其中，id 字段是表的主键，并且是自增的；name 字段用于保存图书名称；category 字段用于保存图书分类；price 字段用于保存图书价格；publish_time 字段用于保存出版时间。

（3）插入测试数据。为了显示图书信息，我们需要先在 books 表中插入几条测试数据。SQL 语句如下：

```
INSERT INTO 'books' VALUES ('1', 'PHP 从入门到精通', 'PHP', '50.00', '2017-02-17');
INSERT INTO 'books' VALUES ('2', 'PHP 自学宝典', 'PHP', '69.00', '2017-02-17');
INSERT INTO 'books' VALUES ('3', 'PHP 项目实战入门', 'PHP', '70.00', '2017-02-17');
INSERT INTO 'books' VALUES ('4', '零基础学 PHP', 'PHP', '68.80', '2017-02-17');
```

（4）连接数据库，获取数据。创建 index.php 文件，具体代码如下：

```
<?php
    // 连接 MySQL 服务器，选择数据库
    $link = mysqli_connect("localhost", "root", "root", "database9") or
    die(" 连接数据库服务器失败！ ".mysqli_error());
```

```
04      mysqli_query($link,"set names utf8");                    // 设置数据库编码格式 utf8
05      $result = mysqli_query($link,"select * from books");     // 执行查询语句
06      include_once( 'lists.html' );                            // 引入模板
```

在上述代码中，使用 mysqli_connect() 函数连接数据库，如果连接失败，终止程序，并使用 mysqli_error() 函数显示错误信息。接下来设置数据库编码格式为 UTF-8。代码第 5 行使用 mysqli_query() 执行 select 语句，从数据库中查询获取结果集。最后使用 include_once() 函数，引入模板文件，即 HTML 页面。

注意

为保证数据能正确显示，建议读者保持以下几个编码格式统一为 UTF-8：PHP 文件的编码格式、HTML 文件的编码格式（可以使用 PhpStorm 编辑器设置）和数据表编码格式（可以使用图形化工具设置）。与 PHP 中不同的是，MySQL 中指定的 UTF-8 编码格式使用 utf8，而不是 utf-8。

（5）显示图书信息。创建 lists.html 文件，该文件就是 HTML 模板文件。使用 mysqli_fetch_array()，将结果集返回到数组中，通过 while 语句循环遍历图书数组，将每本图书数据插入到 <table> 表格中，具体代码如下：

```
<!DOCTYPE html>
<html lang="en" class="is-centered is-bold">
<head>
    <meta charset="UTF-8">
    <title> 零基础 </title>
    <link href="css/bootstrap.css" rel="stylesheet">
    <script src="js/jquery.min.js"></script>
</head>
<body>
<div class="container">
   <div class="col-sm-offset-2 col-sm-8">
      <div class="panel panel-default">
         <div class="panel-heading">
             图书列表
         </div>
         <div class="panel-body">
            <table class="table table-striped task-table">
               <thead>
                   <tr>
                      <th>ID</th>
                      <th> 图书名称 </th>
                      <th> 分类 </th>
                      <th> 价格 </th>
                      <th> 出版日期 </th>
                      <th> 操作 </th>
                   </tr>
               </thead>
               <tbody>
```

```
                        <?php while($rows = mysqli_fetch_array($result,MYSQLI_ASSOC)) { ?>
                        <tr>
                            <td class="table-text">
                                <?php echo $rows['id'] ?>
                            </td>
                            <td class="table-text">
                                <?php echo $rows['name'] ?>
                            </td>
                            <td class="table-text">
                                <?php echo $rows['category'] ?>
                            </td>
                            <td class="table-text">
                                <?php echo $rows['price'] ?>
                            </td>
                            <td><?php echo $rows['publish_time'] ?></td>
                            <td>
                                <a href='editBook.php?id=<?php echo $rows['id'] ?>'>
                                            <button class="btn btn-info edit" > 编辑 </button>
                                </a>
                                <a href='deleteBook.php?id=<?php echo $rows['id'] ?>'>
                                           <button class="btn btn-danger delete"> 删除 </button>
                                </a>
                            </td>
                        </tr>
                        <?php } ?>
                    </tbody>
                </table>
            </div>
        </div>
    </div>
</div>
</body>
</html>
```

运行结果如图 9.2 所示。

图 9.2　显示图书列表

9.1.5 从结果集中获取一行作为对象

9.1.4 节中讲解了应用 mysqli_fetch_array() 函数来获取结果集中的数据。除了这个方法以外，应用 mysqli_fetch_object() 函数也可以轻松实现这一功能，下面通过同一个实例的不同方法来体验一下这两个函数在使用上的区别。

首先介绍 mysqli_fetch_object() 函数，其语法格式如下：

```
mixed mysqli_fetch_object ( resource result )
```

mysqli_fetch_object() 函数和 mysqli_fetch_array() 函数类似，只有一点区别：它返回的是一个对象而不是数组，即该函数只能通过字段名来访问数组。访问结果集中行的元素的语法结构如下：

```
$row->col_name                                //col_name 为字段名 ,$row 代表结果集
```

例如，如果从某数据表中检索 id 和 name 值，可以用 $row->id 和 $row-> name 访问行中的元素值。

注意

本函数返回的字段名同样是区分大小写的。

【例 9.02】 使用 mysqli_fetch_object() 函数读取所有图书数据。（**实例位置：资源包 \ 源码 \09\9.02**）

本例中同样是读取 database9 数据库中 books 数据表中的数据，不同的是应用 mysqli_fetch_object() 函数逐行获取结果集中的记录。由于在例 9.01 中，已经创建了数据库和数据表，并且连接了数据库，所以只需修改 lists.html 文件即可。

在 lists.html 文件中，使用 mysqli_fetch_object() 函数逐行获取结果集，该结果集是一个对象，使用 while 语句循环遍历对象，将每本图书数据插入到 <table> 表格中，关键代码如下：

```
<!DOCTYPE html>
<html lang="en" class="is-centered is-bold">
<head>
        <!-- 省略重复代码 -->
</head>
<body>
<div class="container">
    <!-- 省略重复代码 -->
    <tbody>
    <?php   while($obj = mysqli_fetch_object($result)) {
            if(is_object($obj)){   // 判断对象是否存在
    ?>
    <tr>
        <td class="table-text">
            <?php echo $obj->id ?>
        </td>
        <td class="table-text">
            <?php echo $obj->name ?>
        </td>
```

```
        <td class="table-text">
            <?php echo $obj->category ?>
        </td>
        <td class="table-text">
            <?php echo $obj->price ?>
        </td>
        <td><?php echo $obj->publish_time ?></td>
        <td>
            <a href='editBook.php?id=<?php echo $obj->id ?>'>
                <button class="btn btn-info edit" > 编辑 </button>
            </a>
            <a href='deleteBook.php?id=<?php echo $obj->id ?>'>
                 <button class="btn btn-danger delete"> 删除 </button>
            </a>
        </td>
    </tr>
    <?php }
        }
    ?>
    </tbody>
    </table>
    <!-- 省略重复代码 -->
</div>
</body>
</html>
```

本实例的运行结果与例 9.01 相同，如图 9.2 所示。

9.1.6　从结果集中获取一行作为枚举数组

mysqli_fetch_row() 函数可以从结果集中取得一行作为枚举数组，即数组的键用数字索引来表示。其语法格式如下：

```
mixed mysqli_fetch_row ( resource $result )
```

mysqli_fetch_row() 函数返回根据所取得的行生成的数组，如果没有更多行则返回 null。返回数组的偏移量从 0 开始，即以 $row[0] 的形式访问第一个元素（只有一个元素时也是如此）。

例如，使用 mysqli_fetch_row() 函数实现图书列表的功能，只需修改 lists.html 文件，修改代码如下：

```
// 省略重复代码
<tbody>
<?php while($rows = mysqli_fetch_row($result)) { ?>
    <tr>
        <td class="table-text">
            <?php echo $rows[0] ?>
        </td>
        <td class="table-text">
            <?php echo $rows[1] ?>
```

```
            </td>
            <td class="table-text">
                <?php echo $rows[2] ?>
            </td>
            <td class="table-text">
            <?php echo $rows[3] ?>
            </td>
            <td><?php echo $rows[4] ?></td>
            <td>
                <a href='editBook.php?id=<?php echo $rows[0] ?>'>
                    <button class="btn btn-info edit"> 编辑 </button>
                </a>
                <a href='deleteBook.php?id=<?php echo $rows[0] ?>'>
                    <button class="btn btn-danger delete" > 删除
                </a>
            </td>
        </tr>
<?php } ?>
</tbody>
// 省略重复代码
```

上述代码中使用 mysqli_fetch_row() 函数逐行获取结果集中的记录时，只能使用数字索引来读取数组中的数据，而不能像 mysqli_fetch_array() 函数那样可以使用关联索引获取数组中的数据。

本实例的运行结果与例 9.01 相同，如图 9.2 所示。

9.1.7 从结果集中获取一行作为关联数组

mysqli_fetch_assoc() 函数可以从结果集中取得一行作为关联数组，即数组的键用字段名来表示。其语法格式如下：

```
mixed mysqli_fetch_assoc ( resource $result )
```

mysqli_fetch_assoc() 函数返回根据所取得的行生成的数组，如果没有更多行则返回 null。该数组的下标为数据表中字段的名称。

```
mysqli_fetch_assoc($result)
```

等价于：

```
mysqli_fetch_array($result,MYSQLI_ASSOC)
```

9.1.8 获取查询结果集中的记录数

使用 mysqli_num_rows() 函数，可以获取由 select 语句查询到的结果集中行的数目。mysqli_num_rows() 函数的语法格式如下：

```
int mysqli_num_rows ( resource $result )
```

mysqli_num_rows() 返回结果集中行的数目。此函数仅对 select 语句有效。要取得被 insert、update 或者 delete 语句所影响到的行的数目，要使用 mysqli_affected_rows() 函数。

【例 9.03】 使用 mysqli_num_rows() 函数获取图书总数。（**实例位置：资源包 \ 源码 \09\9.03**）

本例中应用 mysqli_fetch_array() 函数逐行获取结果集中的记录，同时应用 mysqli_ num_rows() 函数获取结果集中行的数目，并输出返回值。具体步骤如下。

由于本例是在例 9.01 的基础上进行操作，所以这里只给出关键代码，不再赘述它的创建步骤。

（1）在 index.php 文件中，增加 mysqli_num_rows() 函数，获取结果集中记录数。代码如下：

```
<?php
    // 连接 MySQL 服务器 , 选择数据库
    $link = mysqli_connect("localhost", "root", "root", "database9") or
        die(" 连接数据库服务器失败！ ".mysqli_error());
    mysqli_query($link,"set names utf8");                          // 设置数据库编码格式 utf8
    $result = mysqli_query($link,"select * from books");           // 执行查询语句
    $number = mysqli_num_rows($result);                            // 获取查询条数
    include_once('lists.html');                                    // 引入模板
```

（2）在 lists.html 文件中，新增显示记录条数代码，关键代码如下：

```
<p class="text-primary text-center "> 共计 <?php echo $number ?> 条 </p>
```

运行结果如图 9.3 所示。

图 9.3　获取查询结果的记录数

9.1.9　释放内存

mysqli_free_result() 函数用于释放内存，数据库操作完成后，需要关闭结果集，以释放系统资源，

该函数的语法格式如下：

```
void mysqli_free_result(resource $result);
```

mysqli_free_result() 函数将释放所有与结果标识符 $result 所关联的内存。该函数仅需要在考虑到返回很大的结果集会占用较多内存时调用。在执行结束后所有关联的内存都会被自动释放。

9.1.10 关闭连接

完成对数据库的操作后，需要及时断开与数据库的连接并释放内存，否则会浪费大量的内存空间，在访问量较大的 Web 项目中，很可能导致服务器崩溃。在 MySQL 函数库中，使用 mysqli_close() 函数断开与 MySQL 服务器的连接，该函数的语法格式如下：

```
bool mysqli_close ( mysqli $link )
```

参数 link 为 mysqli_connect() 函数成功连接 MySQL 数据库服务器后所返回的连接标识。如果成功则返回 true，失败则返回 false。

例如，读取 database9 数据库中 books 数据表中的数据，然后使用 mysqli_free_result() 函数释放内存并使用 mysqli_close() 函数断开与 MySQL 数据库的连接。代码如下：

```
<?php
    // 连接 MySQL 服务器，选择数据库
    $link = mysqli_connect("localhost", "root", "root", "database9") or
        die(" 连接数据库服务器失败！ ".mysqli_error());
    mysqli_query($link,"set names utf8");                    // 设置数据库编码格式 utf8
    $result=mysqli_query($link,"select * from books");       // 执行查询语句
    $number = mysqli_num_rows($result);                      // 获取查询条数
    include_once('lists.html');                              // 引入模板
    mysqli_free_result($result);                             // 释放内存
    mysqli_close($link);                                     // 断开与数据库连接
```

说明

PHP 中与数据库的连接是非持久连接，系统会自动回收内存，一般不用设置关闭。但如果一次性返回的结果集比较大，或网站访问量比较多，则最好使用 mysqli_close() 函数手动进行释放。

视频讲解

9.2 管理 MySQL 数据库中的数据

在开发网站的后台管理系统中，对数据库的操作不仅局限于查询，对数据的添加、修改和删除等操作也是必不可少的。本节重点介绍如何在 PHP 页面中对数据库进行增、改、删的操作。

9.2.1　添加数据

【例 9.04】 向图书信息表中添加图书信息。（**实例位置：资源包 \ 源码 \09\9.04**）

本实例将通过 insert 语句和 mysqli_query() 函数向图书信息表中添加一条记录。具体步骤如下。

（1）创建 <form> 表单页面 add.html，表单中包含 name（书名）、category（分类）、price（价格）、publish_time（出版时间）4 个字段。当单击“提交”按钮时，将表单提交到 addBook.php 文件。具体代码如下：

```
<!DOCTYPE html>
<html lang="en" class="is-centered is-bold">
<head>
    <meta charset="utf-8">
    <title> 零基础 </title>
    <!-- 省略部分代码 -->
</head>
<body>
<div class="container">
<!-- 省略部分代码 -->
    <div class="panel-body">
        <form class="form-horizontal" role="form" method="POST"
            action="addBook.php">
            <div class="row">
                <div class="col-md-8">
                    <div class="form-group">
                        <label for="name" class="col-md-2 control-label">
                            名称
                        </label>
                        <div class="col-md-10">
                            <input type="text" class="form-control" name="name"
                                id="name" value="">
                        </div>
                    </div>
                    <div class="form-group">
                        <label for="name" class="col-md-2 control-label">
                            分类
                        </label>
                        <div class="col-md-10">
                            <select class="form-control" name="category">
                                <option value="PHP">PHP</option>
                                <option value="Java">Java</option>
                                <option value="C++">C++</option>
                            </select>
                        </div>
                    </div>
                <div class="form-group">
                    <label for="price" class="col-sm-2 control-label">
                        价格
                    </label>
```

```
                    <div class="col-md-10">
                        <input type="text" class="form-control" name="price"
                                 id="price" value="">
                    </div>
                </div>
                <div class="form-group">
                    <label class="col-sm-2 control-label"> 出版时间 </label>
                    <div class='col-md-10' >
                        <div class='input-group date' id='publish_time'>
                            <input type='text' class="form-control"
                                   name="publish_time"/>
                            <span class="input-group-addon">
                                <span class="glyphicon glyphicon-calendar"></span>
                            </span>
                        </div>
                    </div>
                </div>
            </div>
        </div>
        <div class="col-md-8">
            <div class="form-group">
                <div class="col-md-10 col-md-offset-2">
                    <button type="submit" class="btn btn-primary btn-lg">
                        <i class="fa fa-disk-o"></i>
                        提交
                    </button>
                </div>
            </div>
        </div>
    </form>
    <!-- 省略部分代码 -->
</div>
<script>
    // 省略部分代码
</script>
</body>
</html>
```

运行结果如图 9.4 所示。

图 9.4　添加图书页面效果

（2）创建 addBook.php 文件，用于连接数据库，发送查询，最后检查结果。此时，发送的查询是 insert 而不是 select。在将数据插入数据库时，为避免 SQL 注入攻击，使用 prepare 语句进行预处理，然后使用 bind_param() 进行参数绑定，最后使用 execute() 函数执行 SQL 语句。具体代码如下：

```
<?php
	$link = mysqli_connect('localhost', 'root', 'root', 'database9');
	mysqli_query($link,"set names utf8");  // 设置数据库编码格式 utf8
	/* 检测连接是否成功 */
	if (!$link) {
	printf("Connect failed: %s\n", mysqli_connect_error());
	exit();
	}
	/* 检测是否生成 mysqli_stmt 类 */
	$stmt = mysqli_prepare($link, "insert into books (name,category,price,publish_time)
					VALUES (?, ?, ?, ?)");
	if ( !$stmt ) {
	die('mysqli error: '.mysqli_error($link));
	}
	/* 获取 POST 提交数据 */
	$name = $_POST['name'];
	$category = $_POST['category'];
	$price = $_POST['price'];
	$publish_time = $_POST['publish_time'];
	/* 参数绑定 */
	mysqli_stmt_bind_param($stmt, 'ssds', $name, $category, $price, $publish_time);
	/* 执行 prepare 语句 */
	mysqli_stmt_execute($stmt);
	/* 根据执行结果，跳转页面 */
	if(mysqli_stmt_affected_rows($stmt)){
	echo "<script>alert('添加成功');window.location.href='index.php';</script>";
	}else{
	echo "<script>alert('添加失败');</script>";
	}

?>
```

上述代码中，使用 mysqli_prepare() 时，SQL 语句中包含了 4 个“?”，它们是占位符，没有实际意义，后面会被 mysqli_stmt_bind_param() 中的相应参数替换。mysqli_stmt_bind_param() 语法格式如下：

```
bool mysqli_stmt_bind_param ( mysqli_stmt $stmt , string $types , mixed &$var1 [, mixed &$... ] )
```

参数说明如下。

☑ stmt：statement 标识。

☑ types：绑定的变量的数据类型，它接受的字符种类包括 4 个，如表 9.2 所示。

表 9.2　绑定变量的数据类型

字符种类	代表的数据类型	字符种类	代表的数据类型
i	integer	s	string
d	double	b	blob

☑　var：绑定的变量，其数量必须要与 SQL 语句中的参数数量保持一致。

本实例中应用到的该函数的代码如下：

```
mysqli_stmt_bind_param($stmt, 'ssds' , $name, $category, $price, $publish_time);
```

在代码中，ssds 分别表示 $name 为 string 类型，$category 为 string 类型，$price 为 double 类型，$publish_time 为 string 类型。

mysqli_stmt_affected_rows() 函数获取受影响的行数，如果返回 0，表示没有记录被更新，或者查询语句条件不匹配，或者没有执行查询语句。如果返回 -1，则表示查询返回错误。

填写表单，单击“提交”按钮，运行结果如图 9.5 所示。

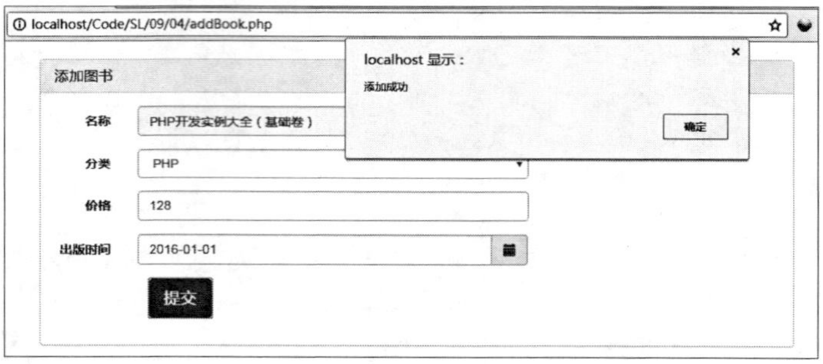

图 9.5　添加成功页面

添加成功后，页面跳转到列表页。在列表页中，会显示提交的图书，如图 9.6 所示。

图 9.6　列表页数据

9.2.2　编辑数据

有时插入数据后，才发现录入的是错误信息或一段时间以后数据需要更新，这时就要对数据进行编辑。数据更新使用 update 语句，依然通过 mysqli_query() 函数来执行该语句。

【例 9.05】 编辑图书信息。(**实例位置：资源包 \ 源码 \09\9.05**)

本实例将通过 update 语句和 mysqli_query() 函数实现对数据的更新操作。具体步骤如下。

（1）创建 editBook.php 文件，获取需要编辑的图书信息。在 lists.html 图书列表页中，有如下代码：

```
<a href='editBook.php?id=<?php echo $rows['id'] ?>'>
    <button class="btn btn-info edit"> 编辑 </button>
</a>
```

当单击“编辑”按钮时，页面跳转至 editBook.php，并传递图书 id 参数。在 editBook.php 文件中，接收传递的 id，根据 id 查找图书信息。editBook.php 文件的具体代码如下：

```
<?php
    // 连接 MySQL 服务器，选择数据库
    $link = mysqli_connect("localhost", "root", "root", "database9") or
        die(" 连接数据库服务器失败！ ".mysqli_error());
    mysqli_query($link,"set names utf8");                    // 设置数据库编码格式 utf8
    $id     = $_GET['id'];                                    // 获取 id
    $query = 'select * from books where id ='.$id;
    $result = mysqli_query($link,$query);                    // 执行查询语句
    $data   = mysqli_fetch_assoc($result);                   // 获取关联数组形式的结果集
    include_once('edit.html');                               // 引入模板
```

（2）创建 edit.html 文件。图书编辑页面和新增图书页面相似，不同之处在于编辑页面需要显示输入框内的值，即 value 的值。edit.html 文件的关键代码如下：

```
// 省略重复代码
<form class="form-horizontal" role="form" method="POST" action="updateBook.php">
    <input type="hidden" name="id" value="<?php echo $data['id'] ?>">          // 传递 id
    <div class="row">
        <div class="col-md-8">
            <div class="form-group">
                <label for="name" class="col-md-2 control-label">
                    名称
                </label>
                <div class="col-md-10">
                    <input type="text" class="form-control" name="name" id="name"
                                value="<?php echo $data['name'] ?>">
                </div>
            </div>
            <div class="form-group">
                <label for="name" class="col-md-2 control-label">
                    分类
```

```
                    </label>
                    <div class="col-md-10">
                        <select class="form-control" name="category">
                            <option value="PHP"    <?php if($data["category"] == "PHP")
                                                                { echo 'selected'; } ?> >PHP</option>
                            <option value="Java" <?php if($data["category"] == "Java")
                                                                { echo 'selected'; } ?> >Java</option>
                            <option value="C++"    <?php if($data["category"] == "c++")
                                                                { echo 'selected'; } ?> >C++</option>
                        </select>
                    </div>
                </div>
                <div class="form-group">
                    <label for="price" class="col-sm-2 control-label">
                        价格
                    </label>
                    <div class="col-md-10">
                        <input type="text" class="form-control" name="price" id="price"
                            value="<?php echo $data['price'] ?>">
                    </div>
                </div>

                <div class="form-group">
                    <label class="col-sm-2 control-label"> 出版时间 </label>
                    <div class='col-md-10' >
                        <div class='input-group date' id='publish_time'>
                            <input type='text' class="form-control" name="publish_time"
                                value="<?php echo $data['publish_time'] ?>"/>
                            <span class="input-group-addon">
                                <span class="glyphicon glyphicon-calendar"></span>
                            </span>
                        </div>
                    </div>
                </div>
            </div>
        </div>
        <div class="col-md-8">
            <div class="form-group">
                <div class="col-md-10 col-md-offset-2">
                    <button type="submit" class="btn btn-primary btn-lg">
                        <i class="fa fa-disk-o"></i>
                        提交
                    </button>
                </div>
            </div>
        </div>
</form>
// 省略重复代码
```

上述代码中，为 <input> 标签的 value 属性赋值后，编辑页中将会显示相应的图书内容。此外还需要注意两点：

☑ 使用 <input> 标签的隐藏域 type="hidden"，传递图书 id，为下一步保存图书信息做准备。

☑ 在图书类别 select 下拉列表中，默认选中的是 select 的第一项（本代码中为 PHP），使用 selected 属性可以设置选中为当前项。所以在每个 <option> 标签中，使用 if 语句来判断当前选项是否被选中。

在浏览器中运行 index.php 图书列表页，选择 id 为 2 的记录（PHP 自学宝典），单击右侧“编辑”按钮，进入“编辑”页面。运行效果如图 9.7 所示。

图 9.7　图书编辑页

（3）创建 updateBook.php 文件，获取表单中提交的数据，根据隐藏域传递的 id 值，定义更新语句完成数据的更新操作，代码如下：

```
<?php
/* 获取 POST 提交数据 */
$id = $_POST['id'];
$name = $_POST['name'];
$category = $_POST['category'];
$price = $_POST['price'];
$publish_time = $_POST['publish_time'];

$link = mysqli_connect('localhost', 'root', 'root', 'database9');
mysqli_query($link,"set names utf8");// 设置数据库编码格式 utf8
/* 检测连接是否成功 */
if (!$link) {
    printf("Connect failed: %s\n", mysqli_connect_error());
    exit();
}
/* 检测是否生成 mysqli_stmt 类 */
$query = "update books set name = ?,category = ? ,price = ? ,publish_time = ? where id = ".$id;
```

```
$stmt = mysqli_prepare($link, $query);
if ( !$stmt ) {
    die('mysqli error: '.mysqli_error($link));
}
/* 参数绑定 */
mysqli_stmt_bind_param($stmt, 'ssds', $name, $category, $price, $publish_time);
/* 执行 prepare 语句 */
mysqli_stmt_execute($stmt);
/* 根据执行结果，跳转页面 */
if(mysqli_stmt_affected_rows($stmt)){
    echo "<script>alert('修改成功');window.location.href='index.php';</script>";
}else{
    echo "<script>alert('修改失败');</script>";
}

?>
```

上述代码中，预处理和参数绑定的内容与新增图书相同，不再赘述。注意 SQL 语句使用 update 和 where 条件来实现数据更新。

运行本实例，修改 id 为 2 的记录（PHP 自学宝典），修改效果如图 9.8 所示。

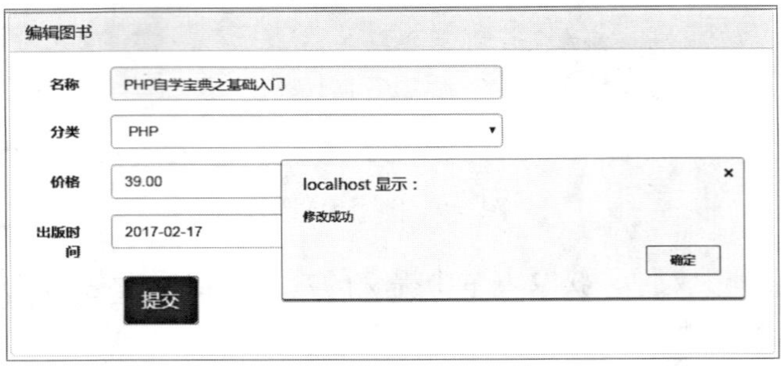

图 9.8　编辑图书

修改成功后，单击“确定”按钮，页面跳转到图书列表页，显示修改后的信息，如图 9.9 所示。

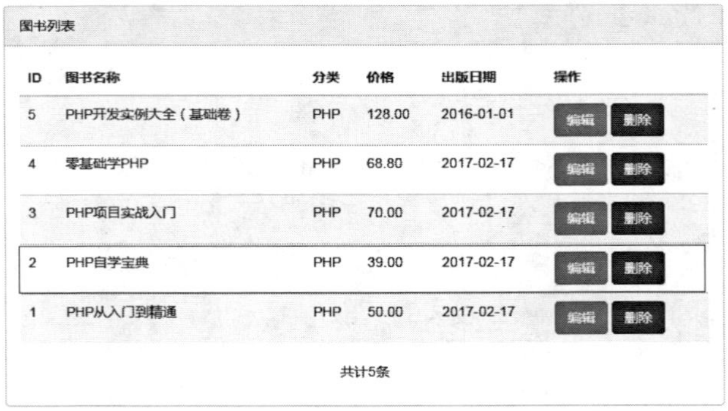

图 9.9　编辑后图书列表页

9.2.3　删除数据

删除数据库中的数据，使用的是 delete 语句，如果在不指定删除条件的情况下，那么将删除指定数据表中所有的数据，如果定义了删除条件，那么将删除数据表中指定的记录。删除操作的执行是一件非常慎重的事情，因为一旦执行该操作，数据就没有恢复的可能。

【例 9.06】　删除图书信息。（**实例位置：资源包 \ 源码 \09\9.06**）

在添加图书过程中，如果输入了无效的图书信息，那么，就会用到删除数据的功能。删除数据只需利用 mysqli_query() 函数执行 delete 语句即可。在 lists.html 图书列表页中，有如下代码：

```
<a href='deleteBook.php?id=<?php echo $rows['id'] ?>'>
        <button class="btn btn-danger delete"> 删除 </button>
</a>
```

当单击“删除”按钮时，页面跳转至 deleteBook.php，并传递图书 id 参数。在 deleteBook.php 文件中，接收传递的 id，删除该 id 的图书记录。deleteBook.php 具体代码如下：

```
<?php
    /* 连接数据库 */
    $link = mysqli_connect('localhost','root','root','database9');
    if(!$link){
        die('mysqli connect error:'.mysqli_connect_error());
    }
    $id = $_GET['id'];                                          // 获取 id
    $query = "delete from books where id = ".$id;   //SQL 删除语句
    /* 判断删除成功或失败 */
    if(mysqli_query($link,$query) === true ){
        echo "<script>alert('删除成功');window.location.href='index.php'</script>";
    }else{
        echo "<script>alert('删除失败');</script>";
    }
```

运行本实例，单击 id 为 2 记录右侧的“删除”按钮，运行结果如图 9.10 所示。

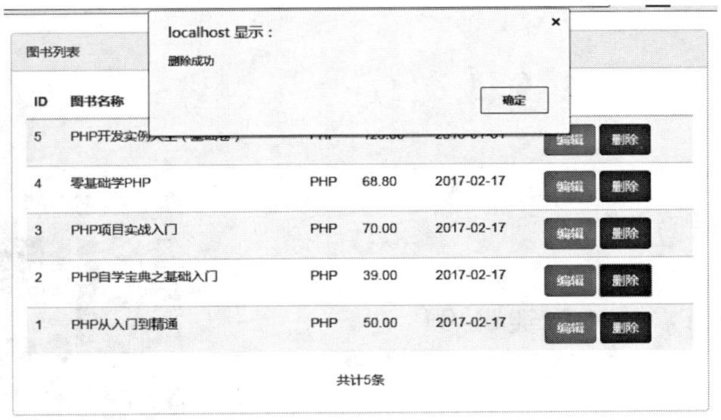

图 9.10　删除数据成功

单击“确定”按钮，页面跳转至图书列表页，此时 id 为 2 的记录被删除，不会在列表页中显示。删除后的列表页如图 9.11 所示。

图书列表

ID	图书名称	分类	价格	出版日期	操作
5	PHP开发实例大全（基础卷）	PHP	128.00	2016-01-01	编辑 删除
4	零基础学PHP	PHP	68.80	2017-02-17	编辑 删除
3	PHP项目实战入门	PHP	70.00	2017-02-17	编辑 删除
1	PHP从入门到精通	PHP	50.00	2017-02-17	编辑 删除

共计4条

图 9.11　删除数据后的列表页

注意

由于删除后，数据不可恢复，通常删除前弹出提示框，确定是否删除。当单击“确认”按钮后，再执行删除操作。

9.3　小　　结

本章主要介绍了使用 PHP 操作 MySQL 数据库的方法。通过本章的学习，读者能够掌握 PHP 操作 MySQL 数据库的一般流程，掌握 mysqli 扩展库中常用函数的使用方法，并能够具备独立完成基本数据库程序的能力。希望本章能够起到抛砖引玉的作用，能够帮助读者在此基础上更深层次地学习 PHP 操作 MySQL 数据库的相关技术，并进一步学习使用面向对象的方式操作 MySQL 数据库的方法。

9.4　实　　战

9.4.1　实现会员注册功能

☑　实例位置：资源包 \ 源码 \09\ 实战 \01

在 database9 数据库中新建 member 表，实现会员注册功能。注册页面如图 9.12 所示，注册成功后，member 表数据如图 9.13 所示。

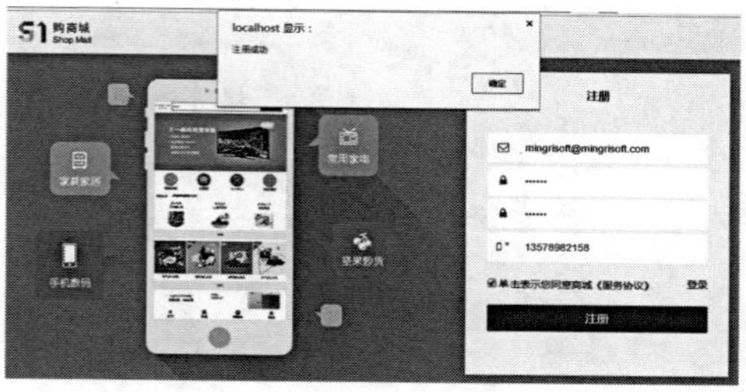

图 9.12　注册页面

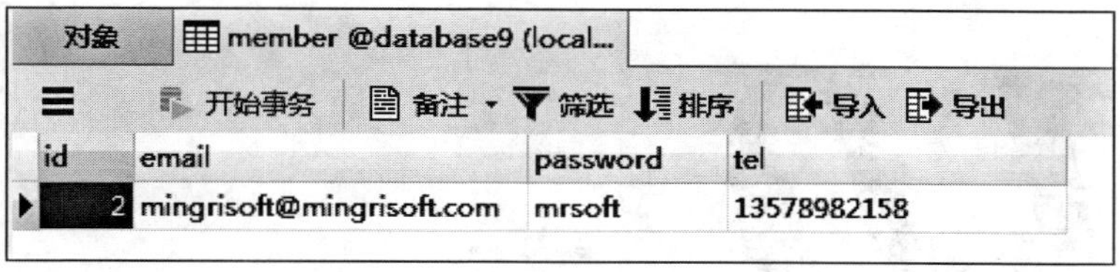

图 9.13　member 表数据

9.4.2　实现博客添加文章功能

☑　实例位置：资源包 \ 源码 \09\ 实战 \02

在 database9 数据库中新建 blog 表，包含 title、author、post 和 publish_time 4 个字段。实现博客的添加文章功能，如图 9.14 所示。

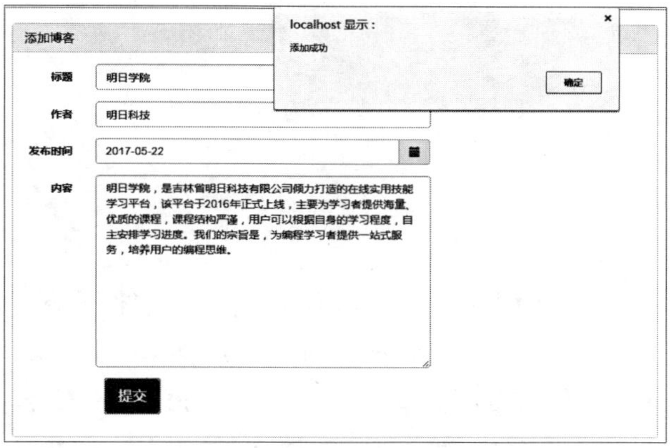

图 9.14　添加博客

9.4.3　实现多选删除功能

☑　实例位置：资源包 \ 源码 \09\ 实战 \03

修改例 9.06，实现多选删除功能，如图 9.15 所示。

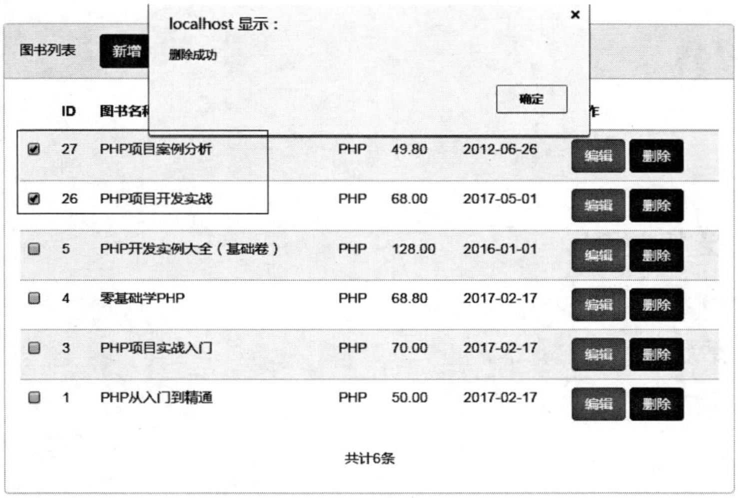

图 9.15　删除多条记录

第 10 章

PDO 数据库抽象层

（视频讲解：45 分钟）

在 PHP 的早期版本中，各种不同的数据库扩展（MySQL、MS SQL、Oracle）根本没有真正的一致性，虽然都可以实现相同的功能，但是这些扩展却互不兼容，都有各自的操作函数，各自为政。结果导致 PHP 的维护非常困难，可移植性也非常差，为了解决这些问题，PHP 的开发人员编写了一种轻型、便利的 API 来统一各种数据库的共性，从而达到 PHP 脚本最大程度的抽象性和兼容性，这就是数据库抽象层。而在本章中将要介绍的是目前 PHP 抽象层中最为流行的一种——PDO 数据库抽象层。

学习摘要：

- PDO 概述
- 使用 PDO 连接数据库
- PDO 中执行 SQL 语句
- PDO 中获取结果集
- 捕获异常

视频讲解

10.1　什么是 PDO

10.1.1　PDO 概述

PDO 是 PHP Date Object（PHP 数据对象）的简称，它是与 PHP 5.1 版本一起发行的，目前支持的数据库包括 Firebird、FreeTDS、Interbase、MySQL、MS SQL Server、ODBC、Oracle、PostgreSQL、SQLite 和 Sybase。有了 PDO，不必再使用 mysql_* 函数、oci_* 函数或者 mssql_* 函数，也不必再为它们封装数据库操作类，只需要使用 PDO 接口中的方法就可以对数据库进行操作。在选择不同的数据库时，只需修改 PDO 的 DSN（数据源名称）即可。

注意

从 PHP 5.1 开始附带了 PDO，PDO 需要 PHP 5 核心的新面向对象特性，因此不能在较早版本的 PHP 上运行。

10.1.2　PDO 特点

PDO 是一个“数据库访问抽象层”，作用是统一各种数据库的访问接口，与 MySQL 函数库相比，PDO 让跨数据库的使用更具有亲和力；与 ADODB 和 MDB2 相比，PDO 更高效。此外，PDO 还具有以下特点：

- ☑ PDO 将通过一种轻型、清晰、方便的函数，统一各种不同 RDBMS 库的共有特性，实现 PHP 脚本最大程度的抽象性和兼容性。
- ☑ PDO 吸取现有数据库扩展成功和失败的经验教训，利用 PHP 5 的最新特性，可以轻松地与各种数据库进行交互。
- ☑ PDO 扩展是模块化的，能够在运行时为数据库后端加载驱动程序，而不必重新编译或重新安装整个 PHP 程序。例如，PDO_MySQL 扩展会替代 PDO 扩展，实现 MySQL 数据库 API。还有一些用于 Oracle、PostgreSQL、ODBC 和 Firebird 的驱动程序。

10.1.3　安装 PDO

默认情况下，PDO 在 PHP 7 中为开启状态，但是要启用对某个数据库驱动程序的支持，仍需要进行相应的配置操作。

在 Windows 环境下，PDO 在 php.ini 文件中进行配置，如图 10.1 所示。

图 10.1　Windows 环境下配置 PDO

要启用 PDO，首先必须加载 extension=php_pdo.dll，如果要想其支持某个具体的数据库，那么还要加载对应的数据库选项。例如，要支持 MySQL 数据库，则需要加载 extension=php_pdo_mysql.dll 选项。

注意

在完成数据库的加载后，要保存 php.ini 文件，并且重新启动 Apache 服务器，修改才能够生效。

视频讲解

10.2　PDO 连接数据库

10.2.1　PDO 构造函数

在 PDO 中，要建立与数据库的连接需要实例化 PDO 的构造函数，PDO 构造函数的语法格式如下：

```
__construct(string $dsn[,string $username[,string $password[,array $driver_options]]])
```

参数说明如下。

☑　dsn：数据源名，包括主机名、端口号和数据库名称。

☑　username：连接数据库的用户名。

☑　password：连接数据库的密码。

☑　driver_options：连接数据库的其他选项。

通过 PDO 连接 MySQL 数据库的代码如下：

```
<?php
    header("Content-Type:text/html;charset=utf-8");          //设置页面的编码格式
    $dbms='mysql';                                            //数据库类型
    $dbName='database10';                                     //使用的数据库名称
    $user='root';                                             //使用的数据库用户名
```

```
    $pwd='root';                                            // 使用的数据库密码
    $host='localhost';                                      // 使用的主机名称
    $dsn="$dbms:host=$host;dbname=$dbName";
    try {                                                   // 捕获异常
        $pdo=new PDO($dsn,$user,$pwd);                      // 实例化对象
        echo "PDO 连接 MySQL 成功 ";
    } catch (Exception $e) {
        echo $e->getMessage()."<br>";
    }
?>
```

10.2.2　DSN 详解

DSN 是 Data Source Name（数据源名称）的首字母缩写。DSN 提供连接数据库需要的信息。PDO 的 DSN 包括 3 部分：PDO 驱动名称（如 mysql、sqlite 或者 pgsql）、冒号和驱动特定的语法。每种数据库都有其特定的驱动语法。

数据库服务器是完全独立于 PHP 的实体。数据库服务器可能与 Web 服务器不是在同一台计算机上，此时要通过 PDO 连接数据库时，就需要修改 DSN 中的主机名称。

每种数据库服务器都有一个默认的端口号（MySQL 默认是 3306），数据库管理员可以对端口号进行修改，因此有可能 PHP 找不到数据库的端口，此时就需要在 DSN 中包含端口号。

另外由于一个数据库服务器中可能拥有多个数据库，所以在通过 DSN 连接数据库时，通常都包括数据库名称，这样可以确保连接的是想要的数据库，而不是其他的数据库。

视频讲解

10.3　PDO 中执行 SQL 语句

在 PDO 中，可以使用下面的 3 种方法来执行 SQL 语句。

1. exec() 方法

exec() 方法返回执行后受影响的行数，其语法格式如下：

```
int PDO::exec ( string $statement )
```

参数 $statement 是要执行的 SQL 语句。该方法返回执行查询时受影响的行数，通常用于 insert、delete 和 update 语句中。

例如，使用 exec() 执行删除操作，删除 member 表中 id 为 1 的记录。代码如下：

```
<?php
    /** 连接数据库 **/
    $dbh = new PDO("mysql:host=localhost;databasename=database10", "root", "root");
    /** 执行 SQL 语句 **/
```

```
    $count = $dbh->exec("DELETE FROM member WHERE id = 1");
    /** 返回被删除的行数 **/
    print("Deleted $count rows.\n");
?>
```

2. query() 方法

query() 方法用于返回执行查询后的结果集。其语法格式如下：

```
PDOStatement PDO::query ( string $statement )
```

其中参数 $statement 是要执行的 SQL 语句。它返回的是一个 PDOStatement 对象。

例如，使用 query() 执行查询操作，查询 member 表中所有记录的 id。代码如下：

```
<?php
    $pdo=new PDO("mysql:host=localhost;dbname=database10","root","root");    // 实例化对象
    $sql = 'SELECT * FROM member';                                            //SQL 语句
    foreach ($pdo->query($sql) as $row) {                                     // 执行 SQL 语句，遍历数据
        print $row['id'] . "\n";
    }
?>
```

3. 预处理语句——prepare() 和 execute()

预处理语句包括 prepare() 和 execute() 两个方法。首先，通过 prepare() 方法做查询的准备工作，语法格式如下：

```
PDOStatement PDO::prepare ( string $statement [, array $driver_options] )
```

其中参数 $statement 是要执行的 SQL 语句。它返回的是一个 PDOStatement 对象。

然后，通过 execute() 方法执行查询，并且还可以通过 bindParam() 方法来绑定参数提供给 execute() 方法。其语法格式如下：

```
bool PDOStatement::execute ( [array $input_parameters] )
```

例如，查询 member 表中 id 大于 2 且会员等级为 C 的所有记录。代码如下：

```
<?php
    // 实例化对象
    $pdo=new PDO("mysql:host=localhost;dbname=database10","root","root");
    //prepare 预处理
    $sth = $pdo->prepare('SELECT * FROM member WHERE id > ? AND level = ?');
    $sth->execute(array(2, 'C'));                    //execute() 执行 SQL 语句，并替换参数
    $res = $sth->fetchAll();                         // 获取执行结果
    var_dump($res);
?>
```

视频讲解

10.4　PDO 中获取结果集

在 PDO 中获取结果集常用 3 种方法：fetch()、fetchAll() 和 fetchColumn()。

10.4.1　fetch() 方法

fetch() 方法可以获取结果集中的下一行记录，其语法格式如下：

```
mixed PDOStatement::fetch ( [int $fetch_style [, int $cursor_orientation [, int $cursor_offset]]] )
```

参数说明如下。

☑　fetch_style：控制结果集的返回方式，其可选方式如表 10.1 所示。

表 10.1　fetch_style 控制结果集的可选值

值	说　明
PDO::FETCH_ASSOC	关联数组形式
PDO::FETCH_NUM	数字索引数组形式
PDO::FETCH_BOTH	两者数组形式都有，这是默认的
PDO::FETCH_OBJ	按照对象的形式，类似于以前的 mysqli_fetch_object()
PDO::FETCH_BOUND	以布尔值的形式返回结果，同时将获取的列值赋给 bindParam() 方法中指定的变量
PDO::FETCH_LAZY	以关联数组、数字索引数组和对象 3 种形式返回结果

☑　cursor_orientation：PDOStatement 对象的一个滚动游标，可用于获取指定的一行。

☑　cursor_offset：游标的偏移量。

【例 10.01】 使用 fetch() 方法获取明日学院会员列表。（**实例位置：资源包\源码\10\10.01**）

通过 fetch() 方法获取结果集中下一行的数据，进而应用 while 语句完成数据库中数据的循环输出，具体步骤如下。

（1）创建 member 表。首先创建 database10 数据库，并设置数据库编码格式为 UTF-8。创建 member 表的 SQL 语句如下：

```
DROP TABLE IF EXISTS ' member ' ;
CREATE TABLE 'member' (
  'id' int(8) NOT NULL AUTO_INCREMENT,
  'nickname' varchar(255) NOT NULL,
  ' email ' varchar(255) DEFAULT NULL,
  'phone' varchar(11) DEFAULT NULL,
  'level' char(10) DEFAULT NULL,
  PRIMARY KEY ('id')
```

```
) ENGINE=MyISAM AUTO_INCREMENT=1 DEFAULT CHARSET=utf8;
```

（2）插入测试数据。为了显示会员信息，我们需要先在 member 表中插入几条测试数据。插入数据的 SQL 语句如下：

```
INSERT INTO 'member' VALUES ('1', '张三', 'zhangsan@mingrisoft.com', '0431-123456', 'A');
INSERT INTO 'member' VALUES ('2', '李四', 'lisi@mingrisoft.com', '0431-123457', 'B');
INSERT INTO 'member' VALUES ('3', '王五', 'wangwu@mingrisoft.com', '0431-123458', 'C');
INSERT INTO 'member' VALUES ('4', '赵六', 'zhaoliu@mingrisoft.com', '0431-123450', 'D');
```

（3）创建数据库配置文件 config.php，代码如下：

```
<?php
define('DB_HOST','localhost');
define('DB_USER','root');
define('DB_PWD','root');
define('DB_NAME','database10');
define('DB_PORT','3306');
define('DB_TYPE','mysql');
define('DB_CHARSET','utf8');
define('DB_DSN', "mysql:host=".DB_HOST.";dbname=".DB_NAME.";charset=".DB_CHARSET);
?>
```

（4）创建 index.php 文件，用于连接数据库，执行查询语句，并引入模板文件。index.php 文件的具体代码如下：

```
<?php
    require "config.php";                                   //引入配置文件
    try{
        //连接数据库、选择数据库
        $pdo = new PDO(DB_DSN,DB_USER,DB_PWD);
    }catch(PDOException $e){
        //输出异常信息
        echo $e->getMessage();
    }

    $query   = "select * from member";                      //定义 SQL 语句
    $result = $pdo->prepare($query);                        //准备查询语句
    $result->execute();                                     //执行查询语句，并返回结果集
    include_once('lists.html');                             //引入模板
?>
```

（5）创建 lists.html 文件，显示会员信息。使用 $result->fetch(PDO::FETCH_ASSOC) 将结果集返回到数组中，通过 while 语句循环遍历数组，将各会员的数据插入到 <table> 表格中，具体代码如下：

```
<!DOCTYPE html>
<html lang="en" class="is-centered is-bold">
```

```
<head>
    <meta charset="UTF-8">
    <title> 零基础 </title>
    <link href="css/bootstrap.css" rel="stylesheet">
</head>
<body>
<div class="container">
    <div class="col-sm-offset-2 col-sm-8">
        <div class="panel panel-default">
            <div class="panel-heading">
                明日学院会员列表
            </div>
            <div class="panel-body">
                <table class="table table-striped task-table">
                    <thead>
                    <tr>
                        <th>ID</th>
                        <th> 昵称 </th>
                        <th> 邮箱 </th>
                        <th> 电话 </th>
                        <th> 等级 </th>
                        <th> 操作 </th>
                    </tr>
                    </thead>
                    <tbody>
                    <?php while($row = $result->fetch(PDO::FETCH_ASSOC)) { ?>
                    <tr>
                        <td class="table-text">
                            <?php echo $row['id'] ?>
                        </td>
                        <td class="table-text">
                            <?php echo $row['nickname'] ?>
                        </td>
                        <td class="table-text">
                            <?php echo $row['email'] ?>
                        </td>
                        <td class="table-text">
                            <?php echo $row['phone'] ?>
                        </td>
                        <td><?php echo $row['level'] ?></td>
                        <td>
                            <button class="btn btn-info edit"> 编辑 </button>
                            <button class="btn btn-danger delete"> 删除 </button>
                        </td>
                    </tr>
                    <?php } ?>
                    </tbody>
                </table>
            </div>
```

```
            </div>
        </div>
    </div>
</body>
</html>
```

使用浏览器访问 index.php，运行结果如图 10.2 所示。

图 10.2　显示会员列表

10.4.2　fetchAll() 方法

fetchAll() 方法可以获取结果集中的所有行。其语法格式如下：

```
array PDOStatement::fetchAll ( [int $fetch_style [, int $column_index]] )
```

参数及返回值说明如下。

☑　fetch_style：控制结果集中数据的显示方式。

☑　column_index：字段的索引。

☑　返回值：是一个包含结果集中所有数据的二维数组。

【例 10.02】 使用 fetchAll() 方法获取明日学院会员列表。（**实例位置：资源包 \ 源码 \10\10.02**）

通过 fetchAll() 方法获取结果集中所有行，并且通过 foreach 语句读取二维数组中的数据，完成数据库中数据的循环输出。由于开发流程与例 10.01 相似，这里只介绍修改的关键代码。

（1）创建 index.php 文件，用于连接数据库，执行查询语句，并引入模板文件。使用 fetchAll (PDO::FETCH_ASSOC) 方法获取结果集中所有行，将结果赋值给 $data 数组。index.php 文件修改后代码如下：

```
<?php
    require "config.php";                                    // 引入配置文件
    try{
        // 连接数据库、选择数据库
        $pdo = new PDO(DB_DSN,DB_USER,DB_PWD);
    }catch(PDOException $e){
```

```
            //输出异常信息
            echo $e->getMessage();
        }

        $query    = "select * from member";                      //定义 SQL 语句
        $result = $pdo->prepare($query);                         //准备查询语句
        $result->execute();                                      //执行查询语句，并返回结果集
        $data = $result->fetchAll(PDO::FETCH_ASSOC);             //获取全部数据
        include_once('lists.html');                              //引入模板
?>
```

（2）创建 lists.html 文件。使用 foreach 语句遍历 $data 数组，将相应数据写入 <table> 表格，关键代码如下：

```
<tbody>
<?php foreach($data as $row){ ?>
<tr>
    <td class="table-text">
        <?php echo $row['id'] ?>
    </td>
    <td class="table-text">
        <?php echo $row['nickname'] ?>
    </td>
    <td class="table-text">
        <?php echo $row['email'] ?>
    </td>
    <td class="table-text">
        <?php echo $row['phone'] ?>
    </td>
    <td><?php echo $row['level'] ?></td>
    <td>
        <button class="btn btn-info edit"> 编辑 </button>
        <button class="btn btn-danger delete"> 删除 </button>
    </td>
</tr>
<?php } ?>
</tbody>
```

运行结果与例 10.01 相同。

10.4.3　fetchColumn() 方法

fetchColumn() 方法可以获取结果集中下一行指定列的值。其语法格式如下：

```
string PDOStatement::fetchColumn ( [int $column_number] )
```

其中可选参数 column_number 设置行中列的索引值，该值从 0 开始。如果省略该参数则从第 1 列

开始取值。

【例 10.03】 使用 fetchColumn() 方法读取会员名。（**实例位置：资源包 \ 源码 \10\10.03**）

通过 fetchColumn() 方法获取结果集中下一行中指定列的值，注意这里是“指定列的值”。本实例输出 member 表中 nickname 的值。具体步骤如下。

（1）创建 index.php 文件，用于连接数据库，执行查询语句，并引入模板文件。index.php 文件的具体代码如下：

```
<?php
	require "config.php";                                      //引入配置文件
	try{
	   //连接数据库、选择数据库
	   $pdo = new PDO(DB_DSN,DB_USER,DB_PWD);
	}catch(PDOException $e){
	   //输出异常信息
	   echo $e->getMessage();
	}

	$query   = "select nickname from member";                 //定义 SQL 语句
	$result = $pdo->prepare($query);                          //准备查询语句
	$result->execute();                                       //执行查询语句，并返回结果集
	include_once('lists.html');                               //引入模板
?>
```

（2）创建 lists.html 文件，使用 fetchColumn() 方法获取 nickname。关键代码如下：

```
<tbody>
	<tr>
		<td class="table-text">
			<?php echo   $result->fetchColumn() ?>
		</td>
	</tr>
	<tr>
		<td class="table-text">
			<?php echo   $result->fetchColumn() ?>
		</td>
	</tr>
	<tr>
		<td class="table-text">
			<?php echo $result->fetchColumn() ?>
		</td>
	</tr>
	<tr>
		<td class="table-text">
			<?php echo $result->fetchColumn() ?>
		</td>
	</tr>
</tbody>
```

运行结果如图 10.3 所示。

图 10.3　fetchColumn() 方法获取用户昵称

10.5　PDO 中捕获 SQL 语句中的错误

视频讲解

在 PDO 中有 3 种方法可以捕获 SQL 语句中的错误，分别为：默认模式（PDO::ERRMODE_SILENT）、警告模式（PDO::ERRMODE_WARNING）和异常模式（PDO::ERRMODE_EXCEPTION）。下面就对这 3 种方法分别进行讲解。

10.5.1　默认模式

在默认模式中设置 PDOStatement 对象的 errorCode 属性，但不进行其他任何操作。

通过 prepare() 和 execute() 方法向数据库中添加数据，设置 PDOStatement 对象的 errorCode 属性，手动检测代码中的错误。

【例 10.04】 使用默认模式捕获 SQL 语句中的错误。（**实例位置：资源包 \ 源码 \10\10.04**）

创建 index.php 文件。通过 PDO 连接 MySQL 数据库，通过预处理语句 prepare() 和 execute() 执行 insert 添加语句，向数据表中添加数据，并且设置 PDOStatement 对象的 errorCode 属性，检测代码中的错误。代码如下：

```
<?php
require "config.php";        //引入配置文件
try{
    //连接数据库、选择数据库
    $pdo = new PDO(DB_DSN,DB_USER,DB_PWD);
}catch(PDOException $e){
    //输出异常信息
    echo $e->getMessage();
}
//定义 SQL 语句
$query   = "insert into members(nickname , email) values ('mr','mr@mrsoft.com')";
$result = $pdo->prepare($query);
```

```
$result->execute();
if(!$result->errorCode()){
    echo " 数据添加成功！ ";
}else{
        echo '错误信息：<br/>';
        echo 'SQL Query:'.$query;
        echo  '<pre>';
        print_r($result->errorInfo());
}

?>
```

在本实例中，在定义 insert 添加语句时，使用了错误的数据表名称 members（正确名称是 member），导致输出结果如图 10.4 所示。

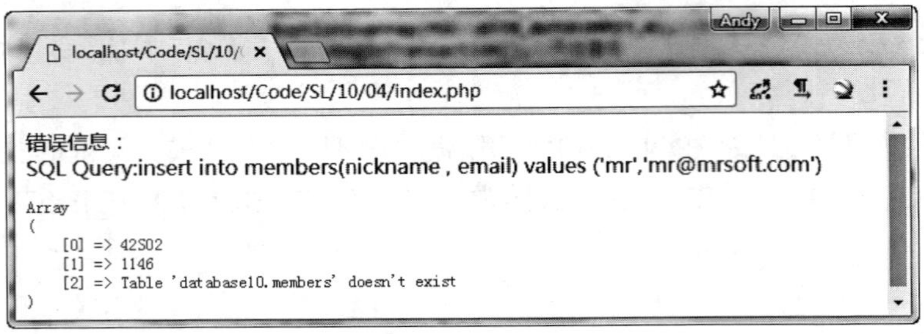

图 10.4　在默认模式中捕获 SQL 中的错误

10.5.2　警告模式

警告模式会产生一个 PHP 警告，并设置 errorCode 属性。如果设置的是警告模式，那么除非明确地检查错误代码，否则程序将继续按照其方式运行。

例如，设置警告模式，通过 prepare() 和 execute() 方法读取数据库中数据，体会在设置成警告模式后执行错误的 SQL 语句。具体代码如下：

```
<?php
require "config.php";// 引入配置文件
try{
    // 连接数据库、选择数据库
    $pdo = new PDO(DB_DSN,DB_USER,DB_PWD);
}catch(PDOException $e){
    // 输出异常信息
    echo $e->getMessage();
}

$pdo->setAttribute(PDO::ATTR_ERRMODE,PDO::ERRMODE_WARNING);          // 设置为警告模式
$query="select * from members";                                      // 定义 SQL 语句
$result=$pdo->prepare($query);                                       // 准备查询语句
```

```
$result->execute();                                  // 执行查询语句，并返回结果集
?>
```

在设置为警告模式后，如果 SQL 语句出现错误将给出一个提示信息，但是程序仍能够继续执行下去，其运行结果如图 10.5 所示。

图 10.5　设置警告模式后捕获的 SQL 语句错误

10.5.3　异常模式

异常模式会创建一个 PDOException，并设置 errorCode 属性。它可以将执行代码封装到一个 try{…}catch{…} 语句块中。未捕获的异常将会导致脚本中断，并显示堆栈跟踪，让我们了解是哪里出现的问题。

例如，在执行数据库中数据的删除操作时，设置为异常模式，并且编写一个错误的 SQL 语句（操作错误的数据表 members），体会异常模式与警告模式和默认模式的区别。具体代码如下：

```
<?php
require "config.php";// 引入配置文件
try{
    // 连接数据库、选择数据库
    $pdo = new PDO(DB_DSN,DB_USER,DB_PWD);
    $pdo->setAttribute(PDO::ATTR_ERRMODE,PDO::ERRMODE_EXCEPTION);
    $query="delete from members where id = 1";              // 定义 SQL 语句
    $result=$pdo->prepare($query);                          // 预准备语句
    $result->execute();                                     // 执行 SQL 语句
}catch(PDOException $e){
    // 输出异常信息
    echo 'PDO 异常捕获：';
    echo  'SQL Query: '.$query;
    echo '<pre>';
    echo "Error: " . $e->getMessage(). "<br/>";
    echo "Code: " . $e->getCode(). "<br/>";
    echo "File: " . $e->getFile(). "<br/>";
    echo "Line: " . $e->getLine(). "<br/>";
    echo "Trace: " . $e->getTraceAsString(). "<br/>";
    echo '</pre>';
}
?>
```

在设置为异常模式后，执行错误的 SQL 语句返回的结果如图 10.6 所示。

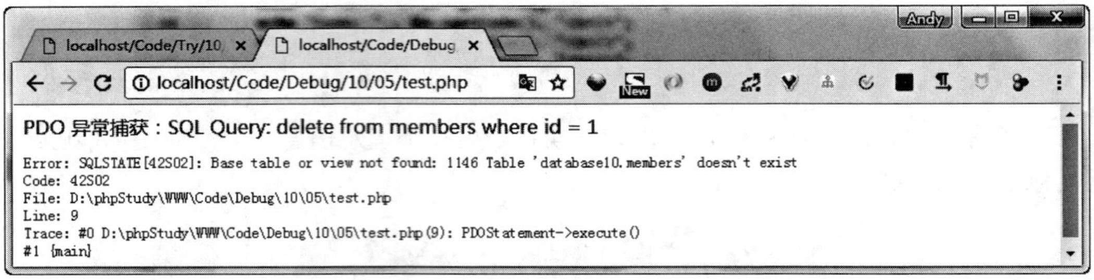

图 10.6　异常模式捕获的 SQL 语句错误信息

10.6　小　　结

本章重点介绍了数据库抽象层——PDO，从它的概述、特点和安装开始讲解，到它的实际应用，包括如何连接不同的数据库、如何执行 SQL 语句、如何获取结果集，以及错误处理，再到它的高级应用事务都进行了详细讲解，并且都配有相应的实例。通过本章的学习，相信读者能够掌握 PDO 技术的应用。

10.7　实　　战

10.7.1　获取所有会员的“邮箱”信息

☑　**实例位置：资源包 \ 源码 \10\ 实战 \01**

试着修改例 10.03，使用 fetchColumn() 方法获取所有会员的“邮箱”信息。

10.7.2　使用默认模式捕获 SQL 语句中的错误

☑　**实例位置：资源包 \ 源码 \10\ 实战 \02**

试着删除例 10.04 中 config.php 文件中的数据库密码，使用默认模式捕获 SQL 语句中的错误，如图 10.7 所示。

图 10.7　捕获异常

第2篇

提高篇

本篇介绍了 Cookie 与 Session、图形图像处理技术、文件系统、PHP 与 Ajax 技术、ThinkPHP 框架等内容。学习完本篇，读者将能够开发一些中小型应用程序。

第 11 章

Cookie 与 Session

（视频讲解：44 分钟）

Cookie 和 Session 是两种不同的存储机制，前者是从一个 Web 页到下一个页面的数据传递方法，存储在客户端；后者是让数据在页面中持续有效的方法，存储在服务器端。可以说，掌握 Cookie 和 Session 技术，对于 Web 网站页面间信息传递的安全性是必不可少的。

学习摘要：

- Cookie 概述
- 创建、读取、删除 Cookie
- Cookie 应用案例
- Session 概述
- 创建、读取、删除 Session
- Session 应用案例

当我们运行一个应用程序时（如 QQ），会打开它，做些操作，然后关闭它。这很像一次会话。计算机清楚我们是谁，它知道我们何时启动应用程序，并在何时终止。但是在 Internet 上，存在一个问题：服务器不知道我们是谁以及我们做什么，这是因为 HTTP 地址不能维持状态。所以需要通过在服务器上存储用户信息以便后面使用，Cookie 和 Session 解决了这个问题（如保存用户名称、购买商品等）。不过，会话信息是临时的，在用户离开网站后或会话过期后将被删除。如果需要永久储存信息，可以把数据存储在数据库中。下面就学习 Cookie 和 Session 的相关知识。

视频讲解

11.1　Cookie 管理

Cookie 是在 HTTP 下，服务器或脚本可以维护客户工作站上信息的一种方式。Cookie 的使用很普遍，许多提供个人化服务的网站都是利用 Cookie 来区别不同用户，以显示与用户相应的内容，如 Web 接口的免费 E-mail 网站，就需要用到 Cookie。有效地使用 Cookie 可以轻松完成很多复杂任务。下面对 Cookie 的相关知识进行详细介绍。

11.1.1　了解 Cookie

1. 什么是 Cookie

Cookie 是一种在远程浏览器端存储数据并以此来跟踪和识别用户的机制。简单地说，Cookie 是 Web 服务器暂时存储在用户硬盘上的一个文本文件，并随后被 Web 浏览器读取。当用户再次访问 Web 网站时，网站通过读取 Cookie 文件记录这位访客的特定信息（如上次访问的位置、花费的时间、用户名和密码等），从而迅速做出响应，如在页面中不需要输入用户的 ID 和密码即可直接登录网站等。

举个简单的例子，如果用户的系统盘为 C 盘，操作系统为 Windows 7，当使用 IE 浏览器访问 Web 网站时，Web 服务器会生成相应的 Cookie 文本文件，并存储在用户硬盘的指定位置，如图 11.1 所示。

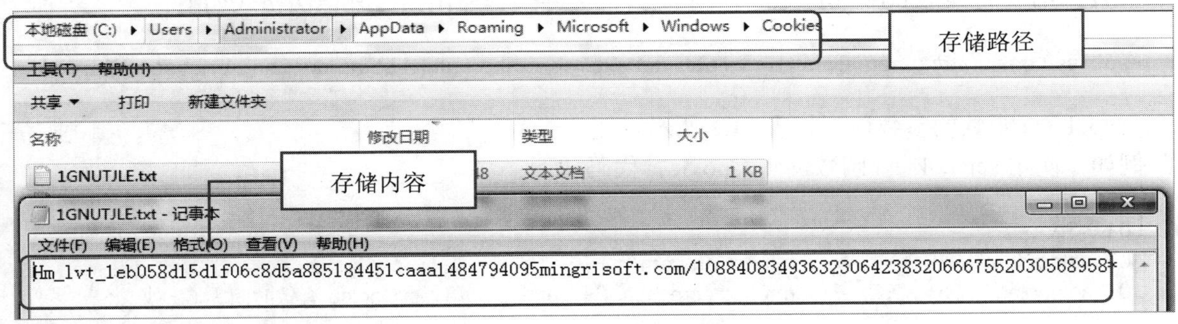

图 11.1　Cookie 文件的存储路径

说明

谷歌浏览器（Google Chrome）的 Cookie 数据位于 C:\Users\Administrator\AppData\Local\Google\Chrome\User Data\Default\Cookies。其中，Administrator 是计算机用户名。在 IE 浏览器中，IE 将各个站点的 Cookie 分别保存为一个 XXX.txt 这样的纯文本文件(文件个数可能很多，但文件都较小)；而 Firefox 和 Chrome 是将所有的 Cookie 都保存在一个文件中（文件较大），该文件为 SQLite3 数据库格式的文件。

2. Cookie 的功能

Web 服务器可以应用 Cookies 包含信息的任意性来筛选并经常性维护这些信息，以判断在 HTTP 传输中的状态。Cookie 常用于以下 3 个方面。

☑ 记录访客的某些信息。如可以利用 Cookie 记录用户访问网页的次数，或者记录访客曾经输入过的信息，另外，某些网站可以使用 Cookie 自动记录访客上次登录的用户名。

☑ 在页面之间传递变量。浏览器并不会保存当前页面上的任何变量信息，当页面被关闭时，页面上的所有变量信息将随之消失。如果用户声明一个变量 id=8，要把这个变量传递到另一个页面，可以把变量 id 以 Cookie 形式保存下来，然后在下一页通过读取该 Cookie 来获取变量的值。

☑ 将所查看的 Internet 页存储在 Cookies 临时文件夹中，可以提高以后浏览的速度。

注意

一般不要用 Cookie 保存数据集或其他大量数据。并非所有的浏览器都支持 Cookie，并且数据信息是以明文文本的形式保存在客户端计算机中，因此最好不要保存敏感的、未加密的数据，否则会影响网络的安全性。

11.1.2 创建 Cookie

在 PHP 中通过 setcookie() 函数创建 Cookie。在创建 Cookie 之前必须了解的是，Cookie 是 HTTP 头标的组成部分，而头标必须在页面其他内容之前发送，它必须最先输出。若在 setcookie() 函数前输出一个 HTML 标记或 echo 语句，甚至一个空行都会导致程序出错。其语法格式如下：

```
bool setcookie(string name[，string value[，int expire[，string path[，string domain[，int secure]]]]])
```

setcookie() 函数的参数说明如表 11.1 所示。

例如，使用 setcookie() 函数创建 Cookie，代码如下：

```
<?php
setcookie("MRSOFT", 'www.mingrisoft.com');
setcookie("MRBOOK", 'www.mrbccd.com', time()+60);          //设置 Cookie 有效时间为 60 秒
?>
```

表 11.1　setcookie() 函数的参数说明

参数	说　明	举　例
name	Cookie 的变量名	可以通过 $_COOKIE["cookiename"] 调用变量名为 cookiename 的 Cookie
value	Cookie 变量的值，该值保存在客户端，不能用来保存敏感数据	可以通过 $_COOKIE["values"] 获取名为 values 的值
expire	Cookie 的失效时间，expire 是标准的 UNIX 时间标记，可以用 time() 函数获取，单位为秒	如果不设置 Cookie 的失效时间，那么 Cookie 将永远有效，除非手动将其删除
path	Cookie 在服务器端的有效路径	如果该参数设置为“/”，则它在整个 domain 内有效，如果设置为“/11”，则它在 domain 下的 /11 目录及子目录内有效。默认是当前目录
domain	Cookie 有效的域名	如果要使 Cookie 在 mrbccd.com 域名下的所有子域都有效，应该设置为 mrbccd.com
secure	指明 Cookie 是否仅通过安全的 HTTPS，值为 0 或 1	如果值为 1，则 Cookie 只能在 HTTPS 连接上有效；如果值为默认值 0，则 Cookie 在 HTTP 和 HTTPS 连接上均有效

在谷歌浏览器下运行本实例，按如下步骤查看 Cookie。

首先右击浏览器页面，在弹出的如图 11.2 所示快捷菜单中选择“检查”命令。在弹出的对话框中单击 Application 后，在对话框左侧选择 Storage → Cookies → http://localhost，即可看到 Cookie 内容，操作步骤如图 11.3 所示。

图 11.2　选择“检查”命令

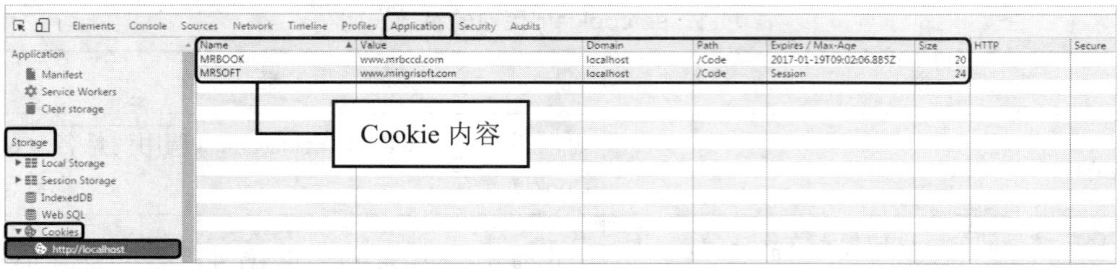

图 11.3　查看 Cookie

11.1.3　读取 Cookie

在 PHP 中可以直接通过超级全局数组 $_COOKIE[] 来读取客户端的 Cookie 值。

例如，使用 $_COOKIE[] 读取 Cookie 变量，代码如下：

```
<?php
    date_default_timezone_set('PRC');                                       //设置时区
    if(!isset($_COOKIE["visittime"])){                          //检测 Cookie 文件是否存在，如果不存在
        setcookie("visittime",date("Y-m-d H:i:s"));                          //设置一个 Cookie 变量
        echo "欢迎您第一次访问网站！ ";                                      //输出字符串
    }else{                                                                   //如果 Cookie 存在
        setcookie("visittime",date("Y-m-d H:i:s"),time()+60);                //设置保存 Cookie 失效时间
        echo "您上次访问网站的时间为：".$_COOKIE["visittime"];               //输出上次访问网站的时间
        echo "<br>";                                                         //输出回车符
    }
    echo "您本次访问网站的时间为：".date("Y-m-d H:i:s");                     //输出当前的访问时间
?>
```

在上面的代码中，首先使用 isset() 函数检测 Cookie 文件是否存在，如果不存在，则使用 setcookie() 函数创建一个 Cookie，并输出相应的字符串；如果 Cookie 文件存在，则使用 setcookie() 函数设置 Cookie 文件失效的时间，并输出用户上次访问网站的时间。最后在页面输出本次访问网站的当前时间。

首次运行本实例，由于没有检测到 Cookie 文件，运行结果如图 11.4 所示。如果用户在 Cookie 设置到期时间（本例为 60 秒）前刷新或再次访问该实例，运行结果如图 11.5 所示。

图 11.4　第一次访问网页的运行结果

图 11.5　刷新或再次访问本网页后的运行结果

注意

如果未设置 Cookie 的到期时间，则在关闭浏览器时自动删除 Cookie 数据。如果为 Cookie 设置了到期时间，浏览器将会记住 Cookie 数据，即使用户重启计算机，只要没到期，再访问网站时也会获得如图 11.5 所示的数据信息。

11.1.4　删除 Cookie

当 Cookie 被创建后，如果没有设置它的失效时间，其 Cookie 文件会在关闭浏览器时被自动删除。如果要在关闭浏览器之前删除 Cookie 文件，方法有两种：一种是使用 setcookie() 函数删除，另一种是在浏览器中手动删除 Cookie。下面分别进行介绍。

1. 使用 setcookie() 函数删除 Cookie

删除 Cookie 和创建 Cookie 的方式基本类似，删除 Cookie 也使用 setcookie() 函数。删除 Cookie 只需要将 setcookie() 函数中的第二个参数设置为空值，将第 3 个参数 Cookie 的过期时间设置为小于系统的当前时间即可。

例如，将 Cookie 的过期时间设置为当前时间减 1 秒，代码如下：

```
setcookie("name", "", time()-1);
```

在上面的代码中，time() 函数返回以秒表示的当前时间戳，把过期时间减 1 秒就会得到过去的时间，从而删除 Cookie。

注意

把过期时间设置为 0，可以直接删除 Cookie。

2. 在浏览器中手动删除 Cookie

在使用 Cookie 时，Cookie 自动生成一个文本文件存储在客户端计算机上。不同浏览器或者同一浏览器不同版本（如 IE 6 和 IE 11）手动删除 Cookie 的方式都不相同。

11.1.5　Cookie 的生命周期

如果 Cookie 不设定时间，就表示它的生命周期为浏览器会话的时间，只要关闭浏览器，Cookie 就会自动消失。这种 Cookie 被称为会话 Cookie，一般不保存在硬盘上，而是保存在内存中。

如果设置了过期时间，那么浏览器会把 Cookie 保存到硬盘中，再次打开浏览器时会依然有效，直到它的有效期超时。

虽然 Cookie 可以长期保存在客户端浏览器中，但也不是一成不变的。因为浏览器最多允许存储 300 个 Cookie 文件，而且每个 Cookie 文件支持最大容量为 4KB；每个域名最多支持 20 个 Cookie，如果达到限制时，浏览器会自动地随机删除 Cookie。

11.1.6　7 天免登录功能的实现

登录明日学院网站时，有一个“7 天免登录”功能选项。当选择这个选项并登录成功后，7 天之内浏览明日学院网站，就不需要再次登录，网站会为用户保留登录信息。下面就来实现这个功能。

【例 11.01】 实现 7 天免登录功能。（**实例位置：资源包 \ 源码 \11\11.01**）

实现 7 天免登录功能的具体步骤如下。

（1）创建数据表。创建 database11 数据库，在该数据库中创建 users 数据表及数据。SQL 语句如下：

```
DROP TABLE IF EXISTS 'users';
CREATE TABLE 'users' (
  'id' int(8) NOT NULL AUTO_INCREMENT,
  'username' char(50) NOT NULL,
  'password' varchar(255) DEFAULT NULL,
  PRIMARY KEY ('id')
) ENGINE=MyISAM AUTO_INCREMENT=1 DEFAULT CHARSET=utf8;
INSERT INTO 'users' VALUES ('1', 'mr', 'fdb390e945559e74475ed8c8bbb48ca5');
```

创建完成后，如图 11.6 所示。

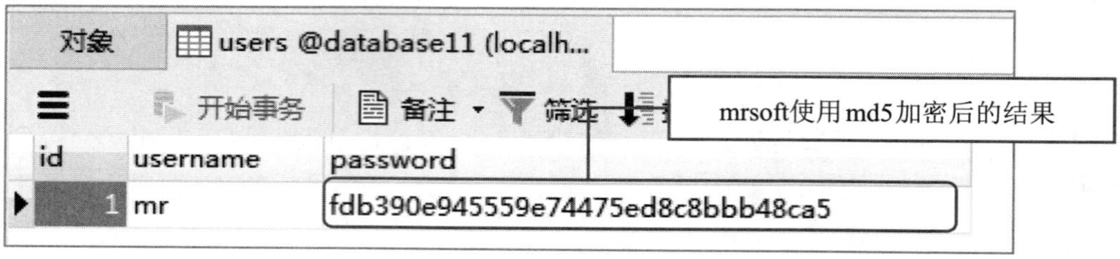

图 11.6　新增 users 表及数据

（2）创建登录页。创建一个 login.php 文件，该文件中包含一个 <form> 表单，表单内有“用户名”“密码”“7 天免登录”3 个字段。login.php 文件的具体代码如下：

```
<!DOCTYPE html>
<html lang="en" class="is-centered is-bold">
<head>
    <meta charset="UTF-8">
    <title> 零基础 </title>
    <link href="css/main.css" rel="stylesheet">
</head>
<body>
<section style="background: transparent">
    <form class="box py-3 px-4 px-2-mobile" role="form" method="post"
        action="checkLogin.php" onsubmit="return check()">
        <div class="is-flex is-column is-justified-to-center">
            <h1 class="title is-3 mb-a has-text-centered">
                登录
```

```
                </h1>
                <div class="inputs-wrap py-3">
                    <div class="control">
                        <input type="text" id="username" name="username" class="input"
                               placeholder=" 用户名 " value="" required>
                    </div>
                    <div class="control">
                        <input type="password" id="password" name="password" class="input"
                               placeholder=" 密码 " required>
                    </div>
                    <div class="control">
                        <button type="submit" class="button is-submit is-primary is-outlined">
                            提交
                        </button>
                    </div>
                </div>
                <footer class="is-flex is-justified-space-between">
                    <div>
                    <input type="checkbox" name="keep" id="keep" checked value="">7 天免登录
                    </div>
                    <a href="register.html">
                            暂无账号，点击去注册
                    </a>
                </footer>
            </div>
        </form>
</section>
<script>
    function check() {
        // 判断是否选中免登录
        if(document.getElementById("keep").checked){
          document.getElementById("keep").value = 1;
        }
    }
</script>
</body>
</html>
```

上述代码中，使用 checkbox 复选框，设置属性为 checked，即表示默认情况下是选中状态。如果用户选中“7 天免登录”，则该复选框的 value 值为 1，否则为空，运行效果如图 11.7 所示。

（3）检测是否登录成功。当用户在填写完“用户名”和“密码”后，单击“提交”按钮，将表单提交到 checkLogin.php 文件。在该文件中，处理业务逻辑。首先，以 PDO 方式连接数据库，然后在 users 表中查找用户名和密码。如果存在这条记录，则判断用户是否选中“7 天免登录”。如果选中，则将用户名存入 Cookie，保存 7 天，否则使用 Cookie 的默认保存时间。如果不存在这条记录，则直接提示“用户名和密码不匹配”。checkLogin.php

图 11.7　登录页面

文件的具体代码如下：

```
<?php
if(isset($_POST['username']) && isset($_POST['password'])){
        $username = trim($_POST['username']);                           //trim() 函数去除前后空格
        $password = md5(trim($_POST['password']));                      //trim() 函数去除前后空格，使用 md5 加密
        require "config.php";                                           // 引入配置文件
        try{
            // 连接数据库、选择数据库
            $pdo = new PDO("mysql:host=".DB_HOST.";dbname=".DB_NAME,DB_USER,DB_PWD);
        }catch(PDOException $e){
            // 输出异常信息
            echo $e->getMessage();
        }
        //users 表中查找输入的用户名和密码是否匹配
        $sql = 'select * from users where username = :username and password = :password';
        $res = $pdo->prepare($sql);
        $res->bindParam(':username',$username);                         // 绑定参数
        $res->bindParam(':password',$password);                         // 绑定参数
        if($res->execute()){
            $rows = $res->fetch(PDO::FETCH_ASSOC);                      // 返回一个索引为结果集列名的数组
            if($rows){
                if(isset($_POST['keep'])){                              // 选中 7 天免登录
                   setcookie('username',$rows['username'],time()+604800);// 设置 cookie
                }else{                                                  // 正常登录
                    setcookie('username',$rows['username']);            // 设置 cookie
                }
                echo "<script>alert('恭喜您，登录成功！ ');
                                window.location.href='index.php'; </script>";
            }else{
                echo "<script>alert('用户名或密码错误，登录失败！ ');history.back();</script>";
                exit ();
            }
        }
}else{                                                                  // 如果不是 POST 提交，跳转到登录页
    echo "<script>window.location.href='login.html'</script>";
}

?>
```

输入用户名 mr，密码 mrsoft，登录成功后，运行效果如图 11.8 所示。输入错误的用户名或密码登录时，运行效果如图 11.9 所示。

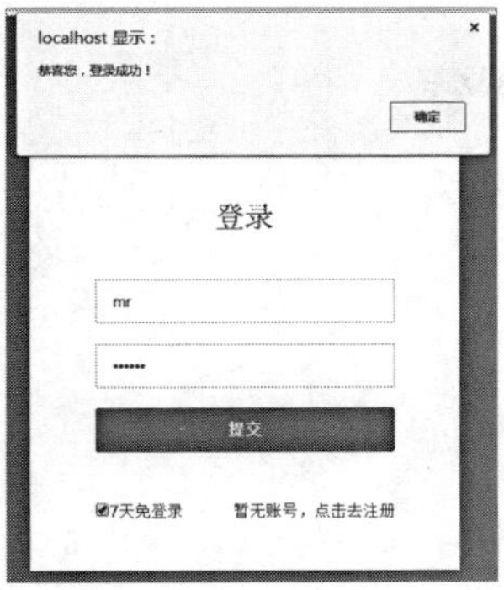

图 11.8　登录成功

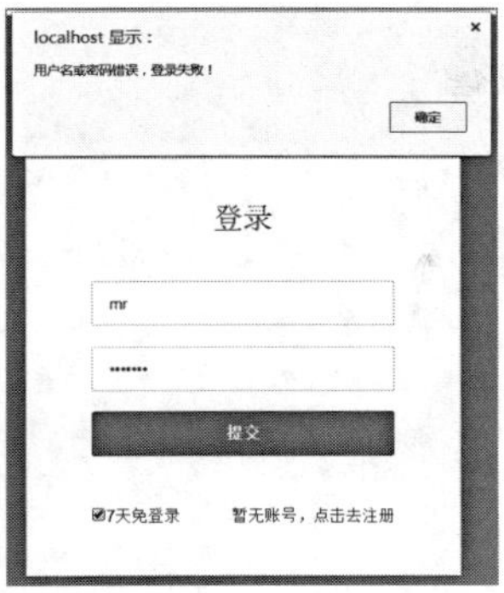

图 11.9　登录失败

（4）自动登录。登录成功后，页面跳转到 index.php 文件。该文件中，判断 $_COOKIE ['username'] 是否存在，如果存在，表示登录成功，显示该页面，否则跳转到登录页。如果选中“7 天免登录”文选框，当关闭 index.php 页面后，再次访问该页面，会直接显示页面内容，而不需要重新登录。index.php 文件的具体代码如下：

```
<?php
        if(!isset($_COOKIE['username'])){
            echo "<script>alert('请先登录');window.location.href='login.php'</script>";
        }
?>
<!DOCTYPE html>
<html lang="en" class="is-centered is-bold">
<head>
        <meta charset="UTF-8">
        <title>零基础</title>
        <link rel="stylesheet" href="css/bootstrap.css">
</head>
<body class="container">
<div class="jumbotron" style="background-color: #17ecf1;">
       <h1>欢迎
               <span style="color: white">
                       <?php echo $_COOKIE['username']?>
               </span>
               登录网站
        </h1>
        <p><a class="btn btn-primary btn-lg" href="logout.php" role="button">退出登录</a></p>
</div>
</body>
</html>
```

运行效果如图 11.10 所示。

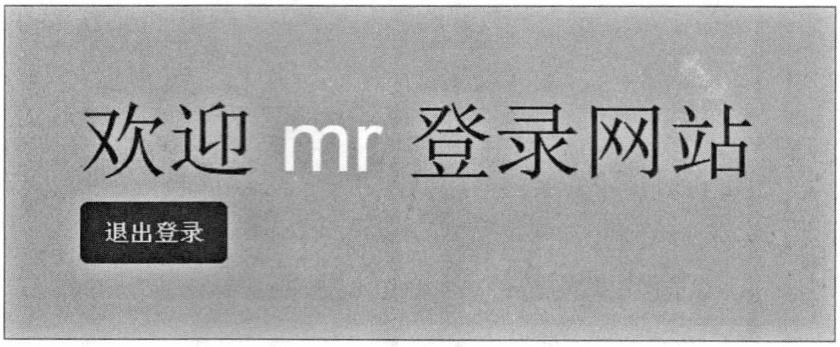

图 11.10　index.php 页面效果

（5）退出登录。在 index.php 页面中单击“退出登录”按钮，页面跳转到 logout.php 文件。该文件中，使用 setcookie() 函数删除 Cookie，并跳转到登录页面。此时，再次访问 index.php 页面，由于 Cookie 已经被删除，所以还会跳转到 login.php 登录页面。logout.php 文件的代码如下：

```
<?php
	setcookie("username", "", time()-1);
	echo "<script>window.location.href='login.php'</script>";
?>
```

视频讲解

11.2　Session 管理

对比 Cookie，Session 文件中保存的数据是以变量的形式创建的，创建的会话变量在生命周期（24 分钟）中可以被跨页的请求所引用。另外，Session 是存储在服务器端的会话，相对安全，并且不像 Cookie 那样有存储长度的限制。

11.2.1　了解 Session

1. 什么是 Session

Session 译为“会话”，其本义是指有始有终的一系列动作 / 消息，如打电话时从拿起电话拨号到挂断电话这一系列过程可以称为一个 Session。

在计算机专业术语中，Session 是指一个终端用户与交互系统进行通信的时间间隔，通常指从注册进入系统到注销退出系统所经过的时间。因此，Session 实际上是一个特定的时间概念。

2. Session 工作原理

当启动一个 Session 会话时，会生成一个随机且唯一的 session_id，也就是 Session 的文件名，此时 session_id 存储在服务器的内存中，当关闭页面时此 id 会自动注销，重新登录此页面，会再次生成一个随机且唯一的 id。

3. Session 的功能

Session 在 Web 技术中非常重要。由于网页是一种无状态的连接程序，因此无法得知用户的浏览状态。通过 Session 则可记录用户的有关信息，以供用户再次以此身份对 Web 服务器提交要求时做确认。例如，在电子商务网站中，通过 Session 记录用户登录的信息，以及用户所购买的商品，如果没有 Session，那么用户每进入一个页面都需要登录一次用户名和密码。

另外，Session 会话适用于存储信息量比较少的情况。如果用户需要存储的信息量相对较少，并且对存储内容不需要长期存储，那么使用 Session 把信息存储到服务器端比较合适。

11.2.2 创建会话

创建一个会话需要通过以下步骤：

启动会话→存储会话→读取会话→删除会话。

1. 启动会话

使用 session_start() 函数启动 PHP 会话。其语法格式如下：

```
bool session_start(void) ;
```

注意

通常，session_start() 函数在页面开始位置调用，会话变量将会被存储到 $_SESSION 中。

2. 存储会话

开启会话之后，就可以使用 $_SESSION 变量来存取信息。我们要知道的是 $_SESSION 变量是个数组。当要把信息存入 Session 时，可编写如下代码：

```
$_SESSION['username'] = '张三';
```

例如，判断存储用户名的 Session 会话变量是否为空，如果不为空，则将该会话变量赋给 $myvalue，代码如下：

```
<?php
$_SESSION['username'] = '张三';
if ( !empty ( $_SESSION['username'])) 			//判断用于存储用户名的 Session 会话变量是否为空
    $myvalue = $_SESSION['username'] ;	//将会话变量赋给一个变量 $myvalue
?>
```

3. 读取会话

读取会话很简单，就像使用数组一样，代码如下：

```
$userName = $_SESSION['username'];
```

4. 删除会话

删除会话的方法主要有删除单个会话、删除多个会话和结束当前会话 3 种，下面分别进行介绍。

（1）删除单个会话

删除会话变量，同数组的操作一样，直接注销 $_SESSION 数组的某个元素即可。

例如，注销 $_SESSION['user'] 变量，可以使用 unset() 函数，代码如下：

```
unset( $_SESSION['username'] ) ;
```

注意

使用 unset() 函数时，要注意 $_SESSION 数组中某元素不能省略，即不可以一次注销整个数组，这样会禁止整个会话的功能，如 unset($_SESSION) 函数会将全局变量 $_SESSION 销毁，而且没有办法将其恢复，用户也不能再注册 $_SESSION 变量。如果要删除多个或全部会话，可采用下面的两种方法。

（2）删除多个会话

如果想要一次注销所有的会话变量，可以将一个空的数组赋值给 $_SESSION，代码如下：

```
$_SESSION = array() ;
```

（3）结束当前会话

如果整个会话已经结束，首先应该注销所有的会话变量，然后使用 session_destroy() 函数清除结束当前的会话，并清空会话中的所有资源，彻底销毁 Session，代码如下：

```
session_destroy() ;
```

11.2.3　使用 Session 实现判断用户登录功能

Cookie 数据存储在客户的浏览器上，Session 数据存储在服务器上；Cookie 数据不安全，别人可以分享存放在本地的 Cookie 并进行 Cookie 欺骗，考虑到安全性应当使用 Session。

【例 11.02】 使用 Session 实现判断用户是否登录。（**实例位置：资源包 \ 源码 \11\11.02**）

本实例通过 Session 技术实现如何判断用户是否登录。具体开发步骤如下。

（1）创建 login.php 文件作为登录页面，该页面与例 11.01 登录页面相似。关键代码如下：

```
// 省略其余代码
<form class="box py-3 px-4 px-2-mobile" role="form" method="post"
      action="checkLogin.php">
      <div class="is-flex is-column is-justified-to-center">
          <h1 class="title is-3 mb-a has-text-centered">
              登录
```

```
            </h1>
            <div class="inputs-wrap py-3">
                <div class="control">
                    <input type="text" id="username" name="username" class="input"
                                placeholder=" 用户名 " value="" required>
                </div>
                <div class="control">
                    <input type="password" id="password" name="password" class="input"
                                placeholder=" 密码 " required>
                </div>
                <div class="control">
                    <button type="submit" class="button is-submit is-primary is-outlined">
                      提交
                    </button>
                </div>
            </div>
        </div>
</form>
// 省略其余代码
```

运行效果如图 11.11 所示。

图 11.11　登录页面

（2）单击“提交”按钮，表单提交到 checkLogin.php 文件。在该文件中处理登录逻辑。登录成功后，使用 session_start() 函数初始化 $_SESSION 变量，将 username 存储到 Session 中。关键代码如下：

```
// 省略其余代码
//users 表中查找输入的用户名和密码是否匹配
$sql = 'select * from users where username = :username and password = :password';
$res = $pdo->prepare($sql);
$res->bindParam(':username',$username);                                  // 绑定参数
$res->bindParam(':password',$password);                                  // 绑定参数
if($res->execute()){
    $rows = $res->fetch(PDO::FETCH_ASSOC);                               // 返回一个索引为结果集列名的数组
```

```
    if($rows){
        session_start();                                                   // 启动 Session
        $_SESSION['username'] = $rows['username'];                         //Session 赋值
        echo "<script>alert('恭喜您，登录成功！');window.location.href='index.php';
                    </script>";
    }else{
        echo "<script>alert('用户名或密码错误，登录失败！');history.back();</script>";
        exit ();
    }
}
// 省略其余代码
```

运行效果如例 11.01 中图 11.8 和图 11.9 所示。

（3）登录成功后，username 存储在 Session 中，可以使用 $_SESSION['username'] 获取到该值。在 index.php 中，关键代码如下：

```
<?php
    session_start();                                                       // 启动 Session
    if(!isset($_SESSION['username'])){                                     //Session 取值
      echo "<script>alert('请先登录');window.location.href='login.php'</script>";
    }
?>
```

运行效果与例 11.01 相同。

（4）退出登录。创建 logout.php 文件，使用 unset() 函数清除 Session。代码如下：

```
<?php
    session_start();                                                       // 启动 Session
    unset( $_SESSION['username'] );                                        // 清除 Session
    echo "<script>window.location.href='login.php'</script>";
?>
```

清除 Session 后，再次访问 index.php 文件，页面将跳转到登录页。

注意

使用 Session 前，一定要先开启 session_start()，否则提示“$_SESSION 不存在”。

11.3 小　　结

本章主要介绍了 Cookie 和 Session 的基础知识，包括它们的创建、读取以及删除，并且重点介绍了它们的一些高级应用。通过完整的实例，使读者加深对 Cookie 和 Session 的理解及运用。希望通过本章的学习，读者能够了解 Cookie 和 Session 的关系和区别，以及它们各自的应用场景。

11.4　实　　战

11.4.1　实现聊天室换肤的功能

☑　**实例位置：资源包 \ 源码 \11\ 实战 \01**

应用 Session 可以在页面传递数据的特性，实现聊天室换肤的功能。单击不同的颜色值，更换聊天室的背景颜色。运行效果如图 11.12 所示。

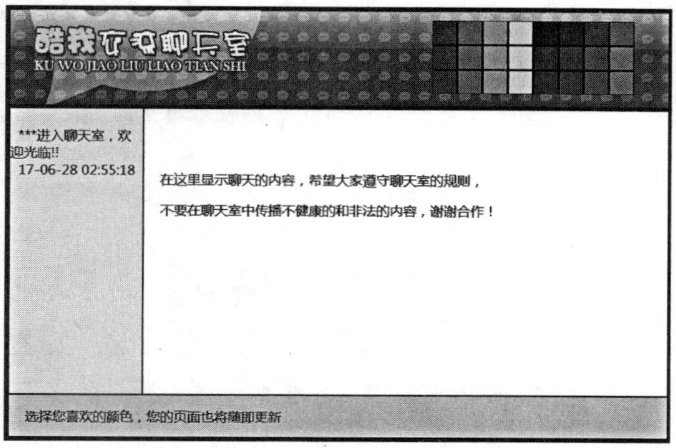

图 11.12　更换聊天室背景颜色

11.4.2　实现加入购物车的功能

☑　**实例位置：资源包 \ 源码 \11\ 实战 \02**

模拟京东商城购物车，创建一个 goods 商品表和一个 order 订单表，使用 Session，实现用户在未登录情况下，加入购物车的功能，如图 11.13 所示。

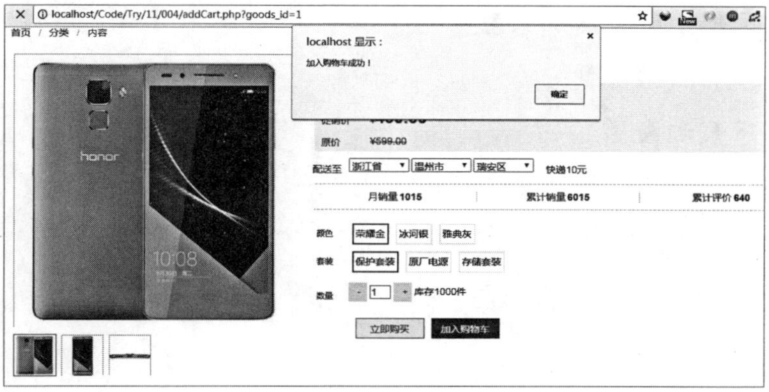

图 11.13　加入购物车

第 12 章

图形图像处理技术

（视频讲解：1 小时 9 分钟）

由于有 GD 库的强大支持，PHP 的图像处理功能可以说是它的一个强项，便捷易用、功能强大。另外，PHP 图形化类库——JpGraph 也是一款非常强大、好用的图形处理工具，可以绘制各种统计图和曲线图，也可以自定义设置颜色和字体等元素。

图像处理技术中的经典应用是绘制柱形图、折线图和饼形图，这是对数据进行图形化分析的最佳方法。本章将分别对 GD2 函数库及 JpGraph 类库进行详细讲解。

学习摘要：

- GD 库概述
- 使用 GD 库创建图像
- 使用 GD 库在图片上添加文字
- 使用 GD 库生成验证码
- JpGraph 下载和配置
- 使用 JpGraph 绘制柱形图
- 使用 JpGraph 绘制折线图
- 使用 JpGraph 绘制 3D 饼形图

12.1　在 PHP 中加载 GD 库

视频讲解

GD 库在 PHP 5 中是默认安装的，但要激活 GD 库，必须修改 php.ini 文件。将该文件中的 ;extension=php_gd2.dll 选项前的分号“;”删除（phpStudy 已经默认开启），保存修改后的文件并重新启动 Apache 服务器即可生效。

在成功加载 GD2 函数库后，可以通过 phpinfo() 函数来获取 GD2 函数库的安装信息，验证 GD 库是否安装成功。在浏览器的地址栏中输入 localhost/phpinfo.php 并按 Enter 键，在打开的页面中检索到如图 12.1 所示的 GD 库的安装信息，即说明 GD 库安装成功。

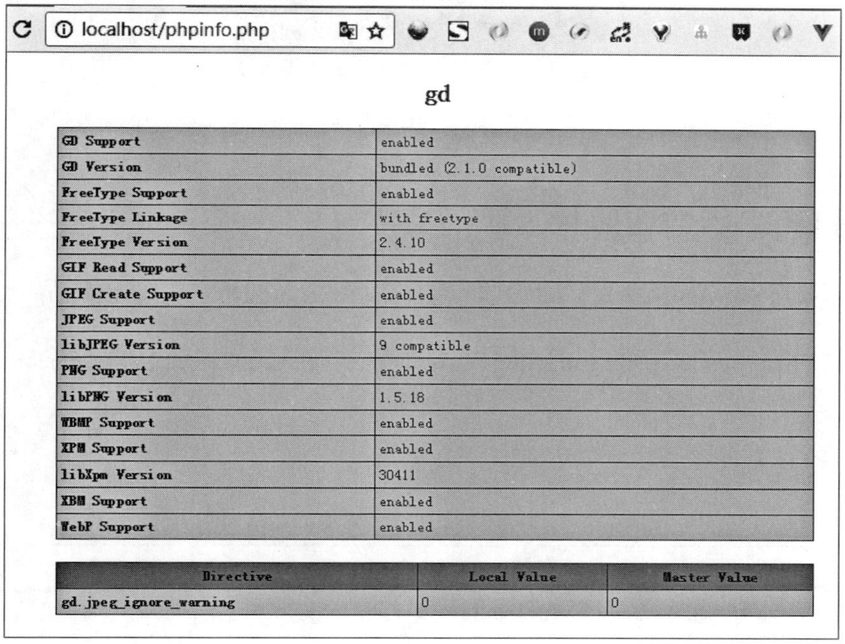

GD Support	enabled
GD Version	bundled (2.1.0 compatible)
FreeType Support	enabled
FreeType Linkage	with freetype
FreeType Version	2.4.10
GIF Read Support	enabled
GIF Create Support	enabled
JPEG Support	enabled
libJPEG Version	9 compatible
PNG Support	enabled
libPNG Version	1.5.18
WBMP Support	enabled
XPM Support	enabled
libXpm Version	30411
XBM Support	enabled
WebP Support	enabled

Directive	Local Value	Master Value
gd.jpeg_ignore_warning	0	0

图 12.1　GD2 函数库的安装信息

12.2　GD 库的应用

视频讲解

12.2.1　创建一个简单的图像

使用 GD2 函数库可以实现各种图形图像的处理。创建画布是使用 GD2 函数库来创建图像的第一步，无论创建什么样的图像，首先都需要创建一个画布，其他操作都将在这个画布上完成。在 GD2 函数库中创建画布，可以通过 imagecreate() 函数实现。

例如，使用 imagecreate() 函数创建一个宽 200 像素、高 60 像素的画布，并且设置画布背景颜色 RGB 值为（225，66，159），最后输出一个 PNG 格式的图像。代码如下：

```
<?php
    $im = imagecreate(200,60);                          //建立一幅 200 像素 ×60 像素的图像
    $bg = imagecolorallocate($im,225,66,159);           //设置背景颜色
    header("Content-type:image/png");                   //输出图像
    imagepng($im);                                      //生成 PNG 图像
?>
```

运行效果如图 12.2 所示。

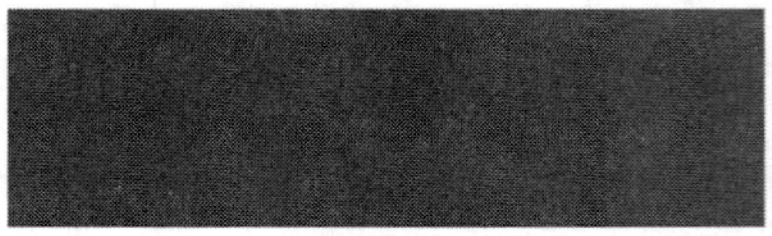

图 12.2　生成画布

12.2.2　使用 GD2 函数在照片上添加文字

GD2 库中 imageTTFText() 函数可以实现用 TrueType 字体向图像写入文本的功能，语法格式如下：

```
array imageTTFText ( resource $image , float $size , float $angle , int $x , int $y , int $color , string $fontfile ,
string $text )
```

imageTTFText() 函数的参数说明如表 12.1 所示。

表 12.1　imageTTFText () 函数的参数说明

参　数	说　明
image	由图像创建函数（如 imagecreatetruecolor()）返回的图像资源
size	字体的尺寸。根据 GD 库的版本，为像素尺寸（GD1）或点（磅）尺寸（GD2）
angle	角度制表示的角度，0 度为从左向右读的文本。更高数值表示逆时针旋转。例如，90 度表示从下向上读的文本
x	由 x,y 所表示的坐标定义了第一个字符的基本点（大概是字符的左下角）。这和 imagestring() 不同，其 x,y 定义了第一个字符的左上角。例如，"top left" 为（0，0）
y	y 坐标。它设定了字体基线的位置，不是字符的最底端
color	颜色索引。使用负的颜色索引值具有关闭防锯齿的效果。见 imagecolorallocate()
fontfile	是想要使用的 TrueType 字体的路径
text	UTF-8 编码的文本字符串

【例 12.01】 在明日学院幻灯片背景图上添加文字。（**实例位置：资源包 \ 源码 \12\12.01**）

使用 GD2 函数在照片上添加文字的具体步骤如下。

（1）使用 imagecreatefromjpeg() 函数载入图片。

（2）使用 imagecolorallocate() 函数设置字体颜色。

（3）使用 imageTTFText() 函数向图片中写入文本。

（4）使用 imagejpeg() 函数创建 JPEG 图像。

（5）使用 imagedestroy() 函数销毁图像，释放内存空间。

使用 imageTTFText() 函数将文字“明日学院”输出到图像中。代码如下：

```
<?php
    header("content-type:image/jpeg");                          // 定义输出为图像类型
    $path = "mingri.jpg";                                        // 图片路径
    $im = imagecreatefromjpeg($path);                            // 载入图片
    $textcolor = imagecolorallocate($im,255,255,255);            // 设置字体颜色，值为 RGB 颜色值
    $fnt = "c:/windows/fonts/simfang.ttf";                       // 定义字体
    $str = '明日学院';
    imageTTFText($im,100,0,50,200,$textcolor,$fnt,$str);         // 写 TTF 文字到图中
    imagejpeg($im);                                              // 建立 JPEG 图像
    imagedestroy($im);                                           // 结束图像，释放内存空间
?>
```

运行前、后的效果分别如图 12.3 和图 12.4 所示。

图 12.3　运行前效果图

图 12.4　运行后效果图

常见错误

如图片不显示或中文汉字乱码，请先检查 index.php 编码格式是否为 UTF-8; 然后检查定义的字体是否支持中文，在 C:\Windows\Fonts 文件夹下，查找支持中文的字体，如“黑体”为 simhei.ttf,“仿宋”为 simfang.ttf。

12.2.3 使用图像处理技术生成验证码

验证码功能的实现方法很多，有数字验证码、图形验证码和文字验证码等。在本节中介绍一种使用图像处理技术生成的验证码。

【例 12.02】 使用 GD2 函数生成验证码。（**实例位置：资源包\源码\12\12.02**）

图像处理技术生成验证码常用在用户登录过程中，下面在登录页面中实现该过程。程序的开发步骤如下。

（1）生成验证码。创建 verify.php 文件，用于生成验证码。在该文件中使用 GD2 函数创建一个 4 位的验证码，并且将生成的验证码保存在 Session 变量中，代码如下：

```
<?php
    session_start();                                          // 初始化 Session 变量
    header("content-type:image/png");                         // 设置创建图像的格式
    $image_width   = 76;                                      // 设置图像宽度
    $image_height = 40;                                       // 设置图像高度
    $lenth = 4;                                               // 字符串长度
    // 除去 0、1、o、l 容易混淆字符
    $str = "23456789abcdefghijkmnpqrstuvwxyzABCDEFGHIJKLMNPQRSTUVW";
    $code = ' ';
    for ($i=0; $i<$lenth; $i++){
        $code.= $str[mt_rand(0, strlen($str)-1)];             // 从字符串中随机选择
    }
    $_SESSION[' verify '] = $code;                       // 将获取的随机数验证码写入到 Session 变量中
    $image = imagecreate($image_width,$image_height);         // 创建一个画布
    imagecolorallocate($image,255,255,255);                   // 设置画布的颜色
    for($i=0;$i<strlen($_SESSION[' verify ']);$i++){          // 循环读取 Session 变量中的验证码
    $font = mt_rand(3,5);                                     // 设置随机的字体
    $x = mt_rand(1,8)+$image_width*$i/4;                      // 设置随机字符所在位置的 x 坐标
    $y = mt_rand(8,$image_height/4);                          // 设置随机字符所在位置的 y 坐标
    // 设置字符的颜色
    $color = imagecolorallocate($image,mt_rand(0,100),mt_rand(0,150),mt_rand(0,200));
    imagestring($image,$font,$x,$y,$_SESSION[' verify '][$i],$color); // 水平输出字符
    }

    // 绘制干扰点元素
    $pixel=30;
    $black = imagecolorallocate($image, 0, 0, 0);
    for($i=0;$i<$pixel;$i++){
    imagesetpixel($image, mt_rand(0, $image_width-1),mt_rand(0, $image_height-1),$black);
    }
    imagepng($image);                                         // 生成 PNG 格式的图像
    imagedestroy($image);                                     // 释放图像资源
?>
```

在上面的代码中，对验证码进行输出时，每个字符的位置、颜色和字体都是通过随机数来获取的，并且使用 imagesetpixel() 函数设置干扰点，可以在浏览器中生成各式各样的验证码，还可以防止恶意

用户攻击网站系统。此外，为了后续检测验证码，使用 session_start() 函数开启 Session，并将生成的验证码存入 Session。运行结果如图 12.5 所示。

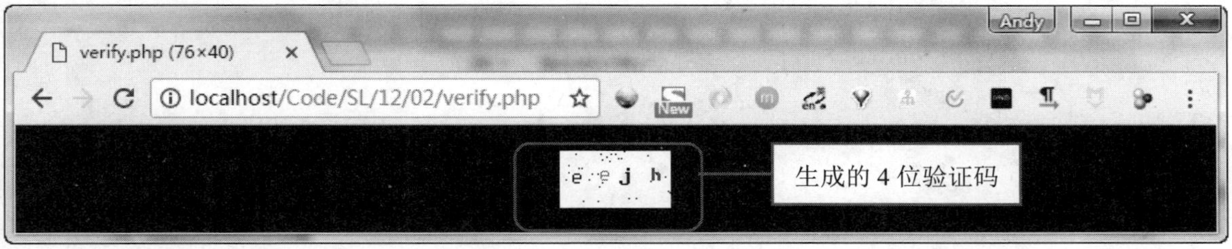

图 12.5　生成的验证码

（2）显示验证码。创建 login.php 文件，该文件包含用户登录的表单，并调用 checks.php 文件，在表单页中输出验证码图像的内容。代码如下：

```
<!DOCTYPE html>
<html lang="en" class="is-centered is-bold">
<head>
    <meta charset="UTF-8">
    <title> 零基础 </title>
    <link href="css/main.css" rel="stylesheet">
</head>
<body>
<section style="background: transparent">
    <form class="box py-3 px-4 px-2-mobile" role="form" method="post"
            action="checkLogin.php">
        <div class="is-flex is-column is-justified-to-center">
            <h1 class="title is-3 mb-a has-text-centered">
                登录
            </h1>
            <div class="inputs-wrap py-3">
                <div class="control">
                    <input type="text" id="username" name="username" class="input"
                            placeholder=" 用户名 " value="" required>
                </div>
                <div class="control">
                    <input type="password" id="password" name="password" class="input"
                            placeholder=" 密码 " required>
                </div>
                <div class="control">
                    <input type="text" id="verify" name="verify" class="input"
                            style="width: 70%" placeholder=" 验证码 " required>
                    <a href="javascript:;">
                        // 显示验证码、单击重新生成验证码
                        <img src="verify.php"
                            onClick="this.src=this.src+'?'+Math.random()">
                    </a>
```

```
                        </div>
                        <div class="control">
                            <button type="submit" class="button is-submit is-primary is-outlined">
                                提交
                            </button>
                        </div>
                    </div>
                </div>
        </form>
</section>
</body>
</html>
```

上述代码中，<img> 标签中有如下代码：

```
<img src="verify.php" onclick="this.src=this.src+'?'+Math.random()">
```

src 属性值为 verify.php，由于 verify.php 使用：

```
header("content-type:image/png");
```

即生成内容为图片格式。所以，登录页面会显示 verify 生成的验证码图片，运行结果如图 12.6 所示。

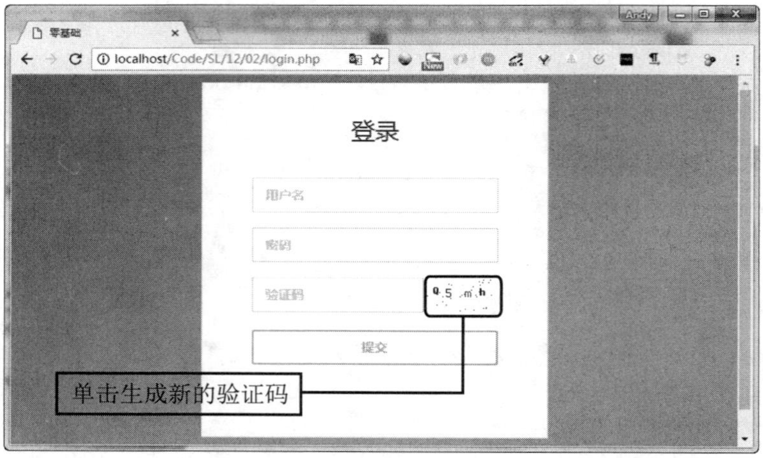

图 12.6　登录页面显示验证码

（3）检测验证码。在登录页面单击“提交”按钮后，会将表单提交到 checkLogin.php 页面。创建 checkLogin.php 文件，用于检测用户提交的验证码是否正确。由于在 verify.php 文件中，已经将生成的验证码存入 Session 中，所以只需要判断用户输入的验证码和 Session 值是否相等即可。checkLogin.php 文件的代码如下：

```
<?php
session_start();                                    // 初始化 Session
```

```
if(isset($_POST["username"]) && isset($_POST["password"])){
    $checks = $_POST["verify"];                                  // 获取验证码文本框的值
    if($checks == ""){                                           // 如果验证码的值为空，则弹出提示信息
        echo "<script> alert(' 验证码不能为空 ');
                    window.location.href= 'login.php ';</script>";
    }
    // 如果用户输入验证码的值与随机生成的验证码的值相等，则弹出登录成功提示
    if($checks == $_SESSION[' verify ']){
        /** 省略用户名密码验证过程 **/
        echo "<script> alert(' 用户登录成功 ! ');</script>";
    }else{                                                       // 否则弹出验证码不正确的提示信息
         echo "<script> alert(' 您输入的验证码不正确 ! ');
                    window.location.href= 'login.php ';</script>";
    }
}
?>
```

在登录页面中，输入用户名和密码，在“验证码”文本框中输入验证码信息，单击“提交”按钮，对验证码的值进行判断，注意区分大小写字母。验证码正确的运行效果如图 12.7 所示，验证码错误的运行效果如图 12.8 所示。

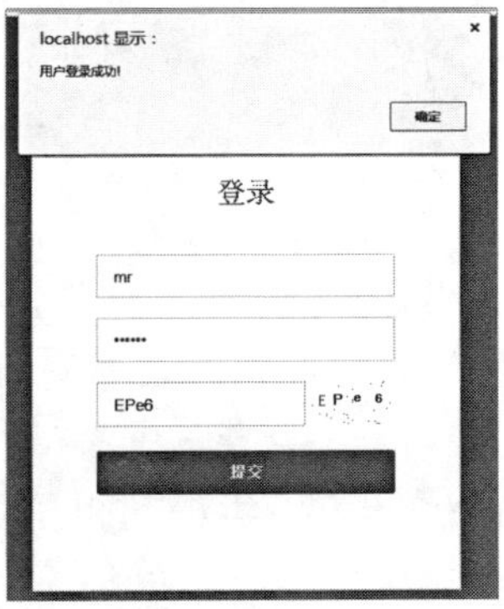

图 12.7　验证码正确的运行效果

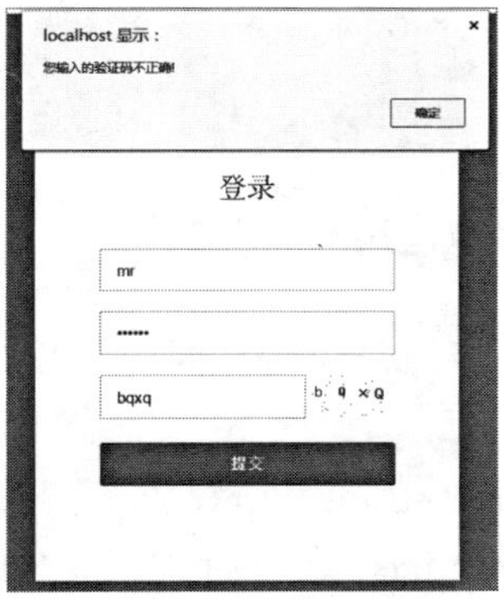

图 12.8　验证码错误的运行效果

12.3　JpGraph 图像绘制库

视频讲解

JpGraph 是一种面向对象的图像绘制库，其基于 GD2 函数库，对其中函数进行封装，可以直接使用生成统计图的函数。JpGraph 可以生成 X-Y 坐标图、X-Y-Y 坐标图、柱形图、折线图、3D 饼形图等统计图，并会自动生成坐标轴、坐标轴刻度、图例等信息，帮助我们快速生成所需样式。

JpGraph 这个强大的绘图组件能根据用户的需要绘制任意图形。只需要提供数据，就能自动调用绘图函数的过程，把处理的数据输入自动绘制。JpGraph 是一个完全使用 PHP 语言编写的类库，并可以应用在任何 PHP 环境中。

12.3.1 JpGraph 的下载

JpGraph 可以从其官方网站 http://JpGraph.net/download 下载。注意 JpGraph 支持 PHP 5 和 PHP 7，笔者写作本书时最新的版本是 4.0.2。

JpGraph 的安装方法非常简单，文件下载后，安装步骤如下。

（1）将下载的压缩包解压。解压后，将 jpgraph-4.0.2 文件夹下的 src 文件夹复制到项目文件夹下。本项目将复制到 D:\phpStudy\WWW\Code\SL\12 文件夹下。

（2）将 src 文件夹重命名为 jpgraph。目录结构如图 12.9 所示。

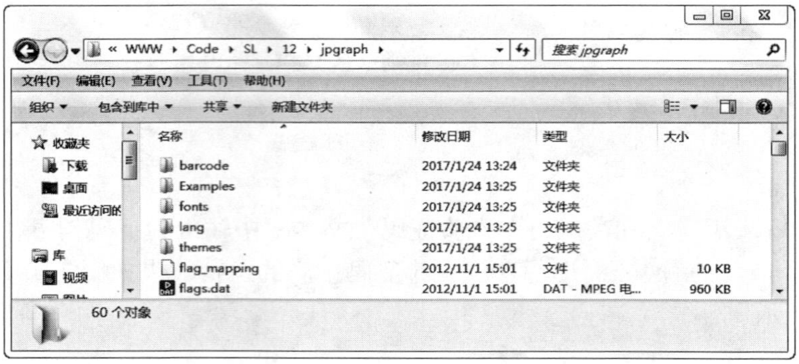

图 12.9　jpgraph 文件目录结构

12.3.2 JpGraph 的中文配置

JpGraph 生成的图片包含中文时，会出现中文乱码现象。解决此问题，需要对下面 3 个文件进行修改。

☑ 修改 jpgraph_ttf.inc.php。路径是 D:\phpStudy\WWW\Code\SL\12\jpgraph\jpgraph_ttf.inc.php。在 jpgraph_ttf.inc.php 文件中，将代码：

```
define('CHINESE_TTF_FONT','bkai00mp.ttf');
```

修改为：

```
define('CHINESE_TTF_FONT','simhei.ttf');
```

其中 simhei.ttf 是中文黑体，更多中文字体可以在 C:\Windows\Fonts 文件夹下选择。

☑ 修改 jpgraph_legend.inc.php。路径是 D:\phpStudy\WWW\Code\SL\12\jpgraph\jpgraph_legend.inc.php。

在 jpgraph_legend.inc.php 文件中，将代码：

```
public $font_family=FF_DEFAULT,$font_style=FS_NORMAL,$font_size=8;
```

修改为：

```
public $font_family=FF_CHINESE,$font_style=FS_NORMAL,$font_size=8;
```

☑ 修改 jpgraph.php。路径是 D:\phpStudy\WWW\Code\SL\12\jpgraph\jpgraph.php。在 jpgraph.php 文件中，将代码：

```
public $font_family=FF_DEFAULT,$font_style=FS_NORMAL,$font_size=8,$label_angle=0;
```

修改为：

```
public $font_family=FF_CHINESE,$font_style=FS_NORMAL,$font_size=8,$label_angle=0;
```

12.3.3　JpGraph 的使用

完成 12.3.2 节的中文配置后，本节以基本的折线图为例，讲解如何使用 JpGraph，以及如何显示中文字体。生成折线图的步骤如下。

（1）引入类文件。首先使用 require_once 语句引入 jpgraph.php 文件，由于要画折线图，接下来使用 require_once 语句引入 jpgraph_line.php 折线图类文件。

（2）创建 Graph 对象，设置相关属性，包括 X 轴、Y 轴坐标刻度，折线图标题及标题字体，X 轴数据等。

（3）创建 LinePlot 坐标对象，并导入 Y 轴数据。

（4）坐标对象注入图表对象。

（5）显示图片。

以明日学院小班课报名人数为例，生成折线图。在折线图中，X 轴显示月份、Y 轴显示人数，并设置折线为蓝色。具体代码如下：

```
<?php
    require_once ('jpgraph/jpgraph.php');                          // 必须要引用的文件
    require_once ('jpgraph/jpgraph_line.php');                     // 包含折线图文件
    // 创建 Graph 对象,650 为宽度,350 为长度
    $graph = new Graph(650,350);
    // 设置刻度类型,X 轴刻度可作为文本标注的直线刻度,Y 轴为直线刻度
    $graph->SetScale('textlin');
    $graph->title->SetFont(FF_CHINESE);                            // 设置字体
    $graph->title->Set('明日学院小班课报名人数');                  // 设置标题
    // 设置 X 轴数据
    $graph->xaxis->SetTickLabels(array('1月','2月','3月','4月','5月','6月','7月','8月','9月'));
    $ydata = array(220,430,580,420,330,220,440,340,230);           //Y 轴数据,以数组形式赋值
    $lineplot=new LinePlot($ydata);                                // 创建坐标对象,将 Y 轴数据注入
    $lineplot->SetColor('blue');                                   //Y 轴连线设定为蓝色
    $graph->Add($lineplot);                                        // 坐标对象注入图表
    $graph->Stroke();                                              // 显示图表
?>
```

运行效果如图 12.10 所示。

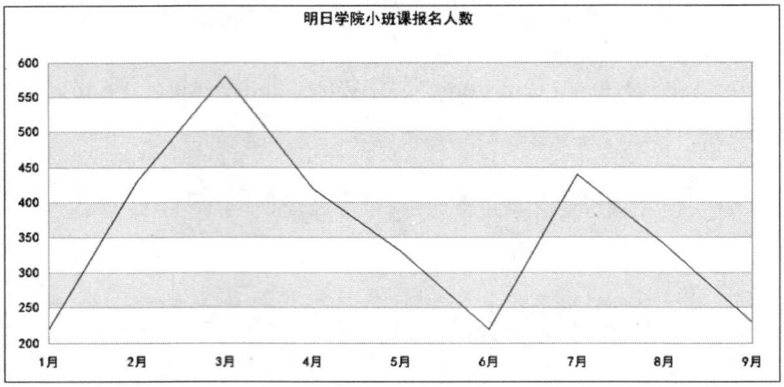

图 12.10　报名人数折线图

注意

在使用 $graph->title->Set() 设置标题前，如果标题为中文，需要先使用 $graph->title->SetFont（FF_CHINESE）设置字体。

视频讲解

12.4　JpGraph 典型应用

网页中如果没有丰富多彩的图形图像总是缺少生气，漂亮的图形图像能让整个网页看起来更富有吸引力，使许多文字难以表达的思想一目了然，并且可以清晰地表达出数据之间的关系。下面对图形图像处理的各种技术进行讲解。

12.4.1　使用柱形图统计图书月销售量

柱形图的使用在 Web 网站中非常广泛，它可以直观地显示数据信息，使数据对比和变化趋势一目了然，从而可以更加准确、直观地表达信息和观点。

【例 12.03】 使用柱形图统计图书月销售情况。（**实例位置：资源包 \ 源码 \12\12.03**）

使用 JpGraph 类库实现柱形图统计图书月销售情况。创建柱形分析图的详细步骤如下。

（1）使用 require_once 语句引用 jpgraph.php 文件。

（2）采用柱形图进行统计分析，需要创建 BarPlot 对象，BarPlot 类在 jpgraph_bar.php 中定义，需要使用 require_once 语句引用该文件。

（3）创建 Graph 对象，生成一个 850 像素 ×600 像素大小的画布，设置 X 轴、Y 轴刻度类型，设置 X 轴、Y 轴数据。

（4）创建一个矩形的对象 BarPlot，设置其柱形图的颜色、柱体间距。

（5）将绘制的柱形图添加到画布中。

（6）添加标题名称。

（7）输出图像。

本实例的完整代码如下：

```
<?php
    require_once ('../jpgraph/jpgraph.php');                        // 必须要引用的文件
    require_once ('../jpgraph/jpgraph_bar.php');                    // 包含柱形图文件
    $graph = new Graph(850,600, 'auto');                            // 设置画布大小
    // 设置刻度类型 ,X 轴刻度可作为文本标注的直线刻度 ,Y 轴为直线刻度
    $graph->SetScale("textlin");
    // 设置 X 轴数据
    $graph->xaxis->SetTickLabels(array('1 月','2 月','3 月','4 月','5 月','6 月','7 月','8 月',
                                    '9 月','10 月','11 月','12 月'));
    //Y 轴数据以数组形式赋值
    $datay  = array(220,430,580,420,330,220,440,340,230,432,562,523);
    $b1plot = new BarPlot($datay);                                  // 创建柱形坐标对象，将 Y 轴数据注入
    $graph->Add($b1plot);                                           // 柱形坐标对象注入图表
    $b1plot->SetColor("white");                                     // 设置柱形边框颜色
    $b1plot->SetFillGradient("#4B0082","white",GRAD_LEFT_REFLECTION); // 设置柱体颜色
    $b1plot->SetWidth(35);                                          // 设置柱形间距
    $graph->title->SetFont(FF_CHINESE);
    $graph->title->Set("2016 年 PHP 从入门到精通销售情况 ");
    $graph->Stroke();                                               // 显示图表
?>
```

本实例的运行结果如图 12.11 所示。

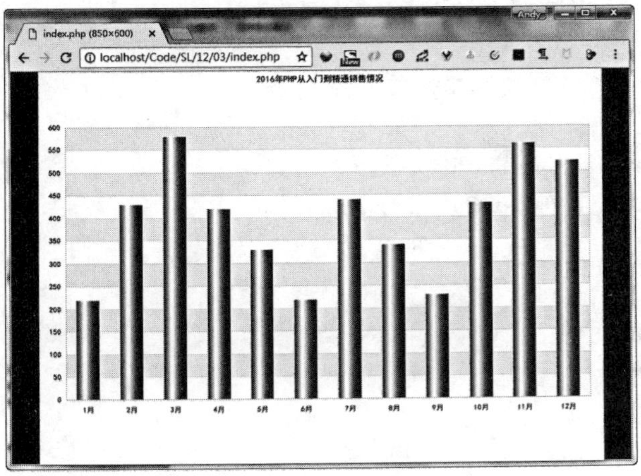

图 12.11　应用柱形图统计图书月销量

12.4.2　使用折线图统计 3 本图书销售量

折线图的使用同样十分广泛，如商品的价格走势、股票在某一时间段的涨跌等，都可以使用折线

图来分析。

【例 12.04】 使用折线图统计 3 本图书销售量。（**实例位置：资源包\源码\12\12.04**）

使用 JpGraph 类库实现折线图统计 3 本图书上半年销售量。创建折线图的详细步骤如下。

（1）使用 require_once 语句引用 jpgraph.php 文件。

（2）采用折线图进行统计分析，需要创建 LinePlot 对象，而 LinePlot 类在 jpgraph_line.php 中定义，需要应用 require_once 语句引用该文件。

（3）创建 Graph 对象，生成一个 850 像素 ×600 像素大小的画布，设置 X 轴、Y 轴刻度类型，设置 X 轴、Y 轴数据。

（4）创建 3 个对象 LinePlot，设置折线的颜色和图例名称。

（5）将绘制的折线图添加到画布中。

（6）输出图像。

本实例的完整代码如下：

```
<?php
    require_once ('../jpgraph/jpgraph.php');                    // 必须要引用的文件
    require_once ('../jpgraph/jpgraph_line.php');               // 包含折线图文件

    $graph = new Graph(850,600,'auto');                         // 设置画布大小
    // 设置刻度类型 ,X 轴刻度可作为文本标注的直线刻度 ,Y 轴为直线刻度
    $graph->SetScale("textlin");
    $graph->title->SetFont(FF_CHINESE);                         // 设置中文字体
    $graph->title->Set('2016 上半年 PHP 图书销售情况');          // 设置标题
    $graph->yaxis->HideZeroLabel(); // 设置 Y 轴数据不显示 0
    $graph->xaxis->SetTickLabels(array('1 月','2 月','3 月','4 月','5 月','6 月'));   // 设置 X 轴数据
    $graph->xgrid->SetColor('#E3E3E3');
    $graph->xgrid->Show();                                      // 显示 X 轴交叉线

    // 设置 Y 轴数据
    $datay1 = array(200,150,230,150,234,252);
    $datay2 = array(120,90,420,80,322,342);
    $datay3 = array(50,170,320,240,254,332);
    // 创建第一条线
    $p1 = new LinePlot($datay1);
    $graph->Add($p1);
    $p1->SetColor("#6495ED");
    $p1->SetLegend('PHP 从入门到精通');
    // 创建第二条线
    $p2 = new LinePlot($datay2);
    $graph->Add($p2);
    $p2->SetColor("#B22222");
    $p2->SetLegend('PHP 项目开发案例整合');
    // 创建第三条线
    $p3 = new LinePlot($datay3);
    $graph->Add($p3);
    $p3->SetColor("#FF1493");
    $p3->SetLegend('PHP 开发实例大全');
```

```

    $graph->legend->SetFrameWeight(1);                          // 设置图例边框
    $graph->Stroke();                                           // 显示图表
?>
```

本实例的运行结果如图 12.12 所示。

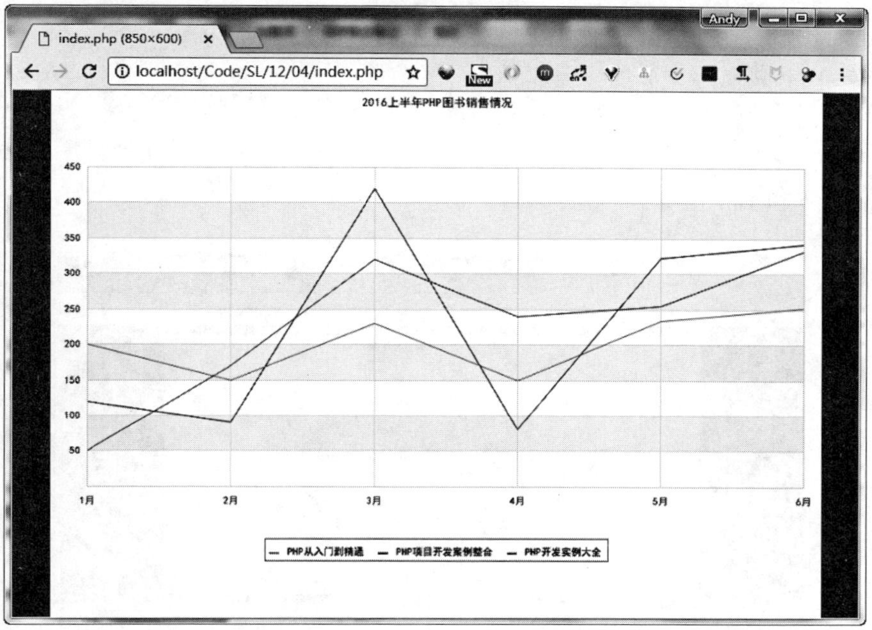

图 12.12　应用折线图统计图书上半年销售量

12.4.3　使用 3D 饼形图统计各类商品的年销售额比率

饼形图是一种非常实用的数据分析技术，可以清晰地表达出数据之间的关系。在调查商场某类商品的年销售额比率时，最好的显示方式就是使用饼形图，通过饼形图可以直观地看到某类产品的销售额在所有商品中所占有的比例。

【例 12.05】 统计各类商品的年销售额比率。（**实例位置：资源包\源码\12\12.05**）

使用 3D 饼形图统计各类商品的年销售额比率的步骤与创建其他图形的步骤大致相同，不再赘述，程序完整代码如下：

```
<?php
    require_once '../jpgraph/jpgraph.php';                     // 导入 JpGraph 类库
    require_once '../jpgraph/jpgraph_pie.php';                 // 导入 JpGraph 类库的饼形图功能
    require_once '../jpgraph/jpgraph_pie3d.php';               // 导入 JpGraph 类库的 3D 饼形图功能

    $data = array(69, 78, 99, 63, 98);                         // 设置统计数据
    $graph = new PieGraph(600, 300);                           // 设置画布大小
```

```
    $graph->title->SetFont(FF_CHINESE);                               // 设置中文字体
    $graph->title->Set('商场各类商品销售额比例');                     // 设置标题
    $pieplot = new PiePlot3D($data);                                  // 创建 3D 饼图对象
    $pieplot->SetCenter(0.5, 0.5);                                    // 设置饼图居中
    $department = array('IT 数码', '家电', '日用', '服装', '食品');   // 设置文字框对应的内容
    $pieplot->SetLegends($department);                                // 添加图例
    $graph->legend->SetFont(FF_SIMSUN, FS_BOLD);                      // 设置字体
    $graph->legend->SetLayout(LEGEND_HOR);
    $graph->legend->Pos(0.5, 0.98, 'center', 'bottom');               // 图例文字框的位置
    $graph->Add($pieplot);                                            // 将 3D 饼图添加到统计图对象中
    $graph->Stroke();                                                 // 输出图像
?>
```

运行结果如图 12.13 所示。

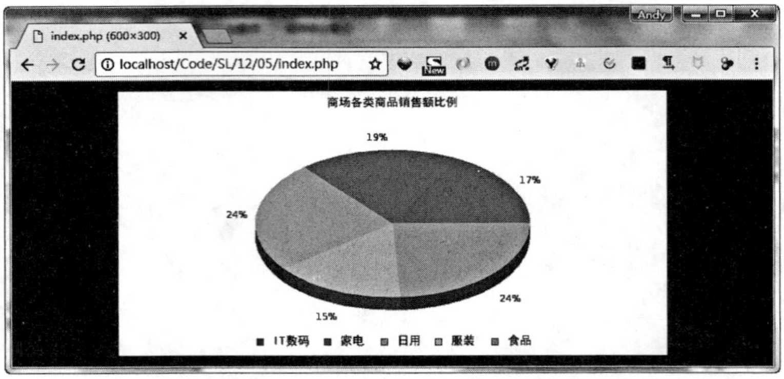

图 12.13　应用 3D 饼形图统计各类商品的年销售额比率

12.5　小　　结

本章首先介绍了 GD2 函数库的安装方法，以及应用 GD2 函数创建图像，使读者对 GD2 函数有一个初步的认识。接着介绍了一个专门用于绘制统计图的类库——JpGraph。通过讲解 JpGraph 类库的安装、配置到实际的应用过程，指导读者熟练使用该类库，完成更复杂的图形图像的开发。

12.6　实　　战

12.6.1　生成缩略图

☑　**实例位置：资源包 \ 源码 \12\ 实战 \01**

试着生成一张图片的缩略图，缩放比例为 0.2，缩放前后对比如图 12.14 所示。

图 12.14　图片缩放前后对比

12.6.2　生成中文图像验证码

☑　**实例位置：资源包 \ 源码 \12\ 实战 \02**

修改例 12.02，生成中文图像验证码，如图 12.15 所示。

图 12.15　生成中文图像验证码

第 13 章

文件系统

（视频讲解：1 小时 6 分钟）

文件是用来存取数据的方式之一。相对于数据库来说，文件在使用上更方便、直接。如果数据较少、较简单，使用文件无疑是最合适的方法。此外，PHP 能非常好地支持文件上传功能，可以通过配置文件和函数来修改上传功能。

学习摘要：

- **打开和关闭文件**
- **操作文件**
- **打开和关闭目录**
- **操作目录**
- **文件上传**

13.1　文件处理

视频讲解

文件处理包括文件的读取、关闭和重写等，例如，访问一个文件需要 3 步：打开文件、读写文件和关闭文件。其他的操作要么是包含在读写文件中（如显示内容、写入内容等），要么与文件自身的属性有关系（如文件遍历、文件改名等）。本节将对常用的文件处理技术进行详细讲解。

13.1.1　打开 / 关闭文件

打开 / 关闭文件分别使用 fopen() 和 fclose() 函数。打开文件应格外认真，以免将文件内容全部删掉。

1. 打开文件

对文件进行操作时首先要打开文件，这是进行数据存取的第一步。在 PHP 中使用 fopen() 函数打开文件，其语法格式如下：

```
resource fopen ( string $filename , string $mode [, bool $use_include_path = false[, resource $context ]] )
```

第 1 个参数 filename 是要打开的包含路径的文件名，可以是相对路径，也可以是绝对路径。如果没有任何前缀则表示打开的是本地文件；第 2 个参数 mode 是打开文件的方式，可取的值如表 13.1 所示。

表 13.1　fopen() 中参数 mode 的取值列表

模式符号	模式名称	说　　明
r	只读	读模式——进行读取，文件指针位于文件的开头
r+	只读	读写模式——进行读写，文件指针位于文件的开头。在现有文件内容的末尾之前进行写入就会覆盖原有内容
w	只写	写模式——进行写入文件，文件指针指向头文件。如果该文件存在，则所有文件内容被删除；否则函数将创建这个文件
w+	只写	写模式——进行读写，文件指针指向头文件。如果该文件存在，则所有文件的内容被删除；否则函数将创建这个文件
x	谨慎写	写模式打开文件，从文件头开始写。如果文件已经存在，则该文件将不会被打开，函数返回 false，PHP 将产生一个警告
x+	谨慎写	读 / 写模式打开文件，从文件头开始写。如果文件已经存在，则该文件将不会被打开，函数返回 false，PHP 将产生一个警告
a	追加	追加模式打开文件，文件指针指向尾文件。如果该文件已有内容，则将从文件末尾开始追加；如果该文件不存在，则函数将创建这个文件

续表

模式符号	模式名称	说　明
a+	追加	追加模式打开文件，文件指针指向头文件。如果该文件已有内容，则从文件末尾开始追加或者读取；如果该文件不存在，则函数将创建这个文件
b	二进制	二进制模式——用于与其他模式进行连接。如果文件系统能够区分二进制文件和文本文件，可能会使用它。Windows 可以区分；UNIX 则不区分。推荐使用这个选项，便于获得最大程度的可移植性。它是默认模式
t	文本	用于与其他模式的结合。这个模式只是 Windows 下的一个选项

第 3 个参数 use_include_path 是可选的，该参数在配置文件 php.ini 中指定一个路径，如 D:\phpStudy\WWW\mess.php，如果希望服务器在这个路径下打开所指定的文件，可以设置为 1 或 true。

第 4 个参数 context 是可选的，在 PHP 5.0.0 中增加了对上下文（Context）的支持。

2. 关闭文件

对文件的操作结束后应该关闭这个文件，否则可能引起错误。在 PHP 中使用 fclose() 函数关闭文件，其语法格式如下：

```
bool fclose ( resource handle ) ;
```

该函数将参数 handle 指向的文件关闭，如果成功，返回 true，否则返回 false。其中的文件指针必须是有效的，并且是通过 fopen() 函数成功打开的文件。例如：

```
<?php
    $f_open =fopen("../file.txt.","rb");                  // 打开文件
    …                                                     // 对文件进行操作
    fclose($f_open)                                       // 操作完成后关闭文件
?>
```

13.1.2　从文件中读取数据

1. 读取整个文件：readfile()、file() 和 file_get_contents()

（1）readfile() 函数

readfile() 函数用于读入一个文件并将其写入到输出缓冲，如果出现错误则返回 false。其语法格式如下：

```
int readfile ( string $filename [, bool $use_include_path = false] )
```

使用 readfile() 函数，不需要打开 / 关闭文件，不需要 echo/print 等输出语句，直接写出文件路径即可。

说明

readfile() 函数的第 2 个参数 use_include_path 如果设置为 true, 则将在 include_path 中搜索文件。include_path 可以在 php.ini 文件中设置。

（2）file() 函数

file() 函数也可以读取整个文件的内容，只是 file() 函数将文件内容按行存放到数组中，包括换行符在内。如果失败则返回 false。其语法格式如下：

```
array file ( string $filename [, int $flags = 0] )
```

说明

file() 函数的第 2 个参数 flags 的值可以设置为以下一个或多个常量。

☑ FILE_USE_INCLUDE_PATH：在 include_path 中查找文件。

☑ FILE_IGNORE_NEW_LINES：在数组每个元素的末尾不要添加换行符。

☑ FILE_SKIP_EMPTY_LINES：跳过空行。

（3）file_get_contents() 函数

将整个文件读入一个字符串。其语法格式如下：

```
string file_get_contents ( string $filename [, bool $use_include_path = false
[, resource $context [, int $offset = -1 [, int $maxlen ]]]] )
```

如果有 offset 和 maxlen 参数，将在参数 offset 所指定的位置开始读取长度为 maxlen 的内容。如果失败，返回 false。该函数适用于二进制对象，是将整个文件的内容读入到一个字符串中的首选方式。

【例 13.01】 读取文件 tm.txt 的内容。（**实例位置：资源包 \ 源码 \13\13.01**）

创建一个 tm.txt 文本文件，文件内容如下：

```
明日科技图书陪伴你
学习 PHP
```

在 tm.txt 文件同级目录下创建一个 index.php 文件，使用 readfile() 函数、file() 函数和 file_get_contents() 函数分别读取文件 tm.txt 的内容，代码如下：

```
<!DOCTYPE html>
<html lang="zh-cn">
<head>
    <meta charset="utf-8">
    <title>PHP 零基础 </title>
    <link   href="http://cdn.bootcss.com/bootstrap/3.3.7/css/bootstrap.css"
            rel="stylesheet">
</head>
<body class="col-sm-6">
```

```
<h3 class="col-sm-offset-3"> 使用三种方法读取文件 </h3>
<table class="table table-bordered">
    <thead>
    <tr class="success">
        <th> 方法名 </th>
        <th> 内容 </th>
    </tr>
    </thead>
    <tbody>
    <tr class="info">
        <td>readfile() 函数 </td>
        <!--  使用 readfile() 函数读取 tm.txt 文件的内容  -->
        <td><?php readfile('tm.txt'); ?></td>
    </tr>
    <tr class="success">
     <td>file() 函数 </td>
     <!--  使用 file() 函数读取 tm.txt 文件的内容  -->
     <td>
         <?php
             $f_arr = file('tm.txt');
             foreach($f_arr as $cont){
               echo $cont."<br>";
                }
         ?>
       </td>
   </tr>
   <tr class="info">
      <td>file_get_contents() 函数 </td>
      <!--  使用 file_get_contents() 函数读取 tm.txt 文件的内容  -->
      <td>
          <?php
              $f_chr = file_get_contents('tm.txt');
              echo $f_chr;
          ?>
      </td>
    </tr>
    </tbody>
</table>
</body>
</html>
```

运行结果如图 13.1 所示。

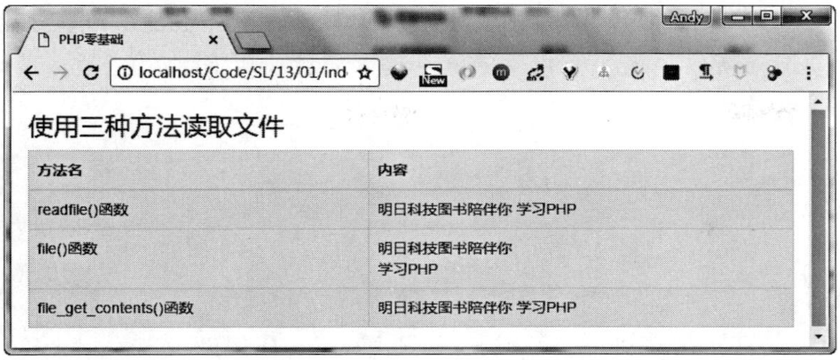

图 13.1　读取整个文件

注意

tm.txt 文件和 index.php 文件之间的同级关系。读取 tm.txt 文件时，需要根据位置关系，使用相对路径或绝对路径找到 tm.txt 文件位置。

2. 读取一行数据：fgets() 和 fgetss()

（1）fgets() 函数

fgets() 函数用于一次读取一行数据。其语法格式如下：

```
string fgets ( resource $handle [, int $length ] )
```

参数 handle 是被打开的文件，参数 length 是要读取的数据长度。fgets() 函数能够实现从 handle 指定文件中读取一行并返回长度最大值为 length–1 个字节的字符串。在遇到换行符、EOF 或者读取了 length–1 个字节后停止。如果忽略 length 参数，那么读取数据直到行结束。

（2）fgetss() 函数

fgetss() 函数是 fgets() 函数的变体，用于读取一行数据，同时，fgetss() 函数会过滤掉 HTML 标记。其语法格式如下：

```
string fgetss ( resource $handle [, int $length [, string $allowable_tags ]] )
```

使用 allowable_tags 参数来控制哪些标记不被过滤掉。如 allowable_tags 参数值为 "<span>"，则表示只保留 HTML 的 <span> 标签，其他标签会被过滤。

【例 13.02】 使用 fgets() 函数与 fgetss() 函数读取文件。（**实例位置：资源包 \ 源码 \13\13.02**）

使用 fgets() 函数与 fgetss() 函数分别读取 common.php 文件并显示出来，观察它们有什么区别。创建一个 common.php 文件，该文件中包含 2 个 HTML 标签，分别为 <h3> 标签和 <span> 标签。代码如下：

```
<html>
<body>
    <h3> 测试 <span style="color: red"> 两个函数的区别 </span></h3>
</body>
</html>
//html 标签以外的内容
```

在 common.php 文件同级目录下创建一个 index.php 文件，在 index.php 文件中，分别使用 fgets() 函数和 fgetss() 函数读取 common.php 文件。在 fgetss() 函数中，使用第 3 个参数 allowable_tags 指定 <span> 标签不被过滤掉，代码如下：

```
<!DOCTYPE html>
<html lang="zh-cn">
<head>
    <meta charset="utf-8">
    <title>PHP 零基础 </title>
    <link  href="http://cdn.bootcss.com/bootstrap/3.3.7/css/bootstrap.css"
       rel="stylesheet">
</head>
<body class="col-sm-6">
<h3 class="col-sm-offset-3"> 比较 fgets() 函数和 fgetss() 函数 </h3>
<table class="table table-bordered">
    <thead>
    <tr class="success">
        <th> 方法名 </th>
        <th> 内容 </th>
    </tr>
    </thead>
    <tbody>
    <tr class="info">
        <td>fgets() 函数 </td>
        <!--  使用 fgets() 函数读取 common.php 文件的内容  -->
        <td>
            <?php
            $fopen = fopen('common.php', 'rb');
            while(!feof($fopen)){                       //feof() 函数测试指针是否到了文件结束的位置
                echo fgets($fopen);                     // 输出当前行
            }
            fclose($fopen);
            ?>
        </td>
    </tr>
    <tr class="success">
        <td>fgetss() 函数 </td>
        <!--  使用 fgetss() 函数读取 common.php 文件的内容  -->
        <td>
            <?php
            $fopen = fopen('common.php', 'rb');
            while(!feof($fopen)){                       // 使用 feof() 函数测试指针是否到了文件结束的位置
                echo fgetss($fopen,100, '<span>');      // 输出当前行
            }
            fclose($fopen);
            ?>
        </td>
    </tr>
    </tbody>
</table>
</body>
</html>
```

运行结果如图 13.2 所示。

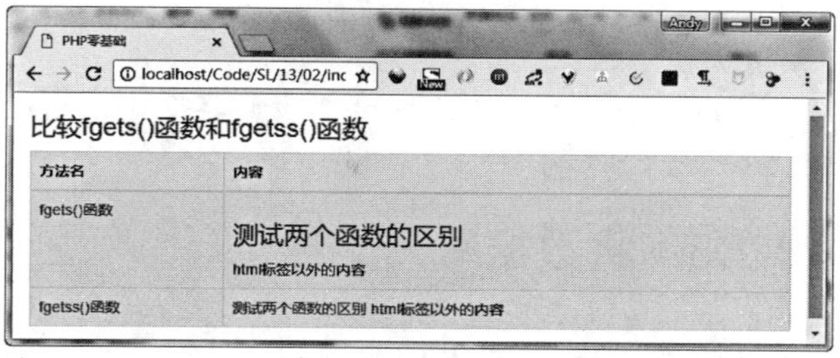

图 13.2　fgets() 函数和 fgetss() 函数的区别

3. 读取一个字符：fgetc()

在对某一个字符进行查找、替换时，需要有针对性地对某个字符进行读取，在 PHP 中可以使用 fgetc() 函数实现此功能。其语法格式如下：

```
string fgetc ( resource $handle )
```

该函数返回一个字符，该字符从 handle 指向的文件中得到。遇到 EOF 则返回 false。

注意

fgetc() 函数读取的是单字节，而中文在 UTF-8 编码下占 3 字节，所以输出中文会是乱码。

4. 读取任意长度的字符串：fread()

fread() 函数可以从文件中读取指定长度的数据，其语法格式如下：

```
string fread ( resource $handle , int $length )
```

参数 handle 为指向的文件资源，length 是要读取的字节数。当函数读取 length 个字节或到达 EOF 时停止执行。

例如，使用 fread() 函数读取 poem.txt 文件，poem.txt 文件内容如下：

```
锦瑟无端五十弦，一弦一柱思华年。
```

在 poem.txt 文件同级目录下，创建一个 index.php 文件，代码如下：

```
<?php
    $filename = "poem.txt";                       // 要读取的文件
    $fp = fopen($filename,"rb");                  // 打开文件
    echo fread($fp,6);                            // 使用 fread() 函数读取文件内容的前 6 个字节
    echo "<p>";
    echo fread($fp,filesize($filename));          // 输出其余的文件内容
?>
```

运行结果如图 13.3 所示。

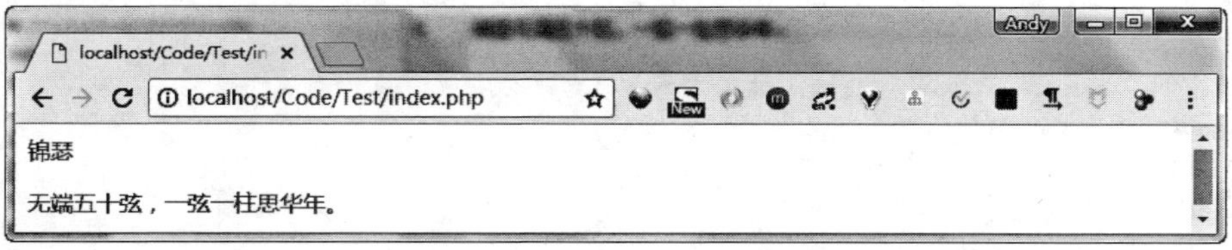

图 13.3　使用 fread() 函数读取文件

注意

poem.txt 文件的编码格式也需要设置为 UTF-8，否则出现乱码。

13.1.3 将数据写入文件

写入数据也是 PHP 中常用的文件操作，在 PHP 中使用 fwrite() 和 file_put_contents() 函数向文件中写入数据。fwrite() 函数也称为 fputs()，它们的用法相同。fwrite() 函数的语法格式如下：

```
int fwrite ( resource $handle , string $string [, int $length ] )
```

该函数把内容 string 写入文件指针 handle 处。如果指定了长度 length，则写入 length 个字节后停止。如果文件内容长度小于 length，则会输出全部文件内容。

file_put_contents() 函数是 PHP 5 新增的函数，其语法格式如下：

```
int file_put_contents ( string $filename , mixed $data [, int $flags = 0 [, resource $context ]] )
```

file_put_contents() 函数中的参数说明如表 13.2 所示。

表 13.2　file_put_contents() 函数中的参数说明

参　　数	说　　明
filename	要被写入数据的文件名
data	要写入的数据。类型可以是 string、array 或者是 stream 资源
flags	flags 的值可以是以下 flag 使用 OR（|）运算符进行的组合。 ☑ FILE_USE_INCLUDE_PATH：在 include 目录中搜索 filename ☑ FILE_APPEND：如果文件 filename 已经存在，追加数据而不是覆盖 ☑ LOCK_EX：在写入时获得一个独占锁
context	一个 context 资源

使用 file_put_contents() 函数和依次调用 fopen()、fwrite()、fclose() 函数的功能一样。

【例 13.03】 分别使用 fwrite() 函数和 file_put_contents() 函数写入数据。（**实例位置：资源包\源码\13\13.03**）

首先使用 fwrite() 函数向 poem.txt 文件写入数据“此情可待成追忆”，然后再使用 file_put_contents() 函数写入数据“只是当时已惘然”。代码如下：

```
<?php
    $filepath = "poem.txt";
    $str1 = " 此情可待成追忆 <br>";
    $str2 = " 只是当时已惘然 <br>";
    echo " 用 fwrite 函数写入文件：";
```

```
    $fopen = fopen($filepath, 'wb ') or die(' 文件不存在 ');
    fwrite($fopen,$str1);
    fclose($fopen);
    readfile($filepath);
    echo "<p> 用 file_put_contents 函数写入文件：";
    file_put_contents($filepath,$str2);
    readfile($filepath);
?>
```

运行结果如图 13.4 所示。

图 13.4 使用 fwrite() 和 file_put_contents() 函数写入数据

说明

在 index.php 同级目录下，会生成一个 poem.txt 文本文件，内容是“只是当时已惘然”。因为前一句已经被 file_put_contents() 写入时覆盖。

13.1.4 操作文件

除了可以对文件内容进行读写，对文件本身同样也可以进行操作，如复制、重命名、查看修改日期等。PHP 内置了大量的文件操作函数，常用的文件函数如表 13.3 所示。

表 13.3 常用的文件操作函数

函数原型	函数说明	举例
bool copy(string path1, string path2)	将文件从 path1 复制到 path2。如果成功，返回 true，失败则返回 false	copy('tm.txt','../tm.txt')
bool rename(string filename1, string filename2)	把 filename1 重命名为 filename2	rename('1.txt','tm.txt')
bool unlink(string filename)	删除文件，成功返回 true，失败则返回 false	unlink('./tm.txt')
int fileatime(string filename)	返回文件最后一次被访问的时间，时间以 UNIX 时间戳的方式返回	fileatime('1.txt')
int filemtime(string filename)	返回文件最后一次被修改的时间，时间以 UNIX 时间戳的方式返回	date('Y-m-d H:i:s', filemtime('1.txt'))
int filesize(string filename)	取得文件 filename 的大小（bytes）	filesize('1.txt')

续表

函数原型	函数说明	举　例

array pathinfo(string name [, int options])	返回一个数组，包含文件 name 的路径信息。有 dirname、basename 和 extension。可以通过 option 设置要返回的信息，有 PATHINFO_DIRNAME、PATHINFO_BASENAME 和 PATHINFO_EXTENSION。默认为返回全部	$arr = pathinfo('/tm/sl/12/5/1.txt');
		foreach($arr as $method => $value){
		echo $method.": ".$value."
		";
		}

string realpath (string filename)	返回文件 filename 的绝对路径。如 c:\tmp\…\1.txt	realpath('1.txt')

array stat (string filename)	返回一个数组，包括文件的相关信息，如上面提到的文件大小、最后修改时间等	$arr = stat('1.txt');
		foreach($arr as $method => $value){
		echo $method.": ".$value."
		";
		}

说明

在读写文件时，除了 file()、readfile() 等少数几个函数外，其他操作必须要先使用 fopen() 函数打开文件，最后用 fclose() 函数关闭文件。文件的信息函数（如 filesize()、filemtime() 等）则都不需要打开文件，只要文件存在即可。

视频讲解

13.2　目录处理

目录是一种特殊的文件。要浏览目录下的文件，首先要打开目录，浏览完毕后，同样要关闭目录。目录处理包括打开目录、浏览目录和关闭目录。

13.2.1　打开 / 关闭目录

打开 / 关闭目录和打开 / 关闭文件类似，但打开的文件如果不存在，就自动创建一个新文件，而打开的目录如果不正确，则一定会报错。

1. 打开目录

PHP 使用 opendir() 函数来打开目录，其语法格式如下：

```
resource opendir ( string $path [, resource $context ] )
```

函数 opendir() 的参数 path 是一个合法的目录路径，成功执行后返回目录的指针；如果 path 不是一个合法的目录或者因为权限或文件系统错误而不能打开目录，则返回 false 并产生一个 E_WARNING 级别的错误信息。可以在 opendir() 前面加上“@”符号来抑制错误信息的输出。

2. 关闭目录

关闭目录使用 closedir() 函数，其语法格式如下：

```
void closedir ([ resource $dir_handle ] )
```

参数 dir_handle 为使用 opendir() 函数打开的一个目录指针。

打开和关闭目录的流程代码如下：

```
<?php
    $path = "D:\\phpStudy\\WWW\\Code";
    if (is_dir($path)){                              // 检测是否是一个目录
        if ($dire = opendir($path))                  // 判断打开目录是否成功
            echo $dire;                              // 输出目录指针
    }else{
        echo ' 路径错误 ';
        exit();
    }
    …                                                // 其他操作
    closedir($dire);                                 // 关闭目录
?>
```

is_dir() 函数判断当前路径是否为一个合法的目录。如果合法，返回 true，否则返回 false。

13.2.2　浏览目录

在 PHP 中浏览目录中的文件使用的是 scandir() 函数，其语法格式如下：

```
array scandir ( string directory [, int sorting_order ])
```

该函数返回一个数组，包含 directory 中的所有文件和目录。参数 sorting_order 指定排序顺序，默认按字母升序排序，如果添加了该参数，则变为降序排序。

例如，查看 D:\phpStudy\WWW\Code 目录下的所有文件。代码如下：

```
<?php
    $path = 'D:\\phpStudy\\WWW\\Code';               // 要浏览的目录
    if(is_dir($path)){                               // 判断文件名是否为目录
        $dir = scandir($path);                       // 使用 scandir() 函数取得所有文件及目录
        foreach($dir as $value){                     // 使用 foreach 循环
            echo $value."<br>";                      // 循环输出文件及目录名称
        }
    }else{
        echo " 目录路径错误！ ";
    }
?>
```

运行结果如图 13.5 所示。文件结构如图 13.6 所示。

图 13.5　浏览目录结果

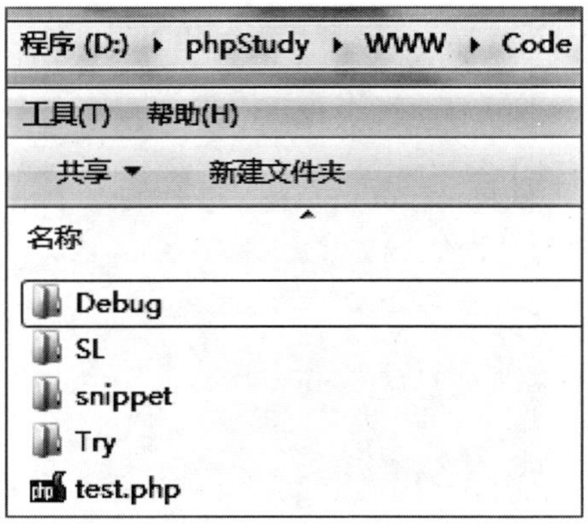

图 13.6　文件结构

13.2.3　操作目录

目录是特殊的文件，也就是说，对文件的操作处理函数（如重命名）多数同样适用于目录。但还有一些特殊的函数只是针对目录的，表 13.4 列举了一些常用的目录操作函数。

表 13.4　常用的目录操作函数

函数原型	函数说明	举　　例
bool mkdir (string pathname)	新建一个指定的目录	mkdir('temp')
bool rmdir (string dirname)	删除所指定的目录，该目录必须是空的	rmdir('tmp')
string getcwd (void)	取得当前工作的目录	getcwd()
bool chdir (string directory)	改变当前目录为 directory	echo getcwd() . " "; chdir('../'); echo getcwd() . " ";
float disk_free_space (string directory)	返回目录中的可用空间（bytes）。被检查的文件必须通过服务器的文件系统访问	disk_free_space('E:\\wamp')
float disk_total_space (string directory)	返回目录的总空间大小（bytes）	disk_total_space('E:\\wamp')

string readdir (resource handle)	返回目录中下一个文件的文件名（使用此函数时，目录必须是使用 opendir() 函数打开的）。在 PHP 5 之前，都是使用这个函数来浏览目录的	while(false!==($path=readdir($handle)))
		{
		echo $path;
		}

void rewinddir (resource handle)	将指定的目录重新指定到目录的开头	rewinddir($handle)

13.3　文件上传

视频讲解

文件上传可以通过 HTTP 来实现。要使用文件上传功能，首先要在 php.ini 配置文件中对上传做一些设置，然后了解预定义变量 $_FILES，通过 $_FILES 的值对上传文件做一些限制和判断，最后使用 move_uploaded_file() 函数实现上传。

13.3.1　配置 php.ini 文件

要实现上传功能，首先要在 php.ini 中开启文件上传，并对其中的一些参数做出合理的设置。找到 File Uploads 选项，可以看到下面有 3 个属性值，表示含义如下。

☑ file_uploads：如果值是 on，说明服务器支持文件上传；如果为 off，则不支持。

☑ upload_tmp_dir：上传文件临时目录。在文件被成功上传之前，文件首先存放到服务器端的临时目录中。如果想要指定位置，可在这里设置；否则使用系统默认目录即可。

☑ upload_max_filesize：服务器允许上传的文件的最大值，以 MB 为单位。系统默认为 2MB，用户可以自行设置。

除了 File Uploads 选项，还有几个属性也会影响到上传文件的功能。

☑ max_execution_time：PHP 中一个指令所能执行的最大时间，单位是秒。

☑ memory_limit：PHP 中一个指令所分配的内存空间，单位是 MB。

说明

在 phpStudy 集成环境中，上述介绍的这些配置信息默认已经配置好。

注意

如果要上传超大的文件，需要对 php.ini 进行修改。包括 upload_max_filesize 的最大值，max_execution_time 一个指令所能执行的最大时间和 memory_limit 一个指令所分配的内存空间。

13.3.2　预定义变量 $_FILES

$_FILES 变量存储的是上传文件的相关信息，这些信息对于上传功能有很大的作用。该变量是一个二维数组。保存的信息如表 13.5 所示。

表 13.5　预定义变量 $_FILES 元素

元　素　名	说　　明
$_FILES[filename][name]	存储了上传文件的文件名。如 exam.txt、myDream.jpg 等
$_FILES[filename][size]	存储了文件大小。单位为字节
$_FILES[filename][tmp_name]	文件上传时，首先在临时目录中被保存成一个临时文件。该变量为临时文件名

续表

元 素 名	说 明
$_FILES[filename][type]	上传文件的类型
$_FILES[filename][error]	存储了上传文件的结果。如果返回 0，说明文件上传成功

从 PHP 4.2.0 开始，PHP 将随文件信息数组一起返回一个对应的错误代码，即生成的文件数组中的 error 字段，也就是 $_FILES[filename][error] 参数值。$_FILES[filename][error] 参数值及说明如表 13.6 所示。

表 13.6　错误信息说明

错误代码	错误常量	描 述
0	UPLOAD_ERR_OK	没有错误发生，文件上传成功
1	UPLOAD_ERR_INI_SIZE	上传的文件超过了 php.ini 中 upload_max_filesize 选项限制的值
2	UPLOAD_ERR_FORM_SIZE	上传文件的大小超过了 HTML 表单中 MAX_FILE_SIZE 选项指定的值
3	UPLOAD_ERR_PARTIAL	文件只有部分被上传
4	UPLOAD_ERR_NO_FILE	没有文件被上传
6	UPLOAD_ERR_NO_TMP_DIR	找不到临时文件夹
7	UPLOAD_ERR_CANT_WRITE	文件写入失败

例如，创建一个上传文件域，通过 $_FILES 变量输出上传文件的资料。代码如下：

```
<!DOCTYPE html>
<html lang="zh-cn">
<head>
    <meta charset="utf-8">
    <title>PHP 零基础 </title>
    <link href="http://cdn.bootcss.com/bootstrap/3.3.7/css/bootstrap.css" rel="stylesheet">
</head>
<body class="col-sm-6 col-sm-offset-1 bg-info">
<h3 class="col-sm-offset-3"> 文件上传 </h3>
<form action="" method="post" enctype="multipart/form-data">
    <div class="form-group">
        <label for="exampleInputEmail1"> 邮箱 </label>
        <input type="email" class="form-control" id="exampleInputEmail1" placeholder="Email">
    </div>
    <div class="form-group">
        <label for="exampleInputPassword1"> 密码 </label>
        <input type="password" class="form-control" id="exampleInputPassword1"
```

```
                    placeholder="Password">
    </div>
    <div class="form-group">
        <label for="exampleInputFile"> 头像 </label>
        <input type="file" id="exampleInputFile" name="upfile">
    </div>
    <button type="submit" class="btn btn-info">Submit</button>
</form>
</body>
</html>
<?php
    if(!empty($_FILES)){                                       // 判断变量 $_FILES 是否为空
        foreach($_FILES[' upfile '] as $name => $value)        // 使用 foreach 循环输出上传文件信息
            echo $name.' = '.$value.'<br>';
    }
?>
```

在页面中，填写邮箱、密码，单击“选择文件”按钮，选中一张图片，单击“打开”按钮上传图片，如图 13.7 所示。

图 13.7　选择上传的文件

注意

使用 <form> 表单上传文件时，必须设置表单的 enctype 属性值为 multipart/form-data，即 enctype="multipart/form-data"，否则接收不到上传的信息，$_FILES 为空。这是初学者常犯的一个错误。

填写完信息后，单击 Submit 按钮，提交表单，运行结果如图 13.8 所示。

图 13.8　文件上传结果

13.3.3　文件上传函数

PHP 中使用 move_uploaded_file() 函数上传文件。其语法格式如下：

```
bool move_uploaded_file ( string $filename , string $destination )
```

move_uploaded_file() 函数将上传文件存储到指定的位置。如果成功，返回 true，否则返回 false。参数 $filename 是上传文件的临时文件名，即 $_FILES[filename][tmp_name]；参数 $destination 是上传后保存的新的路径和名称。

【例 13.04】 实现上传图片功能。（**实例位置：资源包 \ 源码 \13\13.04**）

本例创建一个上传表单，允许上传 1MB 以下的图片，且图片格式为 JPEG、JPG、PNG 或 GIF。程序的开发步骤如下。

（1）文件上传表单。文件上传表单有以下特性。

☑ 在 <form> 标签中，必须设置属性 enctype="multipart/form-data"。这样，服务器可以知道上传的文件带有常规的表单信息。

☑ 可以设置上传文件最大长度的表单域。这是一个隐藏的域，如下所示：

```
<input type="hidden" name="MAX_FILE_SIZE" value="1000000" >
```

需要注意的是，MAX_FILE_SIZE 表单域是可选的，该值也可以在服务器端设置。然而，如果在这个表单中使用，表单域的名称必须是 MAX_FILE_SIZE。其值是允许上传文件的最大值（单位是字节）。这里设置为 1000000B（几乎是 1MB）。

☑ 需要指定文件类型，如下所示：

```
<input type = "file" name="upfile" id="upfile">
```

可以为文件选择喜欢的任何名字，但必须记住，在 PHP 接收脚本时，使用这个名字来访问文件。

根据上面的 3 个特性，创建一个文件上传页面，命名为 index.php。index.php 文件的代码如下：

```
<!DOCTYPE html>
<html lang="zh-cn">
<head>
        <meta charset="utf-8">
        <title>PHP 零基础 </title>
        <link href="http://cdn.bootcss.com/bootstrap/3.3.7/css/bootstrap.css" rel="stylesheet">
</head>
<body class="col-sm-6 col-sm-offset-1 bg-info">
<h3 class="col-sm-offset-3"> 文件上传 </h3>
<form action="doAction.php" method="post" enctype="multipart/form-data">
        <input type="hidden" name="MAX_FILE_SIZE" value="1000000" >
        <div class="form-group">
              <label for="exampleInputEmail1"> 邮箱 </label>
              <input type="email" class="form-control" id="exampleInputEmail1"
                          name="email" placeholder="Email" >
        </div>
        <div class="form-group">
              <label for="exampleInputPassword1"> 密码 </label>
              <input type="password" class="form-control" id="exampleInputPassword1"
                          name="password" placeholder="Password">
        </div>
        <div class="form-group">
              <label for="exampleInputFile"> 头像 </label>
              <input type="file" id="exampleInputFile" name="upfile">
              <p class="text-danger"> 需是 jpeg、png 或 gif 格式 </p>
        </div>
        <button type="submit" class="btn btn-info"> 提交 </button>
</form>
</body>
</html>
```

运行结果如图 13.9 所示。

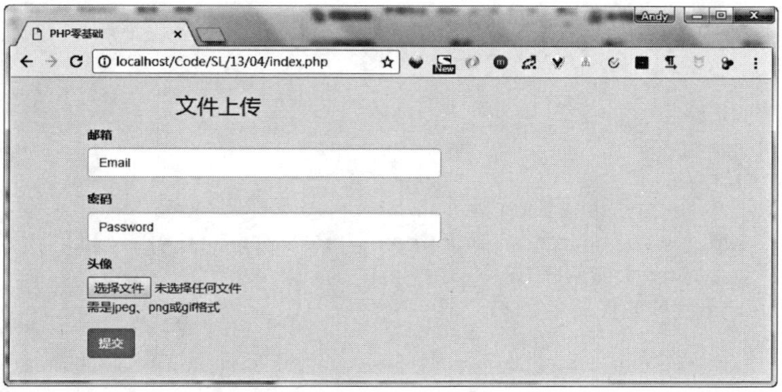

图 13.9　单文件上传

（2）上传表单。用户填写完信息单击“提交”按钮，将表单信息提交到 doAction.php 文件。在 index.php 同级目录下，创建 doAction.php 文件。在该文件中，首先检测文件是否上传成功，然后检测上传文件是否满足设定的需求，当全部检测都通过后，使用 move_uploaded_file() 函数上传文件。doAction.php 文件的代码如下：

```
<?php
    $email = $_POST['email'];                                   //接收用户名
    $password = $_POST['password'];                             //接收密码
    $fileInfo = $_FILES['upfile'];                              //接收上传文件
    /** 检测文件上传是否成功 **/
    if(!is_null($fileInfo)){
        if($fileInfo['error']>0){
            switch($fileInfo['error']){
                case 1:
                    echo '上传的文件超过了 php.ini 中 upload_max_filesize 选项限制的值';
                    break;
                case 2:
                    echo '上传文件的大小超过了 HTML 表单中 MAX_FILE_SIZE 选项指定的值';
                    break;
                case 3:
                    echo '文件只有部分被上传';
                    break;
                case 4:
                    echo '没有文件被上传';
                    break;
                case 6:
                    echo '找不到临时文件夹';
                    break;
                case 7:
                    echo '文件写入失败';
                    break;
            }
            exit;
        }else{
            /** 检测文件长度 **/
            if($fileInfo['size'] > 1000000){
                echo '上传文件大于 1MB';
                exit;
            }
            /** 检测扩展名 **/
            $allowExt = array('jpeg','jpg','png','gif');
            $ext = strtolower(pathinfo($fileInfo['name'],PATHINFO_EXTENSION));
            if(!in_array($ext,$allowExt)){
               echo '不允许的扩展名';
               exit;
            }
            /** 检测文件类型 **/
            $allowMime = array('image/jpeg','image/png','image/gif');
```

```
            if(!in_array($fileInfo['type'],$allowMime)){
                echo "上传文件类型错误";
                exit;
            }
            /** 检测是否为图片 **/
            if(!@getimagesize($fileInfo['tmp_name'])){
                echo '不是真实图片';
                exit;
            }
            /** 保存图片 **/
            $uploadPath   = 'upload';                                  // 保存路径
            if (!file_exists($uploadPath)) {
                $result = mkdir($uploadPath);
            }
            $uniName = md5(uniqid(microtime(true),true));              // 名字需要唯一
            $destination = $uploadPath.'/'.$uniName.'.'.$ext;
            if(@move_uploaded_file($fileInfo['tmp_name'], $destination)){
                echo "上传成功";
                //TODO: 其他操作，如写入数据库等
            }else{
                echo '文件移动失败';
                exit;
            }
        }
    }else{
        echo '文件上传出错';
        exit;
    }
?>
```

上述代码中，首先接收表单传递的文件信息，然后根据错误码判断文件是否上传成功。如果上传失败，根据错误码输出错误信息。此外，值得注意的是，图片上传的最终路径由 3 部分拼接而成。第一部分 $uploadPath（文件存储的目录），首先判断该文件是否存在，如不存在，使用 mkdir() 函数创建文件；第二部分 $uniName（文件名），为确保文件名唯一，同时使用 md5() 函数、uniqid() 函数和 microtime() 函数来实现；第三部分 $ext（文件扩展名），即为上传文件的扩展名。最后通过 move_uploaded_file() 函数将文件上传到指定路径。

文件上传成功运行结果如图 13.10 所示。文件存储目录如图 13.11 所示。

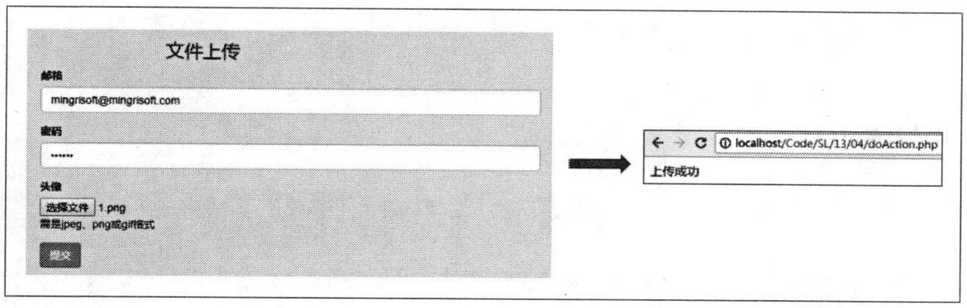

图 13.10　文件上传成功

图 13.11　文件存储目录

13.3.4　多文件上传

PHP 支持同时上传多个文件，只需要在表单中对文件上传域使用数组命名即可。

【例 13.05】 实现多文件上传。（**实例位置：资源包 \ 源码 \13\13.05**）

本实例有 3 个文件上传域，文件域的名字为 upfile[]，提交后上传的文件信息都被保存到 $_FILES['upfile'] 中，生成多维数组。读取数组信息，并上传文件。程序的开发步骤如下。

（1）创建一个文件上传页面，命名为 index.php。index.php 文件的代码如下：

```
<!DOCTYPE html>
<html lang="zh-cn">
<head>
    <meta charset="utf-8">
    <title>PHP 零基础 </title>
    <link href="http://cdn.bootcss.com/bootstrap/3.3.7/css/bootstrap.css" rel="stylesheet">
</head>
<body class="col-sm-6 col-sm-offset-1 bg-info">
<h3 class="col-sm-offset-3"> 多文件上传 </h3>
<form action="doAction.php" method="post" enctype="multipart/form-data">
    <div class="form-group">
        <label for="exampleInputFile"> 请选择您要上传的文件 </label>
        <input type="file"  name="upfile[]">
        <p class="text-danger"> 需是 jpeg、png 或 gif 格式 </p>
    </div>
    <div class="form-group">
        <label for="exampleInputFile"> 请选择您要上传的文件 </label>
        <input type="file"  name="upfile[]">
        <p class="text-danger"> 需是 jpeg、png 或 gif 格式 </p>
    </div>
    <div class="form-group">
        <label for="exampleInputFile"> 请选择您要上传的文件 </label>
        <input type="file"  name="upfile[]">
        <p class="text-danger"> 需是 jpeg、png 或 gif 格式 </p>
    </div>
    <button type="submit" class="btn btn-info"> 提交 </button>
```

```
</form>
</body>
</html>
```

运行结果如图 13.12 所示。

图 13.12　多文件上传

（2）上传表单。在 index.php 文件同级目录下创建 doAction.php 文件。由于多文件上传的检测方法与单文件上传相同，在 doAction.php 文件中，就不再写验证的功能，主要使用 for 循环遍历 $_FILES['upfile'] 数组，实现对文件的依次上传。doAction.php 代码如下：

```
<?php
    if(!empty($_FILES['upfile'])) {
        $file_name = $_FILES['upfile']['name'];                          //将上传文件名另存为数组
        $file_tmp_name   = $_FILES['upfile']['tmp_name'];                //将上传的临时文件名存为数组
        for ($i = 0; $i < count($file_name); $i++) {                     //循环上传文件
            if ($file_name[$i] != '') {                                  //判断上传文件名是否为空
                $uploadPath = 'upload';                                  //设置上传路径
                if (!file_exists($uploadPath)) {
                    $result = mkdir($uploadPath);
                }
                $uniName = md5(uniqid(microtime(true),true));            //名字需要唯一
                //获取文件类型
                $ext[$i] = strtolower(pathinfo($file_name[$i],PATHINFO_EXTENSION));
                $destination[$i] = $uploadPath.'/'.$uniName.'.'.$ext[$i];      //生成目录
                move_uploaded_file($file_tmp_name[$i],$destination[$i]);       //上传文件
                echo '文件'.$file_name[$i].'上传成功。更名为'.$uniName.'.'.$ext[$i].'<br>';
            }
        }
    }
?>
```

运行结果如图 13.13 所示。

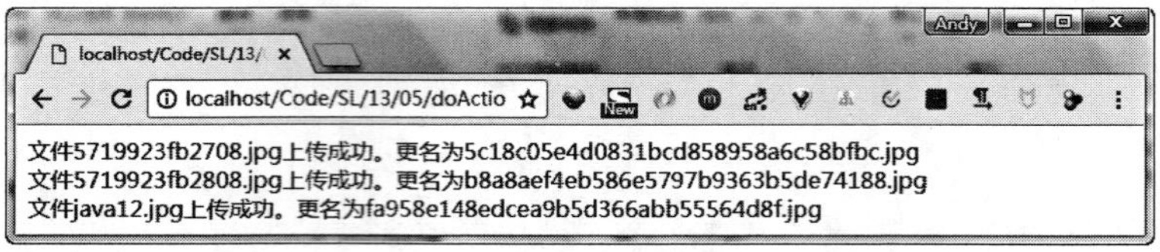

图 13.13　多文件上传

13.4　小　　结

本章首先介绍对文件的基本操作，然后学习目录的基本操作，接下来学习文件的高级处理技术，最后又学习 PHP 的文件上传技术，这是一个网站必不可少的组成部分。希望读者能够深入理解本章的重点知识，牢固掌握常用函数。

13.5　实　　战

13.5.1　获取明日科技官网页面资源

☑　实例位置：资源包 \ 源码 \13\ 实战 \01

试着使用 file() 函数获取 www.mingrisoft.com 页面资源，并输出行号，如图 13.14 所示。

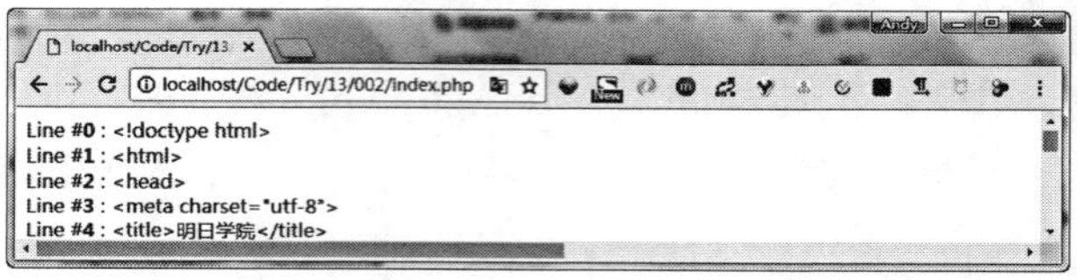

图 13.14　带行号的资源内容

13.5.2　博客中上传 txt 文件

☑　实例位置：资源包 \ 源码 \13\ 实战 \02

试着在博客中上传 txt 文件，如图 13.15 所示。

图 13.15　上传 txt 文件

第 14 章

PHP 与 Ajax 技术

（视频讲解：43 分钟）

随着 Web 2.0 时代的到来，Ajax 产生并逐渐成为主流。相对于传统的 Web 应用开发，Ajax 运用的是更加先进、更加标准化、更加高效的 Web 开发技术体系。需要说明的是，Ajax 是一个客户端技术，无论使用哪种服务器端技术（如 PHP、JSP、ASP 等）都可以使用 Ajax 技术。本章主要介绍 Ajax 技术及如何在 PHP 中应用 Ajax 技术。

学习摘要：

- Ajax **概述**
- Ajax 与 JavaScript
- XMLHttpRequest **对象**
- **应用** Ajax **技术检测用户名**
- **使用** jQuery **的** Ajax **操作函数**

视频讲解

14.1　Ajax 概述

Ajax 技术极大地改善了传统 Web 应用的用户体验，极大地发掘了 Web 浏览器的潜力，开创了大量新的可能性。下面对 Ajax 技术进行详细介绍。

14.1.1　什么是 Ajax

Ajax 是由 Jesse James Garrett 创造的，是 Asynchronous JavaScript And XML 的缩写，即异步 JavaScript 和 XML 技术。Ajax 并不是一门新的语言或技术，它是 JavaScript、XML、CSS、DOM 等多种已有技术的组合，它可以实现客户端的异步请求操作，这样就可以实现在不需要刷新页面的情况下与服务器进行通信，从而减少了用户的等待时间。

14.1.2　Ajax 的开发模式

在传统的 Web 应用模式中，页面中用户的每一次操作都将触发一次返回 Web 服务器的 HTTP 请求，服务器进行相应的处理（获得数据、运行与不同的系统会话）后，返回一个 HTML 页面给客户端，如图 14.1 所示。而在 Ajax 应用中，页面中用户的操作将通过 Ajax 引擎与服务器端进行通信，然后将返回结果提交给客户端页面的 Ajax 引擎，再由 Ajax 引擎来决定将这些数据插入到页面的指定位置，如图 14.2 所示。

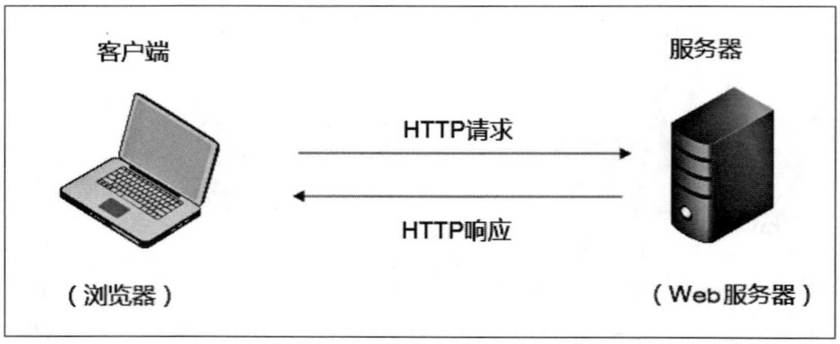

图 14.1　传统的 Web 开发模式

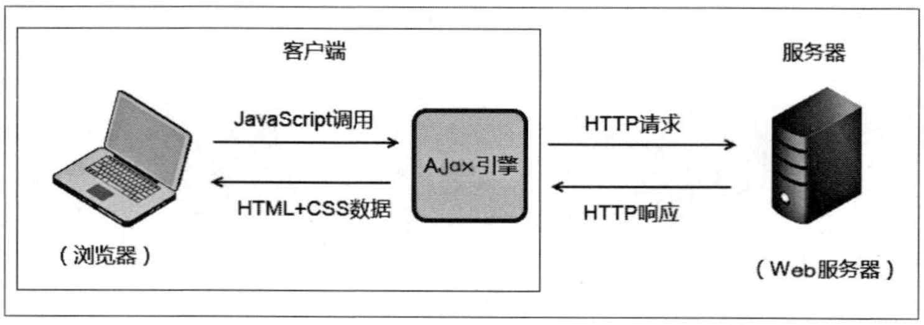

图 14.2　Ajax 的开发模式

从图 14.1 和图 14.2 中可以看出，对于每个用户的行为，在传统的 Web 应用模式中，将生成一次 HTTP 请求，而在 Ajax 应用开发模式中，将变成对 Ajax 引擎的一次 JavaScript 调用。在 Ajax 应用开发模式中通过 JavaScript 实现在不刷新整个页面的情况下，对部分数据进行更新，从而降低了网络流量，带来更好的用户体验。

14.1.3 Ajax 的优点

与传统的 Web 应用不同，Ajax 在用户与服务器之间引入一个中间媒介（Ajax 引擎），Web 页面不用打断交互流程进行重新加载即可动态地更新，从而消除了网络交互过程中的“处理—等待—处理—等待”的缺点。

使用 Ajax 的优点具体表现在以下几个方面：

☑ 减轻服务器的负担。Ajax 的原则是“按需求获取数据”，可以最大程度地减少冗余请求和响应对服务器造成的负担。

☑ 可以把一部分以前由服务器负担的工作转移到客户端，利用客户端闲置的资源进行处理，减轻服务器和带宽的负担，节约空间和宽带租用成本。

☑ 无刷新更新页面，使用户不用再像以前一样在服务器处理数据时只能在死板的白屏前焦急地等待。Ajax 使用 XMLHttpRequest 对象发送请求并得到服务器响应，在不需要重新载入整个页面的情况下，即可通过 DOM 及时将更新的内容显示在页面上。

☑ 可以调用 XML 等外部数据，进一步实现 Web 页面显示和数据的分离。

14.2 Ajax 使用的技术

视频讲解

14.2.1 Ajax 与 JavaScript

Ajax 利用 JavaScript 将 DOM、HTML（或 XHTML）、XML 以及 CSS 等技术综合起来，并控制它们的行为。因此，要开发一个复杂高效的 Ajax 应用程序，就必须对 JavaScript 有一定的了解。关于 JavaScript 脚本语言的详细讲解可参考相关书籍。

14.2.2 XMLHttpRequest 对象

Ajax 技术中，最核心的技术就是 XMLHttpRequest，它是一个具有应用程序接口的 JavaScript 对象，能够使用超文本传输协议（HTTP）连接服务器，是微软公司为了满足开发者的需要，于 1999 年在 IE 5.0 浏览器中率先推出的。现在许多浏览器都对其提供了支持，但实现方式与 IE 有所不同。

通过 XMLHttpRequest 对象，Ajax 可以像桌面应用程序一样只同服务器进行数据层面的交换，而不用每次都刷新页面，也不用每次都将数据处理的工作交给服务器来做，这样既减轻了服务器负担又加快了响应速度，从而缩短了用户等待的时间。

在使用 XMLHttpRequest 对象发送请求和处理响应之前，首先需要初始化该对象，由于 XMLHttpRequest 不是一个 W3C 标准，所以对于不同的浏览器，初始化的方法也不同。

1. IE 浏览器

IE 浏览器把 XMLHttpRequest 实例化为一个 ActiveX 对象。具体方法如下：

```
var http_request = new ActiveXObject("Msxml2.XMLHTTP");
```

或者：

```
var http_request = new ActiveXObject("Microsoft.XMLHTTP");
```

在上面代码中，Msxml2.XMLHTTP 和 Microsoft.XMLHTTP 是针对 IE 浏览器的不同版本而进行设置的，目前比较常用的为这两种。

2. 其他浏览器

Chrome、Firefox、Safari 等其他浏览器把它实例化为一个本地 JavaScript 对象。具体方法如下：

```
var http_request = new XMLHttpRequest();
```

为了提高程序的兼容性，可以创建一个跨浏览器的 XMLHttpRequest 对象。方法很简单，只需要判断一下不同浏览器的实现方式，如果浏览器提供了 XMLHttpRequest 类，则直接创建一个实例，否则使用 IE 的 ActiveX 控件。具体代码如下：

```
<script>
    if (window.XMLHttpRequest) {                          //Firefox、Safari 等浏览器
        http_request = new XMLHttpRequest();
    }else if (window.ActiveXObject) {                     //IE 浏览器
        try {
            http_request = new ActiveXObject("Msxml2.XMLHTTP");
        }
        catch (e) {
            try {
                http_request = new ActiveXObject("Microsoft.XMLHTTP");
            }
            catch (e) {
                alert(" 您的浏览器不支持 Ajax！ ");
                return false;
            }
        }
    }
</script>
```

说明

由于 JavaScript 具有动态类型特性，而且 XMLHttpRequest 对象在不同浏览器上的实例是兼容的，所以可以用同样的方式访问 XMLHttpRequest 实例的属性或方法，不需要考虑创建该实例的方法。

下面分别介绍 XMLHttpRequest 对象的常用方法和属性。

1. XMLHttpRequest 对象的常用方法

下面对 XMLHttpRequest 对象的常用方法进行详细介绍。

（1）open() 方法

open() 方法用于设置进行异步请求目标的 URL、请求方法以及其他参数信息，具体语法格式如下：

```
open("method","URL"[,asyncFlag[,"userName"[, "password"]]])
```

参数说明如下。

☑ method：用于指定请求的类型，一般为 get 或 post。

☑ URL：用于指定请求地址，可以使用绝对地址或者相对地址，并且可以传递查询字符串。

☑ asyncFlag：为可选参数，用于指定请求方式，异步请求为 true，同步请求为 false，默认情况下为 true；userName 为可选参数，用于指定用户名，没有时可省略。

☑ password：为可选参数，用于指定请求密码，没有时可省略。

（2）send() 方法

send() 方法用于向服务器发送请求。如果请求声明为异步，该方法将立即返回，否则将直到接收到响应为止。具体语法格式如下：

```
send(content)
```

在上面的语法中，content 用于指定发送的数据，可以是 DOM 对象的实例、输入流或字符串。如果没有参数需要传递时可以设置为 null。

（3）setRequestHeader() 方法

setRequestHeader() 方法为请求的 HTTP 头设置值。具体语法格式如下：

```
setRequestHeader("label", "value")
```

在上面的语法中，label 用于指定 HTTP 头，value 用于为指定的 HTTP 头设置值。

注意

setRequestHeader() 方法必须在调用 open() 方法之后才能调用。

（4）abort() 方法

abort() 方法用于停止当前异步请求。

（5）getAllResponseHeaders() 方法

getAllResponseHeaders() 方法用于以字符串形式返回完整的 HTTP 头信息，当存在参数时，表示以字符串形式返回由该参数指定的 HTTP 头信息。

2. XMLHttpRequest 对象的常用属性

XMLHttpRequest 对象的常用属性如表 14.1 所示。

表 14.1　XMLHttpRequest 对象的常用属性

属　　性	说　　明
onreadystatechange	每个状态改变时都会触发这个事件处理器，通常会调用一个 JavaScript 函数
readyState	请求的状态。有以下 5 个取值： 0= 未初始化 1= 正在加载 2= 已加载 3= 交互中 4= 完成
responseText	服务器的响应，表示为字符串
responseXML	服务器的响应，表示为 XML。这个对象可以解析为一个 DOM 对象
status	返回服务器的 HTTP 状态码，如： 200=" 成功 " 202=" 请求被接收，但尚未成功” 400=" 错误的请求 " 404=" 文件未找到 " 500=" 内部服务器错误 "
statusText	返回 HTTP 状态码对应的文本

视频讲解

14.3　Ajax 技术的典型应用

14.3.1　应用 Ajax 技术检测用户名

明日学院用户注册时，需要检测用户名是否存在，如果存在，则需要提示该用户名已经存在，不能注册，否则可以注册。为提高用户体验，可以使用 Ajax 技术，实现不刷新页面检测用户名是否被占用的功能。

【例 14.01】 Ajax 技术检测用户名是否被占用。（**实例位置：资源包 \ 源码 \14\14.01**）

本实例将使用 Ajax 技术检测用户名是否被占用，程序的开发步骤如下。

（1）创建 register.php 注册页面，代码如下：

```
<!DOCTYPE html>
<html lang="en" class="is-centered is-bold">
<head>
    <meta charset="UTF-8">
    <title> 零基础 </title>
    <link href="css/main.css" rel="stylesheet">
</head>
<body>
<section style="background: transparent">
    <form class="box py-3 px-4 px-2-mobile" role="form" name="form">
        <div class="is-flex is-column is-justified-to-center">
            <h1 class="title is-3 mb-a has-text-centered">
                注册
            </h1>
            <div class="inputs-wrap py-3">
                <div class="control">
                    <input type="text" id="username" name="username" class="input"
                           placeholder=" 用户名 " value="" required>
                    <a href="javascript:;" onClick="checkName();">[ 检测用户名 ]</a>
                </div>
                <div class="control">
                    <input type="password" id="password" name="password" class="input"
                           placeholder=" 密码 " required>
                </div>
                <div class="control">
                    <input type="password" id="password2" name="password2" class="input"
                         placeholder=" 确认密码 " required>
                </div>
                <div class="control">
                    <button class="button is-submit is-primary is-outlined" onClick="checkname();">
                        提交
                    </button>
                </div>
            </div>
            <footer class="is-flex is-justified-space-between">
             <a href="login.html">
                 已有账号 , 单击去登录
             </a>
         </footer>
        </div>
    </form>
</section>
</body>
</html>
```

上述代码与之前创建的注册页面代码基本相同，只是在单击“检测用户名”时，调用 checkName() 方法。运行结果如图 14.3 所示。

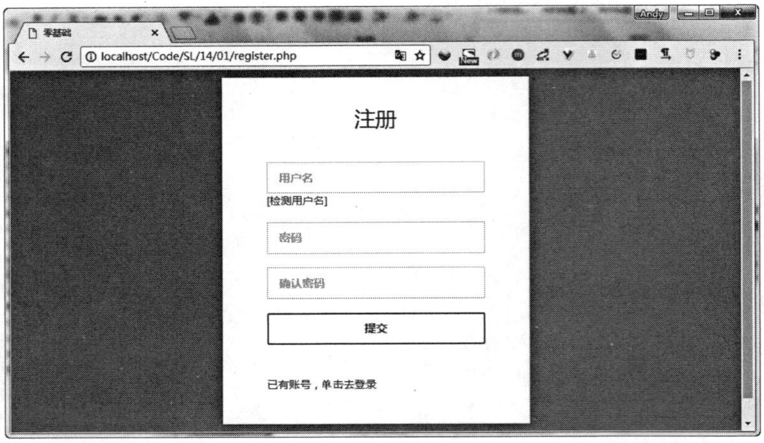

图 14.3　注册页面

（2）编写 Ajax 异步提交代码。在步骤（1）创建的 register.php 文件中，添加如下 JavaScript 代码，实现 Ajax 的异步提交。代码如下：

```
<!DOCTYPE html>
<html lang="en" class="is-centered is-bold">
<head>
    <meta charset="UTF-8">
    <title> 零基础 </title>
    <link href="css/main.css" rel="stylesheet">
</head>
<body>
<section style="background: transparent">
        // 省略部分代码
</section>
<script>
    function checkName() {
        var username = form.username.value;
        if(username=="") {
            window.alert(" 请填写用户名 !");
            form.username.focus();
            return false;
        }
        createRequest(' checkName.php ',username);          // 调用 createRequest() 方法
    }
    function createRequest(url,username) {                 // 初始化对象并发出 XMLHttpRequest 请求
        http_request = false;                              // 初始化对象
        if (window.XMLHttpRequest) {                       //Chrome、Firefox 等浏览器
            http_request = new XMLHttpRequest();
```

```
                if (http_request.overrideMimeType) {
                    http_request.overrideMimeType("text/xml");
                }
            } else if (window.ActiveXObject) {                         //IE 浏览器
                try {
                    http_request = new ActiveXObject("Msxml2.XMLHTTP");
                } catch (e) {
                    try {
                        http_request = new ActiveXObject("Microsoft.XMLHTTP");
                    } catch (e) {}
                }
            }
            if (!http_request) {
                alert(" 不能创建 XMLHTTP 实例 !");
                return false;
            }
            http_request.onreadystatechange = alertContents;    // 指定响应方法
            http_request.open("POST", url, true);               // 设置进行异步请求目标 URL 和请求方法
            http_request.setRequestHeader("Content-type","application/x-www-form-urlencoded");
            http_request.send("username="+username);            // 向服务器发送请求
        }
        function alertContents() {                              // 处理服务器返回的信息
            if (http_request.readyState == 4) {
                if (http_request.status == 200) {
                    alert(http_request.responseText);
                } else {
                    alert(' 您请求的页面发现错误 ');
                }
            }
        }
</script>
</body>
</html>
```

在上述代码中，当用户单击“检测用户名”超链接时，调用 checkName() 方法。该方法先判断用户名是否为空，如果用户名为空时，提示用户“请填写用户名！”，如果不为空，则调用 createRequest() 方法。createRequest() 方法首先根据不同浏览器实例化 XMLHttpRequest。接下来，使用 onreadystatechange 属性指定响应方法，调用 open() 方法设置进行异步请求目标 URL 和请求方法，调用 send() 方法向服务器发送请求。服务器调用指定的 alertContents() 方法。alertContents() 方法用于判断响应状态，并输出响应内容。

（3）编写检测用户名是否唯一的 PHP 处理页 checkname.php，在该页面中使用 PDO 方式与数据库交互，使用 PHP 的 echo 语句输出检测结果，完整代码如下：

```
<?php
require "config.php";                                   // 引入配置文件
$username = trim($_POST[' username ']);                 //trim() 函数去除前后空格
```

```
try{
    // 连接数据库、选择数据库
    $pdo = new PDO(DNS,DB_USER,DB_PWD);
}catch(PDOException $e){
    // 输出异常信息
    echo $e->getMessage();
}
//users 表中查找输入的用户名和密码是否匹配
$sql = 'select * from users where username = :username';
$res = $pdo->prepare($sql);
$res->bindParam(':username',$username);                          // 绑定参数
if($res->execute()){
    $rows = $res->fetch(PDO::FETCH_ASSOC);                       // 返回一个索引为结果集列名的数组
    if($rows){
        echo " 很报歉！用户名 [".$username."] 已经被注册 !";
    }else{
        echo " 祝贺您！用户名 [".$username."] 没有被注册 !";
    }
}
?>
```

上述代码中，使用 require 语句引入 config.php 文件。config.php 配置文件的代码如下：

```
<?php
    define('DB_HOST','localhost');
    define('DB_USER','root');
    define('DB_PWD','root');
    define('DB_NAME','database14');
    define('DB_PORT','3306');
    define('DB_TYPE','mysql');
    define('DB_CHARSET','utf8');
    define('DNS',DB_TYPE.":host=".DB_HOST.";dbname=".DB_NAME.";charset=".DB_CHARSET);
?>
```

新建 datebase14 数据库，数据库中新建 users 表，users 表数据信息如图 14.4 所示。

图 14.4　users 表数据

运行本实例，在“用户名”文本框中输入“明日科技”，单击“检测用户名”超链接，即可在不刷新页面的情况下弹出“祝贺您！用户名 [明日科技] 没有被注册 !”的提示对话框，如图 14.5 所示。当“用户名”输入 mr，单击“检测用户名”超链接，运行结果如图 14.6 所示。

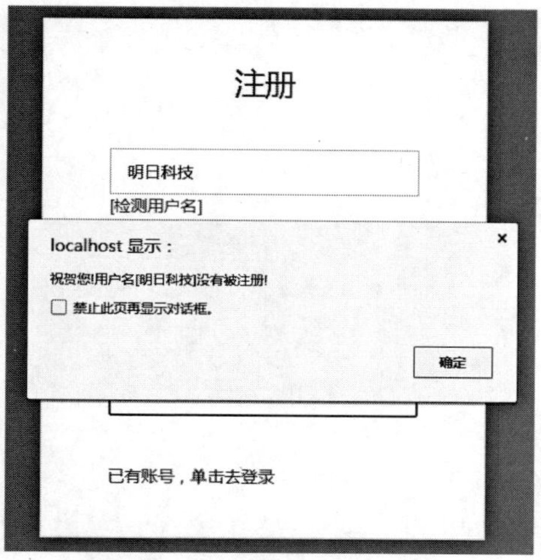

图 14.5　用户名没有被注册

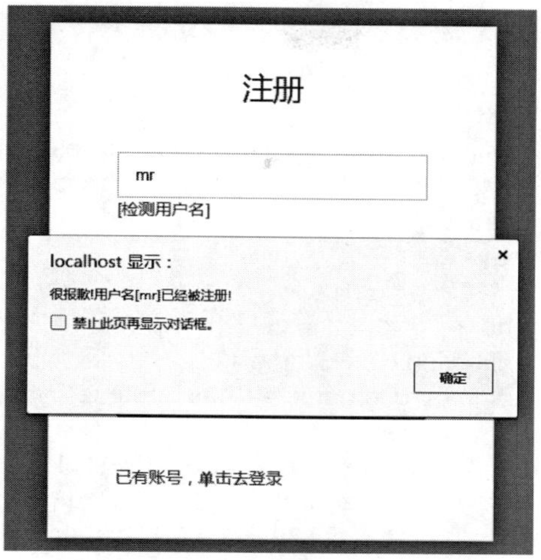

图 14.6　用户名已经被注册

14.3.2　使用 jQuery 的 Ajax 操作函数

使用原始 Ajax，我们需要做较多的事情，如创建 XMLHttpRequest 对象，判断请求状态，编写回调函数等，使得编写 Ajax 代码异常烦琐，并且代码的可读性很差。好在有很多 JavaScript 函数库可以解决这个问题，其中，使用 jQuery 的 Ajax 操作函数是一个不错的选择。

【例 14.02】 使用 jQuery 的 Ajax 操作检测用户名是否被占用。（**实例位置：资源包\源码\14\14.02**）

本实例主要通过 jQuery Ajax 实现例 14.01 同样的功能，用于对比 jQuery 的 Ajax 函数和原生 Ajax 的区别。程序的开发步骤如下。

（1）创建 register.php 注册页面，该文件比例 14.01 步骤（1）中的 register.php 文件多一行代码，即引入 jQuery 文件。主要代码如下：

```
<!DOCTYPE html>
<html lang="en" class="is-centered is-bold">
<head>
      <meta charset="UTF-8">
      <title> 零基础 </title>
      <link href="css/main.css" rel="stylesheet">
      <script src="js/jquery.min.js"></script>
</head>
<body>
// 省略其余代码
```

（2）编写 Ajax 异步提交代码。在步骤（1）创建的 register.php 文件中，添加如下 jQuery 代码，实现 Ajax 的异步提交。代码如下：

```
<!DOCTYPE html>
<html lang="en" class="is-centered is-bold">
```

```
<head>
    <meta charset="UTF-8">
    <title> 零基础 </title>
    <link href="css/main.css" rel="stylesheet">
    <script src="js/jquery.min.js"></script>
</head>
<body>
// 省略部分代码
<script>
    function checkName() {
        var username = $('#username').val();                    // 获取用户名
        if(username == "") {
            window.alert(" 请填写用户名 !");
            $('#username').focus();
            return false;
        }
        $.ajax({
            type: "POST",                                       // 提交方式
            url:"checkName.php",                                // 发送请求的地址
            data: 'username='+username,                         // 传递数据
            success:function(msg){                              // 回调函数
                alert(msg);
            }
        });
    }
</script>
</body>
</html>
```

上述步骤中，仅用了几行代码，就实现了和原生 Ajax 同样的功能。使用了 jQuery 的 Ajax 方法主要参数如下。

- ☑ type：提交方式，通常为 GET 或 POST，默认为 GET。
- ☑ url：发送请求的地址，默认为当前页地址。
- ☑ data：发送到服务器的数据，将自动转换为请求字符串格式。GET 请求中将附加在 URL 后。查看 processData 选项说明以禁止此自动转换。必须为 Key/Value 格式。如果为数组，jQuery 将自动为不同值对应同一个名称。如 {foo:["bar1", "bar2"]} 转换为 "&foo=bar1&foo=bar2"。
- ☑ success：请求成功后的回调函数。参数由服务器返回。

说明

更多参数及 jQuery 的 Ajax 方法请参考 jQuery 开发手册。

（3）编写检测用户名是否唯一的 PHP 处理页 checkname.php，该代码与例 14.01 中的 checkname.php 基本相同，主要修改返回参数。checkname.php 文件的具体代码如下：

```
<?php
    require "config.php";                                       // 引入配置文件
```

```
    $username = trim($_POST[' username ']);                    //trim() 函数去除前后空格
    try{
        // 连接数据库、选择数据库
        $pdo = new PDO("mysql:host=".DB_HOST.";dbname=".DB_NAME,DB_USER,DB_PWD);
    }catch(PDOException $e){
        // 输出异常信息
        echo $e->getMessage();
    }
    //users 表中查找输入的用户名和密码是否匹配
    $sql = ' select * from users where username = :username ';
    $res = $pdo->prepare($sql);
    $res->bindParam(' :username ',$username);                  // 绑定参数
    if($res->execute()){
      $rows = $res->fetch(PDO::FETCH_ASSOC);                   // 返回一个索引为结果集列名的数组
      if($rows){
          $res =  " 很报歉 ! 用户名 [".$username."] 已经被注册 !";
      }else{
          $res = " 祝贺您 ! 用户名 [".$username."] 没有被注册 !";
      }
      echo $res;
    }
?>
```

上述代码中，将 $res 返回给 Ajax 的 success 回调函数，最终使用 alert() 方法输出。运行结果与例 14.01 完全相同。

14.4　小　　结

本章主要介绍了应用 PHP 开发动态网站时的一些高级技术，读者应该认真学习并掌握。通过这些技术可以使编程水平上升到一个新的层次。例如，使用 Ajax 技术可以实现很多无刷新效果，增强页面的友好性。

14.5　实　　战

14.5.1　使用 Ajax 的 get 方法发送信息

☑　**实例位置：资源包 \ 源码 \14\ 实战 \01**

使用 Ajax 的 get 方法发送信息“你好，明日科技”。

14.5.2　使用 Ajax 实现无跳转添加文章功能

☑　**实例位置：资源包 \ 源码 \14\ 实战 \02**

试着在 database14 数据库中新建一个 posts 文章表，使用 Ajax 实现无跳转添加文章功能，运行效果如图 14.7 所示。

图 14.7　Ajax 无跳转添加文章

第 15 章

ThinkPHP 框架

（视频讲解：1 小时 46 分钟）

ThinkPHP 是一个免费开源的，快速、简单的，面向对象的轻量级 PHP 开发框架，遵循 Apache2 开源协议发布，是为了敏捷 Web 应用开发和简化企业级应用开发而诞生的。ThinkPHP 从诞生以来一直秉承大道至简的开发理念，无论从底层实现还是应用开发，都倡导用最少的代码完成相同的功能，正是由于对简单的执着和代码的修炼，让 ThinkPHP 长期保持出色的性能和极速的开发体验。

学习摘要：

- ThinkPHP 简介
- ThinkPHP 基础
- ThinkPHP 的配置
- ThinkPHP 的控制器
- ThinkPHP 的模型
- ThinkPHP 的视图
- 内置 ThinkTemplate 模板引擎

视频讲解

15.1 ThinkPHP 简介

ThinkPHP 是一个免费开源的，快速、简单的，面向对象的轻量级 PHP 开发框架，创立于 2006 年初，遵循 Apache2 开源许可协议发布，是为了敏捷 Web 应用开发和简化企业应用开发而诞生的。ThinkPHP 从诞生以来一直秉承简洁实用的设计原则，在保持出色的性能和至简的代码的同时，既注重易用性，又拥有众多的原创功能和特性。在社区团队的积极参与下，在易用性、扩展性和性能方面不断优化和改进，已经成长为国内最领先和最具影响力的 Web 应用开发框架，众多的典型案例确保其可以稳定用于商业以及门户级的开发。

15.1.1 ThinkPHP 框架的特点

ThinkPHP 是一个性能卓越并且功能丰富的轻量级 PHP 开发框架。其宗旨就是让 Web 应用开发更简单、更快速。ThinkPHP 值得推荐的特性包括：

☑ MVC 支持，基于多层模型（Model）、视图（View）、控制器（Controller）的设计模式。

☑ ORM 支持，提供了全功能和高性能的 ORM 支持，支持大部分数据库。

☑ 模板引擎支持，内置了高性能的基于标签库和 XML 标签的编译型模板引擎。

☑ RESTFul 支持，通过 REST 控制器扩展提供了 RESTFul 支持，为我们打造全新的 URL 设计和访问体验。

☑ 云平台支持，提供了对新浪 SAE 平台和百度 BAE 平台的强力支持，具备“横跨性”和“平滑性”，支持本地化开发和调试以及部署切换，让我们轻松过渡，打造全新的开发体验。

☑ CLI 支持，支持基于命令行的应用开发。

☑ RPC 支持，提供包括 PHPRpc、HProse、jsonRPC 和 Yar 在内的远程调用解决方案。

☑ MongoDb 支持，提供 NoSQL 的支持。

☑ 缓存支持，提供了包括文件、数据库、Memcache、Xcache、Redis 等多种类型的缓存支持。

ThinkPHP 采用了 MVC 设计模式，此模式将应用程序分为 3 个部分：模型层（Model）、视图层（View）、控制层（Controller），MVC 是这 3 个部分英文字母的缩写。

在 PHP Web 开发中，MVC 设计模式的各自功能及相互关系如图 15.1 所示。

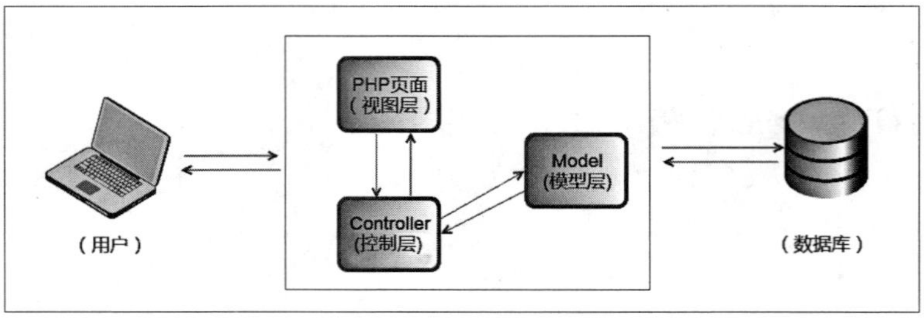

图 15.1　MVC 关系图

1. 模型层（Model）

模型层是应用程序的核心部分，它可以是一个实体对象或一种业务逻辑，之所以称为模型，是因为它在应用程序中有更好的重用性和扩展性。

2. 视图层（View）

视图层提供应用程序与用户之间的交互界面，在 MVC 理论之中，这一层并不包含任何的业务逻辑，仅提供一种与用户交互的视图。

3. 控制层（Controller）

控制层用于对程序中的请求进行控制，作用就像国家的宏观调控，它可以选择调用哪些视图或者调用哪些模型。

15.1.2　环境要求

ThinkPHP 可以支持 Windows/UNIX 服务器环境，可运行于包括 Apache、IIS 在内的多种 Web 服务器。需要 PHP 5.3 版本（注意，PHP 5.3 dev 版本和 PHP 6 均不支持）及以上版本支持。支持 MySQL、MS SQL、PgSQL、Sqlite、Oracle 等数据库。

15.1.3　下载 ThinkPHP 框架

ThinkPHP 是一个免费开源、快捷、简单的轻量级 PHP 开发框架。下载地址为 http://www.thinkphp.cn/down.html。

说明

本章将以 ThinkPHP 3.2.3 为例来讲解 ThinkPHP 框架的使用，请读者下载 ThinkPHP 3.2.3 的完整版。

视频讲解

15.2　ThinkPHP 基础

ThinkPHP 遵循简洁实用的设计原则，兼顾开发速度和执行速度的同时，也注重易用性。本节内容将对 ThinkPHP 框架的整体思想和架构体系进行详细说明。

15.2.1　目录结构

将下载的 thinkphp_3.2.3_full.zip 压缩包解压，重命名为 APP（名字只是为后面访问网址方便），将整个 APP 文件夹放在 D:\phpStudy\WWW 文件夹下（网站根目录）。解压后文件结构如图 15.2 所示。

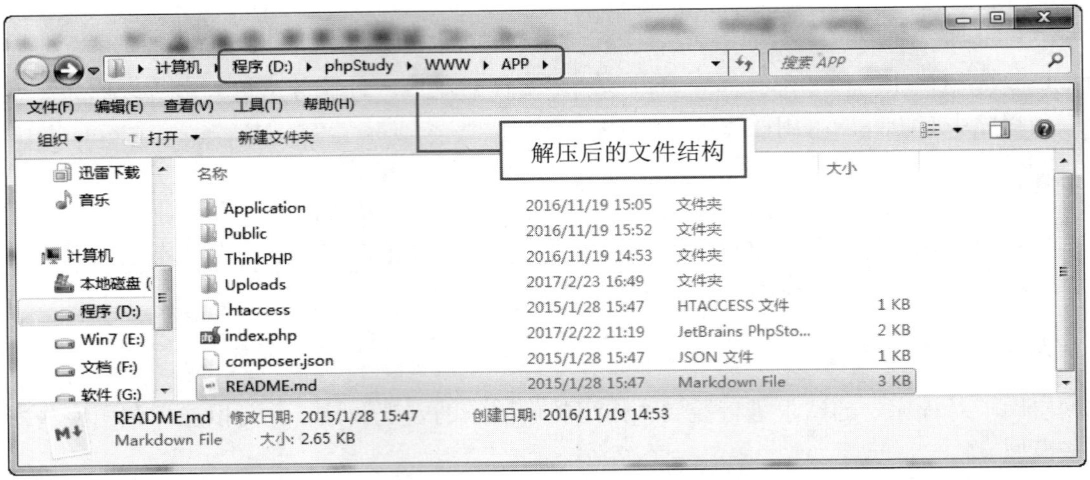

图 15.2　解压后文件结构

使用 PhpStorm 打开项目的流程如图 15.3 所示。

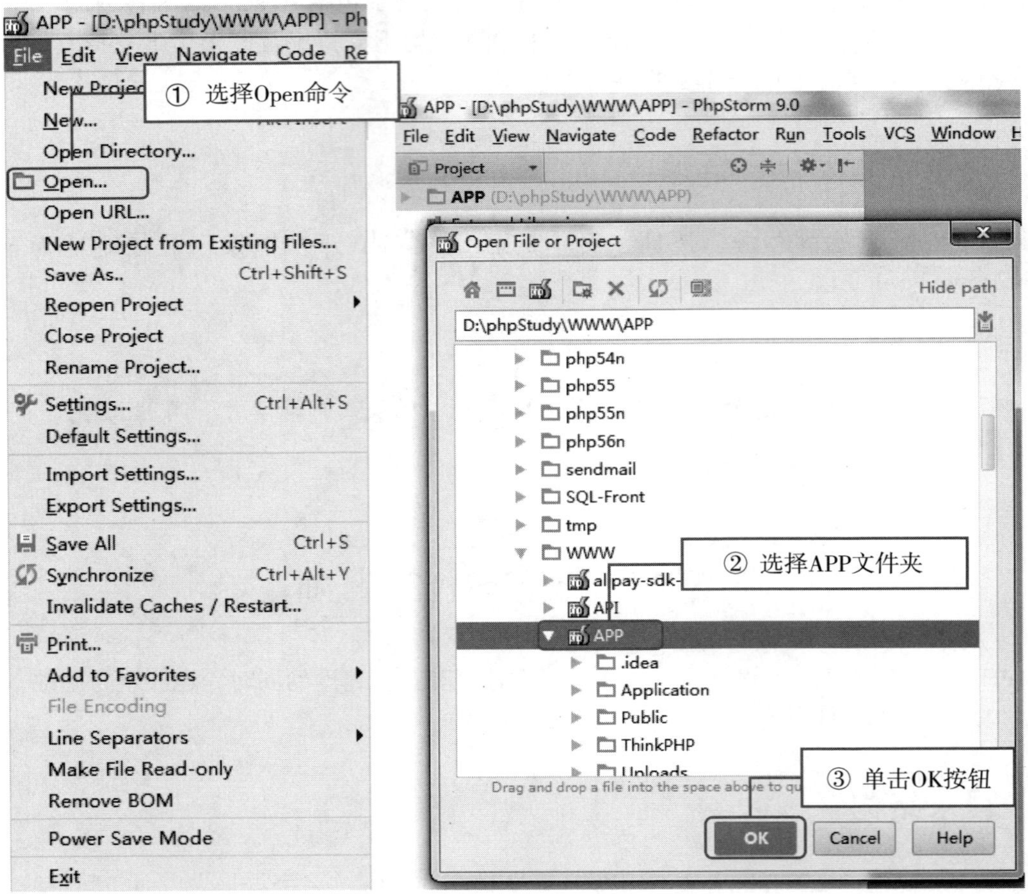

图 15.3　使用 PhpStorm 打开项目

此时，可以看到 APP 文件夹的目录结构如图 15.4 所示。

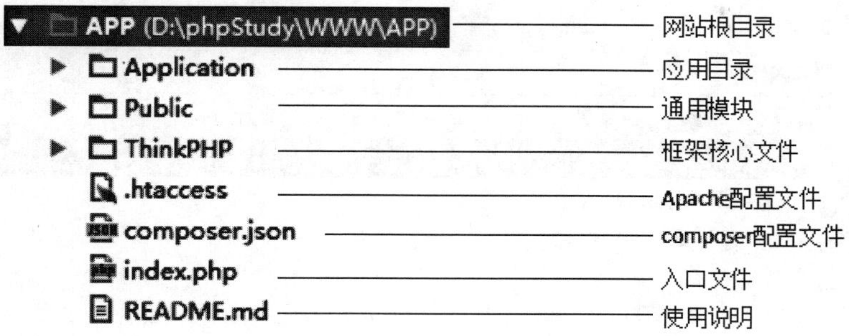

图 15.4　目录结构

15.2.2　自动生成目录

在浏览器地址栏中输入 localhost/APP/index.php，按 Enter 键后会在页面中显示欢迎页面。运行结果如图 15.5 所示。

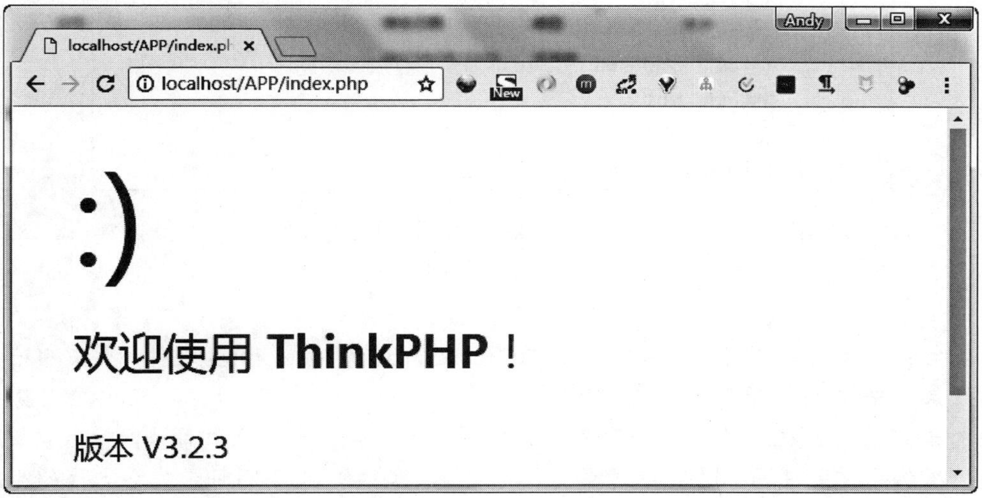

图 15.5　ThikPHP 欢迎页面

再次查看 APP 文件夹的目录结构，系统已经在 Application 目录下面自动生成了公共模块 Common、默认模块 Home 和 Runtime 运行时目录，如图 15.6 所示。

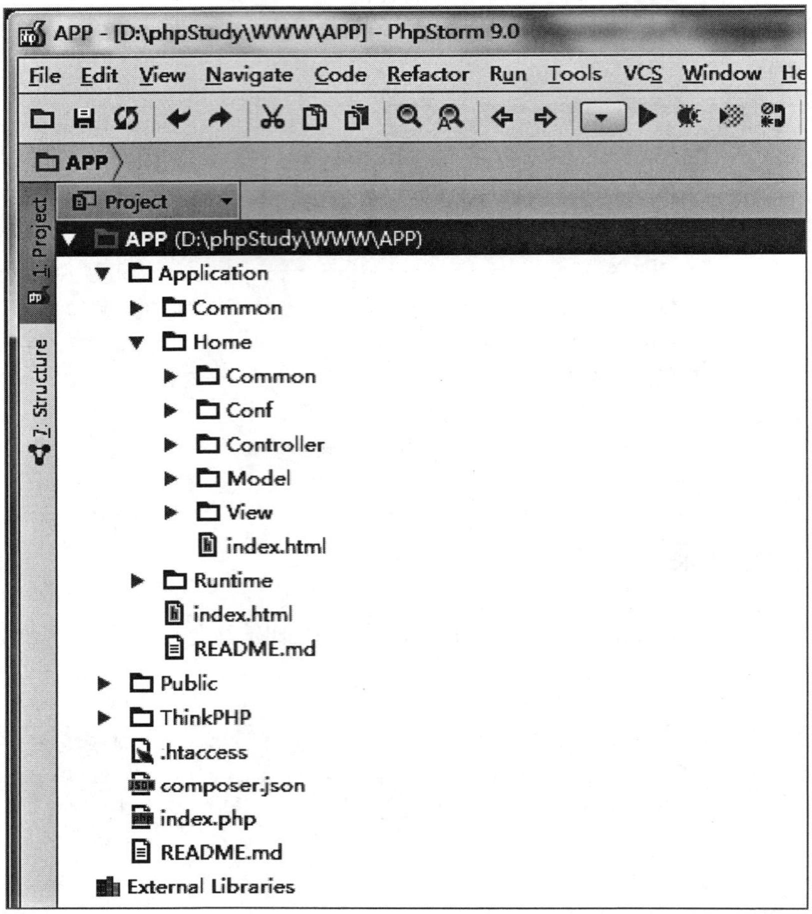

图 15.6　ThinkPHP 新增目录结构

说明

在自动生成目录结构的同时，在多个目录下面还看到了 index.html 文件，这是 ThinkPHP 自动生成的目录安全文件。为了避免某些服务器开启了目录浏览权限后可以直接在浏览器中输入 URL 地址查看目录，系统默认开启了目录安全文件机制，会在自动生成目录时生成空白的 index.html 文件。当然安全文件的名称可以设置，也可以在入口文件中关闭目录安全文件的生成。

15.2.3　快速生成新模块

由于采用多层的 MVC 机制，除了 Conf 和 Common 目录外，每个模块下面的目录结构可以根据需要灵活设置和添加，所以并不拘泥于上面展现的目录。

如果要添加新的模块（假设 Admin 模块），有没有快速生成模块目录结构的办法呢？自动生成的方式非常简单，只需要在入口文件 APP/index.php 中，新增下面指定代码即可，具体代码如下：

```
<?php
// 应用入口文件
// 检测 PHP 环境
if(version_compare(PHP_VERSION,'5.3.0','<'))   die('require PHP > 5.3.0 !');

// 绑定入口文件到 Admin 模块访问
define('BIND_MODULE','Admin');

// 开启调试模式，建议开发阶段开启，部署阶段注释或者设为 false
define('APP_DEBUG',True);

// 定义应用目录
define('APP_PATH','./Application/');

// 引入 ThinkPHP 入口文件
require './ThinkPHP/ThinkPHP.php';

// 后面不需要任何代码了，就是如此简单
```

新增自动生成 Admin 模块的代码

BIND_MODULE 常量定义表示绑定入口文件到某个模块，由于并不存在 Admin 模块，所以会在第一次访问时自动生成。

在浏览器地址栏中输入 localhost/APP/index.php，按 Enter 键后会再次看到欢迎页面。此时，项目目录结构发生变化。Application 文件夹下，已经自动生成了 Admin 模块及其目录结构。其目录结构如图 15.7 所示。

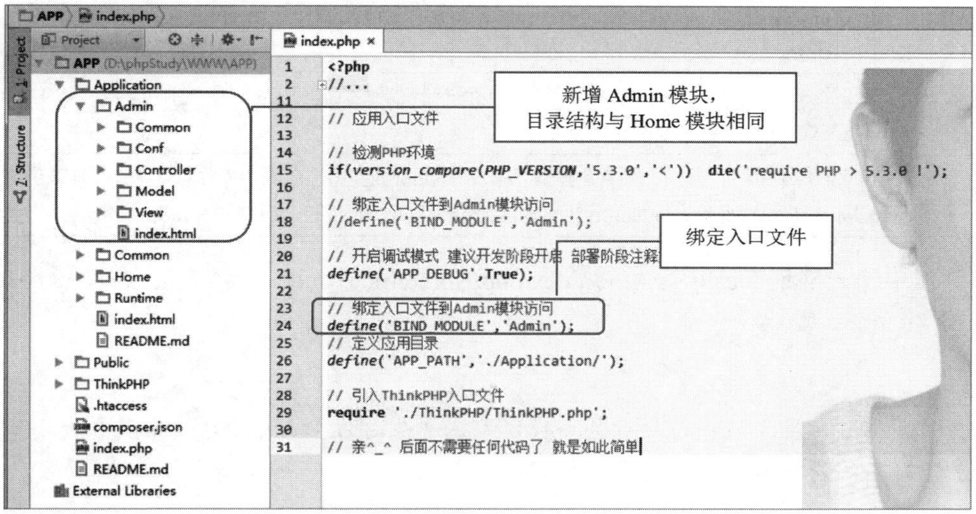

图 15.7　生成 Admin 模块后的目录结构

生成 Admin 模块以后，需要在 APP 文件夹下的入口文件 index.php 中，在如下代码中添加注释：

```
//define('BIND_MODULE','Admin');
```

修改后，可以正常访问 Home 模块，否则就只能访问 Admin 模块（因为应用入口中绑定了 Admin 模块）。

15.2.4 模块化设计

Home 模块和 Admin 模块的目录结构相同，这是因为一个完整的 ThinkPHP 应用是基于模块 / 控制器 / 操作来设计的。在浏览器中输入网址 localhost/APP/index.php/Home/Index/index，按 Enter 键后，会再次看到欢迎页面。接下来我们以 "/" 作为分界，来分析一下这个链接地址。

☑ localhost：主机名。也可以更改为本机 IP 地址。

☑ APP：应用名称。可自己命名，注意更改后，访问网址要相应变化。

☑ index.php：项目的入口文件，在入口文件中定义应用目录和加载 ThinkPHP 框架，这是所有基于 ThinkPHP 开发应用的第一步。

☑ Home：模块名称。

☑ Index：控制器名称。

☑ index：方法名。使用驼峰法，首字母小写，如 firstName。

ThinkPHP 的模块 / 控制器 / 操作基本概念描述如表 15.1 所示。

表 15.1　基本概念描述

名　称	描　述
应用	基于同一个入口文件访问的项目称之为一个应用，即本项目中的 APP
模块	一个应用下面可以包含多个模块，每个模块在应用目录下面都是一个独立的子目录，如目录中的 Home
控制器	每个模块可以包含多个控制器，一个控制器通常体现为一个控制器类，如 Home/Controller/IndexController.class.php
操作（也称作方法）	每个控制器类可以包含多个操作方法，也可能是绑定的某个操作类，每个操作是 URL 访问的最小单元，如 Home/Controller/IndexController.class.php 文件中的 index()

当在浏览器中输入网址 localhost/APP/index.php/Home/Index/index，系统会自动执行 Home 模块的 Index 控制器下的 index 操作。

注意

网址中模块和控制器首字符都采用大写的方式，这是因为在 Linux 系统中区分大小写，如果是 Windows 系统则不区分。本章中都采用大小写的方式。

15.2.5 执行流程

ThinkPHP 系统流程如下。

☑ 用户 URL 请求。用户在浏览器中输入网址，即发送 URL 请求。

- ☑ 调用应用入口文件。入口文件即根目录的 index.php 文件，路径为 APP/index.php。
- ☑ 载入框架入口文件（ThinkPHP.php），路径为 APP/ThinkPHP/ThinkPHP.php。
- ☑ 加载 ThinkPHP 框架内部，具体加载内容可参考 ThinkPHP 手册。
- ☑ 获取请求的模块信息。
- ☑ 获取当前控制器和操作，以及 URL 其他参数。
- ☑ 根据请求执行控制器方法。
- ☑ 如果控制器中调用 display 或 show 方法，则说明有模板渲染。
- ☑ 获取模板内容。
- ☑ 自动识别当前主题以及定位模板文件。

当在浏览器中输入 http://localhost/APP/index.php/Home/Index/index，系统获取到请求的模块是 Home，当前控制器是 Index，控制器方法是 index，然后会执行该方法，如果有模板渲染，就获取模板内容。

15.2.6　命名规范

ThinkPHP 框架有其自身的一定规范，要应用 ThinkPHP 框架开发项目，那么就要尽量遵守它的规范。下面就介绍一下 ThinkPHP 的命名规范。

- ☑ 类文件都是以 .class.php 为后缀（这里是指 ThinkPHP 内部使用的类库文件，不代表外部加载的类库文件），使用驼峰法命名，并且首字母大写，如 DbMysql.class.php。
- ☑ 类的命名空间地址和所在的路径地址一致，例如，Home\Controller\UserController 类所在的路径应该是 Application/Home/Controller/UserController.class.php。
- ☑ 确保文件的命名和调用大小写一致，是由于在类似 UNIX 系统中，对大小写是敏感的（而 ThinkPHP 在调试模式下面，即使在 Windows 平台也会严格检查大小写）。
- ☑ 类名和文件名一致（包括上面说的大小写一致），例如，UserController 类的文件命名是 UserController.class.php，InfoModel 类的文件名是 InfoModel.class.php，并且不同的类库的类命名有一定的规范。
- ☑ 函数、配置文件等其他类库文件之外的一般是以 .php 为后缀（第三方引入的不做要求）。
- ☑ 函数的命名使用小写字母和下画线的方式，如 get_client_ip。
- ☑ 方法的命名使用驼峰法，并且首字母小写或者使用下画线“_”，如 getUserName 和 _parseType，通常下画线开头的方法属于私有方法。
- ☑ 属性的命名使用驼峰法，并且首字母小写或者使用下画线“_”，如 tableName 和 _instance，通常下画线开头的属性属于私有属性。
- ☑ 以双下画线“__”打头的函数或方法作为魔法方法，如 __call 和 __autoload。
- ☑ 常量以大写字母和下画线命名，如 HAS_ONE 和 MANY_TO_MANY。
- ☑ 配置参数以大写字母和下画线命名，如 HTML_CACHE_ON。
- ☑ 语言变量以大写字母和下画线命名，如 MY_LANG，以下画线打头的语言变量通常用于系统语言变量，如 _CLASS_NOT_EXIST_。
- ☑ 对变量的命名没有强制的规范，可以根据团队规范来进行。

☑ ThinkPHP 的模板文件默认是以 .html 为后缀（可以通过配置修改）。

☑ 数据表和字段采用小写加下画线方式命名，并注意字段名不要以下画线开头，例如，think_user 表和 user_name 字段是正确写法，类似 _username 这样的数据表字段可能会被过滤。

视频讲解

15.3　ThinkPHP 的配置

配置文件是 ThinkPHP 框架程序得以运行的基础条件，框架的很多功能都需要在配置文件中配置之后，才可以生效，包括 URL 路由功能、页面伪静态和静态化等。ThinkPHP 提供了灵活的全局配置功能，采用最有效率的 PHP 返回数组方式定义，支持惯例配置、项目配置、调试配置和模块配置，并且会自动生成配置缓存文件，无须重复解析。

ThinkPHP 在项目配置上面创造了自己独有的分层配置模式，其配置层次如图 15.8 所示。

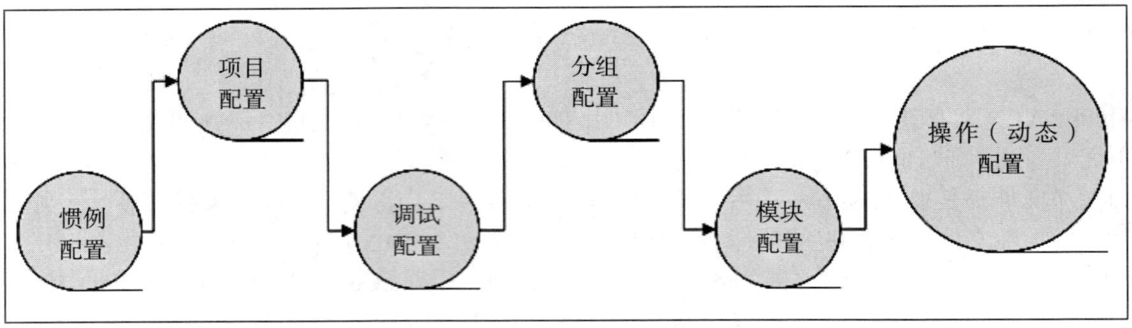

图 15.8　分层配置模式的顺序

以上是配置文件的加载顺序，但是因为后面的配置会覆盖之前的配置（在没有生效的前提下），所以优先顺序从右到左。系统的配置参数是通过静态变量全局存取的，存取方式非常简单高效。

15.3.1　配置格式

ThinkPHP 框架中所有配置文件的定义格式均采用返回 PHP 数组的方式，格式如下：

```
<?php
    return array(
        'APP_DEBUG' => true,
        'URL_MODEL' => 2,
        //……更多的配置参数
    );
?>
```

说明

配置参数不区分大小写（因为无论使用大小写定义，都会转换成小写）。但是习惯上保持大写定义的原则。另外，还可以在配置文件中使用二维数组来配置更多的信息。例如：

```
<?php
    return array(
        'APP_DEBUG' => true,
        'USER_CONFIG' => array(
        'USER_AUTH' => true,
        'USER_TYPE' => 2,
         ),
    );
?>
```

注意

二级参数配置区分大小写，也就是说读取确保和定义一致。

多学两招

项目配置指的是项目的全局配置，因为一个项目除了可以定义项目配置文件之外，还可以定义模块配置文件用于针对某个特定的模块进行特殊的配置。它们的定义格式都是一致的，区别只是配置文件命名的不同。系统会自动在不同的阶段读取配置文件。这里使用 .html 作为模板文件的后缀，因为 HTML 网页在互联网中更容易被搜索引擎搜索到。

15.3.2　调试配置

ThinkPHP 支持调试模式，默认情况下是运行在部署模式下面。在部署模式下，以性能优先并且尽可能少地抛出错误信息。而调试模式则以除错方便优先，关闭所有缓存，而且尽可能多地抛出错误信息，所以对性能有一定的影响。

部署模式采用了项目编译机制，第一次运行会对核心和项目相关文件进行编译缓存，由于编译后会影响开发过程中对配置文件、函数文件和数据库修改的生效（除非修改后手动清空 Runtime 下面的缓存文件）。因此为了避免以上问题，强烈建议新手在使用 ThinkPHP 开发的过程中使用调试模式，这样可以更好地获取错误提示和避免一些不必要的问题和烦恼。

开启和关闭调试的方法非常简单，在 APP\index.php 入口文件中，设置 APP_DEBUG 为 True，即可开启调试，代码如下：

```
define('APP_DEBUG',True); // 开启调试
```

或设置 APP_DEBUG 为 False 关闭调试，代码如下：

```
define('APP_DEBUG',False); // 关闭调试
```

15.4　ThinkPHP 的控制器

视频讲解

15.4.1　控制器

一般来说，ThinkPHP 的控制器是一个类，而操作则是控制器类的一个公共方法。创建控制器需要为每个控制器定义一个控制器类，控制器类的命名规范是：控制器名 +Controller.class.php（采用驼峰法并且首字母大写）。

例如，为后台 Admin 模块创建一个 Test 控制器，控制器中创建 test1 和 test2 方法。TestController.class.php 文件的具体代码如下：

```
<?php
    namespace Admin\Controller;                              // 命名空间
    use Think\Controller;                                    // 命名空间引用

    class TestController extends Controller {

    }
```

（2）创建方法。在 TestController.class.php 文件中添加两个测试方法。具体代码如下：

```
<?php
    namespace Admin\Controller;                              // 命名空间
    use Think\Controller;                                    // 命名空间引用

    class TestController extends Controller {

        public function test1(){
            echo " 我是测试一 ";
        }
        public function test2(){
            echo " 我是测试二 ";
        }

    }
```

15.4.2　输入变量

ThinkPHP 可以使用 I 方法更加方便和安全地获取系统输入变量，其语法格式如下：

```
I('变量类型 . 变量名 / 修饰符',['默认值'],['过滤方法'],['额外数据源'])
```

变量类型是指请求方式或者输入类型，如表 15.2 所示。

表 15.2　变量类型

名　称	含　义
get	获取 GET 参数
post	获取 POST 参数
request	获取 REQUEST 参数
session	获取 $_SESSION 参数
cookie	获取 $_COOKIE 参数
server	获取 $_SERVER 参数
path	获取 PATHINFO 模式的 URL 参数（3.2.2 新增）

注意

变量类型不区分大小写。变量名则严格区分大小写。默认值和过滤方法均属于可选参数。

以 GET 变量类型为例，说明一下 I 方法的使用：

```
echo I('get.id');                              // 相当于 $_GET['id']
echo I('get.name');                            // 相当于 $_GET['name']
```

支持默认值：

```
echo I('get.id',0);                            // 如果不存在 $_GET['id']，则返回 0
echo I('get.name','');                         // 如果不存在 $_GET['name']，则返回空字符串
```

采用方法过滤：

```
// 采用 htmlspecialchars 方法对 $_GET['name'] 进行过滤，如果不存在则返回空字符串
echo I('get.name','','htmlspecialchars');
```

支持直接获取整个变量类型，例如：

```
I('get.');   // 获取整个 $_GET 数组
```

用同样的方式，可以获取 post 或者其他输入类型的变量，例如：

```
I('post.name','','htmlspecialchars');
  // 采用 htmlspecialchars 方法对 $_POST['name'] 进行过滤，如果不存在则返回空字符串
I('session.user_id',0);                    // 获取 $_SESSION['user_id'] 如果不存在则默认为 0
I('cookie.');                              // 获取整个 $_COOKIE 数组
I('server.REQUEST_METHOD');                // 获取 $_SERVER['REQUEST_METHOD']
```

15.4.3 请求类型

在很多情况下，需要判断当前操作的请求类型是 GET、POST、PUT 或 DELETE，一方面可以针对请求类型做出不同的逻辑处理，另外一方面有些情况下需要验证安全性，过滤不安全的请求。系统内置了一些常量用于判断请求类型，如表 15.3 所示。

表 15.3 请求类型

常　　量	说　　明
IS_GET	判断是否是 GET 方式提交
IS_POST	判断是否是 POST 方式提交
IS_PUT	判断是否是 PUT 方式提交
IS_DELETE	判断是否是 DELETE 方式提交
IS_AJAX	判断是否是 Ajax 方式提交
REQUEST_METHOD	当前提交类型

例如，判断是否是 POST 方式提交，如果是 POST 方式提交，保存数据，否则提示“非法请求”。代码如下：

```
public function update(){
    if (IS_POST){
        $User = M('User');
        $User->create();
        $User->save();
        $this->success('保存完成');
    }else{
        $this->error('非法请求');
    }
}
```

注意

如果使用的是 ThinkAjax 或者自己写的 Ajax 类库的话，需要在表单中添加一个隐藏域，告诉后台属于 Ajax 方式提交，默认的隐藏域名称是 Ajax（可以通过 VAR_AJAX_SUBMIT 配置），如果是 jQuery 类库，则无须添加任何隐藏域即可自动判断。

15.4.4 URL 生成

为了配合所使用的 URL 模式，我们需要能够动态地根据当前的 URL 设置生成对应的 URL 地址，为此，ThinkPHP 内置提供了 U 方法，用于 URL 的动态生成，并且可以确保项目在移植过程中不受环境的影响。

U 方法的定义规则如下（方括号内参数根据实际应用决定）：

```
U('地址表达式',['参数'],['伪静态后缀'],['显示域名'])
```

1. 地址表达式

地址表达式的语法格式如下：

```
[模块/控制器/操作#锚点@域名]?参数1=值1&参数2=值2...
```

如果不定义模块，就表示当前模块名称，下面是一些简单的例子：

```
U('User/add')                    // 生成 User 控制器的 add 操作的 URL 地址
U('Blog/read?id=1')              // 生成 Blog 控制器的 read 操作，并且 id 为 1 的 URL 地址
U('Admin/User/select')           // 生成 Admin 模块的 User 控制器的 select 操作的 URL 地址
```

2. 参数

U 方法的第二个参数支持数组和字符串两种定义方式，如果只是字符串方式的参数，可以在第一个参数中定义，例如：

```
U('Blog/cate',array('cate_id'=>1,'status'=>1))
U('Blog/cate','cate_id=1&status=1')
U('Blog/cate?cate_id=1&status=1')
```

以上 3 种方式是等效的，都是生成 Blog 控制器 cate 操作的 URL 地址，并且传递参数 cate_id 和 status 以及参数值。

但是不允许使用下面的定义方式来传递参数：

```
U('Blog/cate/cate_id/1/status/1');
```

3. 伪静态后缀

U 方法会自动识别当前配置的伪静态后缀，如果需要指定后缀生成 URL 地址，可以显式传入，例如：

```
U('Blog/cate','cate_id=1&status=1','xml');
```

15.4.5　跳转和重定向

1. 页面跳转

在应用开发中，经常会遇到一些带有提示信息的跳转页面，如操作成功或者操作错误页面，并且自动跳转到另外一个目标页面。系统的 \Think\Controller 类内置了两个跳转方法 success 和 error，用于页面跳转提示，而且可以支持 Ajax 提交。使用方法很简单，例如：

```
public function add(){
      $User = M('User'); // 实例化 User 对象
      $result = $User->add($data);
      if($result){
         // 设置成功后跳转页面的地址，默认的返回页面是 $_SERVER['HTTP_REFERER']
         $this->success('新增成功', 'User/list');
      } else {
          // 错误页面的默认跳转页面是返回前一页，通常不需要设置
          $this->error('新增失败');
      }
}
```

success 和 error 方法的第一个参数表示提示信息，第二个参数表示跳转地址，第三个参数表示跳转时间（单位为秒），例如：

```
// 操作完成 3 秒后跳转到 /Article/index
$this->success('操作完成','/Article/index',3);
// 操作失败 5 秒后跳转到 /Article/error
$this->error('操作失败','/Article/error',5);
```

跳转地址是可选的，success 方法的默认跳转地址是 $_SERVER["HTTP_REFERER"]，error 方法的默认跳转地址是 javascript:history.back(-1);。默认的等待时间 success 方法是 1 秒，error 方法是 3 秒。success 和 error 方法都有对应的模板，默认的设置中两个方法对应的模板都是：

```
// 默认错误跳转对应的模板文件
'TMPL_ACTION_ERROR' => THINK_PATH . 'Tpl/dispatch_jump.tpl',
// 默认成功跳转对应的模板文件
'TMPL_ACTION_SUCCESS' => THINK_PATH . 'Tpl/dispatch_jump.tpl',
```

也可以使用项目内部的模板文件：

```
// 默认错误跳转对应的模板文件
'TMPL_ACTION_ERROR' => 'Public:error';
// 默认成功跳转对应的模板文件
'TMPL_ACTION_SUCCESS' => 'Public:success';
```

success 和 error 方法会自动判断当前请求是否属于 Ajax 请求，如果属于 Ajax 请求，则会调用 ajaxReturn 方法返回信息。对于 Ajax 方式的请求，success 和 error 方法会封装下面的数据返回：

```
$data['info'] = $message;                    // 提示信息内容
$data['status'] = $status;                   // 如果 success 返回 1，如果 error 返回 0
$data['url'] = $jumpUrl;                     // 成功或者错误的跳转地址
```

2. 重定向

Controller 类的 redirect 方法可以实现页面的重定向功能。redirect 方法的参数用法和 U 方法的用法

一致（参考 URL 生成部分），例如：

```
// 重定向到 New 模块的 Category 操作
$this->redirect( 'New/category', array( 'cate_id' => 2), 5, '页面跳转中 ...' );
```

上面的用法是停留 5 秒后跳转到 New 模块的 category 操作，并且显示页面跳转中字样，重定向后会改变当前的 URL 地址。如果仅仅是想重定向到一个指定的 URL 地址，而不是到某个模块的操作方法，可以直接使用 redirect 函数重定向，例如：

```
// 重定向到指定的 URL 地址
redirect('/New/category/cate_id/2', 5, '页面跳转中 ...')
```

redirect 函数的第一个参数是一个 URL 地址。

说明

控制器的 redirect 方法和 redirect 函数的区别在于前者是用 URL 规则定义跳转地址，后者是一个纯粹的 URL 地址。

视频讲解

15.5　ThinkPHP 的模型

顾名思义，模型就是按照某一个形状进行操作的代名词。模型的主要作用是封装数据库的相关逻辑。也就是说，每执行一次数据库操作，都要遵循定义的数据模型规则来完成。

15.5.1　模型定义

模型类通常需要继承系统的 \Think\Model 类或其子类，下面是一个 Home\Model\UserModel 类的定义：

```
namespace Home\Model;
use Think\Model;
class UserModel extends Model {
}
```

模型类主要用于操作数据表，如果按照系统的规范来命名模型类的话，大多数情况下可以自动对应数据表。模型类的命名规则是除去表前缀的数据表名称，采用驼峰法命名，并且首字母大写，然后加上模型层的名称（默认定义是 Model）。例如，定义一个 User 模型，则模型类名称为 UserModel，约定对应数据表（假设数据表的前缀定义是 think_）为 think_user。

说明

如果我们的规则和上面的系统约定不符合，那么需要设置 Model 类的数据表名称属性，以确保能够找到对应的数据表。

在 ThinkPHP 的模型里面，有几个关于数据表名称的属性定义，如表 15.4 所示。

表 15.4　Model 类的数据表名称属性

属　性	说　明
tablePrefix	定义模型对应数据表的前缀，如果未定义则获取配置文件中的 DB_PREFIX 参数
tableName	不包含表前缀的数据表名称，一般情况下默认和模型名称相同，只有当表名和当前的模型类的名称不同时才需要定义
trueTableName	包含前缀的数据表名称，也就是数据库中的实际表名，该名称无须设置，只有当上面的规则都不适用的情况或者特殊情况下才需要设置
dbName	定义模型当前对应的数据库名称，只有当前的模型类对应的数据库名称和配置文件不同时才需要定义

例如，在数据库中有一个 think_categories 表，而我们定义的模型类名称是 CategoryModel，按照系统的约定，这个模型的名称是 Category，对应的数据表名称应该是 think_category（全部小写），但是现在的数据表名称是 think_categories，因此就需要设置 tableName 属性来改变默认的规则（假设已经在配置文件中定义了 DB_PREFIX 为 think_），具体代码如下：

```
namespace Home\Model;
use Think\Model;
class CategoryModel extends Model {
    protected $tableName = 'categories';
}
```

注意

这个属性的定义不需要加表的前缀 think_。

15.5.2　实例化模型

在 ThinkPHP 中，可以无须进行任何模型定义。只有在需要封装单独的业务逻辑时，模型类才是必须被定义的，因此 ThinkPHP 在模型上有很强的灵活性和方便性，让我们无须因为表太多而烦恼。

根据不同的模型定义，有几种实例化模型的方法，根据需要采用不同的方式。

1. 直接实例化

可以和实例化其他类库一样实例化模型类，例如：

```
$User = new \Home\Model\UserModel();
$Info = new \Admin\Model\InfoModel();
$New = new \Home\Model\NewModel('blog','think_',$connection); // 带参数实例化
```

模型类通常都是继承系统的 \Think\Model 类，大多数情况下，根本无须传入任何参数即可实例化。

2. D 方法实例化

上面实例化时需要传入完整的类名，系统提供了一个快捷方法 D 用于数据模型的实例化操作。要实例化自定义模型类，可以使用下面的方式：

```
<?php
$User = D('User'); // 实例化模型
// 相当于 $User = new \Home\Model\UserModel();
// 执行具体的数据操作
$User->select();
```

说明

当 \Home\Model\UserModel 类不存在时，D 方法会尝试实例化公共模块下面的 \Common\Model\UserModel 类。如果在 Linux 环境下面，一定要注意 D 方法实例化时模型名称的大小写。

D 方法还可以支持跨模块调用，如当前模块为 Home 模块，则实例化 Admin 模块的 User 模型代码如下：

```
D('Admin/User');
```

3. M 方法实例化

D 方法实例化模型类时通常是实例化某个具体的模型类，如果仅仅是对数据表进行基本的 CURD（创建、更新、读取和删除）操作，使用 M 方法由于不需要加载具体的模型类，所以性能会更高。例如：

```
$User = M('User');
// 和用法 $User = new \Think\Model('User'); 等效
// 执行其他的数据操作
$User->select();
```

M 方法也可以支持跨库操作，例如：

```
$User = M('db_name.User','ot_');          // 使用 M 方法实例化，操作 db_name 数据库中的 ot_user 表
$User->select();                          // 执行其他的数据操作
```

4. 实例化空模型

如果仅仅是使用原生 SQL 查询，不需要使用额外的模型类，实例化一个空模型类即可进行操作，例如：

```
// 实例化空模型
$Model = new Model();
// 或者使用 M 快捷方法是等效的
$Model = M();
$Model->query('SELECT * FROM think_user WHERE status = 1');        // 进行原生的 SQL 查询
```

实例化空模型类后还可以用 table 方法切换到具体的数据表进行操作。

说明

在实例化的过程中，经常使用 D 方法和 M 方法，这两个方法的区别在于 M 方法实例化模型无须用户为每个数据表定义模型类，如果 D 方法没有找到定义的模型类，则会自动调用 M 方法。

15.5.3 连接数据库

ThinkPHP 内置了抽象数据库访问层，把不同的数据库操作封装起来，我们只需要使用公共的 Db 类进行操作，而无须针对不同的数据库写不同的代码和底层实现，Db 类会自动调用相应的数据库驱动来处理。目前的数据库包括 MySQL、SQL Server、PgSQL、SQLite、Oracle、Ibase、Mongo，也包括对 PDO 的支持。

如果应用需要使用数据库，必须配置数据库连接信息，数据库的配置文件有多种定义方式，通常使用全局配置定义方式。在 APP\Application\Common\Conf\config.php 文件中配置数据库信息，代码如下：

```
<?php
    return array(
        //'配置项'=>'配置值'
        'DB_TYPE' => 'mysql',                    //数据库类型
        'DB_HOST' => '127.0.0.1',                //host 地址，也可以填写 localhost
        'DB_USER' => 'root',                     //数据库用户名
        'DB_PWD' =>  'root',                     //数据库密码
        'DB_NAME' => 'test',                     //数据库名
        'DB_PREFIX' => 'mr_',                    //表前缀
    );
```

15.5.4 连贯操作

ThinkPHP 模型基础类提供的连贯操作方法（也有些框架称之为链式操作），可以有效地提高数据存取的代码清晰度和开发效率，并且支持所有的 CURD 操作。

例如，现在要查询一个 User 表的满足状态为 1 的前 10 条记录，并希望按照用户的创建时间排序，代码如下：

```
$User->where('status=1')->order('create_time')->limit(10)->select();
```

这里的 where、order 和 limit 方法就被称之为连贯操作方法（select 方法必须放到最后，因为 select 方法并不是连贯操作方法），连贯操作的方法调用顺序没有先后，例如，下面的代码和上面的等效：

```
$User->order('create_time')->limit(10)->where('status=1')->select();
```

如果不习惯使用连贯操作，还可以直接使用参数进行查询。例如，上面的代码可以改写为：

```
$User->select(array('order'=>'create_time','where'=>'status=1','limit'=>'10'));
```

如果使用数组参数方式，索引的名称就是连贯操作的方法名称。其实不仅仅是查询方法可以使用连贯操作，包括所有的 CURD 方法都可以使用，例如：

```
$User->where('id=1')->field('id,name,email')->find();
$User->where('status=1 and id=1')->delete();
```

系统支持的连贯操作方法如表 15.5 所示。

表 15.5　系统支持的连贯操作方法

字 段 名	默认值或绑定	描　　述
where*	用于查询或者更新条件的定义	字符串、数组和对象
table	用于定义要操作的数据表名称	字符串和数组
alias	用于给当前数据表定义别名	字符串
data	用于新增或者更新数据之前的数据对象赋值	数组和对象
field	用于定义要查询的字段（支持字段排除）	字符串和数组
order	用于对结果排序	字符串和数组
limit	用于限制查询结果数量	字符串和数字
page	用于查询分页（内部会转换成 limit）	字符串和数字
group	用于对查询的 group 支持	字符串
having	用于对查询的 having 支持	字符串
join*	用于对查询的 join 支持	字符串和数组
union*	用于对查询的 union 支持	字符串、数组和对象
distinct	用于对查询的 distinct 支持	布尔值
relation	用于关联查询（需要关联模型支持）	字符串
validate	用于数据自动验证	数组

说明

所有的连贯操作都返回当前的模型实例对象（this），其中带 * 标识的表示支持多次调用。

15.5.5　CURD 操作

ThinkPHP 提供了灵活和方便的数据操作方法，CURD（创建、更新、读取和删除）是 4 个最基本的数据库操作。CURD 操作通常与连贯操作配合使用。下面将对各种操作的使用方法进行分析（在执行类的实例化操作时，统一使用 M 方法）。

1. 数据创建

在进行数据操作之前，我们往往需要手动创建需要的数据，例如，对于提交的表单数据：

```
// 获取表单的 POST 数据
$data['name'] = $_POST['name'];
$data['email'] = $_POST['email'];
```

ThinkPHP 可以帮助我们快速地创建数据对象，最典型的应用就是自动根据表单数据创建数据对象，这个优势在一个数据表的字段非常之多的情况下尤其明显。例如：

```
// 实例化 User 模型
$User = M('User');
// 根据表单提交的 POST 数据创建数据对象
$User->create();
```

create 方法支持从其他方式创建数据对象，如从其他的数据对象或者数组等，例如：

```
$data['name'] = 'ThinkPHP';
$data['email'] = 'ThinkPHP@gmail.com';
$User->create($data);
```

甚至还可以支持从对象创建新的数据对象，例如：

```
// 从 User 数据对象创建新的 Member 数据对象
$User = stdClass();
$User->name = 'ThinkPHP';
$User->email = 'ThinkPHP@gmail.com';
$Member = M("Member");
$Member->create($User);
```

创建完成的数据可以直接读取和修改，例如：

```
$data['name'] = 'ThinkPHP';
$data['email'] = 'ThinkPHP@gmail.com';
$User->create($data);
// 创建完成数据对象后可以直接读取数据
```

```
echo $User->name;
echo $User->email;
// 也可以直接修改创建完成的数据
$User->name = 'onethink';                                    // 修改 name 字段数据
$User->status = 1;                                           // 增加新的字段数据
```

2. 数据写入

ThinkPHP 的数据写入操作使用 add 方法，使用示例如下：

```
$User = M("User"); // 实例化 User 对象
$data['name']   = 'ThinkPHP';
$data['email'] = 'ThinkPHP@gmail.com';
$User->add($data);
```

如果在 add 方法之前已经创建了数据对象（例如，使用了 create 或者 data 方法），add 方法就不需要再传入数据了。例如：

```
$User = M("User");                                          // 实例化 User 对象
// 根据表单提交的 POST 数据创建数据对象
if($User->create()){
    $result = $User->add();                                 // 写入数据到数据库
    if($result){
        // 如果主键是自动增长型，成功后返回值就是最新插入的值
        $insertId = $result;
    }
}
```

说明

create 方法并不算是连贯操作，因为其返回值可能是布尔值，所以必须要进行严格判断。

3. 数据读取

在 ThinkPHP 中读取数据的方式很多，通常分为读取数据、读取数据集和读取字段值。数据查询方法支持连贯操作方法。

注意

某些情况下有些连贯操作是无效的，例如，limit 方法对 find 方法是无效的。

☑　读取数据

读取数据是指读取数据表中的一行数据（或者关联数据），主要通过 find 方法完成，例如：

```
$User = M("User"); // 实例化 User 对象
// 查找 status 值为 1，name 值为 thinkphp 的用户数据
$data = $User->where('status=1 AND name="thinkphp"')->find();
dump($data);
```

find 方法查询数据时可以配合相关的连贯操作方法，其中最关键的则是 where 方法，如果查询出错，则 find 方法返回 false；如果查询结果为空，则返回 NULL，查询成功则返回一个关联数组（键值是字段名或者别名）。如果上面的查询成功，输出结果如下：

```
array (size=3)
    'name' => string 'thinkphp' (length=8)
```

```
'email' => string 'thinkphp@gmail.com' (length=18)
'status' => int 1
```

说明

即使满足条件的数据不止一个，find 方法也只会返回第一条记录（可以通过 order 方法排序后查询）。

☑ 读取数据集

读取数据集其实就是获取数据表中的多行记录（以及关联数据），使用 select 方法，例如：

```
$User = M("User");                                                    // 实例化 User 对象
// 查找 status 值为 1 的用户数据，以创建时间排序，返回 10 条数据
$list = $User->where('status=1')->order('create_time')->limit(10)->select();
```

如果查询出错，select 的返回值是 false，如果查询结果为空，则返回 NULL，否则返回二维数组。

☑ 读取字段值

读取字段值其实就是获取数据表中某个列的多个或者单个数据，最常用的方法是 getField 方法。例如：

```
$User = M("User");                                                    // 实例化 User 对象
// 获取 ID 为 3 的用户的昵称
$nickname = $User->where('id=3')->getField('nickname');
```

默认情况下，当只有一个字段时，返回满足条件的数据表中该字段第一行的值。如果需要返回整个列的数据，可以使用如下代码：

```
$User->getField('id',true);                                           // 获取 id 数组
// 返回数据格式如 array(1，2，3，4，5) 一维数组，其中 value 就是 id 列每行的值
```

如果传入多个字段，默认返回一个关联数组：

```
$User = M("User"); // 实例化 User 对象
// 获取所有用户的 ID 和昵称列表
$list = $User->getField('id,nickname');
// 两个字段的情况下返回的是 array('id'=>'nickname') 的关联数组，以 id 的值为 key，nickname 字段值为 value
```

这样返回的 list 是一个数组，键名是用户的 id 字段的值，键值是用户的昵称 nickname。如果传入多个字段的名称，例如：

```
$list = $User->getField('id,nickname,email');
// 返回的数组格式 array('id'=>array('id'=>value,'nickname'=>value,'email'=>value)) 是一个二维数组，key 还是 id 字段的值，但 value 是整行的 array 数组，类似于 select() 方法的结果遍历将 id 的值设为数组 key
```

返回的是一个二维数组，类似 select 方法的返回结果，不同的是这个二维数组的键名是用户的 id

（准确地说是 getField 方法的第一个字段名）。如果传入一个字符串分隔符，代码如下：

```
$list = $User->getField('id,nickname,email',':');
```

那么返回的结果就是一个数组，键名是用户 id，键值是 nickname:email 的输出字符串。getField 方法还可以支持限制数量，例如：

```
$this->getField('id,name',5);                    // 限制返回 5 条记录
$this->getField('id',3);                         // 获取 id 数组，限制 3 条记录
```

4. 数据更新

ThinkPHP 的数据更新操作包括更新数据和更新字段方法。

☑ 数据更新

更新数据使用 save 方法，例如：

```
$User = M("User");                               // 实例化 User 对象
// 要修改的数据对象属性赋值
$data['name'] = 'ThinkPHP';
$data['email'] = 'ThinkPHP@gmail.com';
$User->where('id=5')->save($data);               // 根据条件更新记录
```

也可以改成对象方式来操作，例如：

```
$User = M("User");                               // 实例化 User 对象
// 要修改的数据对象属性赋值
$User->name = 'ThinkPHP';
$User->email = 'ThinkPHP@gmail.com';
$User->where('id=5')->save();                    // 根据条件更新记录
```

数据对象赋值的方式，save 方法无须传入数据，会自动识别。

注意

save 方法的返回值是影响的记录数，如果返回 false 则表示更新出错，因此一定要用恒等来判断是否更新失败。

为了保证数据库的安全，避免出错而更新整个数据表，在没有任何更新条件并且数据对象本身也不包含主键字段的情况下，save 方法不会更新任何数据库的记录。因此下面的代码不会更改数据库的任何记录：

```
$User->save($data);
```

除非使用下面的方式：

```
$User = M("User");                               // 实例化 User 对象
```

```
// 要修改的数据对象属性赋值
$data['id'] = 5;
$data['name'] = 'ThinkPHP';
$data['email'] = 'ThinkPHP@gmail.com';
$User->save($data);                                    // 根据条件保存修改的数据
```

如果 id 是数据表的主键，系统会自动把主键的值作为更新条件来更新其他字段的值。数据更新方法也支持连贯操作方法。

☑ 更新字段

如果只是更新个别字段的值，可以使用 setField 方法。例如：

```
$User = M("User");                                     // 实例化 User 对象
// 更改用户的 name 值
$User-> where('id=5')->setField('name','ThinkPHP');
```

setField 方法支持同时更新多个字段，只需要传入数组即可，例如：

```
$User = M( “User” );                                   // 实例化 User 对象
// 更改用户的 name 和 email 的值
$data = array('name'=>'ThinkPHP','email'=>'ThinkPHP@gmail.com');
$User-> where('id=5')->setField($data);
```

而对于统计字段（通常指的是数字类型）的更新，系统还提供了 setInc 和 setDec 方法。例如：

```
$User = M("User");                                     // 实例化 User 对象
$User->where('id=5')->setInc('score',3);               // 用户的积分加 3
$User->where('id=5')->setInc('score');                 // 用户的积分加 1
$User->where('id=5')->setDec('score',5);               // 用户的积分减 5
$User->where('id=5')->setDec('score');                 // 用户的积分减 1
```

setInc 和 setDec 方法支持延迟更新，用法如下：

```
$Article = M("Article");                               // 实例化 Article 对象
$Article->where('id=5')->setInc('view',1);             // 文章阅读数加 1
$Article->where('id=5')->setInc('view',1,60);     // 文章阅读数加 1, 并且延迟 60 秒更新（写入）
```

5. 数据删除

ThinkPHP 删除数据使用 delete 方法，例如：

```
$Form = M('Form');
$Form->delete(5);
```

表示删除主键为 5 的数据，delete 方法可以删除单个数据，也可以删除多个数据，这取决于删除条件，例如：

```
$User = M("User");                                //实例化 User 对象
$User->where('id=5')->delete();                   //删除 id 为 5 的用户数据
$User->delete('1,2,5');                           //删除主键为 1,2 和 5 的用户数据
$User->where('status=0')->delete();               //删除所有状态为 0 的用户数据
```

delete 方法的返回值是删除的记录数，如果返回值是 false 则表示 SQL 出错，返回值如果为 0 表示没有删除任何数据。也可以用 order 和 limit 方法来限制要删除的个数，例如：

```
//删除所有状态为 0 的 5 个用户数据，按照创建时间排序
$User->where('status=0')->order('create_time')->limit('5')->delete();
```

为了避免错删数据，如果没有传入任何条件进行删除操作，则不会执行删除操作，例如：

```
$User = M("User"); //实例化 User 对象
$User->delete();
```

不会删除任何数据，如果确实要删除所有的记录，可以使用下面的方式：

```
$User = M("User"); //实例化 User 对象
$User->where('1')->delete();
```

数据删除方法也支持连贯操作。

视频讲解

15.6　ThinkPHP 的视图

在 ThinkPHP 里面，视图由两个部分组成：View 类和模板文件。Controller（控制器）直接与 View（视图）类进行交互，把要输出的数据通过模板变量赋值的方式传递到 View 类，而具体的输出工作则交由 View 类来进行，同时 View 类还完成了一些辅助的工作，包括调用模板引擎、布局渲染、输出替换、页面 Trace 等功能。为了方便使用，在 Controller 类中封装了 View 类的一些输出方法，如 display、fetch、assign、trace 和 buildHtml 等方法，这些方法的原型都在 View 类里面。

15.6.1　模板定义

每个模块的模板文件都是独立的，为了对模板文件更加有效地管理，ThinkPHP 对模板文件进行目录划分，默认的模板文件定义规则是：

```
视图目录/[模板主题/]控制器名/操作名+模板后缀
```

默认的视图目录是模块的 View 目录（模块可以有多个视图文件目录，这取决于我们的应用需要），框架的默认视图文件后缀是 .html。新版模板主题默认是空（表示不启用模板主题功能）。

在每个模板主题下，都是以模块下面的控制器名为目录，然后是每个控制器的具体操作模板文件，

例如，User 控制器的 add 操作对应的模板文件就应该是“./Application/Home/View/User/add.html”，如果默认视图层不是 View，例如：

```
'DEFAULT_V_LAYER' => 'Template', // 设置默认的视图层名称
```

那么，对应的模板文件就变成了 ./Application/Home/Template/User/add.html。模板文件的默认后缀是 .html，也可以通过 TMPL_TEMPLATE_SUFFIX 更改为其他的后缀名。例如：

```
'TMPL_TEMPLATE_SUFFIX'=>'.tpl '
```

定义后，User 控制器的 add 操作对应的模板文件就变成 ./Application/Home/View/User/add.tpl。如果觉得目录结构太深，可以通过设置 TMPL_FILE_DEPR 参数来配置简化模板的目录层次，例如，设置：

```
'TMPL_FILE_DEPR'=>'_'
```

默认的模板文件就变成了 ./Application/Home/View/User_add.html。

15.6.2 模板赋值

如果要在模板中输出变量，必须在控制器中把变量传递给模板，系统提供了 assign 方法对模板变量赋值，无论何种变量类型都统一使用 assign 赋值。

```
$this->assign('name',$value);
// 下面的写法是等效的
$this->name = $value;
```

assign 方法必须在 display 和 show 方法之前调用，并且系统只会输出设定的变量，其他变量不会输出（系统变量例外），一定程度上保证了变量的安全性。赋值后，就可以在模板文件中输出变量了，如果使用的是内置模板，就可以这样输出：{$name}。

如果要同时输出多个模板变量，可以使用下面的方式：

```
$array['name'] = 'thinkphp';
$array['email'] = 'liu21st@gmail.com';
$array['phone'] = '12335678';
$this->assign($array);
```

这样，就可以在模板文件中同时输出 name、email 和 phone 3 个变量。模板变量的输出根据不同的模板引擎有不同的方法，后面会专门讲解内置模板引擎的用法。如果使用 PHP 本身作为模板引擎，就可以直接在模板文件中输出，代码如下：

```
<?php echo $name.'['.$email.''.$phone.']';?>
```

如果采用内置的模板引擎，可以使用：

```
{$name} [ {$email} {$phone} ]
```

输出同样的内容。

15.6.3　指定模板文件

模板定义后就可以渲染模板输出，系统也支持直接渲染内容输出，模板赋值必须在模板渲染之前操作。渲染模板输出最常用的是使用 display 方法，调用语法格式如下：

```
display('[ 模板文件 ]'[,' 字符编码 '][,' 输出类型 '])
```

display 用法如表 15.6 所示。

表 15.6　display 用法

用　　法	描　　述
不带任何参数	自动定位当前操作的模板文件
[模块 @][控制器 :][操作]	常用写法，支持跨模块模板主题，可以和 theme 方法配合
完整的模板文件名	直接使用完整的模板文件名（包括模板后缀）

下面是一个典型的用法，不带任何参数：

```
// 不带任何参数，自动定位当前操作的模板文件
$this->display();
```

表示系统会按照默认规则自动定位模板文件，其规则如下：

（1）如果当前没有启用模板主题则定位到：

```
当前模块 / 默认视图目录 / 当前控制器 / 当前操作 .html
```

（2）如果有启用模板主题则定位到：

```
当前模块 / 默认视图目录 / 当前主题 / 当前控制器 / 当前操作 .html
```

（3）如果有更改 TMPL_FILE_DEPR 设置（假设'TMPL_FILE_DEPR'=>'_'），则上面的自动定位规则变成：

```
当前模块 / 默认视图目录 / 当前控制器 _ 当前操作 .html
```

和

```
当前模块 / 默认视图目录 / 当前主题 / 当前控制器 _ 当前操作 .html
```

所以通常 display 方法无须带任何参数即可输出对应的模板，这是模板输出最简单的用法。

说明

通常默认的视图目录是 View。

如果没有按照模板定义规则来定义模板文件（或者需要调用其他控制器下面的某个模板），可以使用：

```
// 指定模板输出
$this->display(' edit ');
```

表示调用当前控制器下面的 edit 模板：

```
$this->display(' Member:read ');
```

表示调用 Member 控制器下面的 read 模板。

例如，为后台 Admin 模块的 Test 控制器的 test1 方法创建模板文件。创建过程如下所示。

（1）创建目录。test1 方法对应的模板文件默认是 APP/Application/Admin/View/Test/test1.html，在 APP/Application/Admin/View 文件夹下创建 Test 文件夹，在该 Test 文件夹下创建 test1.html 文件。编写如下代码：

```
<!Doctype html>
<html>
<head>
    <meta charset="utf-8">
    <title>test1 页面测试 </title>
</head>
<body>
<form action="" method="post" >
    <div>
        <input type="text" name="username" /> 用户名
    </div>
    <div>
        <input type="password" name="password" /> 密码
    </div>
    <div>
        <input type="submit" value=" 提交 " />
    </div>
</form>
</body>
</html>
```

（2）渲染模板。所谓渲染模板就是将控制器和对应的模板通过某种方式关联起来，并展示模板页的内容。控制器和模板的关系如图 15.9 所示。

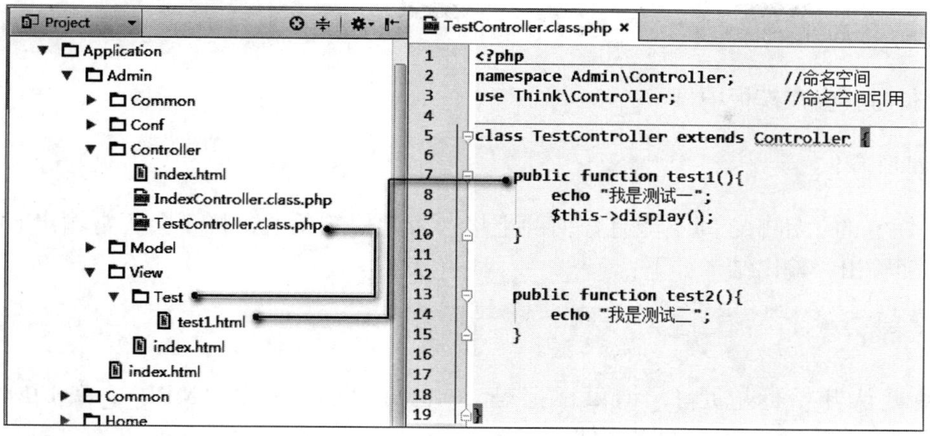

图 15.9　控制器和模板的关系

在浏览器地址栏中输入 localhost/APP/index.php/Admin/Test/test1，按 Enter 键后，运行结果如图 15.10 所示。

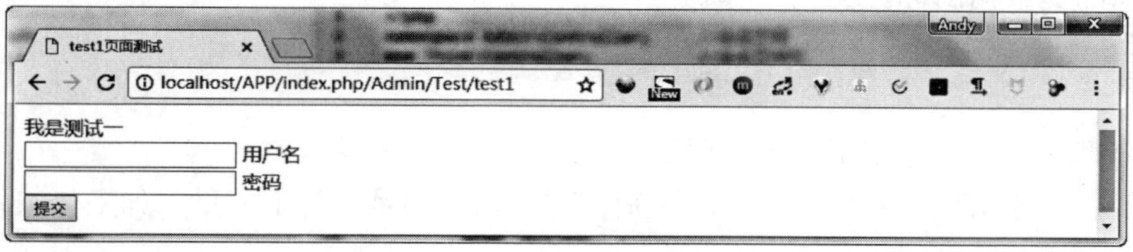

图 15.10　渲染模板

15.7　内置 ThinkTemplate 模板引擎

视频讲解

15.7.1　变量输出

在模板中输出变量的方法很简单，例如，在控制器中给模板变量赋值的代码如下：

```
$name = 'ThinkPHP';
$this->assign('name',$name);
$this->display();
```

然后就可以在模板中使用：

```
Hello,{$name}！
```

模板编译后的结果是：

```
Hello,<?php echo($name);?>！
```

这样，运行时就会在模板中显示：

```
Hello,ThinkPHP！
```

注意模板标签的 { 和 $ 之间不能有任何的空格，否则标签无效，将不会正常输出 name 变量，而是直接保持不变输出，输出结果如下：

```
Hello,{ $name}！
```

普通标签默认开始标记是 {，结束标记是 }。也可以通过设置 TMPL_L_DELIM 和 TMPL_R_DELIM 进行更改。例如，在项目配置文件中定义：

```
'TMPL_L_DELIM'=>'<{',
'TMPL_R_DELIM'=>'}>',
```

那么，上面的变量输出标签就应该改成：

```
Hello,<{$name}>！
```

后面的内容都以默认的标签定义来说明。

模板标签的变量输出根据变量类型有所区别，刚才输出的是字符串变量，如果是数组变量，例如：

```
$data['name'] = 'ThinkPHP';
$data['email'] = 'thinkphp@qq.com';
$this->assign('data',$data);
```

那么，在模板中可以用下面的方式输出：

```
Name：{$data.name}
Email：{$data.email}
```

或者用下面的方式也有效：

```
Name：{$data['name']}
Email：{$data['email']}
```

说明

当输出多维数组时，往往采用后面一种方式。

如果 data 变量是一个对象（并且包含 name 和 email 两个属性），那么可以用下面的方式输出：

```
Name：{$data:name}
Email：{$data:email}
```

或者：

```
Name：{$data->name}
Email：{$data->email}
```

15.7.2　使用函数

如果需要对模板中的变量使用函数，例如，对模板中输出变量使用md5加密，可以使用如下代码：

```
{$data.name|md5}
```

编译后的结果是：

```
<?php echo (md5($data['name'])); ?>
```

如果函数有多个参数需要调用，则可以使用如下代码：

```
{$create_time|date="y-m-d",###}
```

上述代码表示 date 函数传入两个参数，每个参数用逗号分割，这里第一个参数是 y-m-d，第二个参数是前面要输出的 create_time 变量，因为该变量是第二个参数，因此需要用 ### 标识变量位置，编译后的结果是：

```
<?php echo (date("y-m-d",$create_time)); ?>
```

15.7.3　内置标签

变量输出使用普通标签就足够了，但是要完成其他的控制、循环和判断功能，就需要借助模板引擎的标签库功能，系统内置标签库的所有标签无须引入标签库即可直接使用。常用内置标签如表 15.7 所示。

表 15.7　ThinkPHP 内置标签

标　签　名	作　　用	包含属性
include	包含外部模板文件（闭合）	file
volist	循环数组数据输出	name,id,offset,length,key,mod
foreach	数组或对象遍历输出	name,item,key
for	for 循环数据输出	name,from,to,before,step
switch	分支判断输出	name
case	分支判断输出（必须和 switch 配套使用）	value,break
compare	比较输出（包括 eq、neq、lt、gt、egt、elt、heq、nheq 等别名）	name,value,type
empty	判断数据是否为空	name
assign	变量赋值（闭合）	name,value
if	条件判断输出	condition

15.7.4 模板继承

模板继承是一项更加灵活的模板布局方式，模板继承不同于模板布局，甚至可以说，模板继承应该在模板布局的上层。模板继承其实并不难理解，就好比类的继承一样，模板也可以定义一个基础模板（或者是布局），并且其中定义相关的区块（block），然后继承（extend）该基础模板的子模板中就可以对基础模板中定义的区块进行重载。

因此，模板继承的优势其实是设计基础模板中的区块（block）和子模板中替换这些区块。每个区块由 <block></block> 标签组成。下面就是基础模板中一个典型的区块设计（用于设计网站标题）：

```
<block name="title"><title> 网站标题 </title></block>
```

block 标签必须指定 name 属性来标识当前区块的名称，这个标识在当前模板中应该是唯一的，block 标签中可以包含任何模板内容，包括其他标签和变量，例如：

```
<block name="title"><title>{$web_title}</title></block>
```

甚至还可以在区块中加载外部文件：

```
<block name="include"><include file="Public:header" /></block>
```

15.8 小　　结

本章主要对 ThinkPHP 框架的下载、架构、配置、控制器、模型以及视图进行了详细讲解。通过实例，对 ThinkPHP 的各种应用进行了讲解，以此来增加读者对 ThinkPHP 的理解。希望通过本章的学习，读者能够掌握 ThinkPHP 技术，能够将其灵活地运用到实际的网站开发中。

第3篇

项目篇

- ⏭ 第16章　明日科技企业网站

本篇通过一个完整的明日科技企业网站，运用软件工程的设计思想，让读者学习如何进行软件项目的实践开发。书中按照“需求分析→系统设计→数据库设计→公共类设计→项目主要功能模块的实现”的流程进行介绍，带领读者亲身体验开发项目的全过程。

第 16 章

明日科技企业网站

（视频讲解：51 分钟）

企业网站系统是一个信息化B/S架构下的软件，既可以为企业进行宣传，也可以为企业带来经济效益，同时还可以实现企业各项目业务的信息化管理。信息化管理是现代社会中小型企业稳步发展的必要条件，它可以提高企业的知名度，最大限度地减少因为广告费用而增加的额外开销。

视频讲解

学习摘要：

- 了解如何进行系统分析
- 了解数据库设计流程
- 熟悉搭建系统架构的方法
- 掌握 ThinkPHP 技术的应用
- 掌握网页布局
- 掌握幻灯片轮播效果

视频讲解

16.1　系统分析

16.1.1　系统功能结构

明日科技企业网站分为两个部分，分别为前台和后台，其具体功能结构如图 16.1 所示。

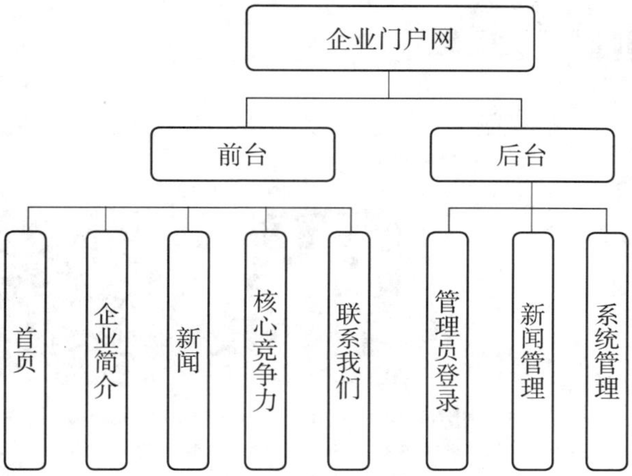

图 16.1　系统功能

16.1.2　功能预览

明日科技企业网站系统由多个页面组成，前台首页运行效果如图 16.2 所示，企业简介运行效果如图 16.3 所示，后台登录运行效果如图 16.4 所示，后台主页运行效果如图 16.5 所示。

图 16.2　前台首页运行效果

图 16.3　企业简介运行效果

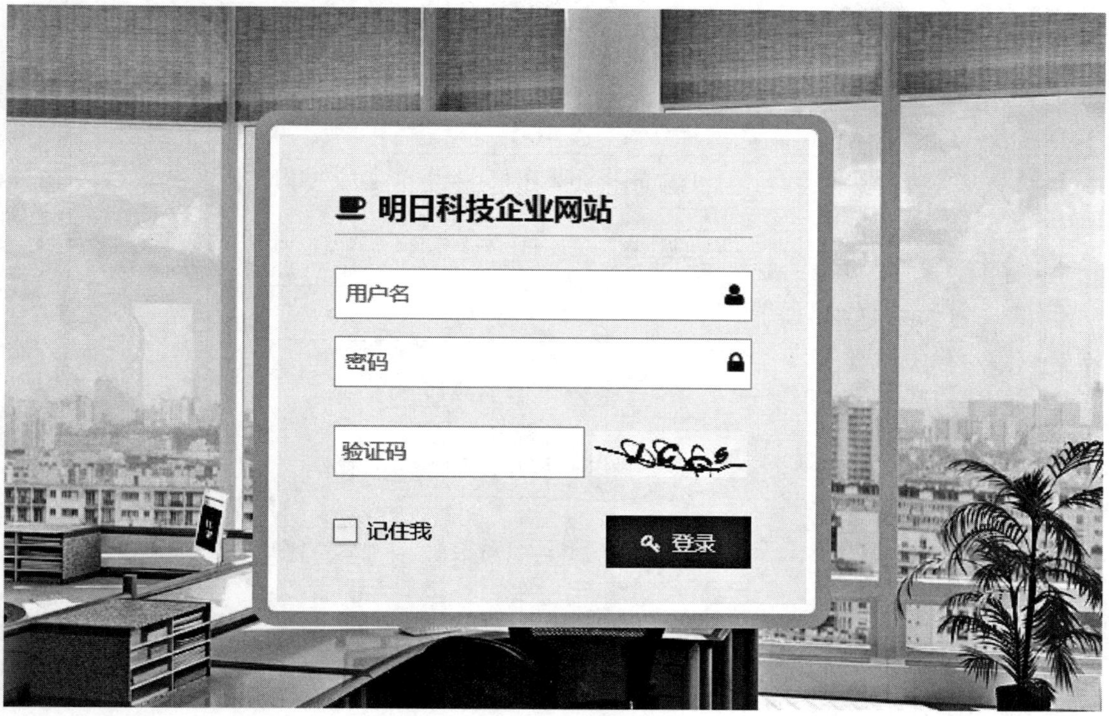

图 16.4　后台登录运行效果

图 16.5　后台主页运行效果

16.1.3 系统流程图

明日科技企业网站的业务流程如图 16.6 所示。

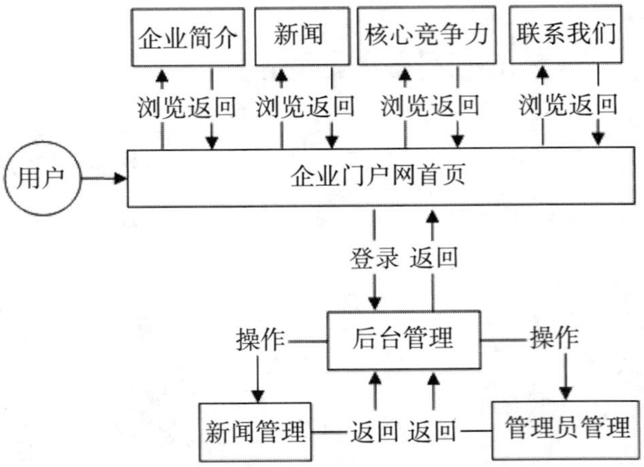

图 16.6 业务流程图

16.1.4 开发环境

本项目使用的软件开发环境如下。

☑ 操作系统：Windows 7 及以上 /Linux。

☑ 集成开发环境：phpStudy。

☑ PHP 版本：PHP 7。

☑ MySQL 图形化管理软件：Navicat for MySQL。

☑ 开发工具：PhpStorm 9.0。

☑ ThinkPHP 版本：3.2.3。

☑ 浏览器：谷歌浏览器。

16.1.5 文件夹组织结构

在进行网站开发前，首先要规划网站的架构。也就是说，建立多个文件夹对各个功能模块进行划分，实现统一管理，这样做易于网站的开发、管理和维护。本项目中，使用默认的 ThinkPHP 目录结构，将 Home 文件夹作为前台模块，Admin 文件夹作为后台模块，如图 16.7 所示。

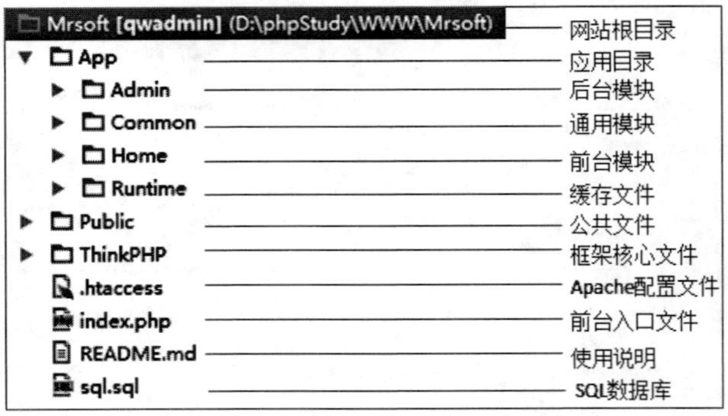

图 16.7 文件夹组织结构

视频讲解

16.2　数据库设计

16.2.1　数据库分析

本系统采用 MySQL 作为数据库，数据库名称为 mrsoft，其数据表名称及作用如表 16.1 所示。

表 16.1　数据库表结构

表　名	含　义	作　用
mr_member	管理员表	用于存储管理员用户信息
mr_setting	系统变量表	用于存储系统变量信息
mr_auth_group	权限组表	用于存储权限组信息
mr_auth_group_access	用户分组对应表	用于存储用户分组对应信息
mr_auth_rule	权限规则表	用于存储权限规则信息
mr_category	分类表	用于存储分类信息
mr_article	文章表	用于存储文章信息
mr_devlog	开发日志表	用于存储开发日志信息
mr_flash	焦点图表	用于存储焦点图信息
mr_links	链接表	用于存储链接信息
mr_log	日志表	用于存储日志信息

16.2.2　数据库逻辑设计

1. 创建数据表

由于篇幅所限，这里只给出较重要的数据表的部分字段，完整数据表请参见本书附带资源包。

☑　mr_category（分类表）

表 mr_category 用于保存分类数据信息，其结构如表 16.2 所示。

表 16.2　分类表结构

字 段 名	数 据 类 型	默认值	允许为空	自动递增	备　注
id	int(11)		NO	是	主键
type	tinyint(1)		NO		0：正常，1：单页，2：外链
pid	int(11)		NO		父 id

续表

字段名	数据类型	默认值	允许为空	自动递增	备　注
name	varchar(100)		NO		分类名称
dir	varchar(100)		NO		目录名称
seotitle	varchar(200)		YES		SEO 标题
keywords	varchar(255)		NO		关键词
description	varchar(255)		NO		描述
content	text		NO		内容
url	varchar(255)		NO		链接地址
cattemplate	varchar(100)		NO		分类模板
contemplate	varchar(100)		NO		内容模板
o	int(11)		NO		排序

☑　mr_article（文章表）

表 mr_article 用于存储文章信息，其结构如表 16.3 所示。

表 16.3　文章表结构

字段名	数据类型	默认值	允许为空	自动递增	备　注
aid	int(11)		NO	是	主键
sid	int(11)		NO		分类 id
title	varchar(255)		NO		标题
seotitle	varchar(255)		YES		SEO 标题
keywords	varchar(255)		NO		关键词
description	varchar(255)		NO		摘要
thumbnail	varchar(255)		NO		缩略图
content	text		NO		内容
t	int(10) unsigned		NO		时间
n	int(10) unsigned	0	NO		单击

☑　mr_setting（系统变量表）

表 mr_setting 用于存储系统变量信息，其结构如表 16.4 所示。

表 16.4　系统变量表结构

字段名	数据类型	默认值	允许为空	自动递增	备　注
k	varchar(100)		NO		主键
v	varchar(255)		NO		值
type	tinyint(1)		NO		0：系统，1：自定义
sitename	varchar(255)		NO		说明

2. 数据库连接相关配置

在 ThinkPHP 全局配置文件中配置数据库信息，具体配置如下。

【例 16.01】 实例位置：资源包 \ 源码 \16\Mrsoft\App\Common\Conf\db.php。

```
return array(
      'DB_TYPE'   => 'mysql',                         // 数据库类型
      'DB_HOST'   => '127.0.0.1',                     // 服务器地址
      'DB_NAME'   => 'mrsoft',                        // 数据库名
      'DB_USER'   => 'root',                          // 用户名
      'DB_PWD'    => 'root',                          // 密码
      'DB_PORT'   => 3306,                            // 端口
      'DB_PREFIX' => 'mr_',                           // 数据库表前缀
      'DB_CHARSET'=> 'utf8',                          // 数据库编码默认采用 utf8
);
```

16.3 前台首页设计

视频讲解

16.3.1 前台首页概述

当用户访问明日科技企业网站时，首先打开的便是前台首页。前台首页是对整个网站总体内容的概述。在明日科技企业网站的前台首页中，主要包含以下内容。

☑ 导航栏：主要包括“首页”“企业简介”“新闻”“核心竞争力”和“联系我们”5 个链接。

☑ 幻灯片轮播：将企业宣传图片以幻灯片形式轮播展示。

☑ 功能栏：主要用于展示企业的业务领域。

☑ 版权信息：显示网站的版权信息。

16.3.2 前台首页技术分析

在前台首页中，导航栏作为前台每个页面的通用部分，可以作为一个独立文件，供其他页面引用。版权信息虽然是通用部分，但是在首页中为能够快速进入后台，设置了“后台”链接，而其他页面没有该链接，所以该版权信息文件只属于前台首页。功能栏用于显示企业的业务领域，为了达到美观的效果，使用图片方式展示。幻灯片轮播作为前台首页的重点内容，需要能够在后台进行管理，包括增、删、改、查等操作。

16.3.3 导航栏实现过程

由于头部和导航栏都是通用部分，可以分别将其作为一个独立文件，在其他前台页面使用 <include> 标签引用，头部具体代码如下。

【例 16.02】 实例位置：资源包 \ 源码 \16\Mrsoft\App\Home\View\Public\header.html。

```
<!DOCTYPE html>
<html>
<head>
    <meta http-equiv="Content-Type" content="text/html; charset=utf-8">
    <meta name="viewport"
        content="width=device-width, initial-scale=1, maximum-scale=1">
    <title>{$Think.CONFIG.sitename}</title>
    <meta name="keywords" content="{$Think.CONFIG.keywords}"/>
    <meta name="description" content="{$Think.CONFIG.description}"/>
    <link href="__PUBLIC__/css/main.css" rel="stylesheet" type="text/css">
    <link href="__PUBLIC__/css/container.css" rel="stylesheet" type="text/css">
    <link href="__PUBLIC__/css/reset.css" rel="stylesheet" type="text/css">
    <link href="__PUBLIC__/css/screen.css" rel="stylesheet" type="text/css">
    <script src="__PUBLIC__/js/jquery.min.js"></script>
    <script src="__PUBLIC__/js/jquery-ui.min.js"></script>
    <script src="__PUBLIC__/js/fwslider.js"></script>
    <script src="__PUBLIC__/js/tab.js"></script>
</head>
<body>
```

以上代码中引入了所有资源文件，其中 __PUBLIC__ 会被替换成当前网站的公共目录即 /Public/。{$Think.CONFIG.sitename} 是 mr_setting 表中字段 sitename 的值，即“明日科技有限公司”。

导航栏包括 5 个链接，单击后跳转到相应的网页，具体代码如下。

【例 16.03】 实例位置：资源包 \ 源码 \16\Mrsoft\App\Home\View\Public\nav.html。

```
<!-- 导航 -->
<div class="header_bg">
    <div class="wrap">
        <div class="header">
            <div class="logo">
                <a href="{:U('index')}">
                    <img src="__PUBLIC__/images/logo.png" alt="">
                </a>
            </div>
            <div class="pull-icon">
                <a id="pull"></a>
            </div>
            <div class="cssmenu">
                <ul>
                    <li>
                        <a href="{:U('index')}"> 首页 </a>
                    </li>
                    <li>
                        <a href="{:U('about')}"> 企业简介 </a>
                    </li>
                    <li>
```

```
                        <a href="{:U('news')}"> 新闻 </a>
                    </li>
                    <li>
                        <a href="{:U('core')}"> 核心竞争力 </a>
                    </li>
                    <li class="last">
                        <a href="{:U('contact')}"> 联系我们 </a>
                    </li>
                </ul>
            </div>
            <!-- 清除浮动 -->
            <div class="clear"></div>
        </div>
    </div>
</div>
```

上述代码中，使用 U 方法实现页面跳转。U 方法是 ThinkPHP 内置方法，用于 URL 的动态生成。U 方法的定义如下：

```
U('地址表达式',['参数'],['伪静态后缀'],['显示域名'])
```

常用形式 U('地址表达式')，如果不定义模块，就表示当前模块名称；如果不定义控制器，则表示当前控制器。例如，U('Public/login') 生成 Admin 模块下 Public 控制器下的 login 方法的 URL 地址。U('verify') 生成 Admin 模块下 Public 控制器下的 login 方法的 URL 地址，等价于 U('Admin/Public/verify')。

```
<img src="{:U('Admin/Public/verify')}"
id="imgcode"   Onclick="this.src=this.src+'?'+Math.random()"/>
```

等价于：

```
<img src="/app/index.php/Admin/Public/verify.html"   id="imgcode"
Onclick="this.src=this.src+'?'+Math.random()"/>
```

在首页模板文件中，引入头部和导航栏的关键代码如下。

【例 16.04】 实例位置：资源包 \ 源码 \16\Mrsoft\App\Home\View\Index\index.html。

```
<!-- 头部 -->
<include file="Public/header" />
<!-- 导航 -->
<include file="Public/nav" />
```

页面运行效果如图 16.8 所示。

图 16.8　网站导航运行效果

16.3.4 幻灯片轮播实现过程

1. 获取幻灯片数据

幻灯片数据存储于 mr_flash 表中，需要从该表中筛选出所有 title 字段值为 banner 的数据，并且根据序号升序排列，关键代码如下。

【例 16.05】 实例位置：资源包 \ 源码 \16\Mrsoft\App\Home\Controller\IndexController.class.php。

```
<?php

namespace Home\Controller;

class IndexController extends ComController
{
    // 首页
    public function index()
    {
        // 获取 banner
        $banners = M('flash')->where(array('title'=>'banner'))->order('o asc')->select();
        $this->assign('banners',$banners);                          // 页面赋值
        $this->display();                                           // 渲染模板
    }
}
```

上述代码中，使用 where 方法筛选出 title 字段值为 banner 的数据，然后使用 order 方法根据序号字段 o 进行 asc 升序排列，返回结果为一个数组，赋值给 $banners。接着使用 assign 方法进行页面赋值，最后使用 display 方法渲染模板。

2. 展示幻灯片效果

获取完分类数据后，接下来就需要渲染模板显示数据了。由于幻灯片数据是一个二维数组，所以使用 <foreach> 标签遍历获取数据即可。关键代码如下。

【例 16.06】 实例位置：资源包 \ 源码 \16\Mrsoft\App\Home\View\Index\header.html。

```
<!-- 轮播 -->
<div id="fwslider" style="height: 554px;">
    <div class="slider_container">
        <foreach name="banners" item="banner" key="k">
            <div class="slide" style="opacity: 1; z-index: 0; display: none;">
                <img id="img{$k}" src="{$banner['pic']}">
            </div>
        </foreach>
    </div>
    <div class="timers" style="width: 180px;"></div>
    <div class="slidePrev" style="left: 0px; top: 252px;">
        <span></span>
```

```
    </div>
    <div class="slideNext" style="right: 0px; top: 252px; opacity: 0.5;">
        <span></span>
    </div>
</div>
<!-- 轮播 -->
```

上述代码中，使用了 fwslider 幻灯片插件。使用该插件前需要引入相应的 JavaScript 文件。在 header.html 头部文件中，已经引入了如下文件：

```
<script src="__PUBLIC__/js/jquery.min.js"></script>
<script src="__PUBLIC__/js/jquery-ui.min.js"></script>
<script src="__PUBLIC__/js/fwslider.js"></script>
```

此时，直接遍历 $banners，然后获取对应的图片路径即可，运行结果如图 16.9 所示。

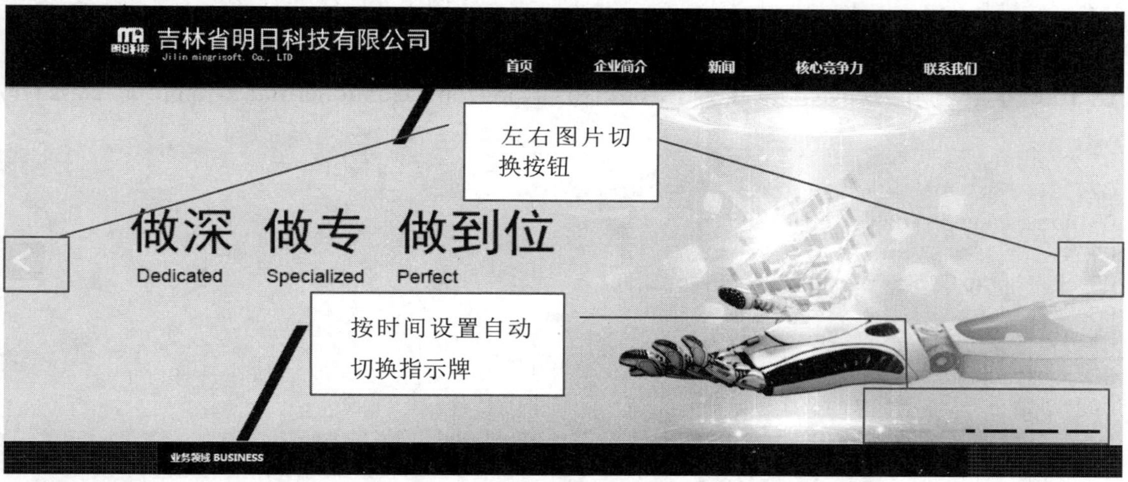

图 16.9　幻灯片运行效果图

视频讲解

16.4　新闻模块设计

16.4.1　新闻模块概述

新闻模块是网站之中最传统的交流模块，现在大部分网站都需要使用新闻模块进行网站信息交流。在新闻模块中，管理人员能够通过后台进行新闻的发布和修改，用户能够在前台页面中进行新闻的访问和查询。

16.4.2 新闻模块技术分析

新闻模块包括 2 个部分：新闻列表页和新闻详情页。在新闻列表页，以表格的形式展示所有新闻的标题、发布时间和详情按钮。新闻列表页的数据来源于 mr_article 表中分类为新闻的数据。而新闻详情页则是通过单击“详情”按钮，在 <a> 标签的超链接中添加新闻 id 实现的。进入新闻详情页后，根据新闻 id，获取新闻内容。

16.4.3 新闻列表页实现过程

当用户单击导航栏中的“新闻”按钮，即可进入新闻列表页。在新闻列表页，以表格的形式展示所有新闻的标题、发布时间和详情按钮。新闻列表页使用的数据表为 mr_article。

1. 获取新闻列表数据

在 Home 模块的 Index 控制器中添加 news 方法，该方法用于获取所有分类为“新闻”的文章数据，在所有数据中，只获取新闻 id、新闻标题和创建时间 3 个字段，具体代码如下。

【例 16.07】 实例位置：资源包 \ 源码 \16\Mrsoft\App\Home\Controller\IndexController.class.php。

```
<?php

namespace Home\Controller;

class IndexController extends ComController
{
// 企业新闻
public function news(){
// 获取分类为 " 新闻 " 的数据
    $news = M('article')->where(array('sid'=>37))->field('aid,title,t')->select();
    $this->assign('news',$news);                                    // 页面赋值
    $this->display();                                               // 渲染模板
}
}
```

上述代码中使用了 field 方法，该方法属于模型的连贯操作方法之一，主要目的是标识要返回或者操作的字段，可以用于查询和写入操作。

2. 展示新闻列表效果

在 View/Index 模板目录下，创建 news.html 文件，遍历新闻列表数据，关键代码如下。

【例 16.08】 实例位置：资源包 \ 源码 \16\Mrsoft\App\Home\View\Index\news.html。

```
<!-- 头部 -->
<include file="Public/header" />
<!-- 导航 -->
<include file="Public/nav" />
```

```
<!--banner-->
<div class="second_banner">
    <img src="__PUBLIC__/images/3.gif" alt="">
</div>
<!--//banner-->
<!-- 新闻 -->
<div class="container">
    <div class="left">
        <div class="menu_plan">
            <div class="menu_title"> 公司动态 <br><span>news of company</span></div>
            <ul id="tab">
                <li class="active"><a href="#"> 公司新闻 </a></li>
            </ul>
        </div>
    </div>
    <div class="right">
        <div class="location">
            <span> 当前位置：<a href="javascript:void(0)" id="a"></a>
                <a href="#"> 公司新闻 </a>
            </span>
            <div class="brief" id="b"><a href="#"> 公司新闻 </a></div>
        </div>
        <div style=" font-size:14px; margin-top:53px; line-height:36px;">
            <div id="tab_con">
                <div id="tab_con_2" class="dis-n" style="display: block;">
                    <table style="margin-top:70px">
                        <tbody>
                            <tr class="tt_bg">
                                <td> 新闻标题 </td>
                                <td> 发布时间 </td>
                                <td> 详情 </td>
                            </tr>
                            <foreach name="news" item="v">
                                <tr>
                                    <td>{$v[' title ']}</td>
                                    <td>{$v[' t ']|date="Y-m-d",###}</td>
                                    <td>
                                        <a style="color:#3F862E" target="_blank" href=
                                        "{:U(' detail ',array(' news_id '=>$v[' aid ']))}"> 详情 </a>
                                    </td>
                                </tr>
                            </foreach>
                        </tbody>
                    </table>
                </div>
            </div>
        </div>
    </div>
</div>
```

```
<!--// 新闻 -->
<!-- 底部 -->
<include file="Public/footer" />
<!--// 底部 -->
```

上述代码中，$v[' t '] 是时间戳形式数据（如 1513067402），通过使用模板函数来获取标准时间（如 2017-12-12）。详情按钮使用 <a> 标签实现页面跳转，<a> 标签的 href 属性通过 U 方法传递 news_id 参数。新闻列表页运行效果如图 16.10 所示。

图 16.10　新闻列表页运行效果

16.4.4　新闻详情页实现过程

1. 获取新闻详情页数据

新闻详情页使用的数据表为 mr_article。在 Home 模块的 Index 控制器中添加 detail 方法，当从新闻列表页跳转至新闻详情页时，接收到传递的参数 news_id，根据 news_id 从 mr_article 表中获取该 id 的数据，具体代码如下。

【例 16.09】 实例位置：资源包 \ 源码 \16\Mrsoft\App\Home\Controller\IndexController.class.php

```
// 新闻详情
public function detail(){
    $news_id = I('news_id',0);                                          // 接收 id
    $news = M('article')->where(array('aid'=>$news_id))->find();        // 获取 mr_article 表数据
    $this->assign('news',$news);                                        // 变量赋值
    $this->display();                                                   // 渲染模板
}
```

上述代码中，使用 I 方法来接收传递的新闻 id，I 方法使 ThinkPHP 可以更加方便和安全地获取系统输入变量。I(' news_id ', 0) 语句表示如果接收的参数 news_id 不存在，则默认为 0。find 方法只会返回第一条记录，即 $news 是一维数组。

2. 展示新闻详情页效果

在 View/Index 模板目录下，创建 detail.html 文件，获取新闻详情数据，关键代码如下。

【例 16.10】 实例位置：资源包 \ 源码 \16\Mrsoft\App\Home\View\Index\detail.html。

```
<!-- 头部 -->
<include file="Public/header" />
<!-- 导航 -->
<include file="Public/nav" />
<!--banner-->
<div class="second_banner">
    <img src="__PUBLIC__/images/4.gif" alt="">
</div>
<!--//banner-->
<!-- 新闻 -->
<div class="container">
    <div class="left">
        <div class="menu_plan">
            <div class="menu_title"> 公司动态 <br><span>news of company</span></div>
            <ul id="tab">
                <li class="active"><a href="#"> 公司新闻 </a></li>
            </ul>
        </div>
    </div>
    <div class="right">
        <div class="location">
            <span> 当前位置：<a href="javascript:void(0)" id="a"></a>
                <a href="#"> 公司新闻 </a></span>
            <div class="brief" id="b">
                <a href="#"> 公司新闻 </a>
            </div>
        </div>
            <div style="font-size: 14px; margin-top: 53px; line-height: 36px;">
                <div id="tab_con">
                    <div id="tab_con_2" class="dis-n" style="display: block;">
                        <div class="content_main">
                            <br>
                    <h2 style="font-size:28px;text-align:center">{$news[' title ']}</h2>
                            {$news[' content ']}
                        </div>
                    </div>
                </div>
            </div>
        </div>
```

```
        </div>
<!--// 新闻 -->
<!-- 底部 -->
<include file="Public/footer" />
<!--// 底部 -->
```

运行结果如图 16.11 所示。

图 16.11　新闻详情页效果

视频讲解

16.5　后台管理模块设计

16.5.1　后台登录模块概述

后台管理模块相对于前台要复杂得多。前台页面是将相关数据信息展示给用户，但是数据通常都是在后台进行统一管理。从数据库角度来说，前台模块相当于单一的数据读取，而后台模块则包括了所有的增、删、改、查操作。后台管理模块主要包含以下内容。

- ☑ 系统设置：主要包括“自定义变量”“网站设置”“后台菜单设置”等。
- ☑ 用户及组：主要包括用户管理和用户组管理，通过设置用户和用户组，能够实现用户权限的控制。
- ☑ 网站内容：主要包括文章管理和分类管理。
- ☑ 其他功能：主要包括友情链接和焦点图。
- ☑ 个人中心：主要包括个人资料管理和退出系统。

由于本项目主要使用文章管理模块，所以重点讲解文章管理和文章分类，即网站内容模块。运行效果如图 16.12 所示。

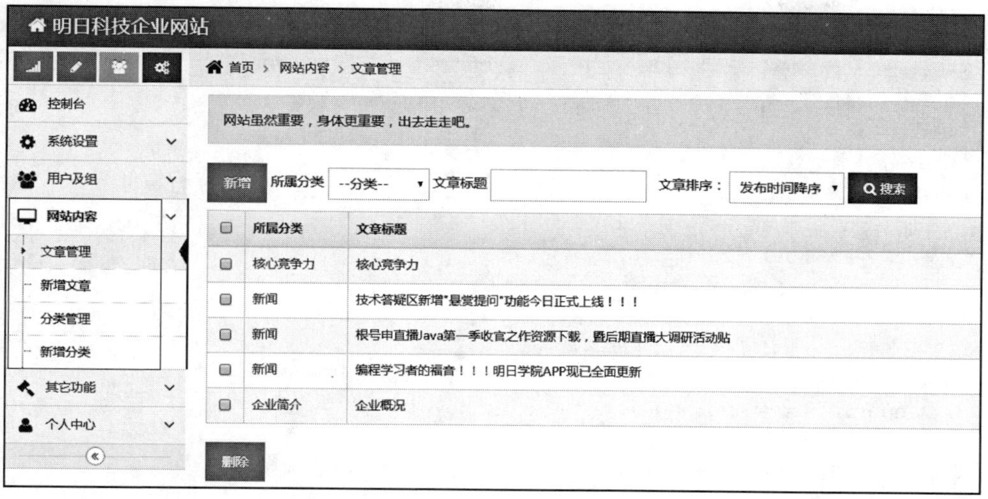

图 16.12　网站内容模块

16.5.2　网站内容模块技术分析

网站内容模块包括文章管理和分类管理。添加文章时需要选择文章所属分类，所以在设计表结构时，需要关联 mr_aticle 表和 mr_category 表，即 mr_article 表中包含的 sid 字段值就是 mr_category 表的 id 字段值。

16.5.3　文章管理实现过程

1. 文章列表

文章列表页面包括如下 3 部分内容。

☑　顶部搜索框：可以根据分类名称、文章标题、发布时间排序进行搜索。

☑　文章列表：展示文章的所属分类、标题以及发布时间。

☑　底部分页：根据分页链接显示数据。

文章列表页需要同时实现以上 3 部分内容，即在获取文章数据的同时结合搜索和分页。对于搜索，需要根据搜索条件联合查询。对于分页，可以使用 Page 类来实现。具体代码如下。

【例 16.11】 实例位置：资源包 \ 源码 \16\Mrsoft\App\Admin\Controller\ArticleController.class.php

```
public function index($sid = 0, $p = 1)
{
    $p = intval($p) > 0 ? $p : 1;                          // 判断当前页码
    $article = M('article');                               // 实例化 article 类
    $pagesize = 3;                                         // 每页数量
    $offset = $pagesize * ($p - 1);                        // 计算记录偏移量
    $prefix = C('DB_PREFIX');                              // 获取表前缀
```

```
    $sid = isset($_GET['sid']) ? $_GET['sid'] : '';                                   // 获取分类 id
    $keyword = isset($_GET['keyword']) ? htmlentities($_GET['keyword']) : '';         // 获取关键字
    $order = isset($_GET['order']) ? $_GET['order'] : 'DESC';                         // 获取排序
    $where = '1 = 1';
    // 根据分类筛选
    if ($sid) {
        $sids_array = category_get_sons($sid);                                        // 获取所有的子级 id
        $sids = implode(',',$sids_array);                                             // 将数组拆分为字符串
        $where .= "and {$prefix}article.sid in ($sids) ";
    }
    // 根据关键字筛选
    if ($keyword) {
        $where .= "and {$prefix}article.title like '%{$keyword}%' ";
    }
    // 默认按照时间降序
    $orderby = "t desc";
    if ($order == "asc") {
        $orderby = "t asc";
    }
    // 获取栏目分类
    $category = M('category')->field('id,pid,name')->order('o asc')->select();
    $tree = new Tree($category);                                                      // 实例化树形类
    $str = "<option value=\$id \$selected>\$spacer\$name</option>";                   // 生成的形式
    $category = $tree->get_tree(0, $str, $sid);                                       // 得到树形结构
    $this->assign('category', $category);                                             // 导航
    $count = $article->where($where)->count();                                        // 获取数量
    // 筛选文章内容
    $list = $article->field("{$prefix}article.*,{$prefix}category.name")
            ->where($where)->order($orderby)
            ->join("{$prefix}category ON {$prefix}category.id = {$prefix}article.sid")
            ->limit($offset . ',' . $pagesize)->select();
    $page = new \Think\Page($count, $pagesize);                                       // 实例化分页类
    $page = $page->show();                                                            // 调用分页方法
    $this->assign('list', $list);                                                     // 页面赋值
    $this->assign('page', $page);                                                     // 输出分页
    $this->display();                                                                 // 渲染模板
}
```

接下来渲染文章列表页模板，文件代码如下。

【例 16.12】 实例位置：资源包 \ 源码 \16\Mrsoft\App\Admin\View\Article\index.html

```
<!-- /section:settings.box -->
<div class="row">
    <div class="col-xs-12">
        <!-- PAGE CONTENT BEGINS -->
        <div class="cf">
            <form class="form-inline" action="" method="get">
                <a class="btn btn-info" href="{:U('add')}" value=""> 新增 </a>
```

```
            <label class="inline"> 所属分类 </label>
            <select name="sid" class="form-control">
                <option value="0">-- 分类 --</option>
                {$category}
            </select>
            <label class="inline"> 文章标题 </label>
            <input type="text" name="keyword" value="{:I('keyword')}"
              class="form-control">
            <label class="inline">   文章排序：</label>
            <select name="order" class="form-control">
                <option value="desc" <if condition="I('order') eq desc">selected</if>>
                                    发布时间降序 </option>
                <option value="asc" <if condition="I('order') eq asc">selected</if> >
                                    发布时间升序 </option>
            </select>
            <button type="submit" class="btn btn-purple btn-sm">
                <span class="ace-icon fa fa-search icon-on-right bigger-110"></span>
                搜索
            </button>
        </form>
    </div>
    <div class="space-4"></div>
    <form id="form" method="post" action="{:U('del')}">
        <table class="table table-striped table-bordered">
            <thead>
            <tr>
                <th class="center">
                    <input class="check-all" type="checkbox" value="">
                </th>
                <th> 所属分类 </th>
                <th class="col-xs-7"> 文章标题 </th>
                <th> 发布时间 </th>
                <th> 操作 </th>
            </tr>
            </thead>
            <tbody>
            <volist name="list" id="val">
                <tr>
                    <td class="center">
                        <input class="aids" type="checkbox" name="aids[]"
                                          value="{$val['aid']}"></td>
                    <td><a href="{:U('index',array('sid'=>$val['sid']))}"
                        title="{$val['name']}">{$val['name']}</a>
                    </td>
                    <td>{$val['title']}</td>
                    <td>{$val['t']|date="Y-m-d H:i:s",###}</td>
                    <td><a href="{:U('edit',array('aid'=>$val['aid']))}">
                    <i class="ace-icon fa fa-pencil bigger-100"></i>
                       修改 </a>  
```

```
                    <a href="javascript:;" val="{:U('del',array('aids'=>$val['aid']))}"
                        class="del">
                        <i class="ace-icon fa fa-trash-o bigger-100 red"></i>
                            删除 </a></td>
                    </tr>
                </volist>
                </tbody>
            </table>
        </form>
        <div class="cf">
            <input id="submit" class="btn btn-info" type="button" value=" 删除 ">
        </div>
        {$page}
        <!-- PAGE CONTENT ENDS -->
    </div><!-- /.col -->
</div><!-- /.row -->
```

文章列表页全部数据如图 16.13 所示，根据分类和文件标题筛选条件搜索后的数据如图 16.14 所示。

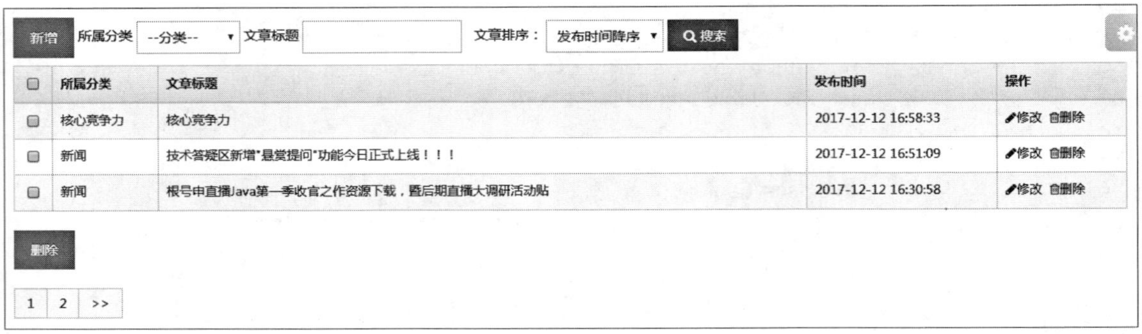

新增
所属分类
--分类--
文章标题
文章排序：
发布时间降序
搜索
所属分类
文章标题
发布时间
操作
核心竞争力
核心竞争力
2017-12-12 16:58:33
修改 删除
新闻
技术答疑区新增"悬赏提问"功能今日正式上线！！！
2017-12-12 16:51:09
修改 删除
新闻
2017-12-12 16:30:58
修改 删除
删除
1
2
>>

图 16.13　全部数据

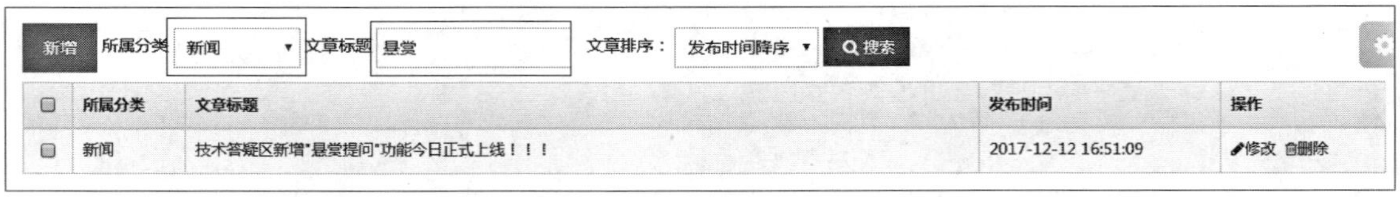

图 16.14　筛选数据

2. 新增文章

在添加文章时，需要选择文章分类，所以需要获取 mr_category 表中全部分类数据，并且以“树形”的方式进行展示，添加分类的控制器代码如下。

【例 16.13】 实例位置：资源包 \ 源码 \16\Mrsoft\App\Admin\Controller\ArticleController.class.php。

```
public function add()
{
    //获取所有分类
    $category = M('category')->field('id,pid,name')->order('o asc')->select();
    $tree = new Tree($category); // 实例化属性类
    $str = "<option value=\$id \$selected>\$spacer\$name</option>"; // 生成的形式
    $category = $tree->get_tree(0, $str, 0); // 获取树形结构
    $this->assign('category', $category); // 导航
    $this->display('form'); // 渲染页面
}
```

新增文章时，需要填写文章内容，为更好地展现文章内容，使用富文本编辑器 KindEditor 实现该功能。此外，由于添加文章和修改文章的表单内容相同，所以渲染同一个模板 form，form 模板的关键代码如下。

【例 16.14】 实例位置：资源包 \ 源码 \16\Mrsoft\App\Admin\View\Article\form.html。

```
<form class="form-horizontal" id="form" method="post" action="{:U( ' update ' )}">
    <!-- PAGE CONTENT BEGINS -->
    <input type="hidden" name="aid" value="{$article.aid}" id="aid"/>
    <div class="form-group">
        <label class="col-sm-1 control-label no-padding-right" for="form-field-0">
            文章分类 </label>
        <div class="col-sm-9">
            <select id="sid" name="sid" class="col-xs-10 col-sm-5">
                <option value="0">-- 分类 --</option>
                {$category}
            </select>
            <span class="help-inline col-xs-12 col-sm-7">
                <span class="middle"> 选择所属分类。</span>
            </span>
        </div>
    </div>
    <div class="space-4"></div>
    <div class="form-group">
        <label class="col-sm-1 control-label no-padding-right" for="form-field-1">
            文章标题 </label>
        <div class="col-sm-9">
            <input type="text" name="title" id="title" placeholder=" 文章标题 "
                    class="col-xs-10 col-sm-5" value="{$article['title']}">
            <span class="help-inline col-xs-12 col-sm-7">
                <span class="middle"> 文章标题不能为空。</span>
            </span>
        </div>
    </div>
    <div class="form-group">
        <label class="col-sm-1 control-label no-padding-right" for="form-field-1">
            SEO 标题 </label>
```

```
            <div class="col-sm-9">
                <input type="text" name="seotitle" id="seotitle" placeholder="SEO 标题 "
                            class="col-xs-10 col-sm-5" value="{$article[' seotitle ']}">
                <span class="help-inline col-xs-12 col-sm-7">
                    <span class="middle"> 如果设置 SEO 标题，将会在 IE 标题栏显示 SEO 标题。</span>
                </span>
            </div>
        </div>
        <div class="space-4"></div>
        <div class="form-group">
            <label class="col-sm-1 control-label no-padding-right" for="form-field-2">
                关键词 </label>
            <div class="col-sm-9">
                <input type="text" name="keywords" id="keywords" placeholder=" 关键词 "
                            class="col-xs-10 col-sm-5" value="{$article[' keywords ']}">
                <span class="help-inline col-xs-12 col-sm-7">
                    <span class="middle"> 文章关键词。</span>
                </span>
            </div>
        </div>
        <div class="space-4"></div>
        <div class="form-group">
            <label class="col-sm-1 control-label no-padding-right" for="form-field-3">
                文章摘要 </label>
            <div class="col-sm-9">
                <textarea name="description" id="description" placeholder=" 文章摘要 "
                        class="col-xs-10 col-sm-5"
                        rows="5">{$article[' description ']}</textarea>
                <span class="help-inline col-xs-12 col-sm-7">
                    <span class="middle"> 文章摘要、描述。</span>
                </span>
            </div>
        </div>
        <div class="space-4"></div>
        <div class="form-group">
            <label class="col-sm-1 control-label no-padding-right" for="form-field-4">
                缩略图 </label>
            <div class="col-sm-9">
                <div class="col-xs-10 col-sm-5">
                    {:UpImage("thumbnail",100,100,$article[' thumbnail '])}
                </div>
                <span class="help-inline col-xs-12 col-sm-7">
                    <span class="middle"> 仅支持 jpg、gif、png、bmp、jpeg, 且小于 1MB。</span>
                </span>
            </div>
        </div>
        <div class="space-4"></div>
        <div class="form-group">
            <label class="col-sm-1 control-label no-padding-right" for="form-field-2">
```

```
                文章内容 </label>
            <div class="col-sm-9">
                <textarea name="content" id="content" style="width:100%;
                        height:400px;visibility:hidden;"> {$article[' content ']}
                </textarea>
            </div>
        </div>
        <div class="space-4"></div>
        <div class="col-md-offset-2 col-md-9">
            <button class="btn btn-info submit" type="button">
                <i class="icon-ok bigger-110"></i>
                提交
            </button>
                 
            <button class="btn" type="reset">
                <i class="icon-undo bigger-110"></i>
                重置
            </button>
        </div>
            <!-- PAGE CONTENT ENDS -->
</form>
```

运行结果如图 16.15 所示。

图 16.15　添加文章

填写完文章内容后，单击“提交”按钮，需要检测提交内容。例如，是否选择了分类，是否添加了文章标题等。为实现友好的交互效果，本项目使用 Bootbox.js 插件实现该功能。运行效果如图 16.16 所示。

图 16.16　Bootbox 提示信息

3. 编辑文章

在文章列表页，为标题右侧的“修改”按钮设置一个 <a> 标签，在 <a> 的 href 属性中设置包含文章 id 的链接地址，代码如下：

```
<td><a href="{:U('edit',array('aid'=>$val['aid']))}">
<i class="ace-icon fa fa-pencil bigger-100"></i> 修改 </a>  <a>
</td>
```

运行结果如图 16.17 所示。

	所属分类	文章标题	发布时间	操作
	核心竞争力	核心竞争力	2017-12-12 16:58:33	修改 删除
	新闻	技术答疑区新增"悬赏提问"功能今日正式上线！！！	2017-12-12 16:51:09	修改 删除
	新闻	根号申直播Java第一季收官之作资源下载，暨后期直播大调研活动贴	2017-12-12 16:30:58	修改 删除

图 16.17　修改文章页面效果

单击文章标题右侧的“修改”按钮，开始编辑文章，编辑文章的代码如下。

【例 16.15】　实例位置：资源包 \ 源码 \16\Mrsoft\App\Admin\Controller\ArticleController.class.php。

```
public function edit($aid)
{
    $aid = intval($aid);                                              // 接收文章 id
    $article = M('article')->where('aid=' . $aid)->find();            // 根据 id 查找文章数据
    if ($article) {
        $category = M('category')->field('id,pid,name')->order
            ('o asc')->select();                                      // 获取所有分类
        $tree = new Tree($category);                                  // 实例化树形类
        $str = "<option value=\$id \$selected>\$spacer\$name</option>"; // 生成的形式
        $category = $tree->get_tree(0, $str, $article[ ' sid ' ]);    // 得到树形结构
        $this->assign('category', $category);                        // 导航
        $this->assign('article', $article);                          // 页面赋值
    } else {
        $this->error('参数错误！');
    }
    $this->display('form');                                           // 渲染模板
}
```

运行结果如图 16.18 所示。

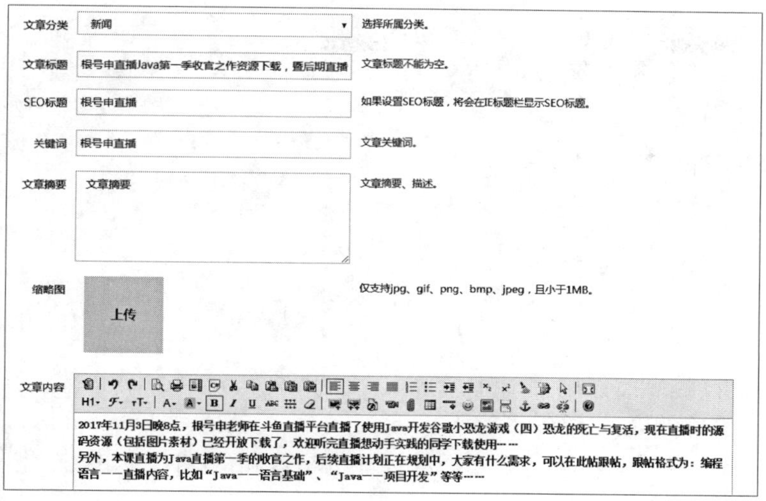

图 16.18　编辑文章

4. 删除文章

删除文章有两种方式：单选删除和多选删除。单击文章标题右侧的“删除”按钮，可以单选删除文章；选中右侧复选框，单击下方的“删除”按钮，可以删除选中的所有文章。单选删除和多选删除如图 16.19 所示。

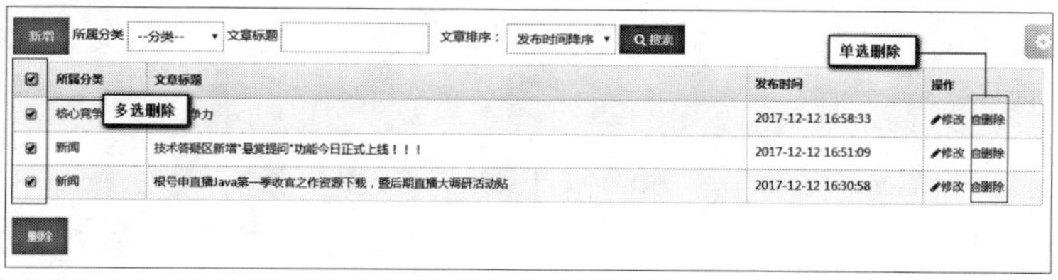

图 16.19　单选删除和多选删除

对于单选删除，页面提交的是一个文章 id，数据类型是整数。而对于多选删除，页面提交的是多个文章 id，数据类型是数组。所以，需要对两种情况单独处理。删除文章代码如下。

【例 16.16】 实例位置：资源包 \ 源码 \16\Mrsoft\App\Admin\Controller\ArticleController.class.php。

```
public function del()
{
    $aids = isset($_REQUEST['aids']) ? $_REQUEST['aids'] : false;          // 接收文章 id
    if ($aids) {
        if (is_array($aids)) {                                              // 多选删除
            $aids = implode(',', $aids);
            $map['aid'] = array('in', $aids);
        } else {                                                            // 单选删除
```

```
            $map = 'aid=' . $aids;
        }
        if (M('article')->where($map)->delete()) {                    // 删除数据
            addlog('删除文章 ,AID：' . $aids);                          // 写入日志
            $this->success('恭喜 , 文章删除成功！ ');
            } else {
                $this->error('参数错误！ ');
            }
    } else {
        $this->error('参数错误！ ');
    }
}
```

上述代码中，对于多选删除使用了 $map[' aid '] = array(' in ', $aids) 形式，其中 $aids 是字符串型数据，如' 1，2，3 '。删除的 SQL 语句等价于 delete from mr_article where aid in (1，2，3)，即删除 aid 为 1、2、3 的数据。此外，删除数据前需要提示管理员是否确认删除，如果单击“确定”按钮，再执行删除操作，运行效果如图 16.20 所示。

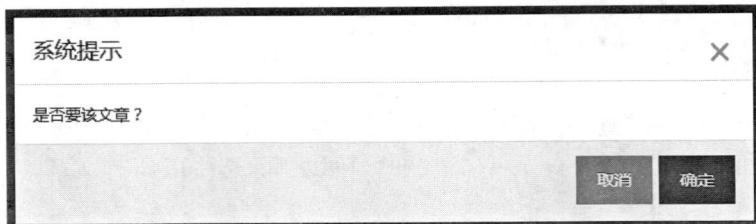

图 16.20　删除提示

16.6　小　　结

本章的项目运用软件工程思想中最流行的 MVC 设计理念，通过一个业界比较知名的国产框架编写而成。通过对本章的学习，读者可以了解 PHP 网站程序的开发流程，并且了解 ThinkPHP 框架开发的具体事宜。希望对读者日后的程序开发有所帮助。

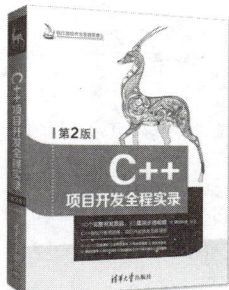

软件工程师开发大系

◎ 603 个典型实例及源码分析，涵盖 24 个应用方向

◎ 工作应用速查+项目开发参考+学习实战练习

◎ 应用·训练·拓展·速查·宝典，面面俱到

◎ 在线解答，高效学习

（以《Java 开发实例大全（基础卷）》为例）

软件开发微视频讲堂

PHP从入门到精通

（微视频精编版）

明日科技　编著

清華大学出版社
北　京

内容简介

本书内容浅显易懂，实例丰富，详细介绍了使用 PHP 进行程序开发需要掌握的知识。

全书分为两册：核心技术分册和强化训练分册。核心技术分册共 16 章，包括初识 PHP、PHP 语言基础、流程控制语句、字符串操作与正则表达式、PHP 数组、面向对象、PHP 与 Web 交互、MySQL 数据库基础、PHP 操作 MySQL 数据库、PDO 数据库抽象层、Cookie 与 Session、图形图像处理技术、文件系统、PHP 与 Ajax 技术、ThinkPHP 框架和明日科技企业网站等内容。强化训练分册共 13 章，通过大量源于实际生活的趣味案例，强化上机实践，拓展和提升软件开发中对实际问题的分析与解决能力。

本书除纸质内容外，配书资源包中还给出了海量开发资源，主要内容如下。

- ☑ 微课视频讲解：总时长 19 小时，共 218 集
- ☑ 实例资源库：808 个实例及源码详细分析
- ☑ 模块资源库：15 个经典模块完整展现
- ☑ 项目资源库：15 个企业项目开发过程
- ☑ 测试题库系统：626 道能力测试题目
- ☑ 面试资源库：342 个企业面试真题

本书适合有志于从事软件开发的初学者、高校计算机相关专业学生和毕业生，也可作为软件开发人员的参考手册，或者高校的教学参考书。

图书在版编目（CIP）数据

PHP从入门到精通：微视频精编版/明日科技编著．—北京：清华大学出版社，2020.7
（软件开发微视频讲堂）
ISBN978-7-302-51938-6

I.①P… II.①明… III.①PHP语言-程序设计 IV.①TP312.8

中国版本图书馆CIP数据核字（2018）第288415号

责任编辑：贾小红
封面设计：魏润滋
版式设计：文森时代
责任校对：马军令
责任印制：宋 林

出版发行：清华大学出版社
网 址：http://www.tup.com.cn，http://www.wqbook.com
地 址：北京清华大学学研大厦 A 座 邮 编：100084
社 总 机：010-62770175 邮 购：010-62786544
投稿与读者服务：010-62776969，c-service@tup.tsinghua.edu.cn
质量反馈：010-62772015，zhiliang@tup.tsinghua.edu.cn
印 装 者：北京鑫海金澳胶印有限公司
经 销：全国新华书店
开 本：203mm×260mm 印 张：30.75 字 数：843 千字
版 次：2020 年 7 月第 1 版 印 次：2020 年 7 月第 1 次印刷
定 价：99.80 元（全 2 册）

产品编号：079179-01

前 言

Preface

PHP 是一种面向对象的、完全跨平台的新型 Web 开发语言。PHP 应用领域比较广泛，可以进行中小型网站的开发、大型网站的业务逻辑结果展示、Web 办公管理系统、电子商务应用以及移动互联网开发等。因 PHP 语言简单易学，功能强大，所以受到很多程序员的青睐，成为程序开发人员使用的主流编程语言之一。

本书内容

本书分为两册：核心技术分册和强化训练分册。

核心技术分册共分 3 篇 16 章，提供了从入门到编程高手所必需的各类核心知识，大体结构如下图所示。

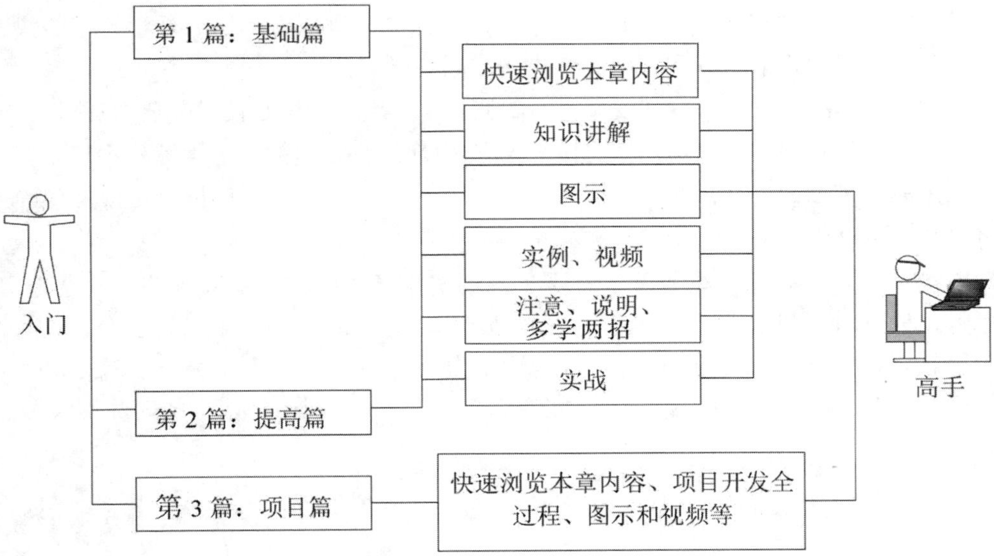

第 1 篇：基础篇。本篇通过初识 PHP、PHP 语言基础、流程控制语句、字符串操作与正则表达式、PHP 数组、面向对象、PHP 与 Web 交互、MySQL 数据库基础、PHP 操作 MySQL 数据库和 PDO 数据库抽象层等内容的介绍，并结合大量的图示、实例、视频和实战等，使读者快速掌握 PHP 语言基础，为以后编程奠定坚实的基础。

第 2 篇：提高篇。本篇介绍了 Cookie 与 Session、图形图像处理技术、文件系统、PHP 与 Ajax 技术以及 ThinkPHP 框架等内容。学习完本篇，读者将能够开发一些中小型应用程序。

第 3 篇：项目篇。本篇通过一个完整的明日科技企业网站项目，运用软件工程的设计思想，让读者学习如何进行软件项目的实践开发。书中按照“需求分析→系统设计→数据库设计→项目主要功能模块的实现”的流程进行介绍，带领读者亲身体验开发项目的全过程。

强化训练分册共 13 章，通过 214 个来源于实际生活的趣味案例，强化上机实战，拓展和提升读者对实际问题的分析与解决能力。

本书特点

☑ **由浅入深，循序渐进。**本书以初、中级程序员为对象，先从 PHP 语言基础学起，再学习如何使用 PHP 操作 Cookie 与 Session，操作文件系统等高级技术，最后学习开发一个完整项目。讲解过程中步骤详尽，版式新颖，使读者在阅读时一目了然，从而快速掌握书中内容。

☑ **实例典型，轻松易学。**通过例子学习是最好的学习方式，本书通过“一个知识点、一个例子、一个结果、一段评析、一个综合应用”的模式，透彻详尽地讲述了实际开发中所需的各类知识。另外，为了便于读者阅读程序代码，快速学习编程技能，书中几乎每行代码都提供了注释。

☑ **微课视频，讲解详尽。**本书为便于读者直观感受程序开发的全过程，书中大部分章节都配备了教学微视频，使用手机扫描正文小节标题一侧的二维码，即可观看学习，能快速引导初学者入门，感受编程的快乐和成就感，进一步增强学习的信心。

☑ **强化训练，实战提升。**软件开发学习，实战才是硬道理。核心技术分册中提供了 29 个实战练习，强化训练分册中更是给出了 214 个源自生活的真实案例。应用编程思想来解决这些生活中的难题，不但能锻炼动手能力，还可以快速提升实战技巧。如果在实现过程中遇到问题，可以从资源包中获取相应实战的源码进行解读。

☑ **精彩栏目，贴心提醒。**本书根据需要在各章安排了“注意”“说明”和“多学两招”等小栏目，让读者可以在学习过程中更轻松地理解相关知识点及概念，更快地掌握个别技术的应用技巧。在强化训练分册中，更设置了“▷①②③④⑤⑥”栏目，读者每亲手完成一次实战练习，即可涂上一个序号。通过反复实践，可真正实现强化训练和提升。

本书资源

为帮助读者学习，本书配备了长达 19 小时（共 218 集）的微课视频讲解。除此以外，还为读者提供了“PHP 开发资源库”系统，可以帮助读者快速提升编程水平和解决实际问题的能力。

本书和 PHP 开发资源库配合学习的流程如下图所示。

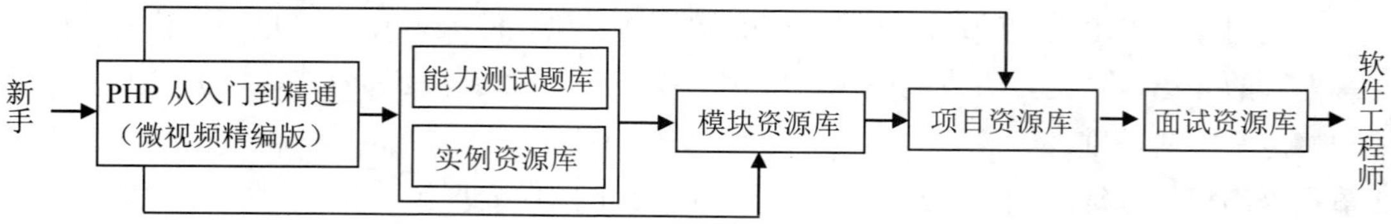

PHP 开发资源库的主界面如下图所示。

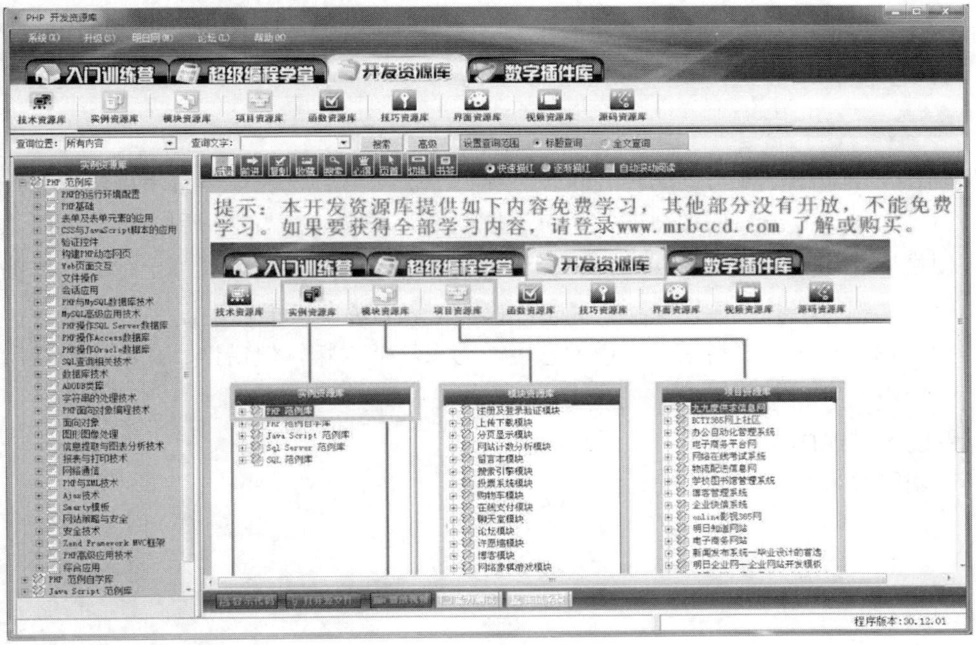

开发资源库
使用说明

在学习本书的过程中，可以配合实例资源库的相应章节，利用实例资源库提供的大量热点实例和关键实例巩固所学编程技能，提高编程兴趣和自信心；也可以配合能力测试题库的对应章节进行测试，检验学习成果。对于数学逻辑能力和英语基础较为薄弱的读者，或者想了解个人数学逻辑思维能力和编程英语基础的用户，本书提供了数学及逻辑思维能力测试和编程英语能力测试供练习和测试。

当本书学习完成时，可以配合模块资源库和项目资源库的 30 个模块和项目，全面提升个人综合编程技能和解决实际开发问题的能力，为成为 PHP 软件开发工程师打下坚实基础。面试资源库提供了大量国内外软件企业的常见面试真题，同时还提供了程序员职业规划、程序员面试技巧、企业面试真题汇编和虚拟面试系统等精彩内容，是程序员求职面试的绝佳指南。

读者对象

- ☑ 初学编程的自学者
- ☑ 编程爱好者
- ☑ 大中专院校的老师和学生
- ☑ 相关培训机构的老师和学员
- ☑ 做毕业设计的学生
- ☑ 初、中级程序开发人员
- ☑ 程序测试及维护人员
- ☑ 参加实习的“菜鸟”程序员

读者服务

学习本书时，请先扫描封底的权限二维码（需要刮开涂层）获取学习权限，然后即可免费学习书中的所有线上线下资源。本书所附赠的各类学习资源，读者可登录清华大学出版社网站

（www.tup.com.cn），在对应图书页面下获取其下载方式。也可扫描图书封底的“文泉云盘”二维码，获取其下载方式。

致读者

本书由明日科技软件开发团队组织编写。明日科技是一家专业从事软件开发、教育培训以及软件开发教育资源整合的高科技公司，其编写的教材非常注重选取软件开发中的必需、常用内容，同时也很注重内容的易学、方便性以及相关知识的拓展性，深受读者喜爱。其教材多次荣获“全行业优秀畅销品种”“全国高校出版社优秀畅销书”等奖项，多个品种长期位居同类图书销售排行榜的前列。

在编写本书的过程中，我们始终本着科学、严谨的态度，力求精益求精，但错误、疏漏之处在所难免，敬请广大读者批评指正。

感谢您购买本书，希望本书能成为您编程路上的领航者。

“零门槛”编程，一切皆有可能。

祝读书快乐！

编　者

2020 年 7 月

目　录

Contents

第 1 章　PHP 语言基础

学习指南

本章训练任务对应核心技术分册第 2 章“PHP 语言基础”部分。

重点练习内容：

1. 熟练掌握PHP变量与常量的实际应用。
2. 掌握运算符的实际应用。
3. 掌握自定义函数的实际应用。
4. 理解和掌握函数的默认参数。

应用技能拓展学习

1．phpinfo()函数——打印 PHP 配置信息

phpinfo()函数可输出 PHP 的配置信息，语法如下：

```
int phpinfo ( [int what])
```

2．预定义常量

系统预定义常量和用户自定义常量在使用上没有差别。大多数预定义常量的执行结果都是服务器的相关信息（版本号、路径、错误参数等），所以程序员很少将此用于网站前台的开发，如果被别有用心的人知道了这些信息，会严重威胁服务器的安全。

例如，__FILE__预定义常量：文件的完整路径和文件名。如果用在包含文件中，则返回包含文件名。自 PHP 4.0.2 起，__FILE__总是包含一个绝对路径，而在此之前的版本有时会包含一个相对路径。

3．PHP 5 中的新型字符串

PHP 5.0 中有一种新型字符串，这种新型的字符串是以“<<<”开始，后面紧跟着字符串开始标记，之后为字符串的内容，最后以标记加分号结束。

4．类型转换

值类型变量直接存储其数据值，主要包含整数类型、浮点类型以及布尔类型等。值类型变量在栈中进行分配，因此效率很高，使用值类型主要目的是为了提高性能。在类型转换时，注意不要将未知的分数强制转换为 integer，这样有时会导致不可预料的结果，例如：

```
<?php
echo (int) ( (0.1+0.7) * 10 ); //显示 7!
?>
```

5. 可变变量

可变变量是一种独特的变量，它允许动态改变一个变量名称，其工作原理是该变量的名称由另外一个变量的值来确定。实现过程是在变量前多加一个“$”符号。

6. 三元运算符

三元运算符的语法如下：

```
(expr) ? {statement1;} : {statement2;}
```

三元运算符与 if…else 语句实现的功能完全相同。

7. 字符串连接符

字符串可以用“.”（点）字符串连接符连接，该连接符可以把两个或两个以上字符串连接成一个新的字符串。字符串的连接有两种形式：第 1 种是连接运算符“.”；第 2 种是连接赋值运算符“.=”。在实际的程序开发中，这两种连接方式都非常常用。

8. 递增或递减运算符的使用

递增或递减运算符有两种使用方法：一种是先将变量增加或减少 1 后再将值赋给原变量，称为前置递增或递减运算符（也称前置自增自减运算符）；另一种是将运算符放在变量后面，即先返回变量的当前值，然后变量的当前值增加或减少 1，称为后置递增或递减运算符（也称后置自增自减运算符）。

9. 自定义函数实现替换空格符和回车符

通过自定义函数实现对字符串中空格符和回车符的替换输出，在自定义函数中应用的是 preg_replace()函数。自定义函数的语法如下：

```
function str($str){
    $str = preg_replace("/ /"," ",$str);                //替换空格
    $str = preg_replace("/cha(13)/","<br>",$str);            //替换回车符
    echo "内容：".$str;  //输出
}
```

10. 自定义函数实现字符串过滤

编写自定义函数对字符串进行过滤，如果出现指定的关键词，则给出提示信息，并终止程序执行。

自定义函数的语法如下：

```
function str($str){
$array = array('图书','明日科技','软件','编程词典','编程','词典');          //定义数组
$repstr = implode($array);                                                   //数组转换成字符串
if(preg_match("/$str/",$repstr)){                                            //正则表达式验证字符串
        echo "<script>alert('您使用了禁用词语，请重新填写');
        location.href='index.php'</script>";
}else{
        echo "内容为：".$str;                                                //输出数据
}
}
```

11. 什么函数需要使用默认参数

参数个数不确定的情况下，如果调用函数时，缺少参数，PHP 会提示“参数缺失”。例如，定义一个函数 address($province,$city,$district,$detail)，4 个参数分别代表省、市、区和具体住址。但是对于直辖市而言，如北京，不是以省份开头。所以，相应的就没有第 4 个参数。这时，就可以使用默认参数来解决该问题，可以这样定义函数：address($province=,$city,$district,$detail'')。使第 4 个参数默认为空字符串。

实战技能强化训练

训练一：基本功强化训练

1. 在页面中打印 PHP 的配置信息　▷①②③④⑤⑥

本实例应用 PHP 的标记通过 echo 语句和 phpinfo()函数，向用户展示 PHP 的配置信息，包括配置文件所在的目录以及一些相关扩展库的版本、作者信息等，运行结果如图 1.1 所示。

2. 在页面中打印当前执行的 PHP 文件名　▷①②③④⑤⑥

很多时候用户需要编写包含文件路径及文件名称的代码，如果通过目录查找，未免有些麻烦。这时用户可以使用__FILE__预定义函数。通过__FILE__预定义常量获取目标文件的路径及文件名称并在网页上进行打印，运行结果如图 1.2 所示。

3. 动态输出 JavaScript 代码　▷①②③④⑤⑥

JavaScript 语言是一门功能强大的客户端脚本语言，也是一门跨平台语言。PHP 支持使用 JavaScript 编码。通过 PHP 5 新型字符串可以动态输出 JavaScript 代码，运行结果如图 1.3 所示。

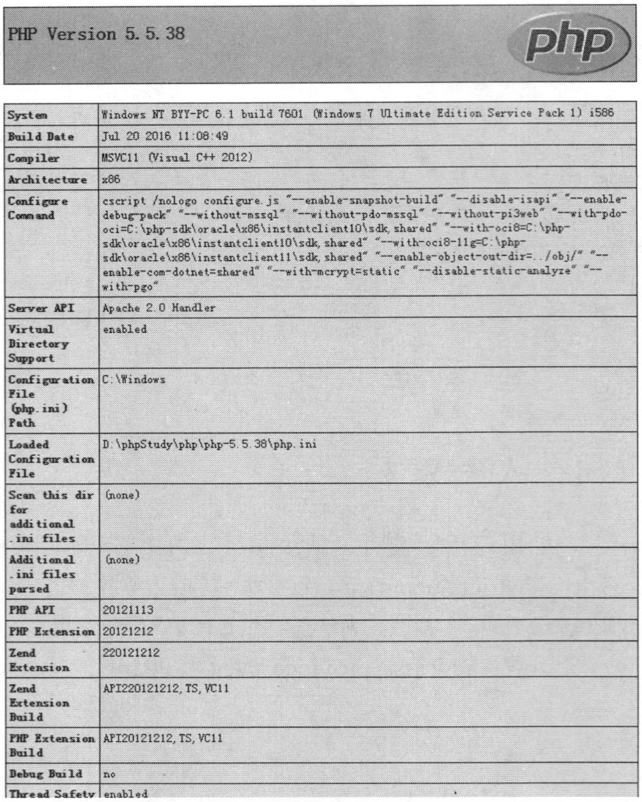

PHP Version 5.5.38

System	Windows NT BYY-PC 6.1 build 7601 (Windows 7 Ultimate Edition Service Pack 1) i586
Build Date	Jul 20 2016 11:08:49
Compiler	MSVC11 (Visual C++ 2012)
Architecture	x86
Configure Command	cscript /nologo configure.js "--enable-snapshot-build" "--disable-isapi" "--enable-debug-pack" "--without-mssql" "--without-pdo-mssql" "--without-pi3web" "--with-pdo-oci=C:\php-sdk\oracle\x86\instantclient10\sdk,shared" "--with-oci8=C:\php-sdk\oracle\x86\instantclient10\sdk,shared" "--with-oci8-11g=C:\php-sdk\oracle\x86\instantclient11\sdk,shared" "--enable-object-out-dir=../obj/" "--enable-com-dotnet=shared" "--with-mcrypt=static" "--disable-static-analyze" "--with-pgo"
Server API	Apache 2.0 Handler
Virtual Directory Support	enabled
Configuration File (php.ini) Path	C:\Windows
Loaded Configuration File	D:\phpStudy\php\php-5.5.38\php.ini
Scan this dir for additional .ini files	(none)
Additional .ini files parsed	(none)
PHP API	20121113
PHP Extension	20121212
Zend Extension	220121212
Zend Extension Build	API220121212,TS,VC11
PHP Extension Build	API20121212,TS,VC11
Debug Build	no
Thread Safety	enabled

图 1.1　PHP 配置信息

图 1.2　输出当前文件路径和名称

图 1.3　动态输出 JavaScript 代码

4．当数字遇到字符串　▷①②③④⑤⑥

PHP 手册中，经常会看到一些返回值为 Boolean 的函数，当符合条件时返回值为 1，否则返回值为 0。按照正常思维，返回值应该是 TRUE 和 FALSE，因为它们才是真正的 Boolean 类型。这里用到了类型转换。编程展示 PHP 中的数据类型转换，运行结果如图 1.4 所示。

5．使用可变变量输出 I Like PHP!　▷①②③④⑤⑥

变量包括预定义变量、可变变量等。通过可变变量输出字符串 I Like PHP!，运行结果如图 1.5 所示。

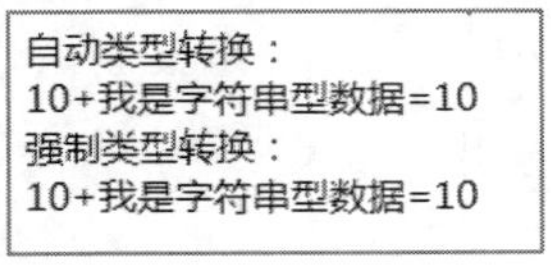

图 1.4　当数字遇到字符串

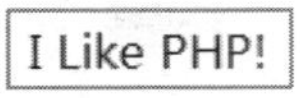

图 1.5　使用可变变量输出字符串

6. 自定义数字的加密/解密算法　▷①②③④⑤⑥

运算符是表达式的组成部分，没有运算符的表达式是不存在的。使用算术运算符实现数字的加密、解密算法，运行结果如图 1.6 和图 1.7 所示。

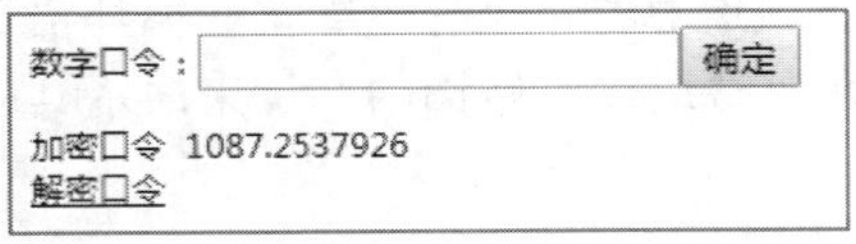

图 1.6　口令加密

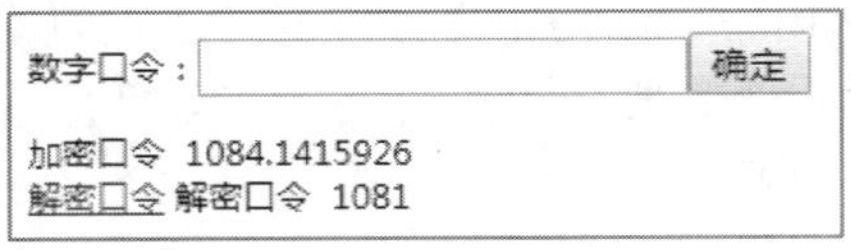

图 1.7　口令解密

7. 使用条件运算符判断数字的奇偶性　▷①②③④⑤⑥

条件运算符用于执行或真或假的运算。使用三元运算符判断数字的奇偶性，运行结果如图 1.8 所示。

在判断数字奇偶性时要用到求余运算符。将待判断数字与数字 2 做除法运算时，如果存在余数（即不能被 2 整除），该数为奇数，否则为偶数。

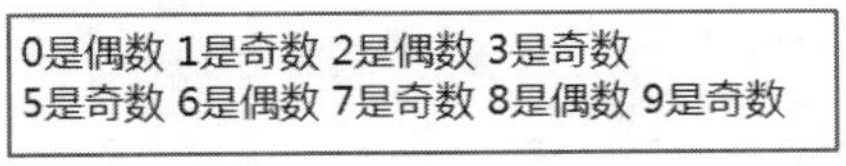

0是偶数 1是奇数 2是偶数 3是奇数
5是奇数 6是偶数 7是奇数 8是偶数 9是奇数

图 1.8　用三元运算符判断数字的奇偶性

8. 判断用户是否具有后台管理权限　▷①②③④⑤⑥

逻辑运算符往往作为 if 等语句的条件出现。逻辑运算符有很多种而且功能各不相同。本实例介绍逻辑运算符的语法等相关知识，并通过逻辑运算符来演示用户是否具有后台管理权限，运行结果如图 1.9 和图 1.10 所示。

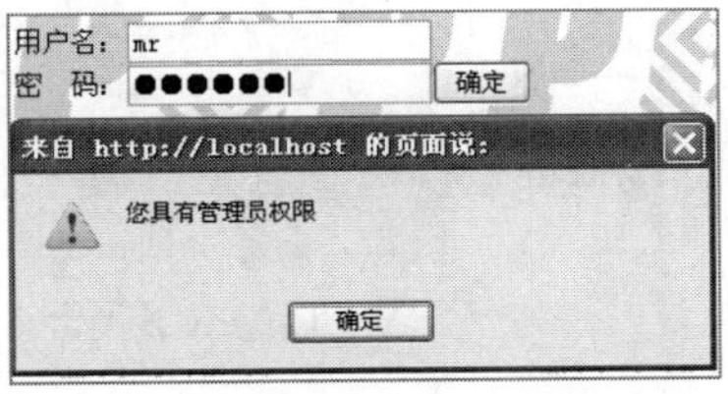

图 1.9　具有后台管理权限

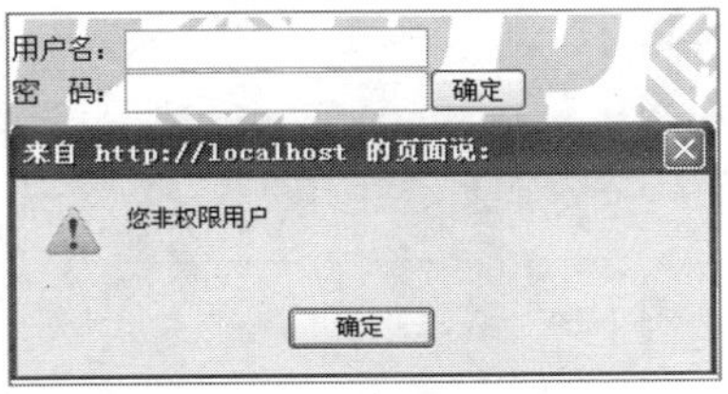

图 1.10　不具有后台管理权限

9. 打印随机组合生日祝福语　▷①②③④⑤⑥

在应用字符串时往往需要将两个字符串进行连接，这时候可以使用字符串运算符。本实例使用字符串运算符打印随机组合生日祝福语，运行结果如图 1.11 所示。

图 1.11　打印随机组合生日祝福语

训练二：实战能力强化训练

10．打印 2000—2020 年的所有闰年　▷①②③④⑤⑥

在 PHP 语言中，为了提升编程效率设置了一些自增自减运算符，这些运算符在循环语句中得到广泛应用。本实例简要介绍了自增自减运算符，并通过自增自减运算符修饰的变量来演示其应用，运行结果如图 1.12 所示。

11．前置运算符和后置运算符的区别　▷①②③④⑤⑥

前置运算符与后置运算符大多用在循环语句中。本例应用自增自减运算符来修饰变量，通过显示结果来说明前置运算符与后置运算符的区别，运行结果如图 1.13 所示。

图 1.12　打印 2000～2020 年的所有闰年

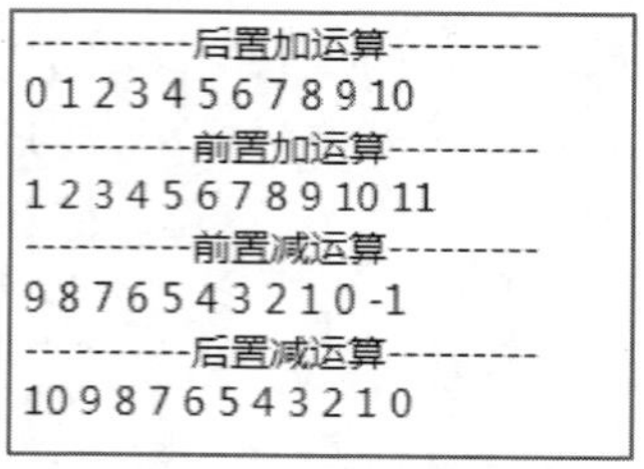

图 1.13　前置运算符与后置运算符的区别

12．使用位运算符对数字进行加密和解密　▷①②③④⑤⑥

位运算符是 PHP 运算符中不可或缺的一种，通过位运算符对数字进行加密、解密，运行结果如图 1.14 和图 1.15 所示。

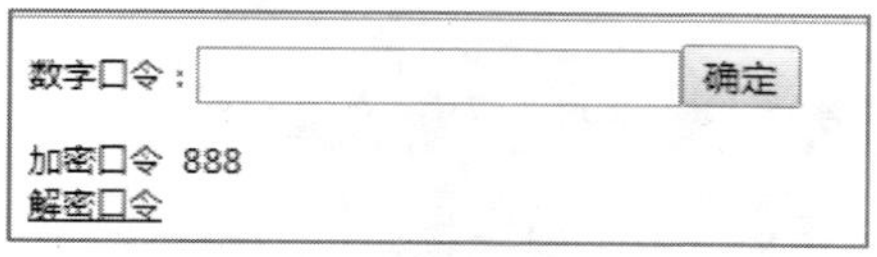

图 1.14　数字加密

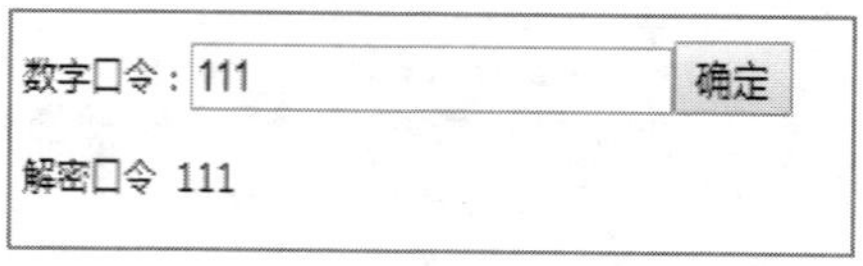

图 1.15　数字解密

13．论坛内容的简短输出　▷①②③④⑤⑥

开发论坛程序很重要的一点是转换空格符和回车符，因为不是所有的论坛用户都知道 HTML 标签“ ”和
的作用，大多数用户都喜欢用空格键和回车键对文本进行控制，这就需要程序员人为地做到统一。通过自定义函数定义转换方法实现论坛内容的简短输出，运行结果如图 1.16 所示。

14．自定义函数过滤字符串　▷①②③④⑤⑥

用户在论坛上发表或者回复留言时可能会遇到这种情况，单击“发布”按钮时，系统提示使用了禁用词语，禁止发布。这是论坛的开发人员为了规范论坛而采用的过滤字符串的手段。本实例通过自定义函数实现过滤字符串，运行结果如图 1.17 所示。

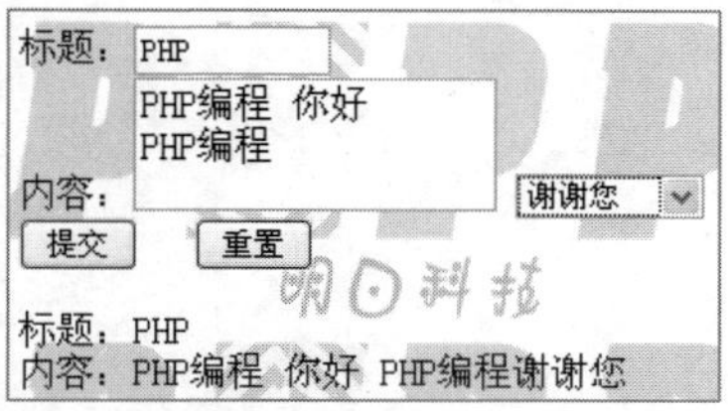

图 1.16　论坛内容的简短输出

图 1.17　自定义函数过滤字符串

学习指南

第 2 章　流程控制语句

本章训练任务对应核心技术分册第 3 章“流程控制语句”部分。

重点练习内容：

1. 熟练掌握swith语句与break语句的结合使用。
2. 掌握验证码函数。
3. 熟练掌握流程控制语句的应用。
4. 了解if…else的执行顺序。
5. 了解while和do…while语句的区别。

应用技能拓展学习

1．switch 语句和 break 语句的结合使用

（1）switch 语句和具有同样表达式的一系列的 if 语句相似。很多场合下需要把同一个变量（或表达式）与很多不同的值比较，并根据它等于哪个值来执行不同的代码，语法格式如下：

```
switch(variable){
    case value1:
        statement1;
        break;
    case value2:
    ...
    default:
        default statement n;
}
```

switch 语句根据 variable 的值，依次与 case 中的 value 值相比较，如果不相等，继续查找下一个 case；如果相等，就执行对应的语句，直到 switch 语句结束或遇到 break 为止。一般 switch 语句最终都有一个默认值 default，如果在前面的 case 中没有找到相符的条件，则输出默认语句（与 else 语句类似）。

（2）break 语句用于结束当前 for、foreach、while、do...while 或者 switch 结构的执行。

2．验证码函数

（1）header()函数

当参数为 Content-type:image/png 时，使用 header()函数表示将图片输出到浏览器。

```
void header ( string string [, bool replace [, int http_response_code]])
```

（2）imagecreatetruecolor()函数

新建一个真彩色图像，imagecreatetruecolor()函数返回一个图像标识符，代表了一幅大小为 x_size 和 y_size 的黑色图像。

```
resource imagecreatetruecolor ( int x_size, int y_size)
```

（3）imagecolorallocate()函数

为一幅图像分配颜色，imagecolorallocate()函数返回一个标识符，代表了由给定的 RGB 成分组成的颜色。image 参数是 imagecreate()函数的返回值；red、green 和 blue 分别是所需要的颜色的红、绿、蓝成分。这些参数是 0~255 的整数或者十六进制的 0x00~0xFF。imagecolorallocate() 必须被调用以创建每一种用在 image 所代表的图像中的颜色。

```
int imagecolorallocate ( resource image, int red, int green, int blue)
```

（4）imagettftext()函数

用 TrueType 字体向图像写入文本，imagettftext()函数是将字符串 text 添加到 image 所代表的图像上，从坐标（x，y）（左上角为（0, 0））开始，角度为 angle，颜色为 color，使用 fontfile 所指定的 TrueType 字体文件。根据 PHP 所使用的 GD 库的不同，如果 fontfile 没有以 '/'开头，则 '.ttf' 将被加到文件名之后并且会搜索库定义字体路径。

```
array imagettftext ( resource image, int size, int angle, int x, int y, int color, string fontfile, string text)
```

（5）imagegif()函数

以 GIF 格式将图像输出到浏览器或文件，imagegif()函数从 image 图像以 filename 为文件名创建一个 GIF 图像。image 参数是 imagecreate()函数的返回值。

```
int imagegif ( resource image [, string filename])
```

（6）imagestring()函数

水平地画一行字符串，imagestring()函数用 col 颜色将字符串 s 画到 image 所代表的图像的（x，y）坐标处（图像的左上角为（0, 0））。如果 font 是 1、2、3、4 或 5，则使用内置字体。

```
int imagestring ( resource image, int font, int x, int y, string s, int col)
```

3．使用 do…while 语句的注意事项

在使用 do…while 语句之前，要考虑程序是否有必要在判断条件之前运行一次，如果没有必要，尽量不要使用该语句，否则可能会出现意外的输出结果。

4．break 语句与 continue 语句的区别

在程序执行 break 语句后，程序将跳出循环执行流程，而开始继续执行循环体的后续语句。continue 跳转语句的作用没有 break 那么强大，continue 只能终止本次循环，而进入到下一次循环中。在执行 continue 语句后，程序将结束本次循环的执行，并开始下一轮循环的执行操作。continue 跳转语句的流程控制图如图 2.1 所示。

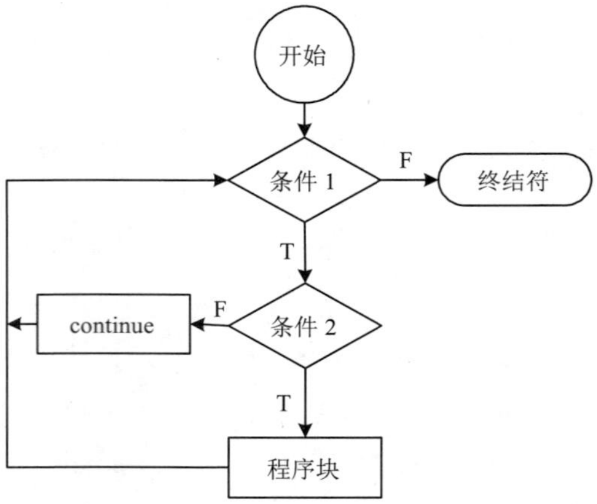

图 2.1　continue 流程控制图

5. if…else 语句的执行顺序

当判断条件满足 if 条件又满足 else 条件时，程序该如何执行呢？程序运行时，会遵循由上至下的顺序。当遇到第一个满足的条件时，会选择第一个 if 条件，执行内部的代码块，跳过其余的代码块。

6. while 语句和 do…while 语句的区别

while 语句是先判断循环条件，条件为 TRUE 的时候，执行循环体，完成操作，一直循环，直到条件为 FALSE 时，退出循环。

do…while 循环和 while 循环非常相似，区别在于表达式的值是在每次循环结束时检查而不是开始时。和一般的 while 循环主要的区别是 do…while 的循环语句保证会执行一次（表达式的值在每次循环结束后检查），然而在一般的 while 循环中就不一定了（表达式的值在循环开始时检查，如果一开始就为 FALSE，则整个循环立即终止）。

实战技能强化训练

训练一：基本功强化训练

1. 考试成绩评定　▷①②③④⑤⑥

通过 if 条件语句，对文本框中输入的考试成绩进行评定，运行结果如图 2.2 所示。

2. 图片验证码　▷①②③④⑤⑥

验证码的作用是防止用户恶意注册，降低数据库和网站性能。应用 switch 语句通过 PHP 图像函数来演示图片验证码的制作，运行结果如图 2.3 所示。

3. 健康生活提示 ▷①②③④⑤⑥

一些手机在开机时，会出现一个开机问候语或者今日日程提示。使用 switch 语句，根据当前日期给出健康生活提示信息，运行结果如图 2.4 所示。

请输入考试成绩：100
评定
成绩优秀

图 2.2　考试成绩评定

图 2.3　图片验证码

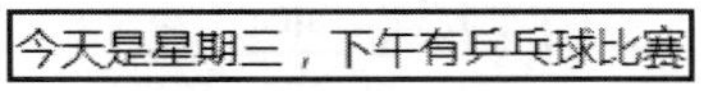

图 2.4　健康生活提示

4. 员工生日列表 ▷①②③④⑤⑥

while 循环结构的作用是重复执行一段代码或完成相同的动作。本实例通过 while 语句循环输出数组中存储的员工生日信息，运行结果如图 2.5 所示。

5. 员工详细信息浏览 ▷①②③④⑤⑥

通过 do…while 循环语句可以循环读取数据库中的数据，输出员工的详细信息，运行结果如图 2.6 所示。

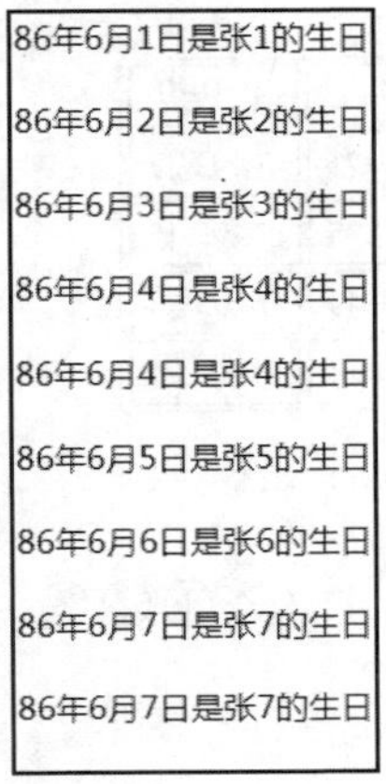
86年6月1日是张1的生日
86年6月2日是张2的生日
86年6月3日是张3的生日
86年6月4日是张4的生日
86年6月4日是张4的生日
86年6月5日是张5的生日
86年6月6日是张6的生日
86年6月7日是张7的生日
86年6月7日是张7的生日

图 2.5　员工生日列表

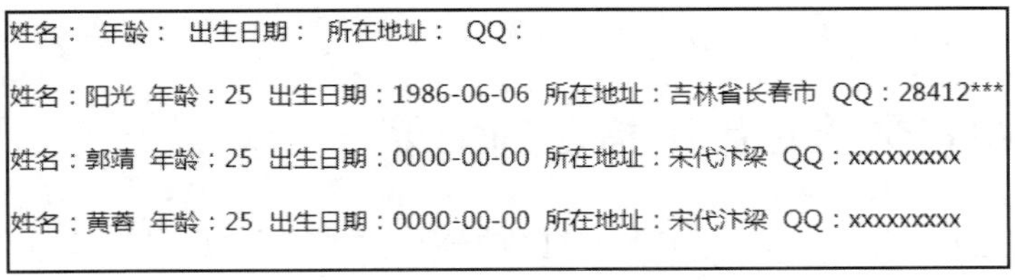
姓名：　年龄：　出生日期：　所在地址：　QQ：
姓名：阳光　年龄：25　出生日期：1986-06-06　所在地址：吉林省长春市　QQ：28412***
姓名：郭靖　年龄：25　出生日期：0000-00-00　所在地址：宋代汴梁　QQ：xxxxxxxxx
姓名：黄蓉　年龄：25　出生日期：0000-00-00　所在地址：宋代汴梁　QQ：xxxxxxxxx

图 2.6　员工详细信息浏览

6. 表格的动态创建 ▷①②③④⑤⑥

很多时候 PHP 编码需要和 HTML 编码混编，例如，输出表格打印 HTML 标签等。本实例应用两层 for 语句循环制作动态表格，运行结果如图 2.7 所示。

7．控制页面中表情图的输出 ▷①②③④⑤⑥

break 语句的含义是结束当前 for、foreach、while、do...while 或者 switch 结构的执行。通过 break 语句可实现控制页面中表情图的输出，运行结果如图 2.8 所示。

0	1	2	3	4	5	6	7
0	1	2	3	4	5	6	7
0	1	2	3	4	5	6	7
0	1	2	3	4	5	6	7
0	1	2	3	4	5	6	7

图 2.7 表格的动态创建

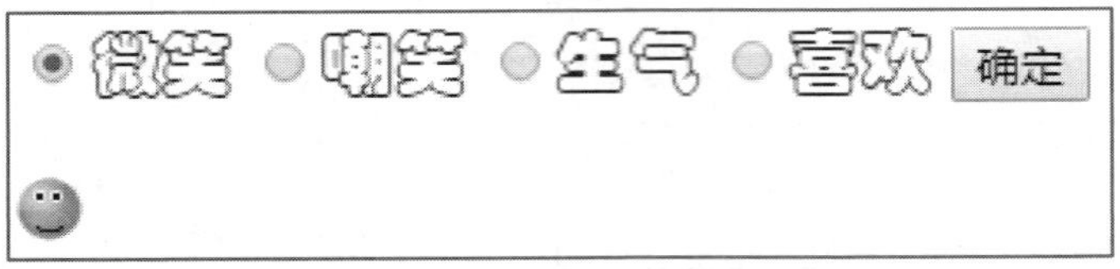

图 2.8 控制页面中表情图的输出

8．动态改变页面中单元格的背景颜色 ▷①②③④⑤⑥

在循环结构中，有些数据是不需要的，想要跳过这些代码向下执行，这时候就需要用到 continue 语句。本实例通过 continue 语句实现动态改变页面中单元格的背景颜色，运行结果如图 2.9 所示。

9．屏蔽偶数次的数据输出 ▷①②③④⑤⑥

数学中有时会看到这样的题：计算 0~10 任意两个偶数或奇数的乘积。用 PHP 代码实现这道题，使用 continue 跳转语句，输出 0~10 任意两个奇数的乘积（即屏蔽所有偶数的乘积），运行果如图 2.10 所示。

图 2.9 动态改变单元格背景颜色

1×1=1	1×3=3	1×5=5	1×7=7	1×9=9
3×1=3	3×3=9	3×5=15	3×7=21	3×9=27
5×1=5	5×3=15	5×5=25	5×7=35	5×9=45
7×1=7	7×3=21	7×5=35	7×7=49	7×9=63
9×1=9	9×3=27	9×5=45	9×7=63	9×9=81

图 2.10 屏蔽偶数次的数据输出

10．跳过数据输出中指定的记录 ▷①②③④⑤⑥

通过 continue 语句可实现跳过数据输出中指定的记录，运行结果如图 2.11 所示。

11．执行指定次数的循环 ▷①②③④⑤⑥

利用 break 语句可实现执行指定次数的循环，运行结果如图 2.12 所示。

图 2.11　跳过数据输出中指定的记录

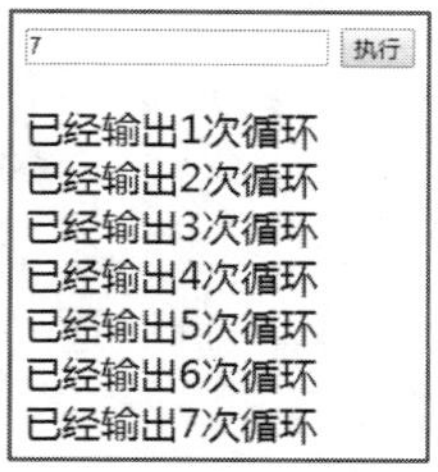

图 2.12　执行指定次数的循环

训练二：实战能力强化训练

12. 控制登录用户权限　　▷①②③④⑤⑥

网站通常会把用户分为会员或游客，会员可以享有更多的权限，游客的浏览权限则较低。通过 if...else 语句，对登录用户权限进行区分，运行结果如图 2.13 所示。

13. 网页框架的制作　　▷①②③④⑤⑥

类似于留言板等一些功能较单一的网站，可以通过 switch 语句制作网页框架将所有内容包含到主页当中。本实例通过 switch 语句、include 语句来演示网页框架的制作，运行结果如图 2.14 所示。

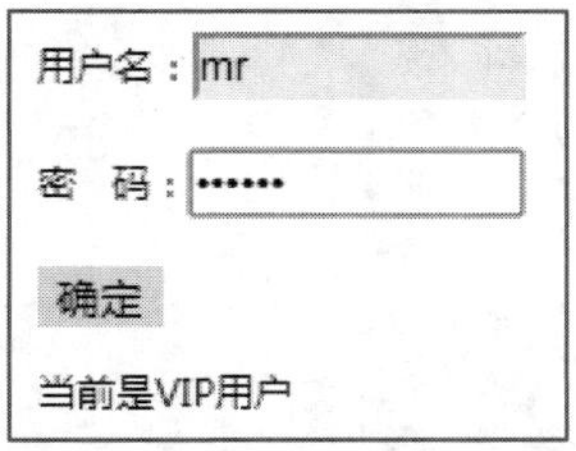

图 2.13　控制登录用户权限

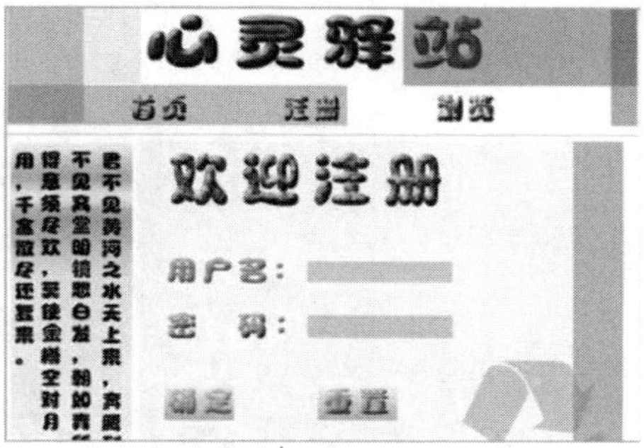

图 2.14　网页框架的制作

14. 员工信息的批量删除　　▷①②③④⑤⑥

在操作数据库的过程中可能会出现很多无用的冗余信息，可以使用 while 循环语句将其循环删除。本实例通过 while 循环语句实现员工信息的批量删除，运行结果如图 2.15 所示。

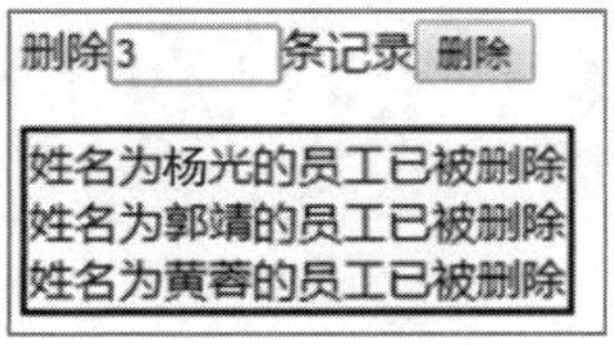

图 2.15　员工信息的批量删除

15．员工信息的管理 ▷①②③④⑤⑥

员工信息一般存在于人事信息平台的后台系统中，对员工信息的管理本身可以作为一个典型的模块被使用。本实例通过 for 循环语句实现对员工数据的读取、删除和修改操作，运行结果如图 2.16～图 2.18 所示。

图 2.16　员工数据的读取

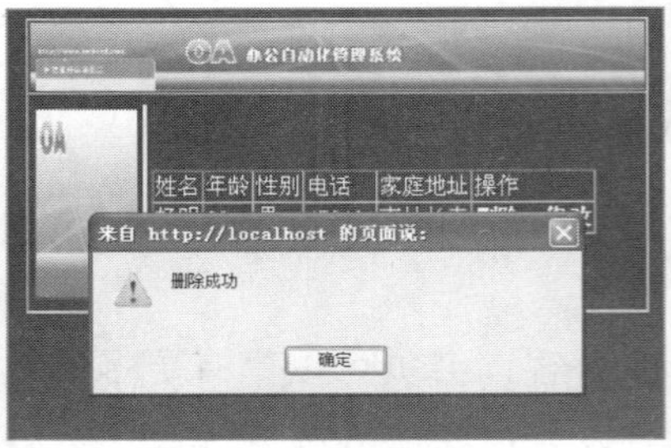

图 2.17　员工数据的删除

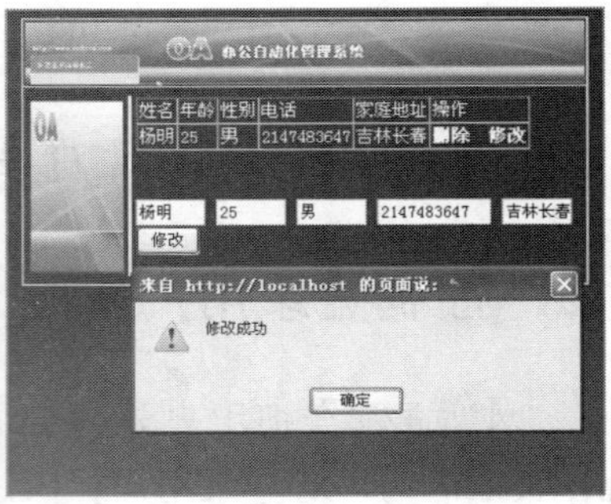

图 2.18　员工数据的修改

16．Session 购物车中数据的读取 ▷①②③④⑤⑥

购物车是电子商务系统中的常见模块，Session 作为一种会话机制作用不可小觑。本实例综合运用 while 语句、switch 语句、if 语句和 for 语句实现一个简单的 Session 购物车功能，运行结果如图 2.19 所示。

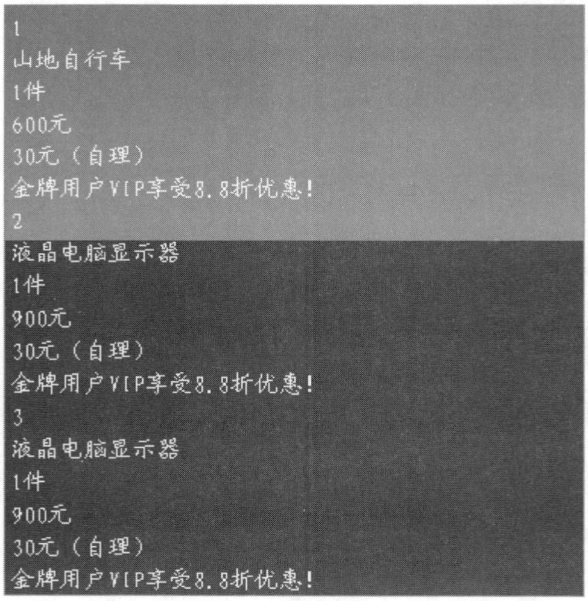

图 2.19　Session 购物车中数据的读取

17．网页版九九乘法表　▷①②③④⑤⑥

在编程世界里，算法是独立于语法、函数之外的。它着重考查用户的逻辑思维能力并且与数学知识息息相关。本实例通过 for 循环语句实现网页版九九乘法表，运行结果如图 2.20 所示。

1×1=1								
2×1=2	2×2=4							
3×1=3	3×2=6	3×3=9						
4×1=4	4×2=8	4×3=12	4×4=16					
5×1=5	5×2=10	5×3=15	5×4=20	5×5=25				
6×1=6	6×2=12	6×3=18	6×4=24	6×5=30	6×6=36			
7×1=7	7×2=14	7×3=21	7×4=28	7×5=35	7×6=42	7×7=49		
8×1=8	8×2=16	8×3=24	8×4=32	8×5=40	8×5=48	8×7=56	8×8=64	
9×1=9	9×2=18	9×3=27	9×4=36	9×5=45	9×5=54	9×7=63	9×8=72	9×9=81

图 2.20　网页版九九乘法表

18．读取购物车中的数据　▷①②③④⑤⑥

开发时，没有必要将小型的数据与数据库进行交互，可以直接将其存入数组，这样不仅可以节约开发时间，还可以节省服务器资源。本实例通过数组函数，读取购物车中的数据，运行结果如图 2.21 所示。

19．图像验证码的生成　▷①②③④⑤⑥

注册网站时，为了提高站点的安全性，避免由于网速慢造成用户注册信息的重复提交，往往会在用户注册表中增加验证码功能。通过 for 循环实现图像验证码的生成，运行结果如图 2.22 所示。

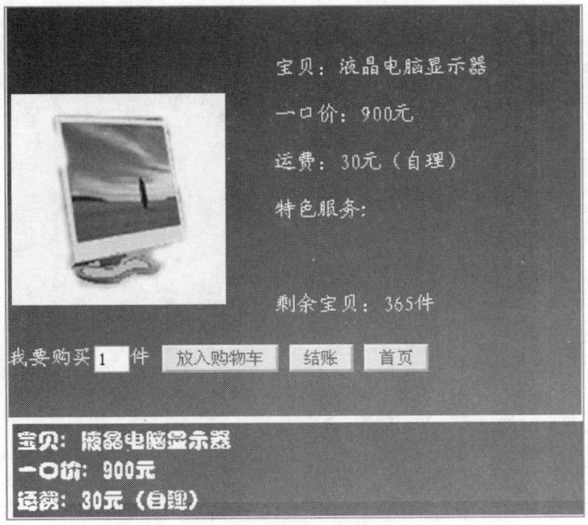

图 2.21　读取购物车中的数据

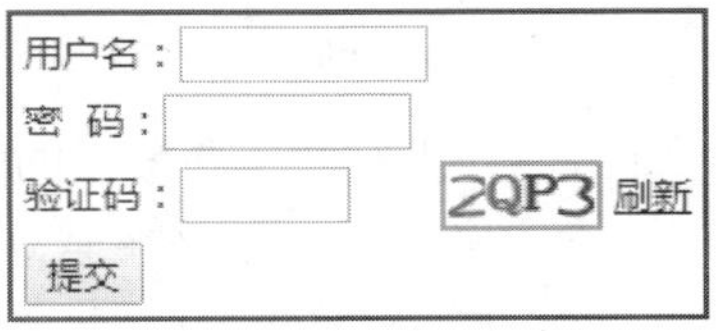

图 2.22　图像验证码的生成

学习指南

第 3 章　字符串操作与正则表达式

本章训练任务对应核心技术分册第 4 章“字符串操作与正则表达式”部分。

重点练习内容：

1. 熟练掌握字符串函数。
2. 掌握常用的正则表达式。
3. 掌握解决对中文字符串截取时出现乱码的问题。
4. 了解strstr()函数和strpos()函数的区别。

应用技能拓展学习

1. addslashes()函数——对指定 SQL 语句进行自动转义

addslashes()函数可对指定 SQL 语句进行自动转义。Addslashes()函数可以转义单引号、双引号、反斜杠、NULL 字符，主要用于 SQL 语句，对部分字符进行转义，语法如下：

```
string addslashes ( string str)
```

☑ string str：SQL 语句。

2. stripslashes()函数—将 addslashes()函数转义的字符串还原

stripslashes()函数用于将 addslashes()函数转义的字符串进行还原，语法如下：

```
string stripslashes ( string str)
```

☑ string str：SQL 语句。

3. str_ireplace()函数—字符串替换

str_ireplace() 函数替换字符串中的一些字符，本函数不区分大小写，语法如下：

```
str_ireplace(search,replace,subject,count)
```

☑ search：必要参数，要搜索的值，可以使用 array 来提供多个值。
☑ replace：必要参数，指定替换的值。
☑ subject：必要参数，要被搜索和替换的字符串或数组。
☑ count：可选参数，如果被指定，它的值将被设置为替换发生的次数。
☑ 返回值：替换后的字符串或者数组。

4. strrev()函数——将字符串反转

PHP 中字符串的逆序输出可以通过循环实现，但最简单的方式是通过函数 strrev()实现。strrev()函数可将字符串反转，语法如下：

```
string strrev ( string string )
```

☑ string string：需要反转的字符串。

5. strtolower()函数与 strtoupper()函数

使用 strtolower()函数将字符串转换为小写，语法如下：

```
string strtolower ( string string )
```

使用 strtoupper()函数将字符串转换为大写,语法如下：

```
string strtoupper ( string string )
```

6. htmllentities()函数——使 HTML 代码格式化输出

PHP 中使 HTML 代码格式化输出可以使用函数 htmllentities()实现，语法如下：

```
string htmlentities(string string,[int quote_style],[string charset])
```

☑ string string：需要格式化输出的 HTML 代码。
☑ int quote_style：可选参数，一般设置为 ENT_QUOTES。
☑ string charset：设置编码格式。

7. number_format()函数——格式化数字

金额的格式化输出通过函数 number_format()实现，语法如下：

```
string number_format ( float number , int decimals)
string number_format ( float number, int decimals, string dec_point, string thousands_sep)
```

number_format()函数返回参数 number 格式化后的字符串，该函数可以有 1 个、2 个或是 4 个参数，但不能是 3 个参数。如果只有 1 个参数 number，number 格式化后会舍去小数点后的值，且每一千以逗号（,）隔开；如果有 2 个参数，number 格式化后会到小数点第 decimals 位，且每一千就会以逗号来隔开；如果有 4 个参数，number 格式化后会到小数点第 decimals 位，dec_point 用来替代小数点（.），thousands_sep 用来替代每一千隔开的逗号（,）。

8. date()函数——日期函数

通过 date()函数可以获取系统的格林尼治时间，语法如下：

```
date(string format,int timestamp)
```

参数 format 指定日期和时间输出的格式。有关参数 format 指定的格式如表 3.1 所示。参数 timestamp 为可选参数，指定时间戳，如果没有指定时间戳，则使用本地时间 time()。

表 3.1　参数 format 的格式化选项

参　　数	说　　明
a	小写的上午和下午值，返回值 am 或 pm
A	大写的上午和下午值，返回值 AM 或 PM
B	Swatch Internet 标准时间，返回值 000～999
d	月份中的第几天，有前导零的 2 位数字，返回值 01～31
D	星期中的第几天，文本格式，3 个字母，返回值 Mon～Sun
F	月份，完整的文本格式，返回值 January 到 December
g	小时，12 小时格式，没有前导零，返回值 1～12
G	小时，24 小时格式，没有前导零，返回值 0～23
i	有前导零的分钟数，返回值 00～59
I	判断是否为夏令时，如果是夏令时返回值为 1，否则为 0
j	月份中的第几天，没有前导零，返回值 1～31
l	星期数，完整的文本格式，返回值 Sunday～Saturday
L	判断是否为闰年，如果是闰年返回值为 1，否则为 0
m	数字表示的月份，有前导零，返回值 01～12
M	3 个字母缩写表示的月份，返回值 Jan～Dec
n	数字表示的月份，没有前导零，返回值 1～12
o	与格林尼治时间相差的小时数，如 0200
r	RFC 822 格式的日期，如 Thu，21 Dec 2000 16：01：07 +0200
s	秒数，有前导零，返回值 00～59
S	每月天数后面的英文后缀，两个字符，如 st、nd、rd 或者 th，可以和 j 一起使用
t	指定月份所应有的天数
T	本机所在的时区
U	从 UNIX 纪元（January 1 1970 00:00:00 GMT）开始至今的秒数
w	星期中的第几天，数字表示，返回值为 0～6
W	ISO-8601 格式年份中的第几周，每周从星期一开始
y	2 位数字表示的年份，返回值如 88～08
Y	4 位数字完整表示的年份，返回值如 1998、2008
z	年份中的第几天，返回值 0～366
Z	时差偏移量的秒数。UTC 西边的时区偏移量总是负的，UTC 东边的时区偏移量总是正的，返回值：-43200～43200

9. similar_text()函数——字符串的相似度获取

PHP 中字符串相似度的获取可以通过函数 similar_text()来实现，语法如下：

```
int similar_text(sting str1,string str2,[double precent])
```

该函数用于比较字符串 str1 和字符串 str2 的相似程度，函数的返回结果是字符串 str1 和字符串 str2 的相同字符的个数，而可省参数 precent 的值是这两个参数的相似度。

10. base64_encode()函数和 base64_decode()函数

对字符串的 base64 编码可以通过 PHP 的预定义函数 base64_encode()实现，语法如下：

```
string base64_encode(string str)
```

对已经进行 base64 编码的字符串进行解码用函数 base64_decode()实现，语法如下：

```
string base64_decode(string str)
```

11. urlencode()函数——对字符串进行 URL 编码

PHP 中字符串的 URL 编码通过函数 urlencode()实现，语法如下：

```
string urlencode(string str)
```

12. urldecode()函数——对字符串进行 URL 解码

对已经进行 URL 编码的字符串进行解码使用 urldecode()函数，语法如下：

```
string urldecode ( string str)
```

13. ord()函数——获取字符的 ASCII 码

PHP 中获取字符的 ASCII 码应使用 ord()函数，语法如下：

```
int ord ( string string)
```

该函数预期返回一个整型数值。

14. 通过异或方式对字符串加密的原理

通过异或方式对字符串加密的原理：当一个字符串 A 与另一个字符串 B 进行异或运算后会产生一个字符串 C。

15. strval()函数——将数字转换为字符串

在 PHP 中，将数字转换为字符串可以通过函数 strval()实现，语法如下：

```
string strval ( mixed var)
```

该函数用于返回变量 var 对应的 string 值。

16．preg_match()函数——匹配指定字符串

preg_match()函数用于匹配指定字符串，一般情况下，会与 if 条件语句协同使用，语法如下：

```
int preg_match ( string pattern, string subject [, array matches] )
```

在字符串 subject 中匹配表达式 pattern。函数返回匹配的次数。如果有数组 matches，那么每次匹配的结果将被存储到数组 matches 中。该函数在匹配成功后就停止继续查找，其返回值是 0 或 1。

17．验证 IP 地址是否合法的正则表达式

首先需要验证输入的 IP 地址是否合法，如果合法，再将其转换为对应的数值。验证 IP 地址是否合法可以通过正则表达式实现。

IP 地址使用 4 位地址定位设备，它采用点分十进制数的格式×××.×××.×××.×××，如 192.168.1.66。因此，验证 IP 地址是否合法的正则表达式如下：

```
/(\d+).(\d+).(\d+).(\d+)/
```

将 IP 地址转换为对应的数值可以应用以下公式实现：

```
P1*255*255*255+P2*255*255+P3*255+P4*1
```

在上面的公式中，P1 代表 IP 地址第 1 段的数值；P2 代表 IP 地址第 2 段的数值；P3 代表 IP 地址第 3 段的数值；P4 代表 IP 地址第 4 段的数值。

18．自定义函数 msubstr()解决对中文字符串截取时出现乱码的问题

对中文字符串的截取虽说是通过自定义函数来完成的，但是其根本还是应用 substr()函数，只是在进行字符串截取时，对字符串的类型进行了判断。

对截取字符串中首个字节的 ASCII 序数值进行判断，如果 ASCII 序数值大于 0xa0，则表示为汉字，那么在应用 substr()函数进行截取时，就以 2 个字节为单位；如果 ASCII 序数值小于 0xa0，则表示为英文字符串，那么在应用 substr()函数进行截取时，就以 1 个字节为单位。这样将中文字符串和英文字符串分隔进行截取就避免了出现乱码的问题。

自定义函数 msubstr()的语法如下：

```
//$str 指的是字符串，$start 指的是字符串的起始位置，$len 指的是长度
function msubstr($str, $start, $len) {
    $strlen = $start + $len;                                    //$strlen 存储字符串总长度
    for($i = 0; $i < $strlen; $i ++) {                          //循环读取字符串
        //如果字符串首字节的 ASCII 序数值大于 0xa0，则为汉字
        if (ord (substr ($str, $i, 1)) > 0xa0) {
```

```
        $tmpstr.= substr ($str, $i, 2);                          //每次取出 2 位字符赋给变量$tmpstr
            $i ++;                                               //变量自加 1
        } else {                                                 //如果不是汉字，则每次取出 1 位字符
            $tmpstr .= substr ( $str, $i, 1 );
        }
    }
    return $tmpstr;                                              //输出字符串
}
```

其中，参数$str 是指定被截取的字符串；参数$strart 是截取的开始位置；参数$len 是截取的长度。返回值$tmpstr 是截取后的字符串。

19．split()函数——用正则表达式将字符串分割

split()函数用正则表达式将字符串分割到数组中，语法如下：

```
array split ( string pattern, string string [, int limit])
```

该函数返回一个字符串数组，每个单元为 string 经区分大小写的正则表达式 pattern 作为边界分割出的子串。如果设定了 limit，则返回的数组最多包含 limit 个单元，而其中最后一个单元包含 string 中剩余的所有部分。如果出错，则 split()返回 FALSE。

20．microtime()函数——获取查询操作的执行时间

获取查询操作的执行时间，在 PHP 中主要是使用 microtime()函数实现，语法如下：

```
mixed microtime ( [bool get_as_float] )
```

该函数获取某一时刻的时间戳的微秒数。

21．验证 E-mail 地址格式的正则表达式

使用 preg_match()函数对正则表达式进行匹配，验证 E-mail 地址的正则表达式如下：

```
/\w+([-+.']\w+)*@\w+([-.]\w+)*\.\w+([-.]\w+)*/
```

22．验证邮政编码格式的正则表达式

使用 preg_match()函数对正则表达式进行匹配，验证邮政编码格式的正则表达式如下：

```
"[0-9]{6}"
```

23．使用 strlen()函数处理中文字符需要注意的地方

在 strlen()计算时，对待一个 UTF-8 的中文字符是 3 个长度，所以“中文 a 字 1 符”长度是 3×4+2=14，

在 mb_strlen()计算时，选定内码为 UTF-8，则会将一个中文字符当作长度 1 来计算，所以“中文 a 字 1 符”长度是 6。

24．strstr()函数和 strpos()函数的区别

两个函数都是用于查找字符串首次出现的位置，并且都区分大小写。不同的是，strstr()函数返回的是一个字符串，即从首次出现位置到输入的字符串结束。而 strpos()函数返回的是一个数字，即字符串首次出现的数字位置，注意从 0 开始计数。

实战技能强化训练

训练一：基本功强化训练

1．对论坛的帖子内容进行转义 ▷①②③④⑤⑥

论坛帖子中的单引号和双引号在未经转义的情况下输出会出现问题，特别是在输出 SQL 语句时。本实例通过 addslashes()函数来实现转义字符串，运行结果如图 3.1 所示。

```
未经转义的字符串：PHP数据库插入语句：INSERT INTO table(`id`,`name`)VALUES('1','YangMing')
经转义后的字符串：PHP数据库插入语句：INSERT INTO table(`id`,`name`)VALUES(\'1\',\'YangMing\')
```

图 3.1　对论坛的帖子内容进行转义

2．还原论坛中的帖子内容 ▷①②③④⑤⑥

既然可以将帖子内容进行转义，当然也可以将帖子内容进行还原。通过 stripslashes()函数来实现还原字符串，运行结果如图 3.2 所示。

```
未经还原的字符串：PHP数据库插入语句：INSERT INTO table(`id`,`name`)VALUES(\'1\',\'YangMing\')
经还原后的字符串：PHP数据库插入语句：INSERT INTO table(`id`,`name`)VALUES('1','YangMing')
```

图 3.2　还原论坛中的帖子内容

3．查询关键字描红 ▷①②③④⑤⑥

关键字描红技术广泛应用于站内搜索或者高级搜索中，是一项很常用的技术。通过函数 str_replace()实现查询关键字描红，运行结果如图 3.3 所示。

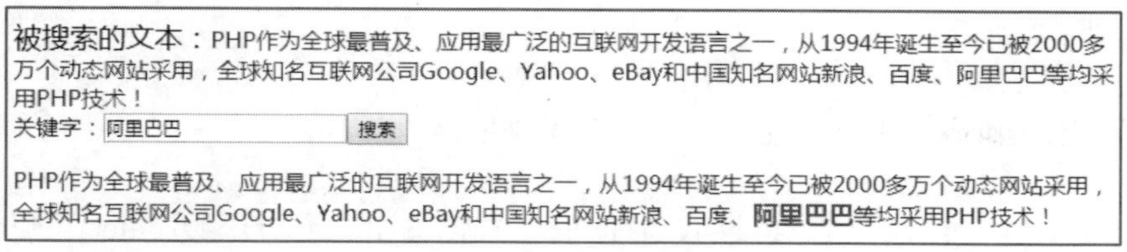
被搜索的文本：PHP作为全球最普及、应用最广泛的互联网开发语言之一，从1994年诞生至今已被2000多万个动态网站采用，全球知名互联网公司Google、Yahoo、eBay和中国知名网站新浪、百度、阿里巴巴等均采用PHP技术！
关键字：阿里巴巴
搜索
PHP作为全球最普及、应用最广泛的互联网开发语言之一，从1994年诞生至今已被2000多万个动态网站采用，全球知名互联网公司Google、Yahoo、eBay和中国知名网站新浪、百度、阿里巴巴等均采用PHP技术！

图 3.3　查询关键字描红

4．获取上传文件的后缀　▷①②③④⑤⑥

文件上传功能几乎是所有网站所必备的，然而文件上传对于服务器来说是具有很大风险的，因此应该对文件大小、文件类型进行限制。本实例通过字符串函数 strrev()获取上传文件的后缀，运行结果如图 3.4 所示。

5．统一上传文件名称的大小写　▷①②③④⑤⑥

统一上传文件名称的大小写是十分必要的。例如上传图片文件 img.jpg 和 Img.jpg，如果文件名称未经大小写统一，则上传时可能不会出现覆盖提示。本实例通过字符串函数 strtoupper()和 strtolower()实现统一上传文件名称的大小写，运行结果如图 3.5 所示。

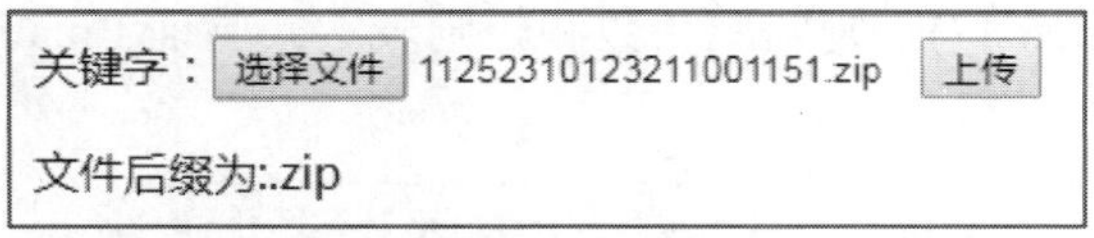
关键字：
选择文件
11252310123211001151.zip
上传
文件后缀为:.zip

图 3.4　获取上传文件的后缀

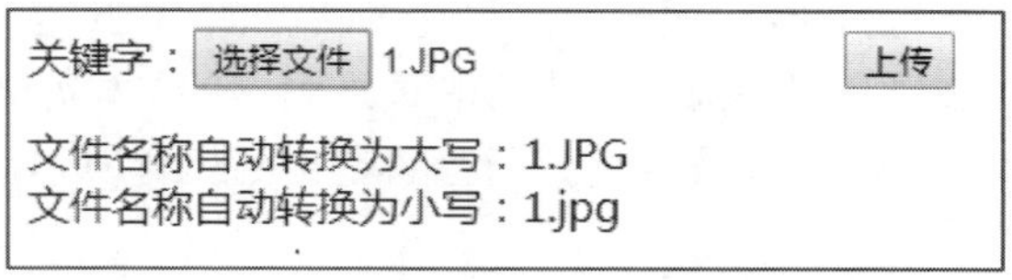
关键字：
选择文件
1.JPG
上传
文件名称自动转换为大写：1.JPG
文件名称自动转换为小写：1.jpg

图 3.5　统一上传文件名称的大小写

6．论坛中直接输出 HTML 脚本　▷①②③④⑤⑥

在论坛文本框里使用 HTML 标签是存在作用效果的，但却会给服务器造成压力。通过 htmlentities()函数实现字符串与 HTML 的转换，运行结果如图 3.6 所示。

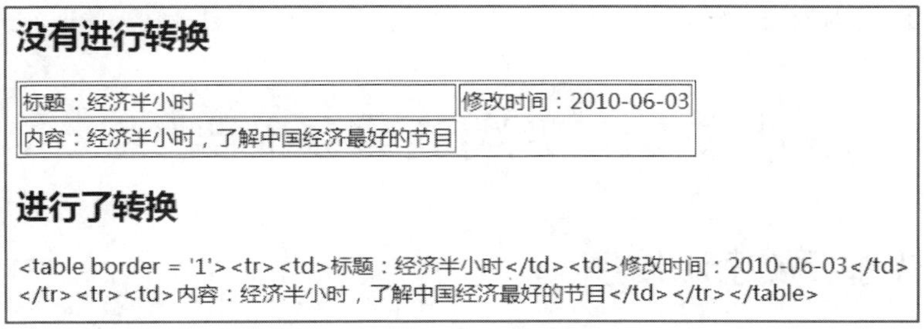
没有进行转换
标题：经济半小时
修改时间：2010-06-03
内容：经济半小时，了解中国经济最好的节目
进行了转换
<table border = '1'><tr><td>标题：经济半小时</td><td>修改时间：2010-06-03</td></tr><tr><td>内容：经济半小时，了解中国经济最好的节目</td></tr></table>

图 3.6　字符串与 HTML 转换

7．货币数据的格式化输出　▷①②③④⑤⑥

货币数据不同于整型数据，它是存在一定格式的。通过函数 number_format()实现金额的格式化输

出，运行结果如图 3.7 所示。

8．日期、时间的格式化输出 ▷①②③④⑤⑥

在 PHP 程序设计中，经常用到对日期、时间的格式化输出。通过函数 date()可以实现日期、时间的格式化输出，运行结果如图 3.8 所示。

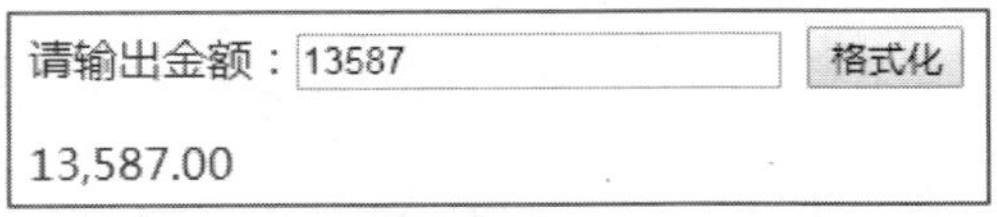

图 3.7　货币数据的格式化输出

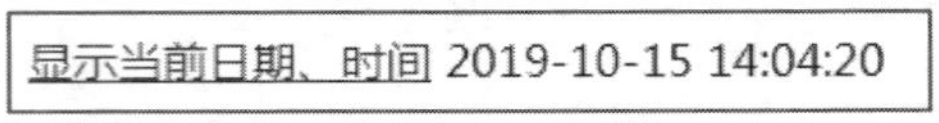

图 3.8　日期、时间的格式化输出

9．比对论坛帖子的相似度 ▷①②③④⑤⑥

在论坛程序中比较两个帖子是否相同可以屏蔽重复帖子，节省资源空间。通过字符串函数 similar_text()可以比较两个帖子的相似度，运行结果如图 3.9 所示。

10．验证 E-mail 地址格式是否正确 ▷①②③④⑤⑥

互联网发展到今天，几乎所有的 Web 爱好者都有自己的 E-mail 地址，无论申请的是 126 邮箱还是 163 邮箱，E-mail 地址的格式是固定的。本实例通过 preg_match()正则匹配函数和正则表达式验证 Email 地址格式是否正确，运行结果如图 3.10 所示。

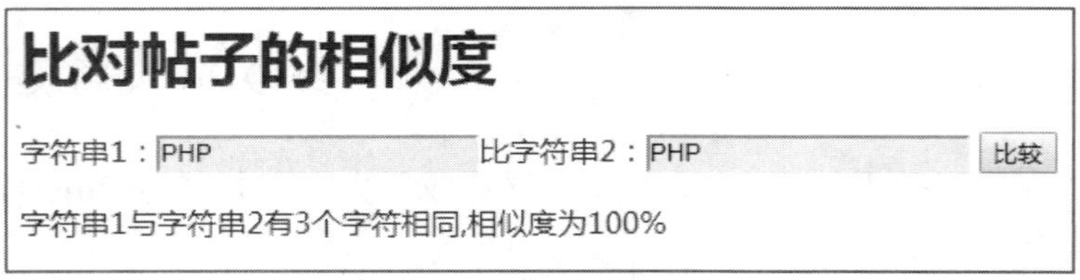

图 3.9　比对论坛中帖子的相似度

图 3.10　验证 E-mail 地址格式是否正确

训练二：实战能力强化训练

11．对用户密码进行加密和解密 ▷①②③④⑤⑥

对于电子商务网站的用户来说，最重要的就是账号密码的安全性。如果账号密码未经过加密处理，则会大大增加安全隐患，给非法用户以可乘之机。本实例是通过字符串函数 base64_encode()和 base64_decode()实现对密码的加密和解密，运行结果如图 3.11 所示。

图 3.11　对用户注册的密码进行加密和解密

12．保护 URL 地址中传递的参数　▷①②③④⑤⑥

表单的提交方式有两种：get 方式和 post 方式。get 方式属于明文地址栏传参，存在安全隐患。本实例通过 urlencode()函数实现保护 URL 地址中传递的参数，运行结果如图 3.12 所示。

图 3.12　保护 URL 地址中传递的参数

13．解析 URL 地址中传递的编码参数　▷①②③④⑤⑥

通过 urldecode()函数可实现解析 URL 地址中传递的参数值，运行结果如图 3.13 所示。

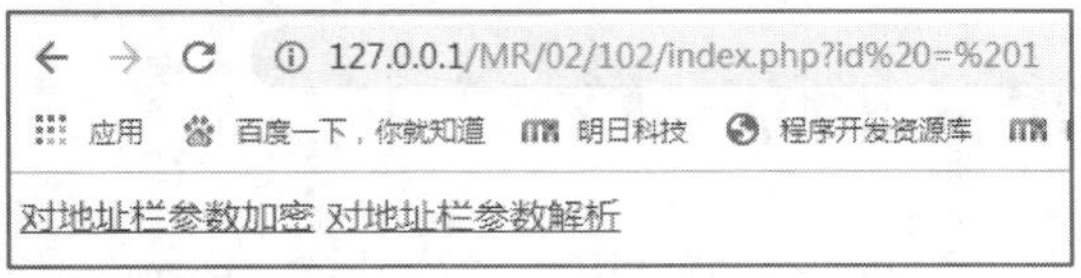

图 3.13　解析 URL 地址中传递的编码参数

14．获取任意字符的 ASCII 码　▷①②③④⑤⑥

敲击计算机键盘上的任意一个按键都要经过 ASCII 码转换后显示到屏幕上。通过字符串函数 ord()可以实现将字符转换为 ASCII 码，运行结果如图 3.14 所示。

15．通过异或方式对用户注册密码进行加密　▷①②③④⑤⑥

通过异或方式实现对用户注册密码进行加密，并输出加密后的密码，运行结果如图 3.15 所示。

16．字符串与数字之间的转换　▷①②③④⑤⑥

来看两个变量$a = 123;和$a = ‘123’;。前者是整型变量，后者是字符型变量。本实例利用函数使字符型变量转换为整型变量，整型变量转换为字符型变量，运行结果如图 3.16 所示。

图 3.14　获取 ASCII 码

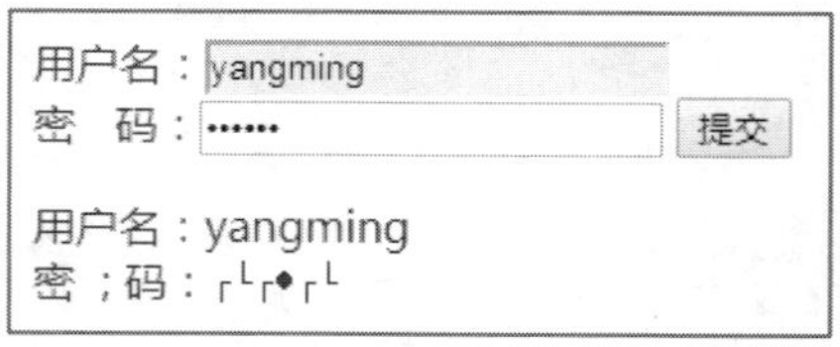

图 3.15　加密密码

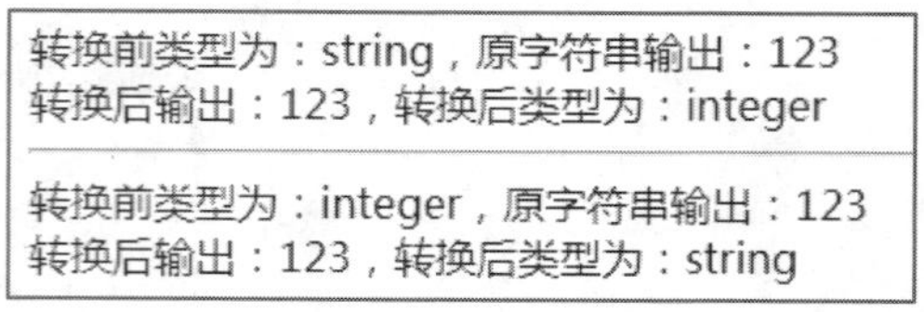

图 3.16　字符串与数字转换

17．通过正则表达式对字符串进行匹配查找　▷①②③④⑤⑥

字符串匹配查找的方法有很多，下面来了解如何用正则表达式对字符串进行匹配查找。本实例是通过数组函数和正则表达式函数 preg_match()来实现字符串的匹配查找的，运行结果如图 3.17 所示。

18．通过 IP 地址查找主机所在地　▷①②③④⑤⑥

IP 地址是互联网身份的象征，通过 IP 地址可以得到用户的相关信息。本实例通过正则表达式验证 IP 地址是否合法，然后实现 IP 地址的格式转换，进而获取 IP 地址所在地，运行结果如图 3.18 所示。

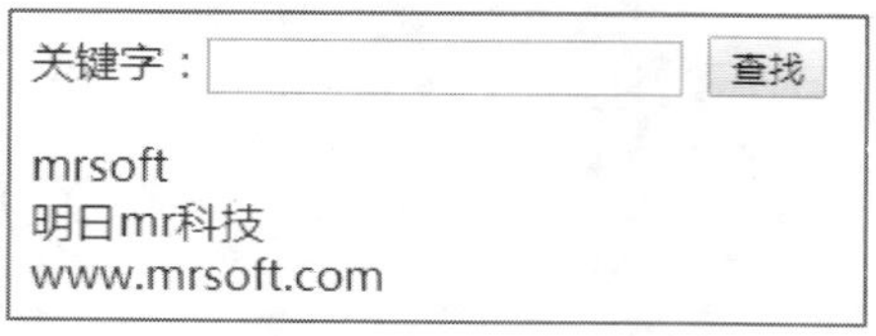

图 3.17　利用正则表达式实现字符串的匹配查找

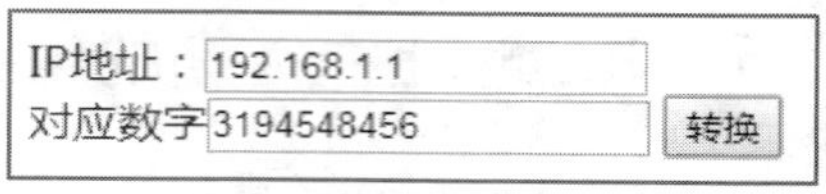

图 3.18　利用 IP 地址查找主机所在地

19．解决对中文字符串截取时乱码问题　▷①②③④⑤⑥

substr()函数是按字节截取字符串的，在截取中文字符串时，由于一个汉字由 2 位字符组成，如果只截取 1 位字符就会出现乱码。使用自定义函数解决中文字符串截取时的乱码问题，效果如图 3.19 所示。

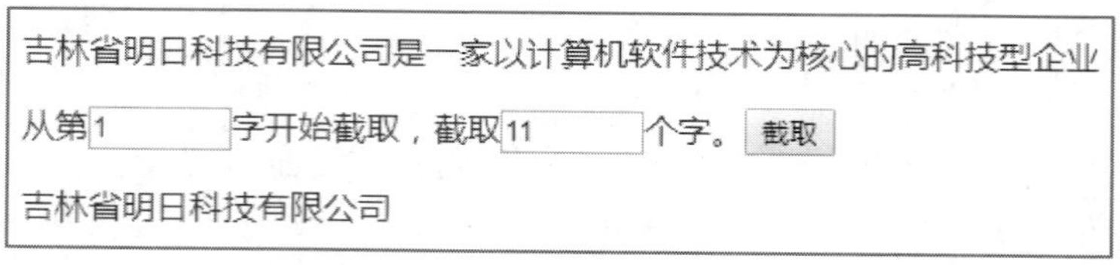

图 3.19　解决对中文字符串截取时乱码问题

20．统计关键字的查询结果　▷①②③④⑤⑥

统计关键字的查询结果的方法有很多，本实例通过正则表达式函数 split()和 count()实现统计关键字，运行结果如图 3.20 所示。

PHP作为全球最普及、应用最广泛的互联网开发语言之一，从1994年诞生至今已被2000多万个动态网站采用，全球知名互联网公司Google、Yahoo、eBay和中国知名网站新浪、百度、阿里巴巴等均采用PHP技术！
输出关键字P一共出现4次

图 3.20　统计关键字的查询结果

21．计算查询操作的执行时间　▷①②③④⑤⑥

计算机的每一步操作都是需要时间的，只不过由于时间过于短暂用户感觉不到。本实例通过时间戳函数 microtime()计算查询操作的执行时间，运行结果如图 3.21 所示。

22．判断邮政编码格式是否正确　▷①②③④⑤⑥

用户在购买电子商务网站的商品时，商品一般都是以快递或邮寄的方式送到用户手中，所以如果用户不能正确地填写邮寄地址或邮政编码，就有可能造成不必要的损失。本实例通过正则表达式函数 preg_match()验证用户提交的邮政编码格式是否正确，运行结果如图 3.22 所示。

图 3.21　计算查询操作的执行时间

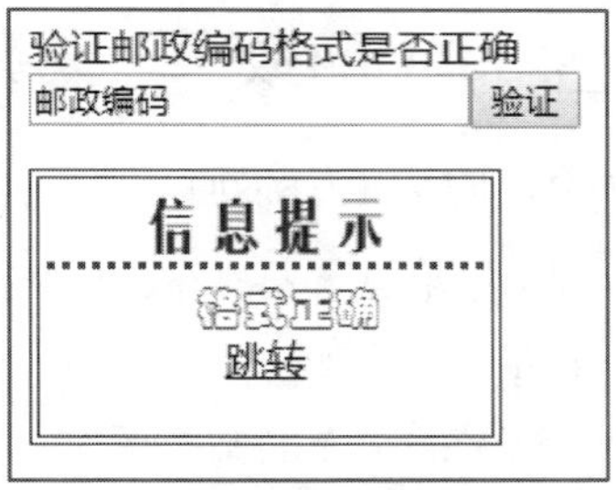

图 3.22　验证邮政编码格式是否正确

学习指南

第 4 章　PHP 数组

本章训练任务对应核心技术分册第 5 章“PHP 数组”部分。

重点练习内容：

1. 熟练掌握数组的实际应用。
2. 掌握随机数函数。
3. 掌握数组的合并与拆分。
4. 了解如何计算二维数组的长度。

应用技能拓展学习

1. array_push()函数——向数组中添加元素

在 PHP 中，向数组中添加元素使用 array_push()函数，语法如下：

```
int array_push ( array array, mixed var [, mixed ...])
```

☑ array array：原数组。

☑ mixed var：压入的数据元素。

该函数将 array 当成一个栈，并将传入的变量压入 array 的末尾。

2. array_pop()函数——获取并返回 array 数组的最后一个单元

使用 array_pop()函数获取并返回 array 数组的最后一个单元，并将数组 array 的长度减 1，语法如下：

```
mixed array_pop ( array array)
```

3. array_unique()函数——去除数组中的重复元素

在 PHP 中，通过 array_unique()函数去除数组中的重复元素，语法如下：

```
array array_unique ( array array)
```

参数 array 为指定参数的数组，其返回值为一个没有重复元素的新数组。

4. 强制类型转换

虽然 PHP 是弱类型语言，但有时仍然需要用到类型转换。PHP 中的类型转换和 C 语言一样，非常简单，在变量前加上用括号括起来的类型名称即可。允许转换的类型如表 4.1 所示。

表 4.1　类型强制转换

转换操作符	转 换 类 型	举　　例
(boolean)	转换成布尔型	(boolean)$num、(boolean)$str
(string)	转换成字符型	(string)$boo、(string)$flo
(integer)	转换成整型	(integer)$boo、(integer)$str
(float)	转换成浮点型	(float)$str、(float)$str
(array)	转换成数组	(array)$str
(object)	转换成对象	(object)$str

5. shuffle()函数——将数组元素进行随机排序

在 PHP 中，将数组元素进行随机排序使用 shuffle()函数，语法如下：

```
void shuffle ( array array)
```

使用该函数将数组打乱，随机排序。

6. rand()函数——获取随机数

应用 rand()函数获取随机数值，并将随机数值指向数组下标从而实现随机获取指定元素的值。rand()函数的语法如下：

```
int rand ( [int min, int max])
```

- ☑ min：随机数的最小值。
- ☑ max：随机数的最大值。

7. array_key_exists()函数——检测数组中是否存在某个值

在 PHP 中，检测数组中是否存在某个值，使用 array_key_exists()函数，语法如下：

```
bool array_key_exists ( mixed key, array search )
```

- ☑ mixed key：检测元素。
- ☑ array search：源数组。

该函数检查给定的键名或索引是否存在于数组中。

8. current()函数——返回数组中的当前单元

current()函数的主要功能是返回数组中的当前单元，语法如下：

```
mixed current ( array &array )
```

9．array_merge()函数——合并数组

数组的合并应用的是 array_merge()函数，语法如下：

```
array array_merge ( array array1 [, array array2 [, array ...]] )
```

☑ array array1：数组 1。
☑ array array2：数组 2。

10．array_chunk()函数——将一个数组分割成多个

array_chunk()函数可将一个数组分割成多个，其原理是将原有数据根据传递的参数不同分割成多个二维数组。array_chunk()函数的语法如下：

```
array array_chunk ( array input, int size [, bool preserve_keys] )
```

☑ array input：源数组。
☑ int size：分割成指定数量的数组。

11．count()函数——计算数组长度

count()函数有 2 个参数，当第 2 个参数设为 COUNT_RECURSIVE（或 1），count()将递归地对数组计数。请计算如下二维数组的长度，代码如下：

```
<?php
    $numb = array(
        array(10,15,30),array(10,15,30),array(10,15,30)
    );
    echo count($numb,1);
```

输出结果为：

```
12
```

首先遍历的是外面的数组，得出有 3 个元素，再遍历里面的数组，得出有 9 个元素，结果就是 3+9=12。

实战技能强化训练

训练一：基本功强化训练

1．向数组中添加元素 ▷①②③④⑤⑥

数组元素的个数和元素值是可以改变的。通过数组函数 array_push()可实现向数组中添加元素，运

行结果如图 4.1 所示。

```
原数组：Array ( [0] => 1 [1] => 精细 [2] => asd [3] => asd123 )
添加元素后的数组：Array ( [0] => 1 [1] => 精细 [2] => asd [3] => asd123 [4] => 哈哈 )
```

图 4.1 向数组中添加元素

2．将数组中指定索引位置的元素替换 ▷①②③④⑤⑥

创建数组时，由于疏忽将元素内容书写错误，更改错误的元素内容可以通过数组键值实现。本实例通过数组下标（键值）实现将数组中指定索引位置的元素替换，运行结果如图 4.2 所示。

```
原数组元素：Array ( [0] => 1 [1] => 精细 [2] => asd [3] => asd123 )
指定索引元素替换后的数组：Array ( [0] => 1 [1] => 精细 [2] => 经济 [3] => asd123 )
键值2的元素发生更改
```

图 4.2 将数组中指定索引位置的元素替换

3．获取数组中最后一个元素 ▷①②③④⑤⑥

在数组元素比较多的情况下，想要取得数组中的最后一个元素可以通过先计算元素的个数再通过下标取得，还可以通过函数取得。通过数组函数 array_pop()可实现获取数组中的最后一个元素，运行结果如图 4.3 所示。

```
获取数组中最后一个元素是：i
```

图 4.3 获取数组中最后一个元素

4．去除数组中的重复元素 ▷①②③④⑤⑥

在数组中键值是唯一的，但是元素的值是可以重复的。想要删除数组元素中重复的值可以使用函数 array_unique()。通过数组函数 array_unique()可实现去除数组中的重复元素值，运行结果如图 4.4 所示。

```
原数组元素为：Array ( [0] => a [1] => b [2] => a [3] => d [4] => a [5] => f [6] => a [7]
=> h [8] => a )
去除重复项后的数组为：Array ( [0] => a [1] => b [3] => d [5] => f [7] => h )
```

图 4.4 去除数组中的重复元素

5．字符串与数组的转换 ▷①②③④⑤⑥

通过强制类型转换可以实现字符串与数组的转换，运行结果如图 4.5 所示。

6．对数组元素进行随机排序 ▷①②③④⑤⑥

通过 shuffle()函数可实现对数组元素进行随机排序，运行结果如图 4.6 所示。

数组转换为字符串：Array

图 4.5　字符串与数组的转换

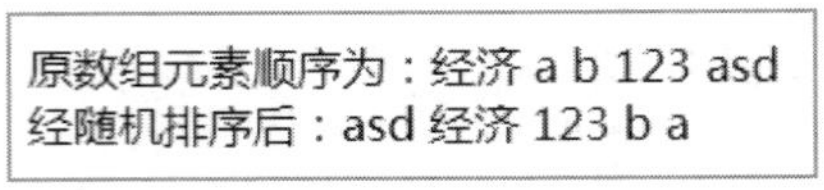

原数组元素顺序为：经济 a b 123 asd
经随机排序后：asd 经济 123 b a

图 4.6　对数组元素进行随机排序

7．随机抽取数组中元素　▷①②③④⑤⑥

可以把随机抽取数组中的元素看成一个彩票抽奖的大摇箱，在原理上两者是没什么区别的，但是彩票抽奖的大摇箱可能存在一点点的偶然性，例如大摇箱里的球弹力不同等。本实例通过随机函数 rand()实现随机抽取数组中的元素，运行结果如图 4.7 所示。

8．获取数组当前的键名和值　▷①②③④⑤⑥

每一个数组元素都是由键名和值两部分组成的。想要获取它们可以通过循环来实现。本实例通过 foreach 语句获取数组当前的键名和值，运行结果如图 4.8 所示。

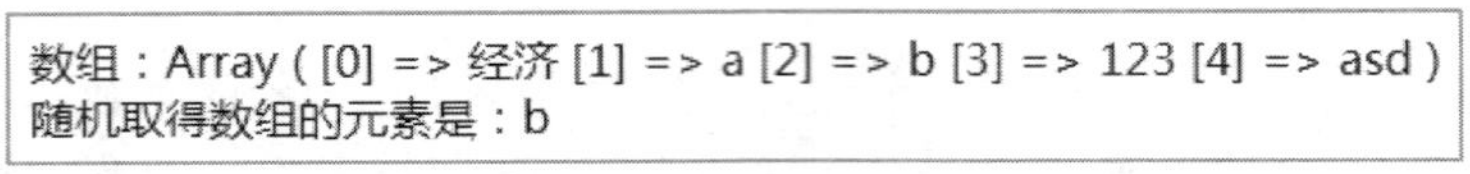

数组：Array ([0] => 经济 [1] => a [2] => b [3] => 123 [4] => asd)
随机取得数组的元素是：b

图 4.7　随机抽取数组中元素

值为：123　你好　mingri

图 4.8　获取键名和值

训练二：实战能力强化训练

9．检测数组中是否存在某个值　▷①②③④⑤⑥

PHP 大型的程序开发往往使程序员焦头烂额，有时程序员不确定自己定义的数组中是否存在需要的元素。本实例通过 array_key_exists()函数检测数组中是否存在某个值，运行结果如图 4.9 所示。

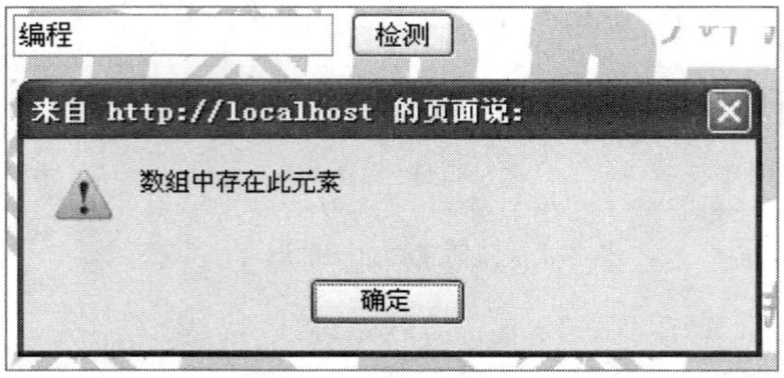

来自 http://localhost 的页面说：
数组中存在此元素

图 4.9　检测数组中是否存在某元素

10．获取数组中的当前单元　▷①②③④⑤⑥

通过 current()函数可实现获取数组中的当前单元，运行结果如图 4.10 所示。

11. 从数组中随机取出元素　▷①②③④⑤⑥

通过 rand()函数可以随机抽取数组中的元素。下面再通过另外一个函数 array_rand()实现从数组中随机取出元素，运行结果如图 4.11 所示。

图 4.10　获取数组中的当前单元

图 4.11　从数组中随机取出元素

12. 合并数组　▷①②③④⑤⑥

数组与数组之间是彼此独立的，但是两个数组可以合并到一起成为一个新数组。本实例通过数组函数 array_merge()实现合并数组，运行结果如图 4.12 所示。

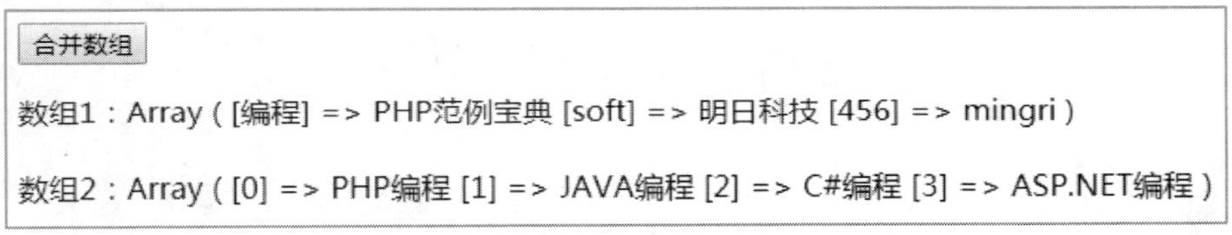

图 4.12　合并数组

13. 拆分数组　▷①②③④⑤⑥

存在数组的合并函数当然也就存在数组的拆分函数。通过函数 array_chunk()可实现数组的拆分，运行结果如图 4.13 所示。

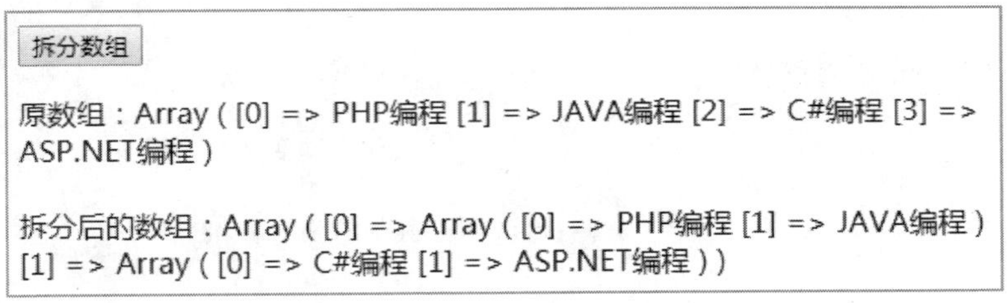

图 4.13　拆分数组

学习指南

第 5 章　面 向 对 象

本章训练任务对应核心技术分册第 6 章“面向对象”部分。

重点练习内容：

1. 熟练掌握方法重载。
2. 掌握final关键字的使用方法。
3. 了解如何检测对象类型。
4. 掌握魔术方法及使用。
5. 掌握类和对象的关系。

应用技能拓展学习

1. 方法重载

应用 PHP 面向对象编程中的方法重载机制，可以在子类中定义与父类同样的方法，然后对该方法内部功能代码进行重新编写，这样就实现了方法重载。通过方法重载可以扩展或弥补原父类方法的缺陷或不足，进一步扩展类中方法的功能。

例如，已经定义了较为复杂的汽车类 Car，并在其内部定义了变速行驶的方法，代码如下：

```
class Car
{
    public function changeSpeed()                              //变速的方法
    {
                                                               //实现手动变速的功能
    }
                                                               //其他方法
}
```

分析上述代码可知，其中的变速方法只能实现“手动变速”的功能，那么如果汽车经过改装可以实现自动变速了，是不是该 Car 类就需要完全重新编写呢？其实并不需要这样，只要编写该类的子类，然后在子类中重写 changeSpeed()方法即可，实现该过程的示例代码如下：

```
class NewCar extends Car
{
    public function changeSpeed()
    {
        if(条件 1){
            //实现手动变速的功能
```

```
        }else{
            //实现自动变速的功能
        }
    }
    //其他方法
}
```

经过对上述 changeSpeed()方法的重写，就可以使该方法既具有手动变速又具有自动变速的功能。从而可以缩短程序开发周期，节约维护时间。

2. final 关键字

final，中文含义是最终的、最后的。被 final 修饰过的类和方法就是“最终的版本”。

如果有一个类的格式为：

```
final class class_name{
    // ...
}
```

说明该类不可以再被继承，也不能再有子类。

如果有一个方法的格式为：

```
final function method_name()
```

说明该方法在子类中不可以进行重写，也不可以被覆盖。

例如，为 SportObject 类设置关键字 final，并生成一个子类 MyBook。可以看到程序报错，无法执行。代码如下：

```
<?php
final class SportObject{                          //final 类 SportObject
    function __construct(){                       //构造方法
        echo 'initialize object';
    }
}
class MyBook extends SportObject{                 //创建 SportObject 的子类 Mybook
    static function exam(){                       //子类中的方法
        echo "You can't see me";
    }
}
MyBook::exam();                                   //调用子类方法
?>
```

结果如图 5.1 所示。

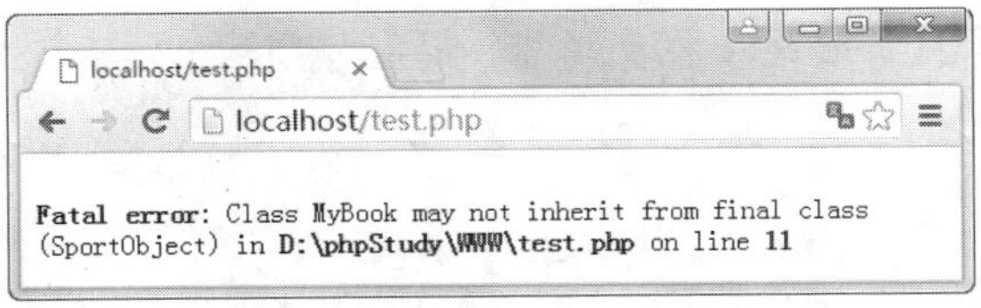

图 5.1　继承 final 类的错误提示

3. 对象类型检测

instanceof 操作符可以检测当前对象是属于哪个类。一般格式为：

```
ObjectName instanceof ClassName
```

例如，首先创建两个类，一个基类（SportObject）与一个子类（MyBook）。实例化一个子类对象，判断对象是否属于该子类，再判断对象是否属于基类。代码如下：

```
<?php
class SportObject{}                              //创建空类 SportObject
class MyBook extends SportObject{                //创建子类 MyBook
    private $type;
}
$cBook = new MyBook();                           //实例化对象$cBook
if($cBook instanceof MyBook)                     //判断对象是否属于类 MyBook
    echo '对象$cBook 属于 MyBook 类<br>';
if($cBook instanceof SportObject)                //判断对象是否属于类 SportObject
    echo '对象$Book 属于 SportObject 类<br>';
?>
```

运行结果如下：

```
对象$cBook 属于 MyBook 类
对象$Book 属于 SportObject 类
```

4. __set()和__get()方法

这两个魔术方法的作用如下。

☑ 当程序试图写入一个未定义或不可见的成员变量时，PHP 就会执行__set()方法。__set()方法包含两个参数，分别表示变量名称和变量值，两个参数不可省略。

☑ 当程序调用一个未定义或不可见的成员变量时，PHP 就会执行__get()方法来读取变量值。__get()方法有一个参数，表示要调用的变量名。

> **注意**
>
> 这里未定义属性即是没有初始化的属性，不可见属性即为私有属性。

例如，声明一个类 Student，在类中创建私有属性和公共属性以及两个魔术方法__set()、__get()，然后实例化一个对象$s，分别调用私有属性和公有属性，最后分别赋值，对比输出结果。代码如下：

```
<?php
class Student{
    private $a;                                  //定义私有属性$a
    private $b = 0;                              //定义私有属性$b
```

```
    public $c;                                    //定义公有属性$c
    public $d = 0;                                //定义公有属性$d

    public function __get($name) {
        return 123;
    }
      public function __set($name, $value) {
        echo "This is set function";
    }
}

$s = new Student();
var_dump($s->a);                                  //输出: 123
var_dump($s->b);                                  //输出: 123
var_dump($s->c);                                  //输出: null
var_dump($s->d);                                  //输出: 0
var_dump($s->e);                                  //输出: 123
$s->a = 3;                                        //输出: This is set function
$s->c = 3;                                        //没有输出
$s->f = 3;                                        //输出: This is set function
?>
```

上述代码中，对于公有变量$c 和$d，可以直接调用和赋值。而对于私有变量$a 和$b 只能在 Student 类内部使用。当在类外部调用时，程序会执行__get()魔术方法，即返回 123。当在类外部为私有变量$a、$b 赋值时，调用__set()魔术方法，即输出 This is set function。对于未定义的属性$e 和$f，与私有变量方式相同。运行结果如下：

```
int(123)
int(123)
NULL
int(0)
int(123)
This is set functionThis is set function
```

> **注意**
>
> 魔术方法均用 public 关键字修饰。

5. __call()方法

魔术方法__call()的作用是：当程序试图调用不存在或不可见的成员方法时，PHP 会先调用__call()方法来存储方法名及其参数。__call()方法包含两个参数，即方法名和方法参数。其中，方法参数是以数组形式存在的。

例如，声明一个类 SportObject，类中包含两个方法，即 myDream()和__call()。实例化对象$exem 需要调用两个方法：一个是类中存在的 myDream()方法；另一个是不存在的 mDream()方法。代码如下：

```
<?php
class SportObject{
```

```
    public function myDream(){                                   //方法 myDream()
        echo '调用的方法存在，直接执行此方法。<br>';
    }
    public function __call($method, $parameter) {                //__call()方法
        echo '方法不存在，则执行__call()方法。<br>';
        echo '方法名为：'.$method.'<br>';                         //输出第 1 个参数，即方法名
        echo '参数有：';
        echo "<pre>";
        print_r($parameter);                                     //输出第 2 个参数，是一个参数数组
    }
}
$exam = new SportObject();                                       //实例化对象$exam
$exam->myDream();                                                //调用存在的方法 myDream()
$exam->mDream('how','what','why');                               //调用不存在的方法 mDream()
?>
```

运行结果如下：

```
调用的方法存在，直接执行此方法。
方法不存在，则执行__call()方法。
方法名为：mDream
参数有：
Array
(
    [0] => how
    [1] => what
    [2] => why
)
```

6. __toString()方法

魔术方法__toString()的作用是：当使用 echo 或 print 输出对象时，将对象转化为字符串。

例如，输出类 SportObject 的对象$myComputer，输出的内容为__toString()方法返回的内容。代码如下：

```
<?php
class SportObject{                                  //类 SportObject
    private $type = 'DIY';                          //声明私有变量$type
    public function __toString(){                   //声明__toString()方法
        return $this -> type;                       //方法返回私有变量$type 的值
    }
}
$myComputer = new SportObject();                    //实例化对象$myComputer
echo '对象$myComputer 的值为：';
echo $myComputer;                                   //输出对象$myComputer
?>
```

运行结果如下：

```
对象$myComputer 的值为：DIY
```

注意：如果没有__toString()方法，直接输出对象将会发生致命错误（fatal error）。输出对象时应注意，echo 或 print 函数后面直接跟要输出的对象，中间不要加多余的字符，否则__toString()方法不会被执行。如 echo '字串'.$myComputer、echo ' '.$myComputer 等都不可以，一定要注意。

7. __isset()方法

在对类中属性或者非类中属性使用魔术方法 isset()的时候，如果没有或者非公有属性，则自动执行__isset()的方法。

```
<?php
__isset:bool __isset（string name）              //传入对象中的成员属性名作为参数，返回测定的结果
```

在类的外部使用 isset()方法测定对象中的成员时，就会自动调用对象中的__isset()方法，间接地帮助我们完成对对象中私有成员属性的测定。

8. __unset()方法

在对类中属性或者非类中属性使用魔术方法 unset()的时候，如果没有或者非公有属性，则自动执行__unset()的方法。

```
<?php
void __unset（string name）                      //传入对象中的成员属性名作为参数
```

9. __autoload()方法

通常使用 include()函数或 require()函数在一个 PHP 文件中引入类文件。如在 index.php 文件中引入类 A，代码如下：

```
<?php
    require('A.php');                           //引入类 A
    $a = new A();                               //实例化类 A
?>
```

但是，多数情况下，程序中需要引进很多的类，难道需要一个个引入吗？

PHP 5 解决了这个问题，魔术方法__autoload()可以自动实例化需要使用的类。当程序要用到一个类，但该类还没有被实例化时，PHP 将使用__autoload()方法，在指定的路径下自动查找和该类名称相同的文件。如果找到，程序则继续执行；否则，报告错误。

10. 类和对象的关系

类的实例化结果就是对象，而对一类对象的抽象就是类。类描述了一组有相同特性（属性）和相同行为（方法）的对象。类和对象的关系就像模具和月饼的关系。用一个写着“五仁月饼”的模具，能够做出一批五仁月饼，它们具有相同的属性，如月饼上都写着“五仁月饼”，这个模具就相当于类，

月饼即是对象。

11．方法与函数的区别

方法就是包含在对象中的函数，函数能做到的，方法都能做到，包括传递参数和返回值。不同之处在于，方法是被对象调用，而函数可以在任何地方被调用。

实战技能强化训练

训练一：基本功强化训练

1．数据库连接类中定义数据库连接方法 ▷①②③④⑤⑥

使用 PHP 的 MySQL 函数库管理 MySQL 数据库时，首先需要获得数据库连接句柄，然后才能进一步进行增、删、改、查操作。运行本实例，首先在图 5.2 所示的表单中输入数据库连接参数，然后单击“连接”按钮，如果成功连接上 MySQL 数据库，则会在页面中打印出数据库连接句柄。

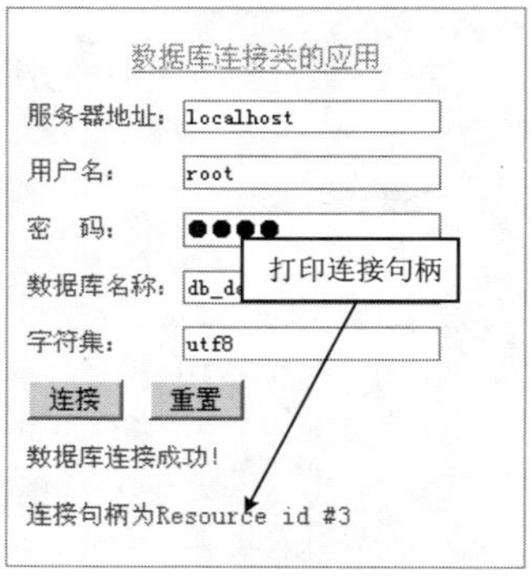

图 5.2　打印连接句柄

2．使用重载实现不同类型数据的运算 ▷①②③④⑤⑥

通过使用类的方法重载机制，可以实现不同类型数据的运算。例如，两个数字求和或者两个字符串连接。图 5.3 所示的是两个数值型数据求和的计算结果，图 5.4 所示的是两个字符串连接的结果。

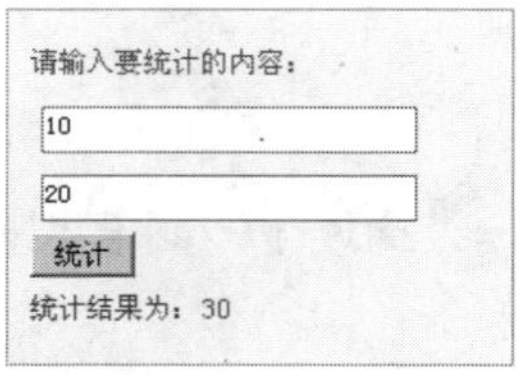

图 5.3　两个数字求和的结果

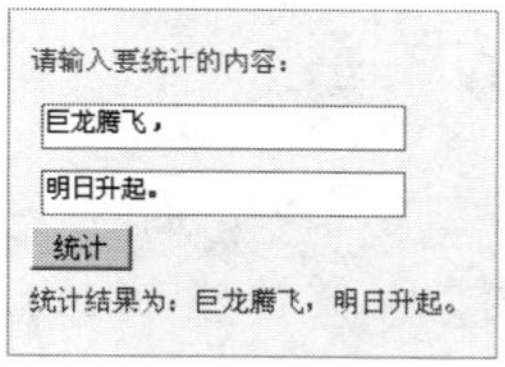

图 5.4　两个字符串连接的结果

3. 使用$this 关键字调用汽车类自身的方法 ▷①②③④⑤⑥

本实例通过$this 关键字在汽车类内部调用设置汽车颜色的方法和设置汽车品牌的方法来输出汽车的信息。如图 5.5 所示，分别选中表单中的颜色和类型单选按钮，然后单击“提交”按钮即可在页面中打印出汽车的信息。

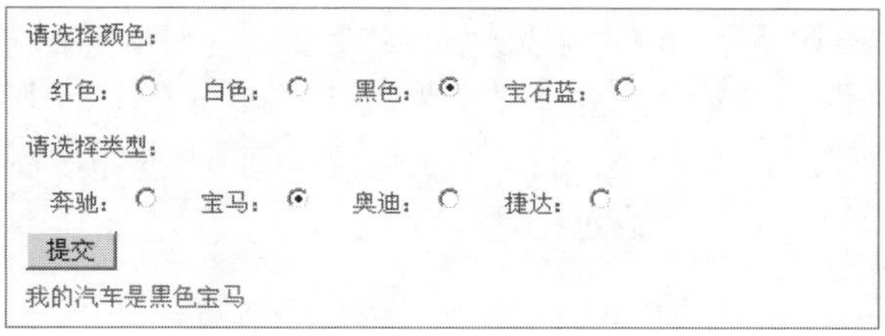

图 5.5 打印汽车信息

4. 学生类中使用构造方法为学生信息初始化 ▷①②③④⑤⑥

本实例采用循环语句实例化学生类，并通过构造方法为学生类的属性赋初值，最后通过类的 getXxx()方法获得学生属性，并将学生信息在页面输出，如图 5.6 所示。

学号	姓名	年龄	住址
0312310	小明	16	北京西城区
0312311	小张	16	北京宣武区
0312312	小赵	17	北京海淀区

图 5.6 学生信息列表

5. 圆类中使用 const 关键字定义圆周率类常量 ▷①②③④⑤⑥

本实例实现的功能是根据圆的半径计算圆的面积，运行本实例，如图 5.7 所示，首先在图中的文本框内输入要计算的圆面积的半径，然后单击“计算”按钮即可计算出圆的面积，并将结果打印在页面中。

6. 通过继承实现多态 ▷①②③④⑤⑥

本实例主要通过继承表现类的多态。在制作实例时，首先定义动物类 Animal，然后分别定义企鹅类 Penguin 和昆虫类 Insect，并在这两个子类中分别重写动物类的行走方法，最后通过这两个子类实例的对象调用其自身的行走方法，将在页面打印图 5.8 所示的内容。

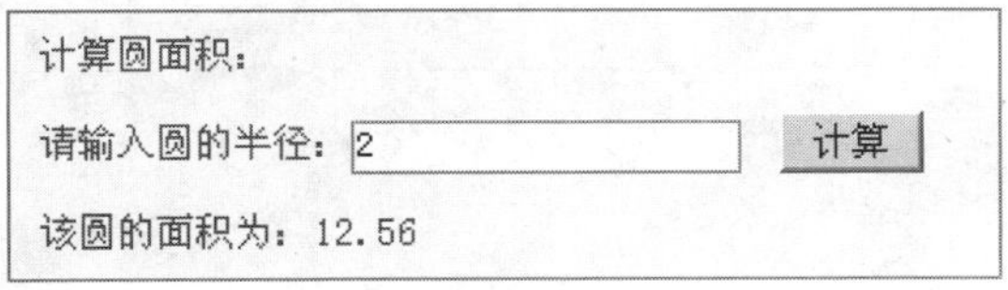

图 5.7 计算圆面积

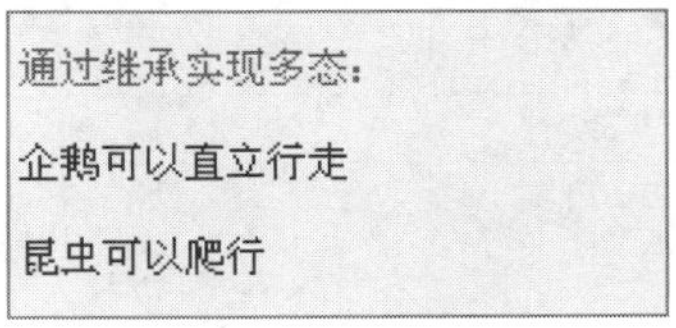

图 5.8 通过继承实现类的多态

训练二：实战能力强化训练

7．使用 final 关键字防止类被继承 ▷①②③④⑤⑥

本实例主要讲解 final 关键字的用法。首先定义水果类 Fruit，然后定义 final 型的苹果类 Apple，使之继承自水果类，通过 Apple 类即可实现对苹果属性的设置。运行本实例，如图 5.9 所示，首先在文本框中输入苹果的颜色和形状属性，然后单击“提交”按钮，即可在页面中打印出苹果的属性信息。如果再定义一个类，并使之继承 final 型的 Apple 类，则会在页面中打印出图 5.10 所示的错误提示信息。

8．检测当前对象属于哪个类 ▷①②③④⑤⑥

本实例主要讲解 PHP 面向对象编程中，instanceof 关键字的使用方法。运行本实例，将在页面中打印出图 5.11 所示的结果。本实例主要定义了苹果类和橘子类，然后分别对这两个类进行实例化，同时定义一个根据传递的对象自动识别对象所属类的方法。

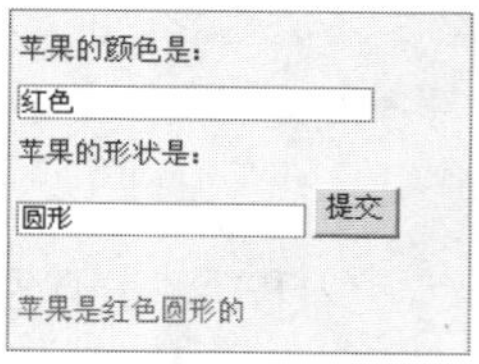

图 5.9 打印苹果的属性

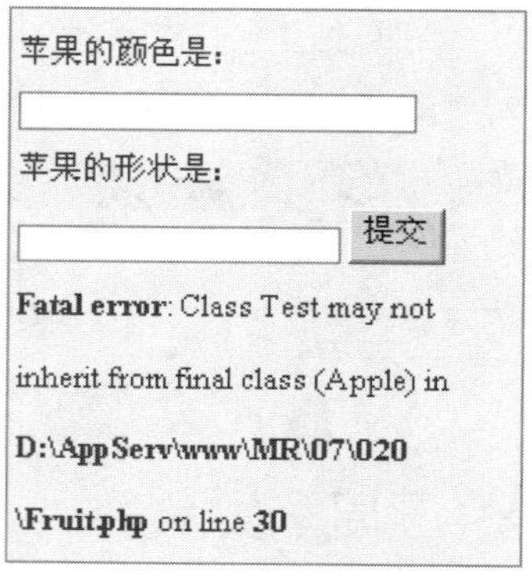

图 5.10 错误提示

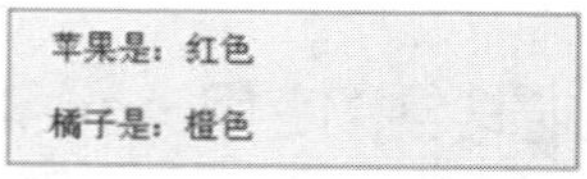

图 5.11 检测对象所属类

9．使用__set()方法为类中未声明的属性赋值 ▷①②③④⑤⑥

本实例主要讲解如何使用 PHP 中的__set()方法存取类中未声明的属性。运行本实例，如图 5.12 所示，在页面中以表格的形式列出各本图书的详细信息，其中图书的“备注”属性使用__set()方法赋值。

书 名	页 码	作 者	价 格	备 注
《PHP从基础到**》	650	小张、小潘、小王	58	备注
《PHP函数**》	800	小潘、小王	80	备注
《PHP范例**》	700	小李、小懂	85	备注
《PHP实战**》	750	小郭、小刘	75	备注

图 5.12 图书信息列表

10．使用__get()方法获取未定义属性的名称　▷①②③④⑤⑥

本实例主要应用__get()方法获得类中未定义属性的名称。运行本实例，如图 5.13 所示，页面中打印的内容是通过调用苹果类的属性打印的结果，而弹出的提示对话框是因为没有在类中定义 $produceArea 属性而通过__get()方法弹出的。

11．使用__call()方法打印类中未定义方法的信息　▷①②③④⑤⑥

本实例主要讲解__call()方法的使用。运行本实例，如图 5.14 所示，将在页面中打印出图书的信息和调用未定义方法的名称。其中图书的信息是图书类调用类中的 getProperty()方法所返回的结果，而未定义 getInfo 方法的提示是通过类中的__call()方法的打印结果。

这个苹果重0.4kg，是红色，圆形的！
Microsoft Internet Explorer

图 5.13　类中未定义属性提示框

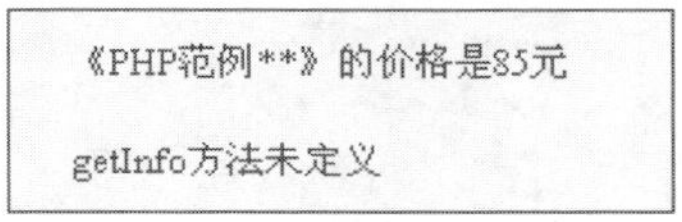

《PHP范例**》的价格是85元

图 5.14　类中未定义方法提示框

12．使用__toString()方法将类的实例转化为字符串　▷①②③④⑤⑥

通过__toString()魔术方法可以将类实例的对象转换为字符串，运行本实例，如图 5.15 所示，在页面中打印出圆的半径和该半径对应的圆面积，其中圆的面积是直接打印创建的类对象实例化的结果。

13．使用__isset()方法提示未定义属性信息　▷①②③④⑤⑥

本实例使用__isset()方法在页面中打印出未定义属性的提示信息以及“小明”的年龄和体重信息，其中类中未定义属性 sex 的提示信息是通过__isset()方法打印的，如图 5.16 所示。

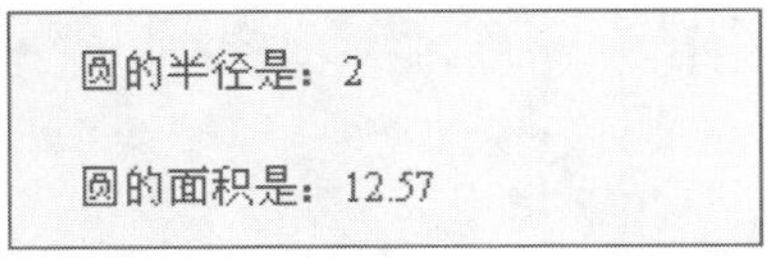

圆的半径是：2

图 5.15　打印圆的半径和面积

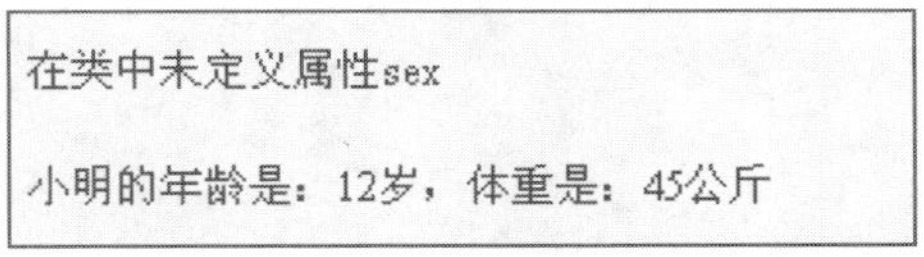

在类中未定义属性sex
小明的年龄是：12岁，体重是：45公斤

图 5.16　打印人的属性信息

14．使用__unset()方法提示未定义属性信息　▷①②③④⑤⑥

本实例主要讲解__unset()方法的使用方法。运行本实例，如图 5.17 所示，在页面中打印出使用__Unset()方法撤销类中未定义的价格属性的结果。

15．使用__autoload()方法自动导入类文件 ▷①②③④⑤⑥

应用__get()方法可以获得类中未定义属性的名称。运行本实例如图 5.18 所示，页面中打印的内容是通过调用苹果类的属性打印的结果，而弹出的提示对话框是因为没有在类中定义$produceArea 属性而通过__get()方法弹出的。

图 5.17　打印 Car 类中未定义的属性

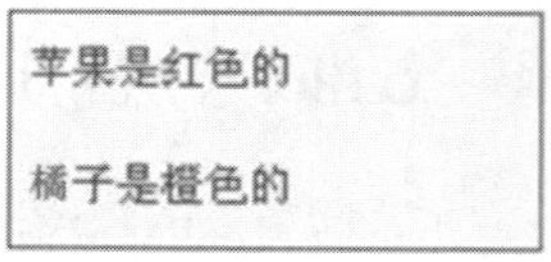

图 5.18　打印苹果和橘子的颜色属性

第 6 章　PHP 与 Web 交互

学习指南

本章训练任务对应核心技术分册第 7 章“PHP 与 Web 交互”部分。

重点练习内容：

1. 熟练掌握<form>表单控件的应用。
2. 掌握CSS的实际应用。
3. 掌握JavaScript的实际应用。
4. 了解Web工作原理。

应用技能拓展学习

1. move_uploaded_file()函数——文件上传

move_uploaded_file()函数可将上传的文件移动到新位置，语法如下：

```
bool move_uploaded_file ( string filename, string destination )
```

☑ string filename：指定的文件是合法的上传文件。

☑ string destination：定义上传文件的名称。

2. 动态改变文本框的 rows 属性

利用 JavaScript 代码动态改变文本框的 rows 属性，代码如下：

```
$("#down").click(function(){
    $("textarea").attr("rows","8");
    $("#up").click(function(){
        $("textarea").attr("rows","1");
    });
});
```

3. 打开新窗口

通过 JavaScript 的 window.open()方法，可以实现新页面的跳转，代码如下：

```
$(document).ready(function(){
    $("#sel").change(function(){
```

```
            window.open($("#sel").val());
        });
});
```

4．定义<a>标签的样式

定义<a>标签的 3 个属性，可以实现控制超链接的样式，核心代码如下：

```
a{
    border:1px #FF0000 solid;
}
a:link{
    color:#333333;
    text-decoration:none;
}
a:visited{
    color:#666666;
    text-decoration:none;
}
a:hover{
    background-color:#FF0000;
    color:#FFFFFF;
}
```

5．定义<body>标签的 CSS 样式

通过定义<body>标签的 CSS 样式，可以对整个页面中的文字及文字的颜色进行定义，核心代码如下：

```
body{
    font-family:"楷体_GB2312";
    font-size:14px;
    color:#666666;
}
```

6．利用<div>的定位技术对页面进行布局

利用<div>的定位技术对页面进行合理布局，其中实现定位的 div 元素控制的代码如下：

```
.one{
    margin:auto;
    width:700px;
    height:500px;
    background:url(../pic/bg.jpg);
}
.three{
```

```
    margin-top:200px;
    margin-left:100px;
}
.five{
    margin-left:100px;
}
```

7. 使用 JavaScript 代码定义单击事件

JavaScript 代码定义单击事件的核心代码如下：

```
$(document).ready(function(){
    $("#o").click(function(){
        alert("文本框被单击");
    });
});
```

8. 使用 JavaScript 代码动态地改变文本框的颜色

动态地改变文本框颜色的 JavaScript 代码如下：

```
$(document).ready(function(){
    $("select").change(function(){
        var value = $("select").val();
        if(value == ""){
            alert("请选择样式颜色");
        }else{
            $("input:lt(2)").css("color",value);
        }
    });
});
```

9. 使用 JavaScript 代码实现动态插入信息

实现动态插入信息的 JavaScript 代码如下：

```
$(document).ready(function(){
    $("textarea").select();                          //选择下拉列表
    $("select").change(function(){                   //定义事件
        var value = $(this).val();                   //获取 value 值
        var va = $("textarea").val();                //获取文本域的值
        if(va == "请输入内容"){
            $("textarea").html(value);               //输出文本域的值
        }else{
            $("textarea").html(va+value);            //为文本域赋值
    }
});
```

10．Web 工作原理

关注 Web 的工作原理，作为初学者，只要求掌握大概流程即可。例如，了解 Web 工作原理，就会明白为什么不能在 HTML 文件中写 PHP 代码，因为 HTML 文件不会请求 PHP 引擎，自然不会解析 <?php ?>标签。PHP 代码会以字符串形式原样输出。但是在 PHP 文件中，可以编写 HTML 代码。

11．JavaScript 和 Java 的关系

JavaScript 和 Java 的关系就像雷锋和雷峰塔的关系。它们是两门不同的编程语言。当时网景公司之所以将 LiveScript 命名为 JavaScript，是因为 Java 是当时最流行的编程语言，带有 Java 的名字有助于这门新生语言的传播。

12．JavaScript 和 jQuery 的关系

jQuery 是对 JavaScript 的一个扩展、封装，让 JavaScript 更好用，更简单。其核心理念是“write less,do more（写得更少，做得更多）”。例如，获取一个表单中 id="start"的元素 value 值，使用 JavaScript 代码如下：

```
document.getElementById("start").value;
```

使用 jQuery 的代码如下：

```
$('#start').val();
```

在使用 jQuery 时，需要先引入 jQuery。虽然使用 jQuery 比 JavaScript 更简单，但是 JavaScript 才是根本，所以一般要先学习 JavaScript，再学习 jQuery。

实战技能强化训练

训练一：基本功强化训练

1．上传图片的表单　▷①②③④⑤⑥

许多大型网站为了吸引用户，会分配一些空间供用户使用，如电子邮箱、QQ 空间等。为了方便用户在个人空间中放置内容，需要提供文件、图片等信息的上传页面。利用文件域，实现图片的上传功能，效果如图 6.1 所示。

2．设置文本框的只读属性　▷①②③④⑤⑥

在网页中，有些文本框中的信息是不允许浏览者进行修改的，即用户只有浏览的权限，而没有修

改的权限。此功能可以通过设置文本框的只读属性来实现。运行本实例，在页面中修改库存数量时，将弹出“此文本框为只读属性，库存数量不能修改！”的提示框，运行结果如图 6.2 所示。

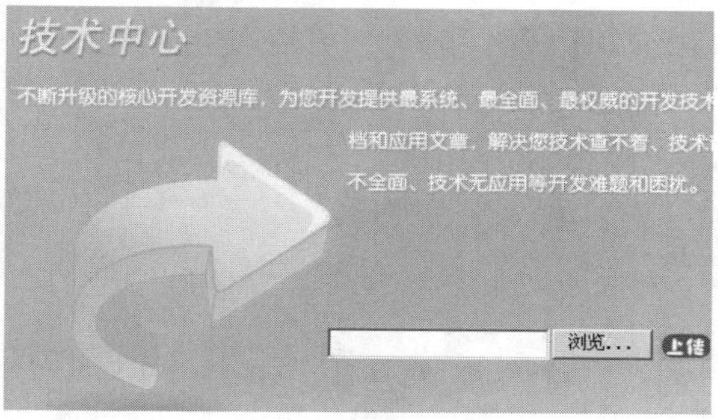

图 6.1　可以上传图片的表单

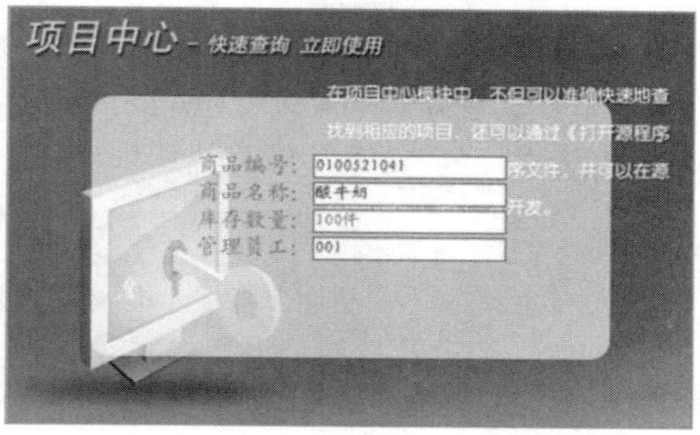

图 6.2　设置文本框的只读属性

3. 自动计算金额　　▷①②③④⑤⑥

在物流管理系统中，经常需要计算出库商品的金额或入库商品的金额，若以手工计算，比较麻烦而且容易出错，如果在程序中实现自动计算金额功能，则可以减少许多不必要的麻烦，如图 6.3 所示。

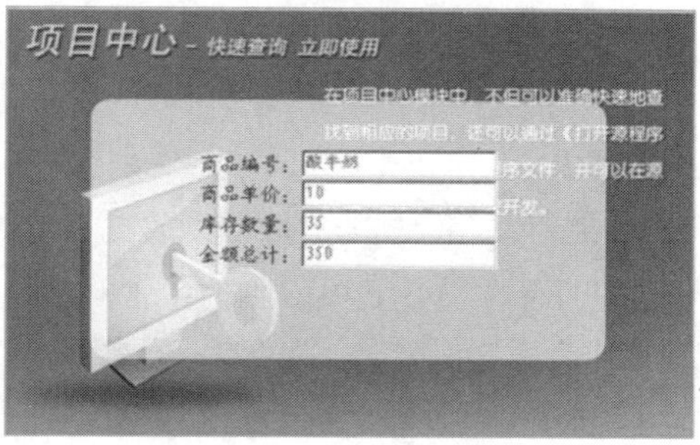

图 6.3　自动计算金额

4. 设置文本框的样式　　▷①②③④⑤⑥

<form>表单的文本框在默认情况下不够美观，使用默认的文本框样式将影响网站的视觉效果。运行本实例，如图 6.4 所示，利用 CSS 代码和简单的 JavaScript 代码，使文本框变得生动、有特色。

图 6.4　设置文本框样式

5．文本域的滚动条

▷①②③④⑤⑥

文本域本身有自带的滚动条，用户可以通过滚动条浏览文本域中的所有内容，但是在初始情况下，用户可以根据需要设置文本域的列宽，也就是确定文本域在初始情况下显示多少内容，运行本实例，如图 6.5 所示。

图 6.5　文本域的滚动条

6．省市级联动菜单

▷①②③④⑤⑥

在进行网站开发的过程中，经常会用到相互关联的菜单。例如，省、市、县 3 级联动或者省、市 2 级联动菜单。在本实例中，将讲解如何实现省、市 2 级联动菜单，运行效果如图 6.6 所示。

图 6.6　省、市级联动菜单

7．设置下拉列表的样式

▷①②③④⑤⑥

其实对页面的美化处理，并不属于程序员的工作范畴，而是属于前台美工的分内之事，但是像这种美化下拉列表的小事情，程序员如果还要和美工去协调，未免有点浪费时间，所以用户学习一些基本的页面美化方法还是很有必要的。运行效果如图 6.7 所示。

图 6.7　设置下拉列表的样式

8．设置超链接的样式　▷①②③④⑤⑥

超链接在 Web 开发中也是很常见的，其主要作用是执行客户端的脚本跳转。默认情况下，单击之前颜色为蓝色，存在下画线样式；单击之后颜色为紫色，同样存在下画线样式。但是这种样式不可能适合所有的网站色调。本实例介绍如何更改超链接的样式，运行结果如图 6.8 所示。

图 6.8　设置超链接的样式

9．设置<body>的样式　▷①②③④⑤⑥

HTML 将整个网页分成头部<head>和身体<body>两个部分，头部一般包含标题和引入的 JavaScript 和 CSS 样式等；身体部分主要是执行的代码，其中可以包含表格、表单和<div>标签等元素。大家都知道，对于<body>中的元素可以进行 CSS 的样式美化，但是如果用户想定义类似全文的一个文字的样式，则需要对每个标签里输出到页面的文字进行 CSS 样式的定义，这样未免太过麻烦，因此可以在<body>标签中应用 CSS 样式，这样就可以对整个页面中的文字进行设置，运行结果如图 6.9 所示。

图 6.9　设置<body>的样式

10．模拟的进度条　▷①②③④⑤⑥

在一些大型网站的首页中，为了体现动画效果，通常在进入首页前添加一个模拟的进度条，通过该进度条实现打开网站首页的前奏。本实例将自动加载一个模拟的进度条，运行结果如图 6.10 所示。当进度条完成 100%后，自动跳转到 http://www.mingrisoft.com 网站。

图 6.10　模拟的进度条

11．<div>标签设计用户注册页面　▷①②③④⑤⑥

在进行网页排版时，用户可以使用<table>标签进行布局，但是在比较大的网页中，用<table>标签布局会使页面代码变得混乱，不容易解读，所以建议尽量使用<div>标签进行页面布局。运行结果如图 6.11 所示。

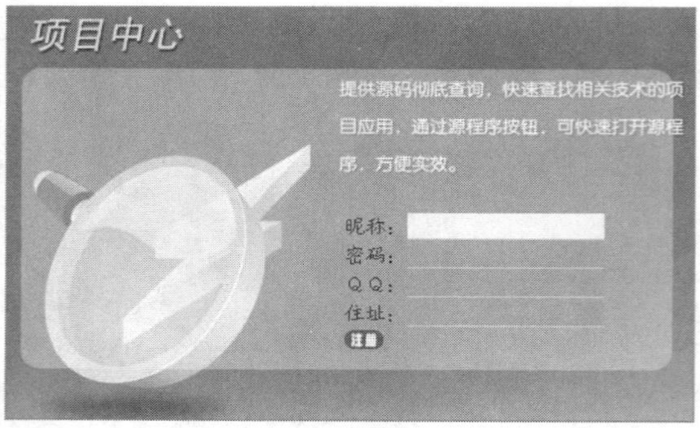

图 6.11　<div>标签设计用户注册页面

12．<div>标签设计论坛帖子浏览页面　▷①②③④⑤⑥

论坛的浏览页面，相信对于所有用户来说并不陌生，其主要功能是将用户发表的内容供所有人或部分人浏览。本实例讲解的主要内容并不是如何实现浏览这一功能，而是对浏览页面的<div>布局。运行结果如图 6.12 所示。

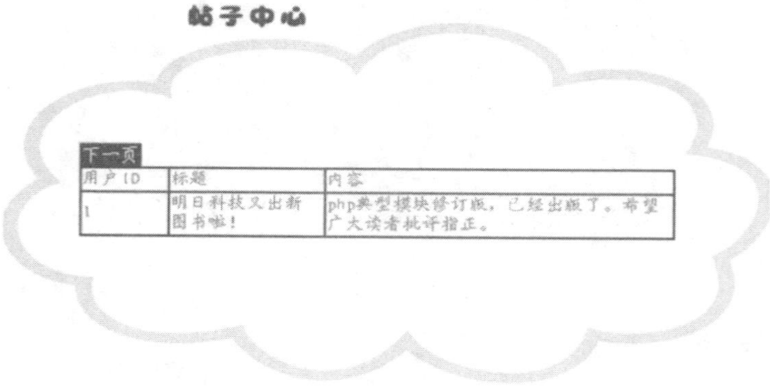

图 6.12　论坛帖子的浏览页面

训练二：实战能力强化训练

13．Tab 键在文本域中的体现　　▷①②③④⑤⑥

Tab 键在编写 Word 等文档时是经常被用到的。在网页的文本域中，按 Tab 键是进行下一个切换项的指示，如何在文本域中体现 Tab 键呢？运行结果如图 6.13 所示。

图 6.13　文本域中体现 Tab 键

14．去掉下拉选项的边框　　▷①②③④⑤⑥

由于 CSS 样式对下拉列表框的定义很少，以至于想要修改下拉列表的样式变得很复杂。本实例讲解如何去掉下拉选项的边框，如图 6.14 所示。

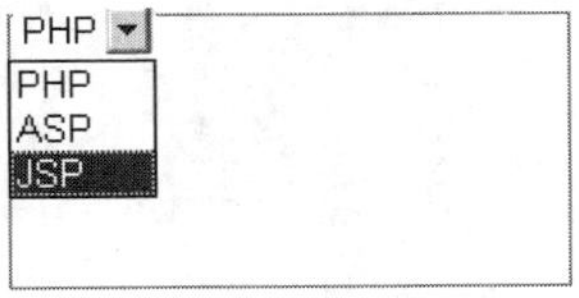

图 6.14　去掉下拉选项的边框

15．修改表单属性为弹出窗口　　▷①②③④⑤⑥

表单可以添加属性并且与客户端脚本 JavaScript 交互，例如 JavaScript 的 click 事件、change 事件等。本实例实现当单击文本框时弹出提示信息，如图 6.15 所示。

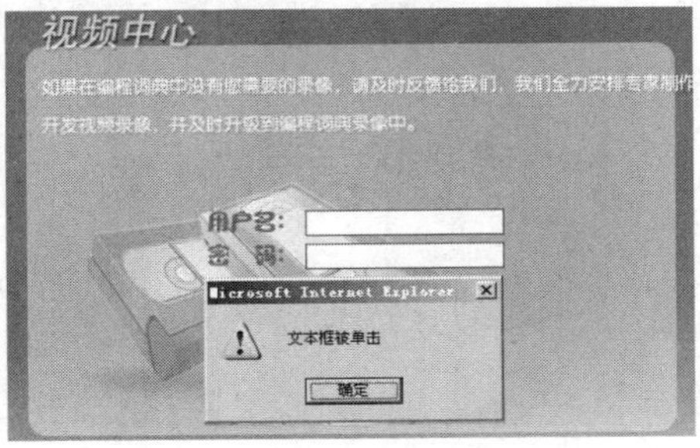

图 6.15　弹出窗口

16．表单输入单元的文字设置 ▷①②③④⑤⑥

灵巧的 CSS 是所有 Web 开发者追捧的对象，其主要作用是通过简单的代码美化页面，页面美化几乎用 CSS 都可以实现。通过定义 CSS 样式可以对输入单元的文字进行设置，如图 6.16 所示。

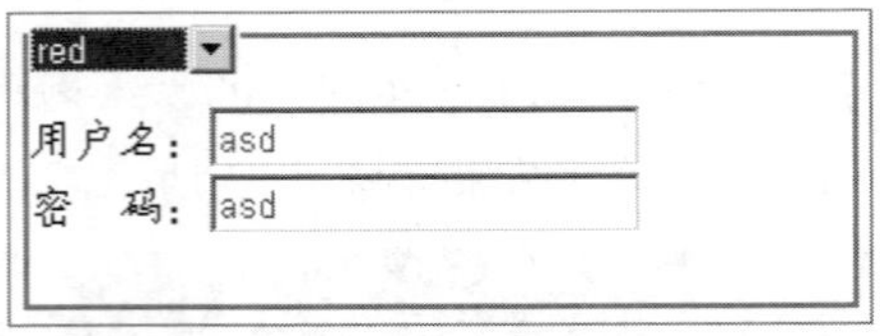

图 6.16　表单输入单元的文字设置

17．表单输入单元单击删除 ▷①②③④⑤⑥

在创建表单中的文本框等内容时，往往会给文本框设定初始值，这些初始值需要用户自行手动删除。为了方便用户，节省操作时间，可以通过设置 JavaScript 事件，实现直接删除文本框中初始值的功能，运行结果如图 6.17 所示。

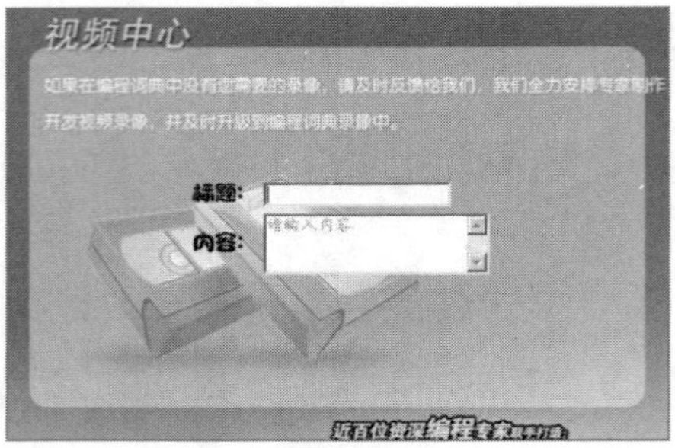

图 6.17　表单输入单元单击删除

18．表单文本输入的移动选择 ▷①②③④⑤⑥

很多网站中，往往有一些小的技巧，例如，在文本域中输入内容时，通过下拉列表动态地将文字插入到文本域中。本实例将讲述这一功能，运行结果如图 6.18 所示。

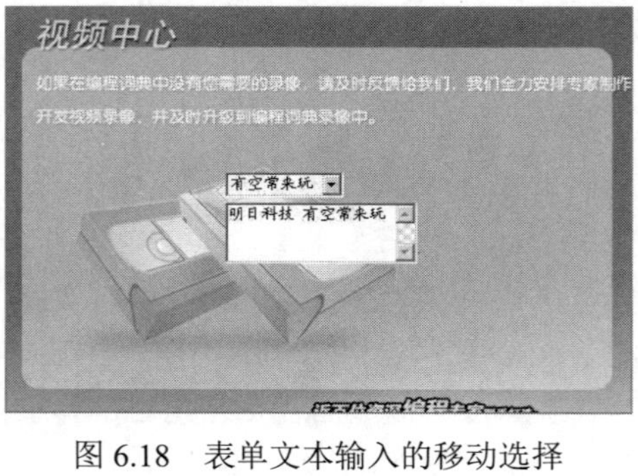

图 6.18　表单文本输入的移动选择

19．选择头像　▷①②③④⑤⑥

在腾讯的 QQ 系统中，我们可以通过单击头像实现更换新头像的功能。其实这个功能相对来说是比较简单的。运行本实例，通过下拉列表实现头像的选择，如图 6.19 所示。

图 6.19　选择头像

学习指南

第 7 章　MySQL 数据库基础

本章训练任务对应核心技术分册第 8 章“MySQL 数据库基础”部分。

重点练习内容：

1. 熟练掌握聚集函数。
2. 熟练掌握MySQL数据库查询。
3. 掌握子查询的用法。
4. 掌握phpMyAdmin工具的使用。

应用技能拓展学习

1．set 语句——设置不同变量

set 语句用于设置不同变量，语法如下：

```
set variable_assignment [, variable_assignment] ...
variable_assignment:
        user_var_name = expr
    | [global | session] system_var_name = expr
    | @@[global. | session.]system_var_name = expr
```

2．模糊查询

使用 SQL 语句可以对字符串进行完全匹配查找和模糊查找：如果对字符串进行匹配查找则直接用等号作为查询条件的连接谓词；如果对字符串进行模糊查找则用 like 关键字作为连接谓词。

（1）从学生表（tb_student）中查询所有姓“刘”的学生信息，其中学生姓名字段为 sname。

```
select * from tb_student where sname like '刘%'
```

（2）从图书信息表（tb_book）中查询所有 PHP 类相关图书，其中书名字段为 bookname。

```
select * from tb_book where bookname like '%PHP%'
```

3．查询非空数据

查找非空数据可以通过 where 关键字后加如下条件进行限定：

```
where  字段名<>''
```

实现查询所有商品图片路径不为空的商品信息的 SQL 语句如下：

```
select * from tb_spxx where address<>'' order by addtime desc
```

4．distinct 关键字——不显示重复记录

SQL 语句中，查询结果中不显示重复记录可以通过关键字 distinct 实现，该关键字使用的格式如下：

```
select distinct 字段名 from 表名 where 查询条件
```

distinct 关键字可以在查询结果中去除重复行，与其对应的还有关键字 all。在 SQL 语句中加入关键字 all，表示显示所有的记录，如果 SQL 语句中这两个关键字都不加，则查询结果将显示所有的记录。

5．多表分组统计的实现

实现多表分组统计，需要在多个表之间建立关联，然后分别对相互关联的表进行分组统计，例如可以按如下格式建立多个表之间的关联：

```
select sum(表 1.表 1 中某字段) as 新字段名 1,sum(表 2.表 2 中某字段名) as 新字段名 2...from 表 1,表 2...where
表 1.关联字段=表 2.关联字段... group by 某字段
```

6．sum()函数——对某字段的所有记录进行求和

SQL 语句中，对某字段的所有记录进行求和可以通过函数 sum()实现，语法如下：

```
sum([all | distinct] expression)
```

☑ all：表示对指定字段的所有值进行聚集函数运算，all 为默认值，如果不加参数 all 或 distinct，则表示对指定字段的所有记录进行聚集运算。

☑ distinct：表示对指定字段的所有非重复记录进行求和。

☑ expression：是精确数字或近似数字数据类型分类（bit 数据类型除外）的表达式。

sum()函数的返回类型如表 7.1 所示。

表 7.1　sum()函数的返回类型

表达式结果	返 回 类 型
整数分类	int
decimal 分类	decimal(38,s) 除以 decimal(10,0)
money 和 smallmoney 分类	money
float 和 real 分类	float

7．avg()函数——获取某字段所有记录的平均值

获取某字段的所有记录的平均值，可以通过函数 avg()实现，语法如下：

```
avg([all | distinct] expression)
```

例如，利用 avg()函数实现显示平均成绩的 SQL 语句如下：

```
select avg(chinese),avg(math),avg(english) from tb_demo059;
```

8. in 关键字——多表之间的嵌套查询

多表之间的嵌套查询可以通过谓词 in 实现，语法如下：

```
test_expression[not] in{
 subquery
}
```

☑ test_expression：指 SQL 表达式。

☑ subquery：包含某列结果集的子查询，该列必须与 test_expression 具有相同的数据类型。

9. any、some 和 all 关键字

实现多表的嵌套查询时，可以同时使用谓词 any、some 和 all，这些谓词被称为定量比较谓词，可以和比较运算符联合使用，判断是否全部返回值都满足搜索条件。some 和 any 谓词是存在量的，只注重是否有返回值满足搜索要求，这两个谓词的含义相同，可以替换使用；all 谓词称为通用谓词，它只关心是否有谓词满足搜索要求。

any | some |all 谓词的语法如下：

```
scalar_expression {查询条件运算符}{ some | any | all }(subquery)
```

☑ scalar_expression：指任何有效的 SQL 表达式。

☑ subquery：指包含某列结果集的子查询。

例如，实现查询统计的 SQL 语句的代码如下：

```
SELECT * FROM T2 WHERE number>ALL (SELECT number FROM T1)
```

10. 子查询

子查询是一个用于处理多表操作的方法，语法如下：

```
select [all | distinct] <select item list>
from <table list>
[where <search condition>]
[group by <group item list>]
[having <group by search condition>]
```

例如，实现使用子查询派生表的 SQL 语句如下：

```
select people.name,people.chinese,people.math,people.english from (select name,chinese,math,english from
tb_demo071) as people;
```

11．在 phpMyAdmin 图形化界面工具中修改操作与删除操作的区别

如果在修改多条数据时，误选中不需要更改的数据信息前的复选框，进入修改页面后可以不对此条数据做任何修改，此条数据信息不会有任何变化。但是如果在删除多条数据时，误选中不需要删除的数据信息前的复选框，则单击“执行”按钮，信息会被删除。

12．drop、delete 和 truncate 的区别

☑ delete 和 truncate 操作只删除表中数据，而不删除表结构；使用 delete 删除时，对于 auto_increment 类型的字段，值不会从 1 开始，而 truncate 可以实现删除数据后，auto_increment 类型的字段值从 1 开始。但是 drop 语句将删除表的结构、被依赖的约束（constraint）、触发器（trigger）、索引（index）等。依赖于该表的存储过程/函数将保留，但是变为 invalid 状态。

☑ 属于不同类型的操作：delete 属于 DML，这个操作会放到回滚段（rollback segement）中，事务提交之后才生效；如果有相应的 trigger，执行的时候将被触发。而 truncate 和 drop 属于 DDL，操作立即生效，原数据不放到回滚段中，不能回滚，操作不触发 trigger。

☑ 执行速度：drop > truncate > delete。

☑ 安全性：小心使用 drop 和 truncate，尤其没有备份的时候。具体使用时，想删除部分数据行用 delete，注意带上 where 子句。此外，回滚段要足够大。

☑ 使用建议：完全删除表使用 drop；想保留表而将所有数据删除，如果和事务无关，使用 truncate，如果和事务有关，或者想触发 trigger，使用 delete。

13．主键、外键和索引的区别

主键、外键和索引的区别主要有 3 个方面，如表 7.2 所示。

表 7.2　MySQL 中主键、外键和索引的区别

	主　键	外　键	索　引
定义	唯一标识一条记录，不能有重复的，不允许为空	表的外键是另一表的主键，外键可以有重复的，可以是空值	该字段没有重复值，但可以有一个空值
作用	用来保证数据完整性	用来和其他表建立联系用的	提高查询排序的速度
个数	主键只能有一个	一个表可以有多个外键	一个表可以有多个唯一索引

实战技能强化训练

训练一：基本功强化训练

1．避免输出中文字符串时出现乱码　▷①②③④⑤⑥

将数据库中信息显示到网页中经常会遇到这样的问题，即网页中输出的中文文字为乱码。造成该

问题的主要原因是数据库中的编码格式与页面设置的编码格式不符或者没有将数据信息统一为 GBK、GB2312 或 UTF-8。通过设置编码格式可以避免输出中文字符串时出现乱码，运行结果如图 7.1 所示。

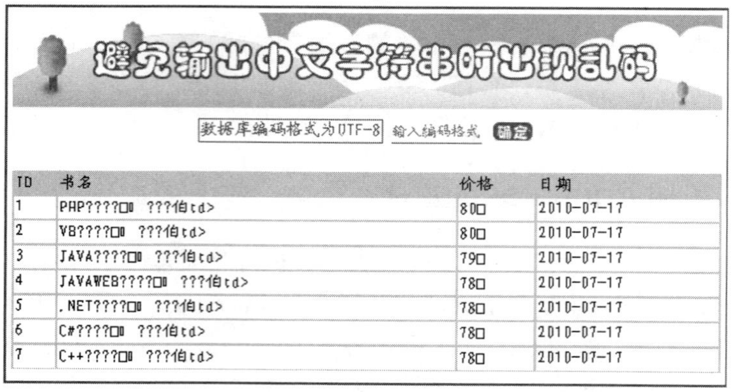

图 7.1　错误设置编码格式输出中文

2. 动态创建 MySQL 数据库　▷①②③④⑤⑥

创建数据库的方法有很多，例如在 cmd 命令提示符下通过 create 语句创建 MySQL 数据库，或通过 phpMyAdmin 等图形化管理工具创建数据库。本实例通过表单提交和函数实现动态创建 MySQL 数据库，运行结果如图 7.2 所示。

图 7.2　动态创建 MySQL 数据库

3. 动态创建数据表　▷①②③④⑤⑥

单纯地创建数据库毫无意义，因为所有的数据都是以数据表的形式存储在数据库中。通过 create table 语句可以实现动态创建数据表，运行结果如图 7.3 所示。

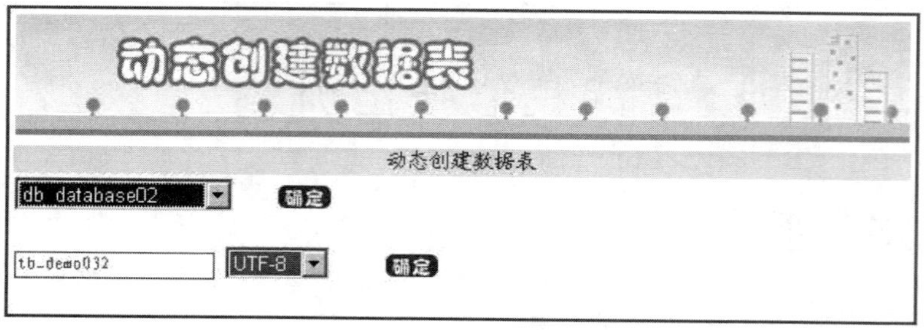

图 7.3　动态创建数据表

4. 动态创建 MySQL 数据字段　▷①②③④⑤⑥

数据表是由多个字段组成的，字段又分为是什么数据类型、是否设置主键、是否可以为空、选择设置编码格式等。本实例通过 SQL 语句实现动态创建数据字段，运行结果如图 7.4 所示。

图 7.4　动态创建 MySQL 数据库字段

5. 查询字符串　▷①②③④⑤⑥

对字符串进行查询是项目开发过程中应用概率最高的查询，并且这种查询经常与通配符配合使用实现信息的匹配查询，运行结果如图 7.5 所示。

图 7.5　查询字符串

6. 查询非空数据　▷①②③④⑤⑥

向数据库中添加信息时，有时无法将某些信息完整地录入，为了避免程序出错，需要查询某条字段的内容完全不为空的情况，例如将所有商品的图片路径存储在数据库中，一旦某件商品的存储路径丢失，则可能导致图片无法正常显示。运行本实例，如图 7.6 所示，以分栏的形式显示出所有数据库中商品图片路径不为空的商品图片。

图 7.6　查询非空数据

7. 查询统计结果中的前 *n* 条记录 ▷①②③④⑤⑥

在学生成绩管理系统中经常需要提取出总成绩在前几名的学生成绩信息，这就需要首先对学生成绩表中的各科成绩进行求和并按总成绩进行降序排列，最后利用关键字 limit 提取出前 *n* 条记录。运行本实例，如图 7.7 所示，首先在图中的文本框中输入要查询的记录个数，然后单击“查看”按钮，即可将满足条件的前 *n* 条记录显示出来。

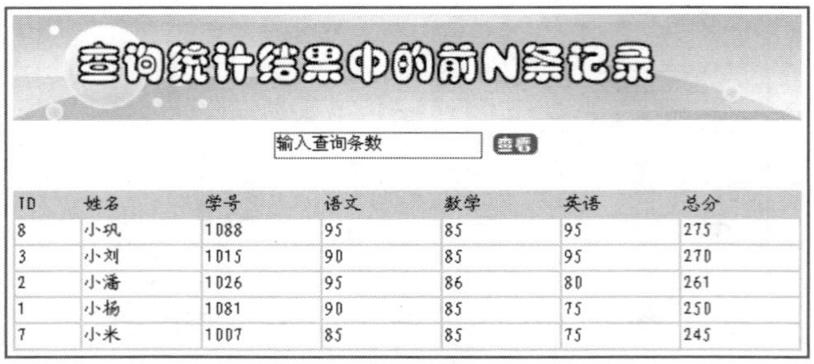

ID	姓名	学号	语文	数学	英语	总分
8	小巩	1088	95	85	95	275
3	小刘	1015	90	85	95	270
2	小潘	1026	95	86	80	261
1	小杨	1081	90	85	75	250
7	小米	1007	85	85	75	245

图 7.7　查询统计结果中的前 *n* 条记录

8. 查询结果不显示重复记录 ▷①②③④⑤⑥

在某些管理系统中，有重复记录是不可避免的，不在前台显示重复的记录可以通过 SQL 语言的关键字 distinct 实现。运行本实例，如图 7.8 所示，图书信息中价格相同的信息将被删除。

图 7.8　去掉重复项输出

9. 多表分组统计 ▷①②③④⑤⑥

开发一个大型的服务类网站，经常需要建立多张表，并且表与表之间通过某种关系建立关联。运行本实例，如图 7.9 所示，单击图中的“分组统计”按钮，即可将两张商品信息表中的平均价格统计出来。

图 7.9　分组统计结果

训练二：实战能力强化训练

10. 使用聚集函数 sum()对学生成绩进行汇总　▷①②③④⑤⑥

在学生成绩管理系统中，经常需要求出班级内所有学生的各科成绩总和，从而求出学生的平均成绩。运行本实例，如图 7.10 所示，单击图中的“对学生成绩汇总”按钮，即可对班级内学生的成绩进行汇总。

ID	学生姓名	语文成绩	数学成绩	英语成绩	总成绩
2	小潘	96	95	94	285
1	小杨	97	96	80	273
3	小刘	90	90	90	270
4	小黄	60	60	60	180

图 7.10　对学生成绩汇总

11. 使用聚集函数 avg()求学生的平均成绩　▷①②③④⑤⑥

获取统计数据平均值的方法有多种，例如可以先求得所有数据的总和，然后再除以总个数，而 SQL 语言中提供了专门求平均数的函数 avg()。本实例将利用该函数求得学生成绩表中各科成绩的平均值。运行本实例，如图 7.11 所示，单击图中 “对学生成绩汇总”按钮，即可将各科的平均成绩显示出来。

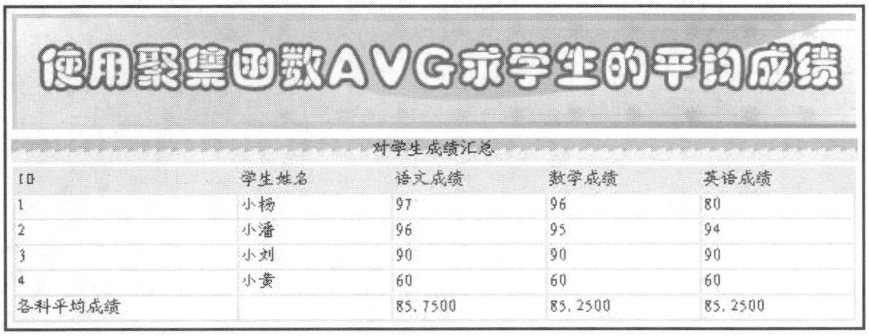

ID	学生姓名	语文成绩	数学成绩	英语成绩
1	小杨	97	96	80
2	小潘	96	95	94
3	小刘	90	90	90
4	小黄	60	60	60
各科平均成绩		85.7500	85.2500	85.2500

图 7.11　取得学生的各科平均成绩

12. 复杂的嵌套查询　▷①②③④⑤⑥

在实际的数据库系统开发过程中，经常用到多表的嵌套查询。本实例对存在一定关联的两张表，实现较为复杂的嵌套查询。运行本实例，如图 7.12 所示。

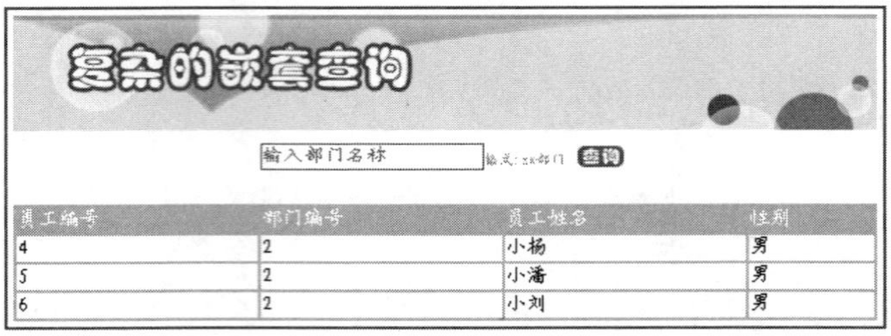

图 7.12　复杂的嵌套查询

13．嵌套查询在查询统计中的应用　▷①②③④⑤⑥

嵌套查询在实际项目开发过程中应用较频繁，可以通过一条 SQL 语句实现多表之间的复杂查询。本实例将利用嵌套查询实现查询部门员工与公司部门的详细信息。运行本实例，如图 7.13 所示。

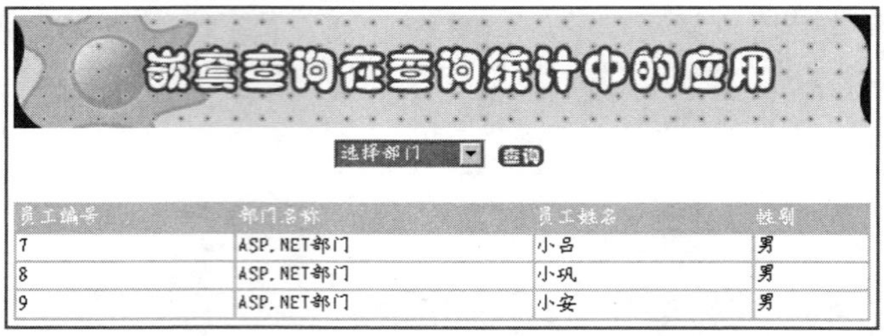

图 7.13　嵌套查询在查询统计中的应用

14．使用子查询生成派生的表　▷①②③④⑤⑥

在实际项目开发过程中经常用到从一个信息较为完善的表中派生出一个只含有几个关键字段的信息表。本实例将从学生成绩信息表中派生出另一个只含有学号和成绩的表。运行本实例，图 7.14 所示为学生成绩信息表的全部内容，单击图 7.15 中的“查询学生成绩”按钮，即可将所有学生的姓名和成绩显示出来。

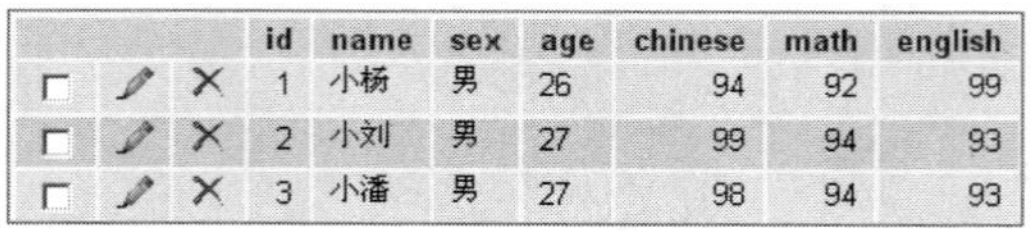

图 7.14　学生成绩信息表

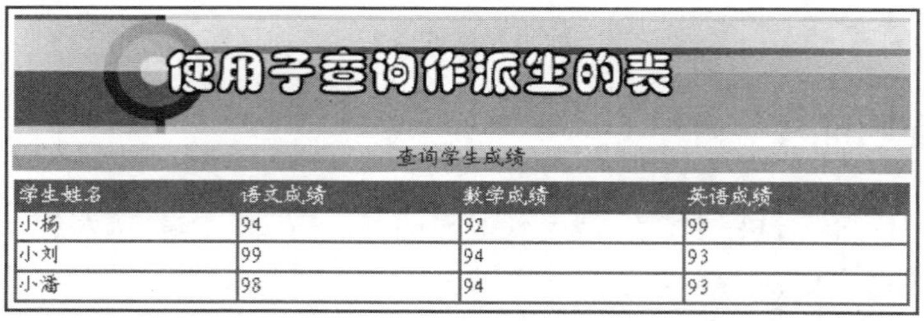

图 7.15　使用子查询派生表

15. phpMyAdmin 操作数据　▷①②③④⑤⑥

对 MySQL 数据库中数据的操作包括查询插入、删除和修改等。通过 phpMyAdmin 图形化管理工具完成上述操作的关键点如下。

☑　查询数据信息：进入表名为 tb_demo（以 tb_demo 为例）的数据表界面，单击导航栏中的“浏览”按钮。

☑　插入数据信息：单击导航栏中的“插入”按钮，根据提示插入信息。

☑　删除数据信息：单击删除字段的图标，删除一行数据。

☑　修改数据信息：单击修改字段的图标，修改一个或多个字段数据。

学习指南

第 8 章　PHP 操作 MySQL 数据库

本章训练任务对应核心技术分册第 9 章“PHP 操作 MySQL 数据库”部分。

重点练习内容：

1. 熟练掌握MySQLi的应用。
2. 掌握MySQL视图的应用。
3. 掌握MySQL事务的用法。
4. 掌握MySQL数据库的备份与恢复。

应用技能拓展学习

1．mysqli 类

使用 MySQLi 扩展库的面向对象的方法建立与 MySQL 数据库的连接，主要是使用 mysqli 类实现的，该类的构造方法的语法如下：

```
class mysqli{
    __construct ( [string host [, string username [, string passwd [, string dbname [, int port]]]]] )
}
```

mysqli 类的构造方法的参数说明如表 8.1 所示。

表 8.1　mysqli 类的构造方法的参数说明

参 数 名 称	说　　明
host	MySQL 数据库服务器名称
username	MySQL 数据库服务器用户名
passwd	MySQL 数据库服务器密码
dbname	要连接的 MySQL 数据库的名称
port	MySQL 数据库服务器端口号，默认为 3306

2．mysqli_close()函数——实现 MySQLi 的内存回收

PHP 为了迎合不同开发习惯的程序员，在 MySQLi 扩展技术中提供了面向对象和面向过程两种编程方式，所以实现内存回收也存在与之对应的两种方式。如果采用面向过程的编程方式，可以通过如下函数实现内存回收：

```
bool mysqli_close ( object link)
```

参数 link 指 mysqli_connect()函数返回的数据库连接句柄。

如果采用面向对象的编程方式，可以通过如下语句实现：

```
link->close()
```

link 指 PHP 预定义的 mysqli 类实例化后的对象。

3. mysqli_connect()函数——连接 MySQL 数据库

mysqli_connect()函数，建立与 MySQL 数据库服务器的连接，语法如下：

```
object mysqli_connect([string hostname [, string username [, string passwd [, string dbname [, int port [, string socket]]]]]])
```

mysqli_connect ()函数的参数说明如表 8.2 所示。

表 8.2　mysqli_connect()函数的参数说明

参　　数	说　　明
hostname	可选参数，MySQL 数据库服务器的地址
username	可选参数，MySQL 数据库的用户名
passwd	可选参数，MySQL 数据库的用户密码
dbname	可选参数，要连接的数据库名
port	可选参数，MySQL 数据库的端口号

4. mysqli_real_connect ()函数——连接 MySQL 数据库

应用 mysqli_real_connect()函数实现与 MySQL 数据库的连接，其前提是必须通过 mysqli_init()函数为其设置一个对象，否则无法应用 mysqli_real_connect()函数。

（1）mysqli_init()函数，为 mysqli_options()和 mysqli_real_connect()函数分配或指派对象，语法如下：

```
mysqli mysqli_init ( void )
```

（2）mysqli_real_connect()函数，建立与 MySQL 数据库服务器的连接，语法如下：

```
bool mysqli_real_connect( mysqli link [, string host [, string username [, string passwd [, string dbname [, int port [, string socket [, int flags]]]]]]] )
```

mysqli_real_connect()函数的参数说明如表 8.3 所示。

表 8.3　mysqli_real_connect()函数的参数说明

参　　数	说　　明
link	必选参数，mysqli_connect()或 mysqli_init()函数所返回的连接标识
host	可选参数，MySQL 数据库服务器的主机名或 IP 地址
username	可选参数，MySQL 数据库的用户名
passwd	可选参数，MySQL 数据库某用户对应的密码

续表

参　　数	说　　明
dbname	可选参数，用于指定 MySQL 数据库服务器中指定的数据库名称
port	可选参数，连接 MySQL 数据库服务器所应用的端口号
socket	可选参数，用于指定管道端口
flags	可选参数，用于设置不同的连接选项。该参数可设置的选项请参见表 8.4

表 8.4　flags 参数可设置的选项说明

flags 参数可设置的选项	说　　明
MYSQLI_CLIENT_COMPRESS	应用压缩协议
MYSQLI_CLIENT_FOUND_ROWS	返回匹配的字段数，而不是受影响的行数
MYSQLI_CLIENT_IGNORE_SPACE	配置函数保留字
MYSQLI_CLIENT_INTERACTIVE	关闭连接之前允许静止交互
MYSQLI_CLIENT_SSL Use SSL	应用加密套接字协议

5．mysqli_error ()函数——获取最后一次应用数据库操作函数出错时的错误信息

mysqli_error()函数，返回最后一次应用数据库操作函数出错时的错误信息，语法如下：

```
int mysqli_error(mysqli link )
```

参数 link 为 mysqli_connect()函数成功连接上 MySQL 数据库服务器所返回的连接标识。

mysqli_error()函数非常适合应用在程序的开发过程中，通过它来获取程序 SQL 语句中出现的错误，可以使用户快速、准确地找到程序中的错误。

6．mysqli_fetch_object()函数——获取查询结果中数据

mysqli_fetch_object()函数，返回一个由执行查询后生成的表字段组成的对象，语法如下：

```
mixed mysqli_fetch_object(object result)
```

参数 result 为 mysqli_query()函数执行查询的返回值。

获取返回对象中数据的格式如下：

```
<?php echo $obj->name; ?>
```

其中$obj 为返回的对象，name 为字段名称。

7．创建 MySQL 视图

在 MySQL 中创建视图可以通过 create view 语句来实现，具体创建格式如下：

```
create [ or deplace] [algorithm={merge | temptable | undefined}] view view_name [( column_list)] as select_statement [with [cascaded | local] check option]
```

☑　view_name：新建视图的名称。

☑　select_statement：SQL 查询语句，用于限定虚表的内容。

algorithm={merge | temptable | undefined}属性用于优化 MySQL 视图的执行，该属性有 3 个可用的设置。下面将介绍这 3 个设置的使用方法。

☑　merge：该参数将 MySQL 执行视图时传入的任何子句合并到视图的查询定义中。

☑　temptable：如果视图低层表中的数据有变化，将在下次通过表时立即反映出来。

☑　undefined：当查询结果和视图结果为一一对应关系时，MySQL 将 algorithm 设定为 temptable。

8．修改 MySQL 视图

在 MySQL 中修改视图可以通过 alter view 语句实现，语法如下：

```
alter view [algorithm={merge | temptable | undefined} ]view view_name [(column_list)] as select_statement[with
[cascaded | local] check option]
```

☑　algorithm：该参数已经在创建视图中进行了介绍，这里不再赘述。

☑　view_name：视图的名称。

☑　select_statement：SQL 语句，用于限定视图。

9．创建传入参数的存储过程

创建传入参数的存储过程，具体实现代码如下：

```
delimiter //
create procedure pro_reg (in nc varchar(50), in pwd varchar(50), in email varchar(50),in address varchar(50))
begin
insert into tb_reg (name, pwd ,email ,address) values (nc, pwd, email, address);
end;
//
```

☑　delimiter //：将语句结束符更改为“//”。

☑　in nc varchar(50)...,in address varchar(50)：表示要向存储过程中传入的参数。

☑　begin...end：表示存储过程中的语句块，其作用类似于 PHP 语言中的“{...}”。

10．创建 MySQL 触发器

MySQL 数据库中创建触发器的语法如下：

```
create trigger <触发器名称>
{ before | after}
{insert | update | delete}
on <表名>
for each row
<触发器 SQL 语句>
```

- ☑ create trigger <触发器名称>：创建一个新触发器，并指定触发器的名称。
- ☑ { before | after}：用于指定在 insert、update 或 delete 语句执行前触发还是在语句执行后触发。
- ☑ on <表名>：用于指定响应该触发器的表名。
- ☑ for each row：触发器的执行间隔。for each row 通知触发器每隔一行执行一次动作，而不是对整个表执行一次。
- ☑ <触发器 SQL 语句>：触发器要执行的 SQL 语句。

11．查看 MySQL 数据库中的触发器

查看 MySQL 数据库中触发器的详细信息，可以通过如下语句实现：

```
show triggers
```

使用 show triggers 语句前应先指明要查看的数据库。

12．事务的处理函数

事务的处理可以通过 PHP 的预定义类 mysqli 的以下方法实现。

- ☑ autocommit(boolean)：该方法用于限定查询结果是否自动提交，如果参数为 true 则自动提交，如果参数为 false 则关闭自动提交。MySQL 数据库默认为自动提交。
- ☑ rollback()：利用 mysqli 类中的该方法可以实现事务的回滚。
- ☑ commit()：利用该方法可以实现提交所有查询。

13．在命令模式下对数据库进行备份

在命令模式下实现对数据库的备份，应用的是 mysql dump 命令，语法如下：

```
mysqldump –uroot –p111 db_database08 > D:\db_database08.txt;
```

14．恢复数据库命令

在命令模式下恢复整个数据库文件，命令如下：

```
mysql –uroot –p111db_database08 < D:\db_database08.txt;
```

15．mysqli_fetch_array()、mysqli_fetch_assoc()、mysqli_fetch_row()和 mysqli_fetch_object()区别

mysql_fetch_array()，从结果集中取得一行作为关联数组，或数字数组，或二者兼有，除了将数据以数字索引方式储存在数组外，还可以将数据作为关联索引储存，用字段名作为键名。

mysqli_fetch_object()，顾名思义，从结果集中取得一行作为对象，并将字段名字作为属性。

mysqli_fetch_assoc($result)等价于 mysql_fetch_array($result,MYSQL_ASSOC)。

mysqli_fetch_row($result)等价于 mysql_fetch_array($result,MYSQL_NUM)。

16．mysqli_prepare() 和 mysqli_stmt_prepare()区别

mysqli_prepare() 函数和 mysqli_stmt_prepare() 函数都能够实现 MySQLi 的预处理功能。mysqli_prepare() 函数是 mysqli_stmt_prepare()函数的简写形式，mysqli_prepare() 函数等价如下代码：

```
$stmt = mysqli_stmt_init();//初始化 MySQL_STMT
mysqli_stmt_prepare($sql);      //预处理
```

实战技能强化训练

训练一：基本功强化训练

1．使用 MySQLi 扩展库连接 MySQL 数据库 ▷①②③④⑤⑥

本实例主要实现使用 MySQLi 扩展库的面向对象的方式建立与 MySQL 数据库的连接。运行本实例，如图 8.1 所示，在页面中打印出数据库连接成功的提示信息，从而说明已经成功连接上 MySQL 数据库。

图 8.1 数据库连接成功

2．通过 MySQLi 扩展库实现多表查询 ▷①②③④⑤⑥

一个成型的项目会包含很多数据表，并且表之间可能存在相互关联，本实例将讲解如何使用 MySQLi 扩展库执行多表之间的关联查询。运行本实例，如图 8.2 所示，在页面中打印出学生的学号、姓名和主要科目的成绩信息。

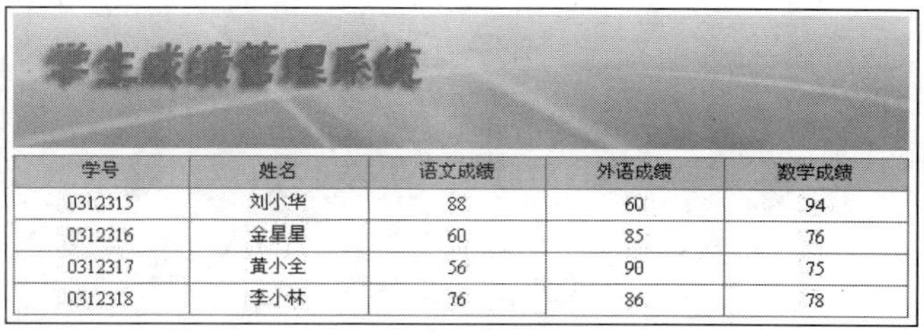

图 8.2 学生成绩列表

3．通过 MySQLi 扩展技术实现内存的回收　▷①②③④⑤⑥

为了有效利用服务器的内存空间，在获取较大结果集时，一旦结束操作，则有必要回收集合所需要的内存，由于 MySQLi 技术可以采用面向对象和面向过程两种编程方式，所以与之对应的内存回收方式也有两种，本实例将讲解内存回收机制在项目开发过程中的意义和使用方法。运行本实例，如图 8.3 所示，图中为某班学生主要科目成绩的列表，并在显示完该班成绩后对内存进行回收。

学号	姓名	语文成绩	外语成绩	数学成绩
0312315	刘小华	88	60	94
0312316	金星星	60	85	76
0312317	黄小全	56	90	75
0312318	李小林	76	86	78

图 8.3　某班学生成绩列表

4．使用 MySQLi 实现用户登录　▷①②③④⑤⑥

运用 MySQLi 函数库中的函数，可以实现用户登录的功能，从中体会数据库连接函数（mysqli_connect()）和操作函数（mysqli_query()、mysqli_fetch_row()）的应用。当输入正确的用户名和密码之后，将弹出图 8.4 所示的页面。

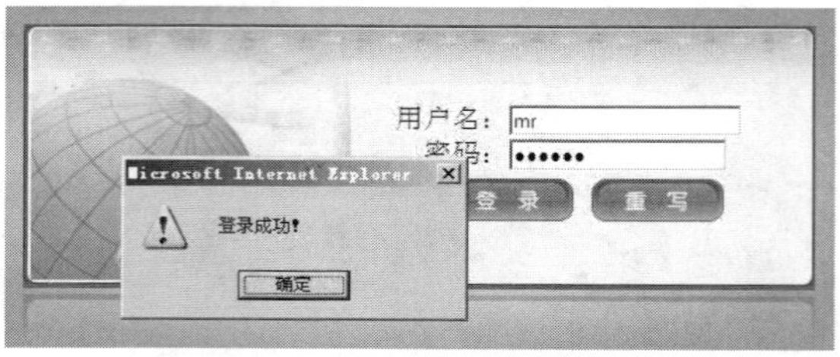

图 8.4　用户登录

5．使用 MySQLi 实现用户注册　▷①②③④⑤⑥

运用 MySQLi 函数库中的 mysqli_real_connect()函数，实现与 MySQL 数据库的连接，从而实现用户注册的功能，并且介绍一种检测 SQL 语句中错误的方法。运行本例，输入用户的注册信息，如果用户输入的用户名已经存在，则输出用户名已经存在的提示信息，否则提示用户注册成功，运行结果如图 8.5 所示。

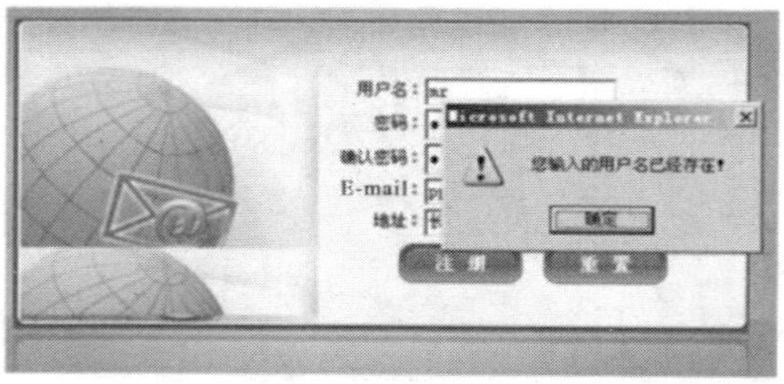

图 8.5　用户注册

6. 使用 MySQLi 实现数据浏览　▷①②③④⑤⑥

在前面的实例中介绍了如何通过 MySQLi 函数库中的函数实现用户登录和注册的功能，在本实例中将介绍如何通过 MySQLi 函数库中的函数完成数据的浏览操作。运行本实例，将循环输出数据库中指定数据表的数据，运行结果如图 8.6 所示。

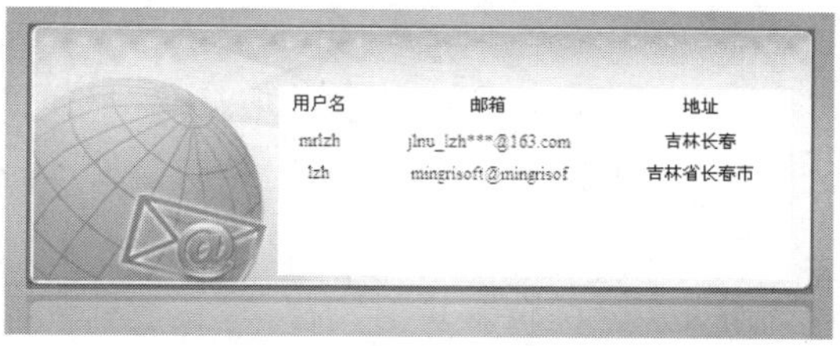

图 8.6　浏览注册用户

7. 在 MySQL 数据库中创建视图　▷①②③④⑤⑥

为了简化查询、提高系统安全性，在项目开发过程中，通常采用为数据库中的某个表建立视图的方式。在建立的视图中只有开发人员所关心的字段。运行本实例，如图 8.7 所示，分别在图中输入登录用户的用户名和密码，单击“进入”按钮后，如果用户输入的用户名或密码错误则给出错误提示，反之，如果输入的用户名和密码正确，则提示成功登录。由于本实例采用视图建立了虚表，所以应首先在命令提示符窗口中建立视图，如图 8.8 所示。

图 8.7　用户身份验证

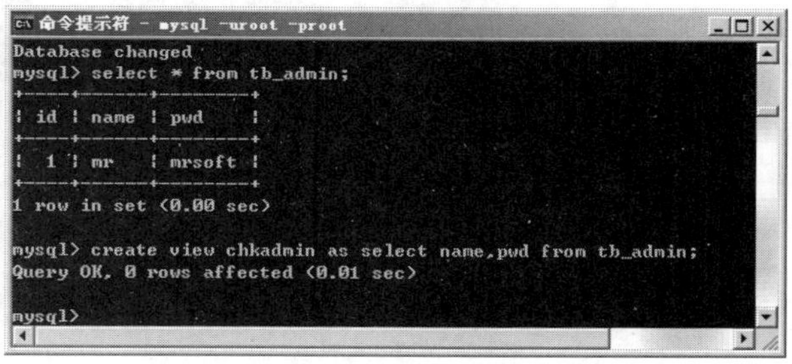

图 8.8　创建视图

8. 修改 MySQL 数据库中的视图　▷①②③④⑤⑥

如何对已经创建完成的 MySQL 视图进行修改呢？在制作本实例时，首先需要在数据库中创建数据表 tb_changeview，其结构如图 8.9 所示，然后创建视图 userinfo，该视图中包含 tb_changeview 表中所有字段，完成上述操作后，使用 alter view 语句对视图进行修改。

	字段	类型	整理	属性	Null	默认	额外	操作
	id	int(8)			否		auto_increment	
	username	varchar(50)	gb2312_chinese_ci		否			
	userpwd	varchar(50)	gb2312_chinese_ci		否			

图 8.9　创建数据表 tb_changeview

9．删除 MySQL 视图　▷①②③④⑤⑥

通过 SQL 命令可以删除 MySQL 视图。与创建 MySQL 视图相同，删除 MySQL 视图可以在 Windows 的命令行或 phpMyAdmin 的命令窗口中通过 SQL 命令实现，本实例将讲解在 Windows 的命令行下通过 drop view 命令删除 MySQL 数据库中视图的方法。

在 MySQL 数据库中，可以通过 drop view 命令删除 MySQL 数据库中已创建的视图，语法如下：

```
drop view [if exists] view_name
```

在上述命令中，if exists 子句用于维护查询，防止因要删除的视图不存在而发生错误。

10．使用 MySQL 视图查询学生成绩信息　▷①②③④⑤⑥

在实际项目开发过程中数据表中可能有很多字段，但某个模块可能只需要其中的几个。为了提高查询速度和简化操作，可以将该模块需要的字段单独提取出来放在某个视图中，例如本实例涉及学生表和成绩表，在建立的视图中只含有与学生成绩有关的字段，如图 8.10 所示。

运行本实例，如图 8.11 所示，图中查询结果显示的内容即为视图中所有字段中的内容。

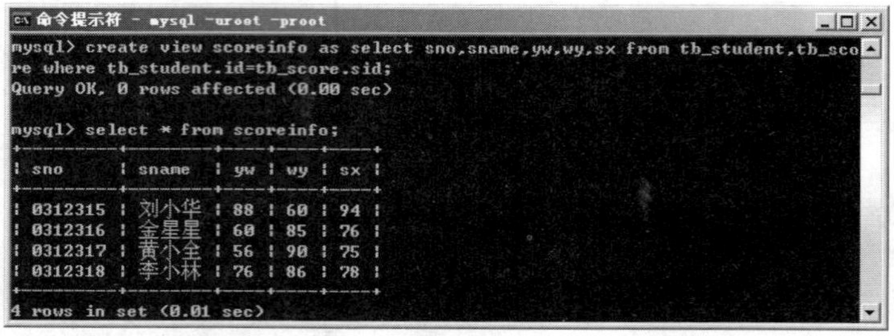

图 8.10　创建视图

学号	姓名	语文成绩	外语成绩	数学成绩
0312315	刘小华	88	60	94
0312316	金星星	60	85	76
0312317	黄小全	56	90	75
0312318	李小林	76	86	78

图 8.11　学生成绩列表

训练二：实战能力强化训练

11．使用存储过程实现用户注册　▷①②③④⑤⑥

在数据库系统开发过程中，应用存储过程可以使整个系统的运行效率有明显的提高，本实例将向读者介绍 MySQL 5.0 版本中存储过程的创建以及 PHP 调用 MySQL 存储过程的方式。运行本实例前首先应在命令提示符下创建图 8.12 所示的存储过程，然后运行本实例，如图 8.13 所示，在图中的文本框中输入注册信息后，单击“注册”按钮即可将用户填写的注册信息保存到数据库中，最终保存结果如图 8.14 所示。

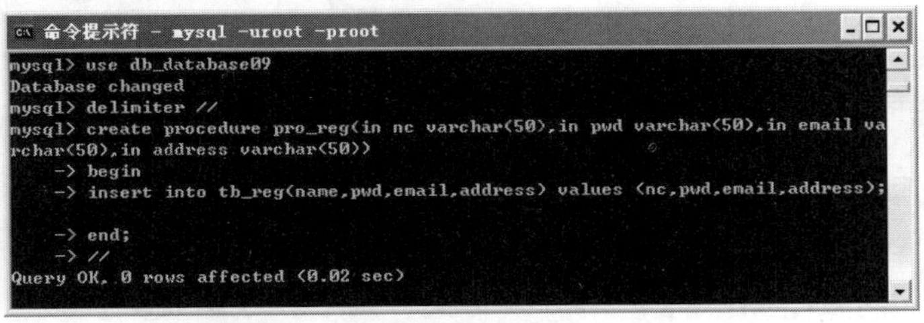

图 8.12　创建存储过程

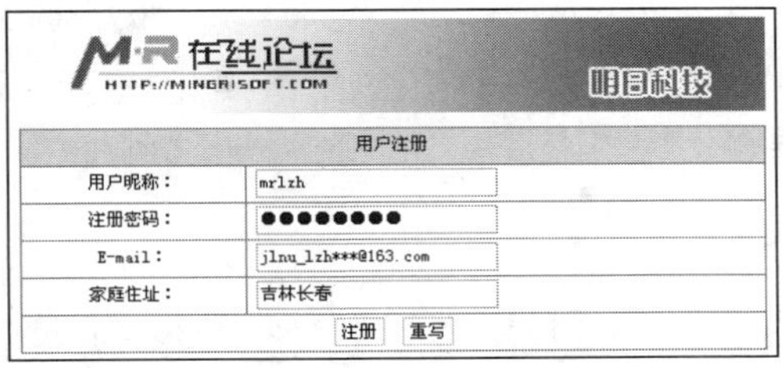

图 8.13　输入注册信息

←T→	id	name	pwd	email	address
☐ ✎ ✕	1	mrlzh	25d55ad283aa400af464c76d713c07ad	jlnu_lzh***@163.com	吉林长春

图 8.14　注册信息被存储到 MySQL 数据库

12．创建 MySQL 触发器　▷①②③④⑤⑥

如果用户打算在数据库中通过触发器实现某一动作的监听，那么首先应该创建触发器。触发器是在命令提示符下创建的，如图 8.15 所示。

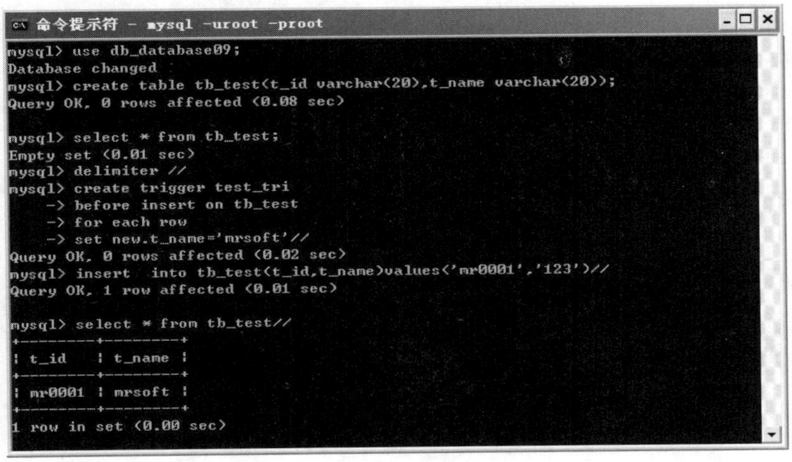

图 8.15　创建触发器

13．查看 MySQL 触发器　▷①②③④⑤⑥

在 MySQL 数据库中创建触发器前应先查看数据库中的触发器，这样既可以使开发人员对指定的数据库中的所有触发器及其功能有一个直观的把握，而且可以避免创建同名或类似功能的触发器。运行本实例，如图 8.16 所示，首先在图中的文本框中输入要查看触发器的数据库名称，然后单击“查看”按钮，即可将该数据库中所有触发器的详细信息显示出来。

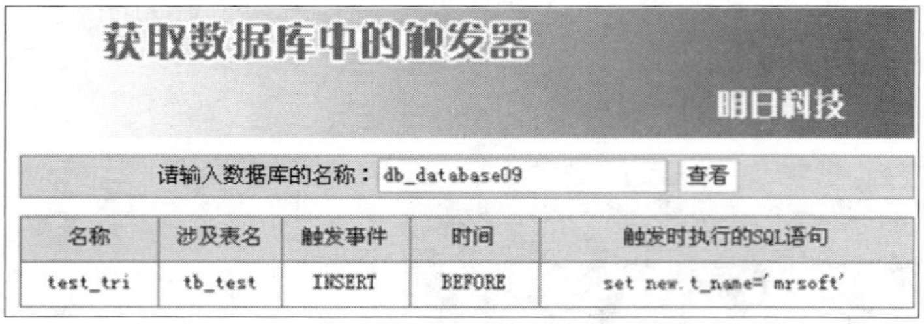

图 8.16　查看触发器

14．使用事务处理技术实现关联表间信息的删除　▷①②③④⑤⑥

MySQL 数据库中的表可以通过主键相互关联，例如学生成绩管理系统中，学生信息表和成绩表可以通过 id 实现关联，所以在删除某个学生信息时，只需要删除这两个表中为该 id 的所有记录即可。但是，若对成绩表实现了删除相关 id 的工作后，还没来得及删除学生信息表中该学生的信息时就发生停电等意外，则再重新查找该学生的成绩时是无法查找到的。

采用事务处理方式，可以对学生信息表和学生成绩表中的数据进行删除。运行本实例，学生信息及学生成绩信息分别如图 8.17 和图 8.18 所示。当删除图 8.17 中的学生信息后，查看学生成绩信息时可以发现，与该学生对应的成绩也被全部删除了。

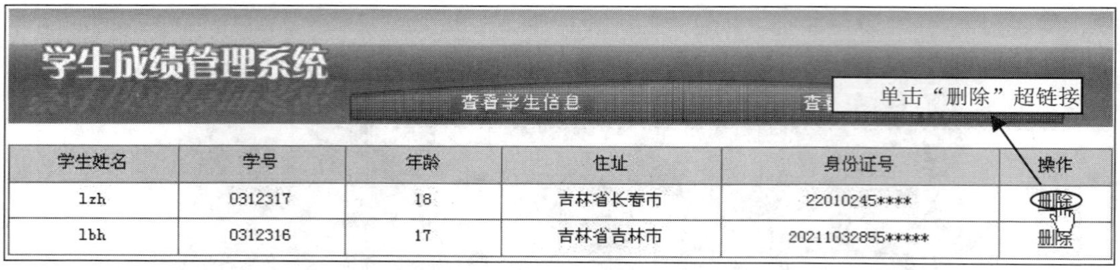

图 8. 17　查看学生信息

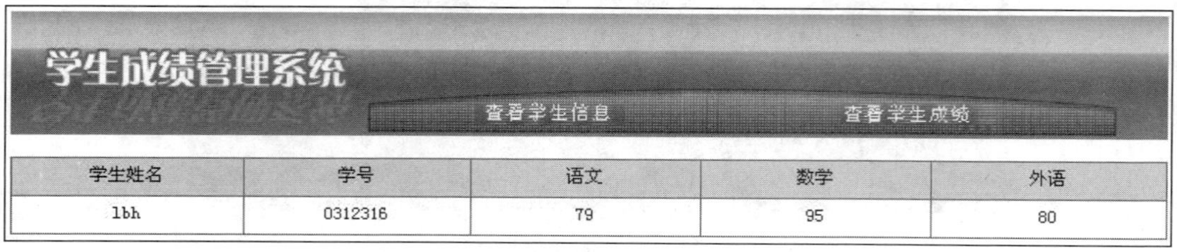

图 8. 18　查看学生成绩

15．使用事务处理技术实现银行的安全转账　▷①②③④⑤⑥

在实现银行转账过程中，发生意外是在所难免的，为了避免因意外而造成不必要的损失，在银行转账时经常使用事务处理方式。运行本实例，如图 8.19 所示，在图中的文本框中输入要转给 B 账户的金额后，单击“转账”按钮即可实现转账。

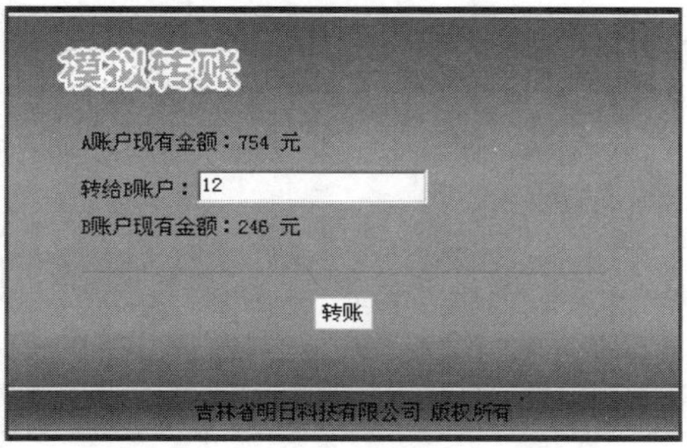

图 8.19　银行转账

16．通过命令模式备份数据库　　▷①②③④⑤⑥

在命令行模式下可以实现创建、修改、删除数据库、数据表及数据表中的数据信息的操作。同样也可以在命令模式下对数据库进行备份，可通过 mysqldump 命令将整个数据库备份到指定文件夹下的文本文件中，运行效果如图 8.20 和图 8.21 所示。

图 8.20　cmd 命令备份数据库

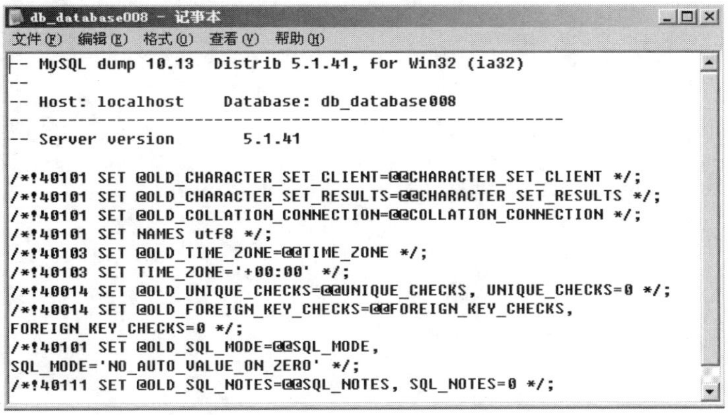

图 8.21　文本文件备份数据库内容

17．通过手动方式备份数据库　　▷①②③④⑤⑥

前面介绍的实例是通过输入命令或者使用工具来备份数据库，但通过以上备份方式存储数据的备份文件是不安全的，当打开备份文件时就可以看到该数据库中的内容。这里将介绍一种更为简单且安全性更高的备份方式，即通过手动方式直接备份 MySQL 数据库安装路径下 data 文件夹中的数据库文件。

通过这种方式备份出的文件不是文本文件，不能用文本编辑器打开，只有在 MySQL 服务启动后，通过命令模式或者通过管理工具才能看到数据库中的内容。

通过手动方式备份数据库，就是将备份的数据文件复制到指定的位置。切记，在 MySQL 服务器未停止的情况下，不能删除或者剪切 data 文件夹下的数据库文件。

18. 通过命令方式恢复数据库 ▷①②③④⑤⑥

通过命令方式恢复数据库使用的是 mysql -uroot -p111 db_database09 < D:\db_database09.txt 命令，其中-u 后的 root 代表用户名，-p 后的 root 代表密码，db_database09 代表数据库名称（或表名），“<”号后面的 D:\db_database09.txt 是数据库备份文件存储的位置。

第 9 章　PDO 数据库抽象层

学习指南

本章训练任务对应核心技术分册第 10 章“PDO 数据库抽象层”部分。

重点练习内容：

1. 熟练掌握PDO的实际应用。
2. 熟练PDO的异常处理。
3. 掌握PDO中的事务。
4. 了解PDO类与PDOStatement类的关系。

应用技能拓展学习

1．不同的数据库对日期型数据查询的区别

下面都是以在学生表（tb_student）中查询出生日期（birthday）为“1984-07-08”为例进行讲解的。

（1）MySQL 数据库中对日期型数据的查询

```
select * from tb_student where birthday='1984-07-08'
```

（2）SQL Server 数据库中对日期型数据进行查询

```
select * from tb_student where birthday='1984-07-08'
```

（3）Access 数据库中对日期型数据进行查询

```
select * from tb_student where birthday=#1984-07-08#
```

通过上面 3 个例子可以发现，在 MySQL 数据库和 SQL Server 数据库中实现对日期型数据查询所要查询的日期应用单引号括起来，而在 Access 数据库中使用 JET SQL 语法查询时所查询的日期应用“#”号括起来。

2．limit 关键字

实现从指定位置开始查询满足条件的 *n* 条记录，主要应用 MySQL 的扩展关键字 limit，该关键字的语法如下：

```
select 要查询的字段 from 表名 where 查询的条件 limit 满足条件的起始位置,记录的个数
```

关键字 limit 后有两个参数，第 1 个参数用于指定要满足条件记录的起始位置，第 2 个参数指定查询结果中满足条件的记录个数。

3．提高 SQL 执行效率的方法

下面介绍几种提高 SQL 执行效率的方法。

☑ 在 where 语句中尽量不要使用 or。
☑ 尽量不要在 where 中包含子查询。
☑ 采用绑定变量。
☑ 用 in 来代替 or。
☑ 避免在索引上使用 is null 和 not null。

4．distinct 与 order by 的联合使用

distinct 如果与 order by 联合使用，order by 后面的字段必须出现在 select 后面，就像 group by 一样。加了 distinct 之后是把数据先放到一个 distinct 后的临时集合里，然后再进行排序。

5．左连接

左连接返回的查询结果包含左表中的所有满足查询条件及右表中所有满足连接条件的行，MySQL 数据库中使用左连接的语法如下：

```
select field 1[field2…] from table1 left [outer] join table2 on join_condition [where search_condition]
```

☑ left outer join：表示表之间通过左连接方式相互连接，也可以简写成 left join。
☑ on join_condition：指多表建立连接所使用的连接条件。
☑ where search_condition：可选项，用于设置查询条件

6．右连接

右连接返回的查询结果包含左表中的所有符合连接条件以及右表中所有满足查询条件的行，MySQL 数据库中使用右连接的语法如下：

```
select field 1[field2…] from table1 right [outer] join table2 on join_condition [where search_condition]
```

☑ right outer join：表示表之间通过右连接方式相互连接，也可以简写成 right join。
☑ on join_condition：指多表建立连接所使用的连接条件。
☑ where search_condition：可选项，用于设置查询条件。

7．having 关键字

having 子句用于指定组或聚合的搜索条件。having 通常与 group by 子句一起使用，如果 SQL 语句中不含 group by 子句，having 的行为与 where 子句一样。having 语句的语法如下：

```
[having <search_condition>]
```

<search_condition>：指定组或聚合应满足的条件。当 having 与 group by all 一起使用时，having 子句替代 all。

having search_condition 语句与 group by 语句合用，用来设置一些被含入查询结果的“组别”所要符合的条件。having 语句可以包含多个查询时所需要的条件，并且这些过滤条件之间通过 and 或 or 运算符相连接，同时也可以利用 not 运算符来逆转一个布尔表达式。

8．where 和 having 的区别

在一个 SQL 语句中可以有 where 子句和 having 子句。where 子句的作用是在对查询结果进行分组前，将不符合 where 条件的行去掉，即在分组之前过滤数据，条件中不能包含聚组函数，使用 where 条件显示特定的行。having 子句的作用是筛选满足条件的组，即在分组之后过滤数据，条件中经常包含聚组函数，使用 having 条件显示特定的组，也可以使用多个分组标准进行分组。

9．PDO 的错误处理模式

PDO 的错误处理模式有 3 种，分别为 PDO::ERRMODE_SILENT、PDO::ERRMODE_WARNING、PDO::ERRMODE_EXCEPTION。

☑ PDO::ERRMODE_SILENT：此为默认模式。PDO 只简单地设置错误码，可使用 PDO::errorCode() 和 PDO::errorInfo()方法来检查语句和数据库对象。

☑ PDO::ERRMODE_WARNING：此为警告模式。除了设置错误码之外，PDO 还将发出一条传统的 E_WARNING 信息。如果只是想看看发生了什么问题且不中断程序流程，那么此设置在调试/测试期间非常有用。

☑ PDO::ERRMODE_EXCEPTION：此为异常模式。除设置错误码之外，PDO 还将抛出一个 PDOException 异常类并设置它的属性来反射错误码和错误信息。此设置在调试期间也非常有用，因为它会有效地放大脚本中产生错误的点，从而可以非常快速地指出代码中有问题的潜在区域。

异常模式另一个非常有用的是，相比传统 PHP 风格的警告，可以更清晰地构建自己的错误处理，而且比起默认模式和显式地检查每种数据库调用的返回值，异常模式需要的代码/嵌套更少。

10．try/catch 异常捕获

PHP 代码中使用 try/catch 块捕获异常。每一个 try 至少要有一个与之对应的 catch。使用多个 catch 可以捕获不同的类产生的异常。当 try 代码块不再抛出异常或者找不到 catch 能匹配所抛出的异常时，PHP 代码就会在跳转到最后一个 catch 后面继续执行。

当一个异常被抛出时，其后的代码将不会继续执行，而 PHP 就会尝试查找第一个能与之匹配的 catch。如果一个异常没有被捕获，而且又没有用 set_exception_handler()进行相应的处理的话，那么 PHP 将会产生一个严重的错误，并且输出 Uncaught Exception…（未捕获异常）的提示信息。

11．errorCode()方法——获取操作数据库时产生的错误代码

errorCode()方法用于获取在操作数据库句柄时产生的错误代码，这些错误代码被称为 SQLSTATE 代码，语法如下：

```
int PDOStatement::errorCode ( void )
```

errorCode()方法返回一个 SQLSTATE，SQLSTATE 是由 5 个数字或字母组成的代码。

12．errorInfo ()方法——获取操作数据库时产生的错误信息

errorInfo()方法用于获取操作数据库句柄时产生的错误信息，语法如下：

```
array PDOStatement::errorInfo ( void )
```

errorInfo()方法的返回值为一个数组，该数组包含了最后一次操作数据库的错误信息描述，如表 9.1 所示。

表 9.1　错误信息描述

数 组 元 素	信　　息
0	SQLSTATE 错误码（5 个字母或数字组成的在 ANSI SQL 标准中定义的标识符）
1	错误代码
2	错误信息

13．PDO 中的事务处理

事务（transaction）是由查询和/或更新语句的序列组成。用 begin、start transaction 开始一个事务，rollback 回滚事务，commit 提交事务。在开始一个事务后，可以有若干个 SQL 查询或更新语句，每个 SQL 递交执行后，还应该有判断是否正确执行的语句，以确定下一步是否回滚，若都被正确执行则最后提交事务。事务一旦回滚，数据库则保持开始事务前状态。所以，事务可被视为原子操作，事务中的 SQL，要么全部执行，要不一句都不执行。

PDO 中实现事务处理的方法如下。

- ☑ 开启事务——beginTransaction()方法：将关闭自动提交（autocommit）模式，直到事务提交或者回滚以后才恢复。
- ☑ 提交事务——commit()方法：完成事务的提交操作，成功则返回 TRUE，否则返回 FALSE。
- ☑ 事务回滚——rollback()方法：执行事务的回滚操作。

14．为什么 PDO 能够防止 SQL 注入

使用 PDO 的预处理功能可以防止 SQL 注入，那么什么是 SQL 注入呢？SQL 注入就是通过把 SQL 命令插入到 Web 表单提交或输入域名或页面请求的查询字符串，最终达到欺骗服务器执行恶意的 SQL 命令。

使用 PDO 预处理，可以将 SQL 模板和变量分两次发送给 MySQL。然后由 MySQL 完成变量的转义处理。既然变量和 SQL 模板是分两次发送的，那么就不存在 SQL 注入的问题了，但需要在 DSN 中指定 charset 属性，如：

```
$pdo = new PDO('mysql:host=localhost;dbname=test;charset=utf8', 'root');
```

15. PDO 类和 PDOStatement 类的关系

PDO 类和 PDOStatement 类的关系，与 mysqli_connect()函数和 mysqli_query()函数的关系类似。PDO 类用来执行 SQL 和管理连接，而 PDOStatement 类只用来处理结果集。

实战技能强化训练

训练一：基本功强化训练

1. 查询日期型数据　▷①②③④⑤⑥

使用 PDO 连接 MySQL 数据库，对日期型数据进行查询。在学生信息表中查询学生出生日期为“1984-07-08”的学生信息，运行结果如图 9.1 所示，首先在图中文本框中输入要查询的出生日期，单击“查找”按钮即可实现将该日出生的所有学生信息显示出来。

图 9.1　查询日期型数据

2. 查询逻辑型数据　▷①②③④⑤⑥

使用 PDO 连接 MySQL 数据库，对逻辑型数据进行查询。运行本实例，如图 9.2 所示，在图中的下拉列表框中选择员工的在职情况，然后单击“查看”按钮即可实现将所有的在职员工或所有的离职员工的信息显示出来。

图 9.2　查询逻辑型数据

3. 查询非空数据

▷①②③④⑤⑥

使用 PDO 连接 MySQL 数据库，对非空数据进行查询。运行本实例，如图 9.3 所示，本实例以分栏的形式显示出所有数据库中商品图片路径不为空的商品图片。

图 9.3　查询非空数据

4. 利用变量查询字符型数据

▷①②③④⑤⑥

使用 PDO 连接 MySQL 数据库，利用变量查询字符串数据，运行本实例，输入 Visual Basic，查询结果如图 9.4 所示。

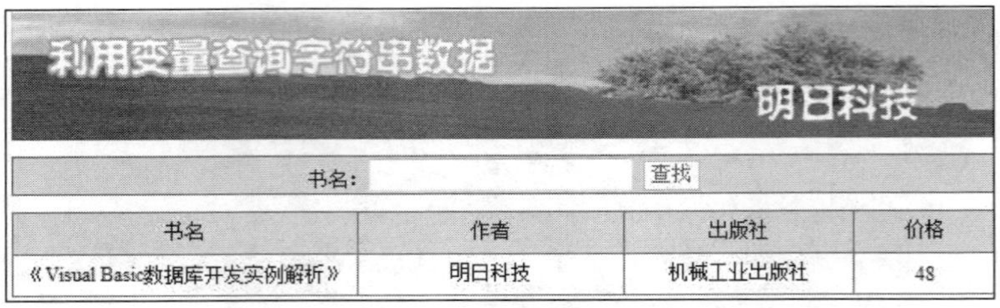

图 9.4　查询字符串

5. 查询指定的 *N* 条记录

▷①②③④⑤⑥

使用 PDO 实现查询指定的 *N* 条记录。运行本实例，输入从“1”到“3”条数据，即可查出数据库表中第 1～3 条数据，运行结果如图 9.5 所示。

图 9.5　查询指定的 *N* 条记录

6. 查询前 *N* 条记录　▷①②③④⑤⑥

使用 PDO 连接 MySQL 数据库，查询数据库表的前 *N* 条记录。运行本实例，输入所在班级“三年一班”，记录个数“2”，运行结果如图 9.6 所示。

图 9.6　查询前 *N* 条数据

7. 查询从指定位置开始的 *N* 条记录　▷①②③④⑤⑥

使用 PDO 连接 MySQL 数据库，查询从指定位置开始的 *N* 条记录。运行本实例，输入职务“PHP 程序员”，开始位置“0”，记录个数“2”，运行结果如图 9.7 所示。

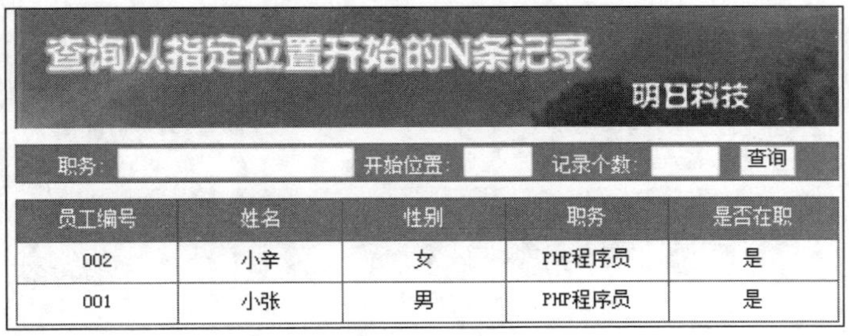

图 9.7　查询从第 0 条记录开始的 2 条记录

8. 查询大于指定条件的记录　▷①②③④⑤⑥

使用 PDO 查询大于指定条件的记录。运行本实例，在页面的商品数量大于之后输入“100”，单击查找按钮，即可查询到符合条件的数据，查询结果如图 9.8 所示。

图 9.8　查询数量大于 100 的商品

9．查询结果不显示重复记录　　▷①②③④⑤⑥

使用 PDO 使查询结果不显示重复记录。本实例所使用的 tb_sp 表数据如图 9.9 所示。运行本实例，在页面中输入商品名称“华硕主板”，单击查找按钮，查询结果如图 9.10 所示，可见没有显示重复数据。

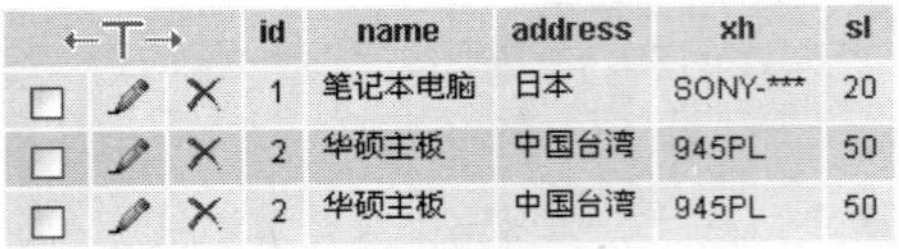

←T→	id	name	address	xh	sl
	1	笔记本电脑	日本	SONY-***	20
	2	华硕主板	中国台湾	945PL	50
	2	华硕主板	中国台湾	945PL	50

图 9.9　表中的重复记录

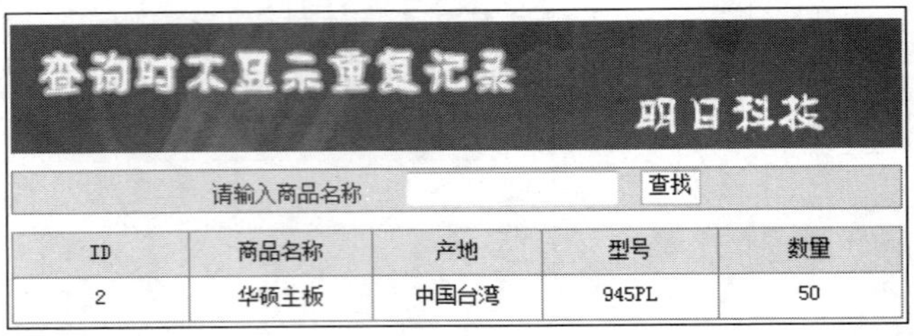

图 9.10　查询结果中不显示重复记录

10．not 与谓词进行组合条件的查询　　▷①②③④⑤⑥

使用 PDO 实现使用 not 与谓词进行组合条件的查询。运行本实例，在页面中输入商品名称“笔记本电脑”，单击查找按钮，查询结果如图 9.11 所示，可见没有显示商品名称不为“笔记本电脑”的重复数据。

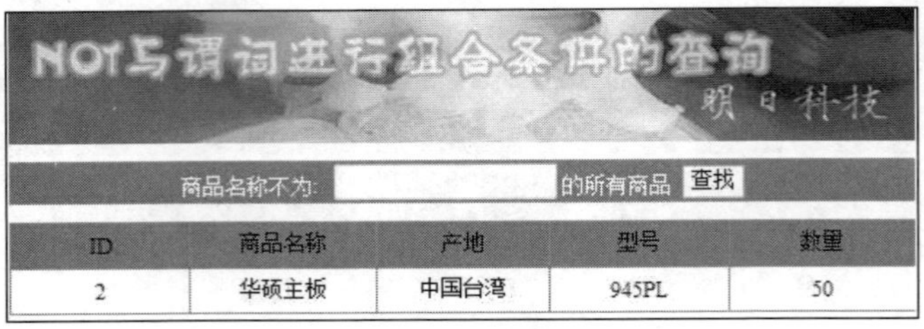

图 9.11　查询结果中不显示指定的商品信息

训练二：实战能力强化训练

11．left outer join 查询　　▷①②③④⑤⑥

如果要包含连接的两个表中的不匹配行，可以通过左连接或右连接的方式实现。如图 9.12 所示，单击图中的“查询”按钮，即可将员工信息表中所有记录以及员工工资表中与员工编号相匹配的记录显示出来。

12．right outer join 查询　　▷①②③④⑤⑥

通过右连接可以将右表中满足查询条件的记录全部显示出来并显示左表中满足连接条件的记录。运行本实例，单击页面中的“查询”按钮，即可将员工信息表中满足连接条件的记录及员工工资表中所有记录全部显示出来，运行结果如图 9.13 所示。

员工编号	员工姓名	员工性别	年龄	联系电话	所属部门	基本工资
yg001	小辛	女	29	0431-85308***	PHP程序开发部	3100
yg002	小张	男	34	0431-853068***	PHP程序开发部	3200
yb003	小陈	女	26	0431-85962***	PHP程序开发部	

图 9.12　left outer join 查询

员工编号	员工姓名	员工性别	年龄	联系电话	所属部门	基本工资
yg001	小辛	女	29	0431-85308***	PHP程序开发部	3100
yg002	小张	男	34	0431-853068***	PHP程序开发部	3200
						3000

图 9.13　right outer join 查询

13．利用 having 语句过滤分组数据　▷①②③④⑤⑥

统计员工信息表中员工工资大于 1500 元的员工职称，运行本实例，单击页面中的“查询”按钮即可将所有工资在 1500 元以上的员工职称显示出来，运行结果如图 9.14 所示。

员工职称
软件测试部工程师
系统分析部工程师

图 9.14　利用 having 语句过滤分组数据

14．获取查询错误号　▷①②③④⑤⑥

PDO 和 PDOStatement 对象都有 errorCode()方法，如果没有任何错误，errorCode()返回的是 00000，

否则，会返回一些错误代码。本实例讲解使用 errorCode()方法获取查询错误号，运行结果如图 9.15 所示。

15. 获取查询错误信息 ▷①②③④⑤⑥

PDO 和 PDOStatement 对象都有 errorInfo()方法，返回的是一个数组，运行结果如图 9.16 所示。

图 9.15　获取查询错误号

图 9.16　PDO 获取查询错误信息

16. 在 PDO 中设置错误模式 ▷①②③④⑤⑥

PDO 中提供了 3 种不同的错误处理模式，以满足不同的应用开发。使用这 3 种处理模式，分别运行源码目录下 index.php、index1.php、index2.php，将会看到，index.php 运行之后没有任何东西输出，index1.php 运行效果如图 9.17 所示，index2.php 运行效果如图 9.18 所示。

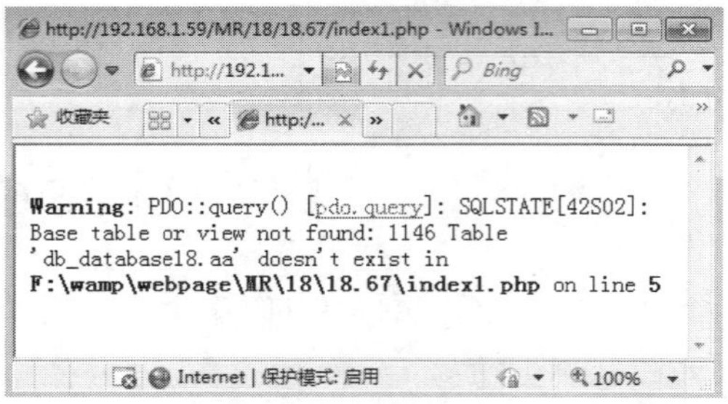

图 9.17　警告模式输出信息

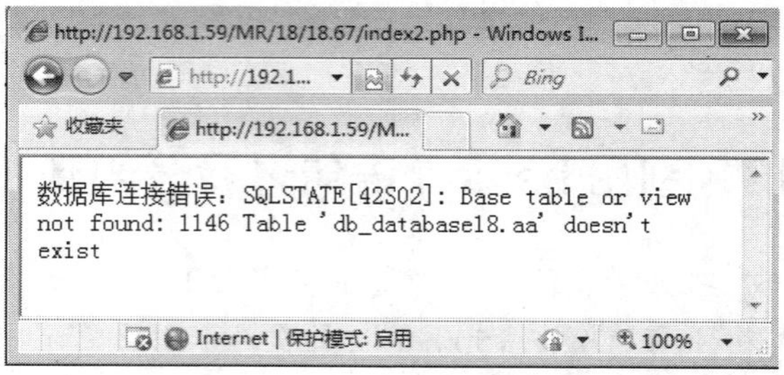

图 9.18　异常模式输出信息

17. 通过异常处理捕获 PDO 异常信息 ▷①②③④⑤⑥

通过使用 PDOException 异常类的 getMessage()方法获取异常信息，运行结果如图 9.19 所示。

18. 使用函数 die()打印错误信息 ▷①②③④⑤⑥

die()可以实现获取异常信息，并退出当前脚本，语法如下：

```
die(status)
```

☑ 参数 status 规定在退出脚本之前写入的消息或状态号。状态号不会被写入输出。

☑　如果 status 是字符串，则该函数会在退出前输入字符串。

☑　如果 status 是整数，这个值会被用作退出状态。退出状态的值在 0～254。退出状态 255 由 PHP 保留，不会被使用。状态 0 用于成功地终止程序。

运行本实例，运行结果如图 9.20 所示。

图 9.19　获取 PDO 异常信息

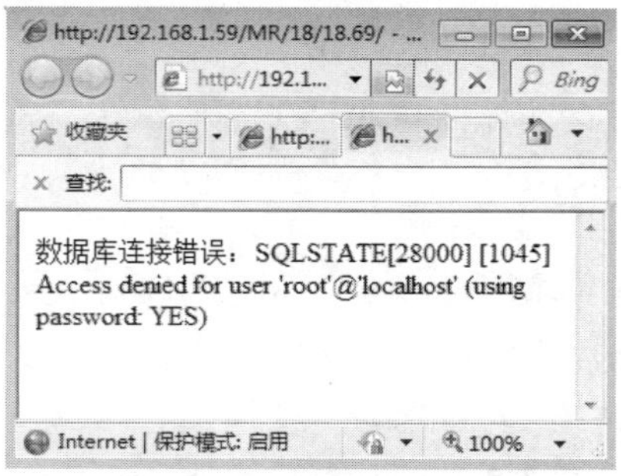

图 9.20　获取 PDO 异常信息

学习指南

第 10 章 Cookie 与 Session

本章训练任务对应核心技术分册第 11 章“Cookie 与 Session”部分。

重点练习内容：

1. 熟练掌握Cookie的实际应用。
2. 掌握利用Session实现购物车。
3. 掌握Session的数据库存储。
4. 了解Cookie和Session的区别与联系。

应用技能拓展学习

1．利用 Cookie 限制用户访问网站时间

通过 setcookie()函数可以创建 Cookie 并设置 Cookie 的有效时间。通过判断 Cookie 变量是否存在和 Cookie 变量的值是否为空，可以用来控制用户访问网站的时间，关键代码如下：

```
<?php
$value = "my cookie value";

// 发送一个 24 小时候过期的 cookie
setcookie("start",$value, time()+3600*24);
if(isset($_COOKIE['start'])|| $_COOKIE['start']==$session_id){
?>

...//省略了网页中的代码

<?php
     }else{
     echo "您访问网站的时间到了";
}
?>
```

2．session_set_cookie_params()函数

应用 session_set_cookie_params()函数可以设置 Session 的过期时间，语法如下：

```
void session_set_cookie_params( int lifetime [, string path [, string domain [, bool secure]]])
```

session_set_cookie_params ()函数的参数说明如表 10.1 所示。

表 10.1　session_set_cookie_params ()函数的参数说明

参　数	说　明
lifetime	必要参数。Cookie 的生存期
path	可省参数。Cookie 的有效路径
domain	可省参数。Cookie 的有效域
secure	可省参数。Cookie 在安全的范围内被发送

3．利用 Session 实现购物车

Session 购物车，顾名思义，主要是应用 Session 变量来实现的。而所谓的购物车就是通过$_SESSION[]创建两个 Session 变量，其中 goodsid 存储商品的 ID，goodsnum 存储商品的数量。

购物车的操作流程如下：首先，登录到网站中浏览商品。然后，购买指定的商品，进入购物车页面，在其中可以实现很多操作，包括更改商品数量、删除商品、清空购物车、继续购物等。最后，填写收货人信息，生成订单，执行订单打印、预览和提交等操作。具体操作流程如图 10.1 所示。

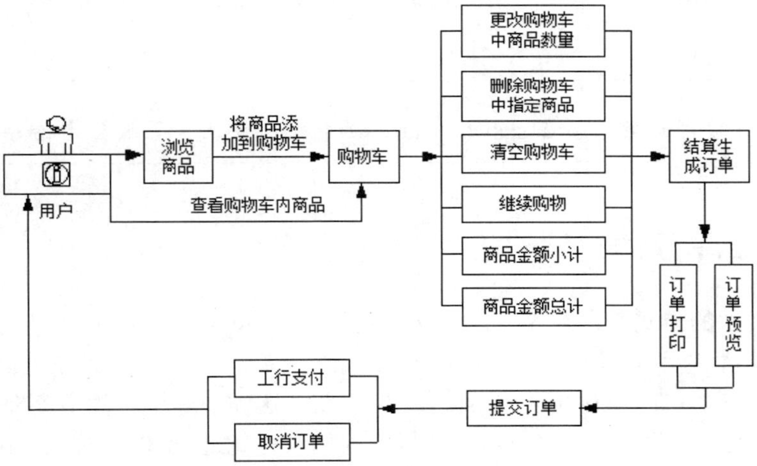

图 10.1　购物车的操作流程

4．session_save_path()函数

在服务器中，如果将所有用户的 Session 都保存到临时目录中，会降低服务器的安全性和效率，打开服务器存储的站点会非常慢。

使用 PHP 函数 session_save_path()存储 Session 临时文件，可缓解因临时文件的存储导致服务器效率降低和站点打开缓慢的问题。session_save_path()函数的语法如下：

```
session_save_path ([ string $path ] ) : string
```

注意

session_save_path()函数应在 session_start()函数之前调用。

5．Session 缓存

Session 缓存是将网页中的内容临时存储到客户端的文件夹下，并且可以设置缓存的时间。当第一次浏览网页后，页面的部分内容在规定的时间内就被临时存储在客户端的临时文件夹中，这样在下次访问这个页面时，就可以直接读取缓存中的内容，从而提高网站的浏览效率。

使用 session_cache_limiter()函数实现 Session 缓存，语法如下：

```
string session_cache_limiter ( [string cache_limiter])
```

参数 cache_limiter 为 public 或 private。同时 Session 缓存并不是指在服务器端而是客户端缓存，在服务器中没有显示。

使用 session_cache_expire()函数设置缓存时间，语法如下：

```
int session_cache_expire ( [int new_cache_expire])
```

参数 new_cache_expire 是 Session 缓存的时间数字，单位是分钟。

> **注意**
>
> 这两个 Session 缓存函数必须在 session_start()函数之前使用，否则会出错。

6．Session 数据库存储

PHP 默认采用文件的方式来保存 Session，虽然通过改变 Session 存储文件夹使 Session 不至于将临时文件夹填满而造成站点瘫痪，但是可以计算一下：如果一个大型网站一天登录 1000 人，一个月登录了 30000 人，这时站点中存在 30000 个 Session 文件，要在这 30000 个文件中查询一个 session_id 应该不是件轻松的事情，这时就可以应用 Session 数据库存储，也就是 PHP 中的 session_set_save_handler()设置自定义会话存储函数。

session_set_save_handler()函数语法如下：

```
bool session_set_save_handler ( SessionHandlerInterface $sessionhandler [, bool $register_shutdown = true ] )
```

☑ sessionhandler 实现了 SessionHandlerInterface 接口的对象，例如 SessionHandler。自 PHP 5.4 之后可以使用。

☑ register_shutdown 将函数 session_write_close()注册为 register_shutdown_function()函数。

☑ 返回值：成功时返回 TRUE，或者在失败时返回 FALSE。

7．Cookie 和 Session 的区别

☑ 存储位置

Session 存储在服务器上，可以通过 php.ini 文件配置 Session 相关设置。

Cookie 存储在客户端上，有以下两种情况。

（1）持久性 Cookie，设置了 Cookie 的时间，以文件方式存储在硬盘上。

（2）会话 Cookie，没有设置 Cookie 时间，Cookie 的生命周期在关闭浏览器前就消失，一般不会保存在硬盘，而是保存在内存上。

☑　容量限制

Cookie 有大小和数量的限制，每个站点最多 20 个，最大 4KB；Session 没有限制，但设置太多当访问用户很多时会很占服务器内存。

☑　安全性

因为保存在客户端，Cookie 可能会泄露用户隐私，带来其他安全问题。用户隐私等数据存放在 Session 中比较稳妥；其他数据可以存放到 Cookie 中。

8. Cookie 和 Session 的关系

当程序需要为某个客户端的请求创建一个 Session 时，服务器首先检查这个客户端的请求里是否已包含了一个 Session 标识（称为 Session ID），如果已包含则说明之前已经为此客户端创建过 Session，服务器就按照 Session ID 把这个 Session 检索出来。如果客户端请求不包含 Session ID，则为此客户端创建一个 Session 并且生成一个与此 Session 相关联的 Session ID，Session ID 的值应该是一个既不会重复，又不容易被找到规律以仿造的字符串，这个 Session ID 将被在本次响应中返回给客户端保存。保存这个 Session ID 的方式可以采用 Cookie，这样在交互过程中浏览器可以自动按照规则把这个标识发送给服务器。

实战技能强化训练

训练一：基本功强化训练

1. 统计用户的在线时间　▷①②③④⑤⑥

所谓用户在线时间是指从用户登录到页面开始，到关闭浏览器为止的时间，而 Cookie 的生命周期在默认情况下关闭浏览器时自动删除，这非常符合在线统计时间的特点，是很多服务类网站优先选择的统计手段。

本实例通过创建 Cookie，保存用户登录到页面的时间戳，在用户单击退出按钮时计算用户在线时间，运行结果如图 10.2 所示。

图 10.2　统计用户的在线时间

2．在客户端浏览器删除 Cookie ▷①②③④⑤⑥

有很多用户提出在自己硬盘上保存不明数据会带来安全隐患，所以用户可以关闭 Cookie 功能，并且从硬盘上删除 Cookie。以 IE 浏览器为例，可以选择“工具”菜单中的“Internet 选项”命令，在弹出的对话框中直接删除 Cookie 文件，如图 10.3 所示。

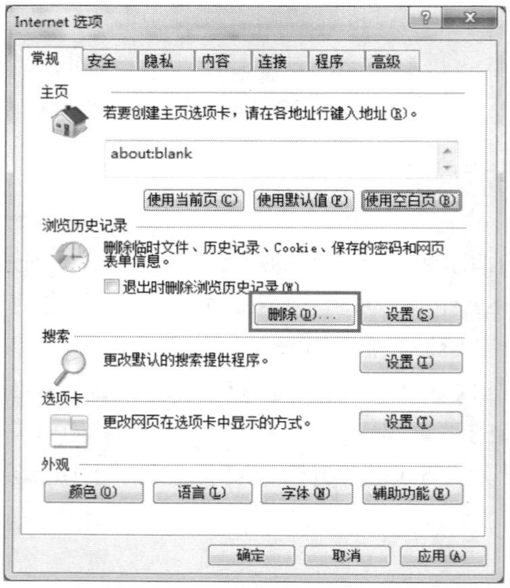

图 10.3　通过浏览器删除 Cookie

3．屏蔽页面刷新对计数器的影响 ▷①②③④⑤⑥

计数器用来统计一个网站被访问的次数，体现了一个网站受关注的程度。本实例将介绍如何制作计数器，以及如何屏蔽刷新页面对计数器的影响。在本实例中，当用户访问页面时计数器的值会增加一次，但是无论如何刷新页面，计数器的值都不会再次增加，只有重新打开页面才会发生变化，运行结果如图 10.4 所示。

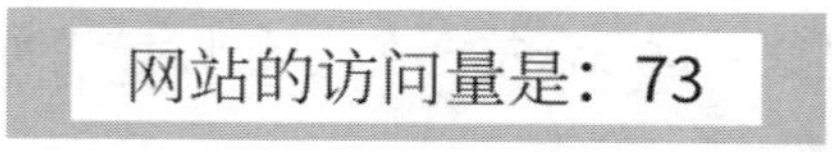

图 10.4　Session 变量屏蔽页面刷新对计数器的影响

4．在不同页面之间传递数据 ▷①②③④⑤⑥

Session 是一种服务器端的会话机制，也就是说在用户与网站断开连接之前，分配给用户的 Session ID 不会改变，数据可以在不同页面之间相互传递。这样的机制不仅大大减少程序员的工作量，还使程序运行效率得到提升，使代码结构更加清晰。本实例通过 Session 机制实现在不同页面之间传递数据，运行结果如图 10.5 所示。

图 10.5　在不同页面之间传递数据

5. 解决 Session 中的常见问题　▷①②③④⑤⑥

Session 的功能十分强大，这一点在业界中是公认的。但是越是功能强大或者技术含量高的方法往往执行条件也越苛刻，Session 技术的应用也是如此。本实例将解决一些在 Session 应用中常见的问题，包括 session_start()函数的应用限制（其错误使用的运行结果如图 10.6 所示），使用 Cookie 函数设置 Session 过期时间时需要注意的事项。

图 10.6　session_start()函数使用限制

训练二：实战能力强化训练

6. 限制用户访问网站的时间　▷①②③④⑤⑥

默认情况下，Cookie 的生命周期是以关闭浏览器为基准的，也就是说如果用户不关闭浏览器并且没有对 Cookie 进行设置，Cookie 永远也不会过期失效。假如在互联网发布的网站有成百上千的用户浏览，并且在线浏览用户数量一直增加，如果不对用户访问网站的时间进行限制，结果只能是服务器资源耗尽，网站瘫痪。

本实例通过设置 Cookie 限制用户访问网站的时间，运行结果如图 10.7 和图 10.8 所示。

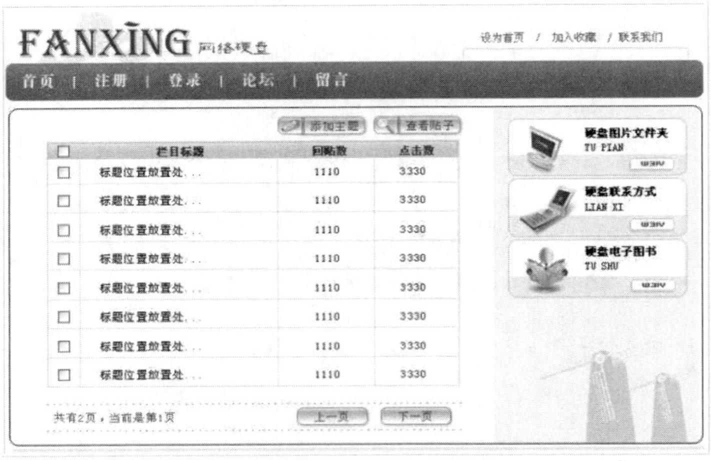

图 10.7　Cookie 未失效，访问网站

图 10.8　Cookie 失效

7．Session 购物车 ▷①②③④⑤⑥

购物车是在网上购物时使用的一个临时存储商品的“车辆”，为我们在网上购物提供很大的方便，不用担心一次购买多个商品要进行多次提交结算的操作，可以将商品放入购物车中，等选购完后，一起进行结算。本实例将介绍 Session 购物车的实现方法，运行结果如图 10.9 所示。

图 10.9　Session 购物车

8．将 Session 数据存储到数据库中 ▷①②③④⑤⑥

将 Session 数据变量存储于服务器端是一种较安全的做法，但是设想一下，像校内网这样的日访问量过亿，拥有用户 1500 万的大型网站，如果将所有用户的 Session 数据全部存储在服务器端，将消耗巨大的服务器资源。所以程序员在制作大型网站时将 Session 存储于服务器端虽然安全，但却不是很好的选择。如果将 Session 数据存储于数据库中，那么就可以减轻服务器的压力，同时数据也是比较安全的。本实例将介绍如何将 Session 数据存储于数据库中，运行结果如图 10.10 所示。

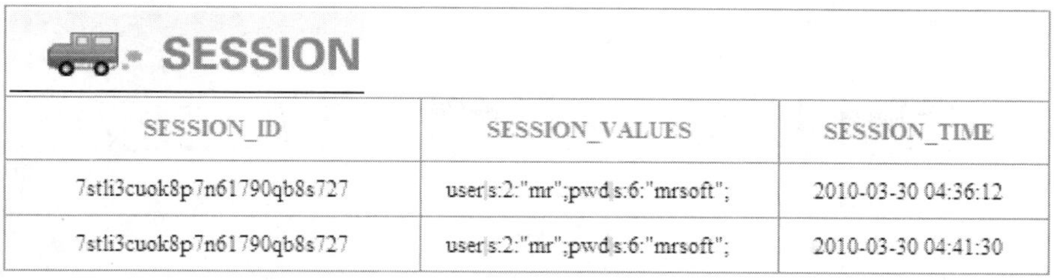

SESSION

SESSION_ID	SESSION_VALUES	SESSION_TIME
7stli3cuok8p7n61790qb8s727	user|s:2:"mr";pwd|s:6:"mrsoft";	2010-03-30 04:36:12
7stli3cuok8p7n61790qb8s727	user|s:2:"mr";pwd|s:6:"mrsoft";	2010-03-30 04:41:30

图 10.10 将 Session 数据存储到数据库中

9．Session 更换聊天室界面 ▷①②③④⑤⑥

Session 可以实现数据在页面之间的传递，并且在 Session 的生命周期中一直有效。在本实例中，将运用 Session 的这个特性，编写一个简单的聊天室换肤功能。在聊天室中，根据提交的颜色值更换聊天室的背景颜色，运行结果如图 10.11 所示。

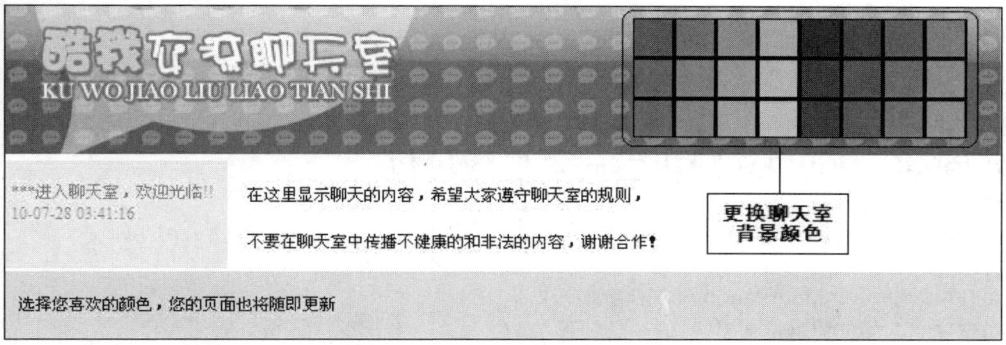

图 10.11 更换聊天室背景颜色

10．清理 Session 缓存提高网站访问的效率 ▷①②③④⑤⑥

Session 缓存将网页中的内容临时存储到客户端 IE 的 Temporary Internet Files 文件夹下。当网页被第一次浏览后，页面的部分内容在规定的时间内就被临时存储在客户端的临时文件夹中，这样下次访问此页面时，就可以直接读取缓存中的内容，从而提高网站的浏览效率。但是如果不对 Session 缓存做定期处理，也会给服务器带来压力。本实例将讲解 Session 缓存的运用和清理方法，运行结果如图 10.12 所示。

图 10.12 输出缓存信息

第 11 章　图形图像处理技术

学习指南

本章训练任务对应核心技术分册第 12 章“图形图像处理技术”部分。

重点练习内容：

1. 熟练掌握JpGraph生成图像。
2. 熟练掌握应用GD2生成图像。
3. 了解防盗链技术。
4. 了解如何解决生成图像时产生的乱码问题。

应用技能拓展学习

1．使用 JavaScript 方法随机生成 4 位随机数

通过 JavaScript 中 Math 对象的 random()方法随机生成 4 位随机数，关键代码如下：

```
var num1=Math.round(Math.random()*10000000);
var num=num1.toString().substr(0,4);                    //生成 4 位随机数
```

2．将图片以二进制的形式输出

用 PHP 的文件操作函数即可实现将图片以二进制的形式输出到浏览器，这里用到 fread()函数，语法如下：

```
fread ( int handle, int length)
```

☑　handle：fopen()函数打开文件后所返回的文件句柄。

☑　length：所读取文件的长度。

例如，用 fread()方法将图片以二进制形式输出到浏览器，实现代码如下：

```
$fp=fopen($address,"r");                          //打开文件
echo fread($fp,filesize($address));               //读取文件
```

3．onmousewheel 事件——鼠标滚轮滚动事件

onmousewheel 事件用于调用 handlerText 所代表的 Javascript 方法，语法如下：

```
onmousewheel="handlerText"
```

4．mt_rand()函数——产生 min 和 max 之间的随机数

用 PHP 的随机函数 mt_rand()生成随机验证码，根据随机验证码的值读取对应的数字图片，生成验证码图像。

mt_rand()函数用于产生 min 和 max 之间的随机数，语法如下：

```
int mt_rand([int min],[int max])
```

参数 min 和 max 指定随机数的取值范围。

在读取生成的随机验证码时，用 for 语句和 substr()函数对验证码的值进行读取，根据读取的值定义输出的数字图像，关键代码如下：

```
<?php
    $num = intval ( mt_rand ( 1000, 9999 ) );                    //生成随机验证码
        for($i = 0; $i < 4; $i ++) {                             //循环读取验证码
        //输出数字图像
        echo "<img src=images/code/" . substr ( strval ( $num ), $i, 1 ) . ".gif>";
        }
    ?>
```

5．getimagesize()函数——获取图片实际尺寸

PHP 中获取图像的大小用 getimagesize()函数。该函数用于获取图片的实际尺寸，语法如下：

```
array getimagesize ( string filename [, array imageinfo])
```

getimagesize()函数返回一个具有如下 4 个单元的数组。

☑ 索引 0：图像宽度的像素值。

☑ 索引 1：图像高度的像素值。

☑ 索引 2：图像类型的标记：1 = GIF，2 = JPG，3 = PNG，4 = SWF，5 = PSD，6 = BMP，7=TIFF(intel byte order)，8=TIFF(motorola byte order)，9 = JPC，10 = JP2，11 = JPX，12 = JB2，13 = SWC，14 = IFF，15 = WBMP，16 = XBM。

☑ 索引 3：文本字符串，内容为 height="yyy" width="xxx"，可直接用于<img> 标记。

6．setInterval()函数——在指定时间间隔内调用某函数

setInterval()函数是在指定的时间间隔 time 内调用函数方法，完成图像的自动播放操作。setInterval()函数的语法如下：

```
setInterval(function,time)
```

7．imagecopyresized()函数——图像复制

imagecopyresized()函数实现图像的复制操作，语法如下：

```
bool imagecopyresized ( resource dst_image, resource src_image, int dst_x, int dst_y, int src_x, int src_y, int dst_w, int dst_h, int src_w, int src_h )
```

imagecopyresized()函数将一幅图像中的一块正方形区域复制到另一个图像中。

☑ dst_image：目标图像标识符。

☑ src_image：源图像标识符。

8. Apache 防盗链技术原理

Apache 防盗技术的原理与 PHP 伪静态技术的原理是相同的，都需要应用 Apache 的 mod_rewrite.so 模组。Apache 服务器的配置文件 httpd.conf 的修改方法如下。

（1）打开 httpd.conf 文件，定位到如下位置：

```
#LoadModule rewrite_module modules/mod_rewrite.so
```

将该项前面的“#”去掉，并启动该项。

（2）查找 httpd.conf 文件，找到其中的 AllowOverride 项，将它的值都修改为 All。保存并重新启动 Apache 服务器，使修改生效。

（3）在实例根目录下创建.htaccess 文件，定义防止网站图片被盗链的方法。.htaccess 文件的代码如下：

```
SetEnvIfNoCase Referer "^http://192.168.1.59/" local_ref=1
<FilesMatch ".(gif|jpg)">
Order Allow,Deny
Allow from env=local_ref
</FilesMatch>
```

☑ Referer 字段：当 Apache 处理一个请求时，将检测头信息里的 Referer 字段，并且设置环境变量 local_ref 为 1，如果请求从本身的网站地址开始，即是本网站的一个页面。

☑ ^http://192.168.1.59/：是一个正则表达式，为了设置环境变量，Referer 值必须与其匹配。

☑ Order Allow,Deny：设置 Apache 对当前的请求，将执行列表中的 Allow 指令，然后重复进行 Deny 指令。

☑ local_ref：设置了 local_ref 环境变量（无论什么值）的请求，而任何其他的请求将被拒绝，因为它们不符合 Allow 的条件并且默认是拒绝访问的。

这就是通过 Apache 服务器来防止图片被盗链的方法。

9. 通过 Session 防盗链

通过 Session 防盗链与通过 Session 屏蔽页面刷新对计数器的影响原理相同。在页面中，首先初始化 Session 变量，定义一个 Session 变量并赋值为 TRUE。然后，在插入图像的<img>标签中，定义 src 属性的值时，不直接定义指定图片的位置，而是链接到指定的.php 文件中，并且将要插入的图像名称作为超链接的参数值传递到.php 文件中。最后，在.php 文件中，通过判断 Session 变量的值是否为 TRUE，决定超链接中传递的图片是否被输出，而完成对网页中图片的保护。

10．imagettftext ()函数——在图像中添加文字

PHP 中在图像中添加中文字符串用的是 imagettftext ()函数，语法如下：

```
array imagettftext ( resource image, float size, float angle, int x, int y, int color, string fontfile, string text )
```

imagettftext ()函数的参数说明如表 11.1 所示。

表 11.1 imagettftext ()函数的参数说明

参　数	说　明
image	图像资源
size	字体大小。根据 GD 版本不同，应该以像素大小（GD1）或点大小（GD2）指定
angle	字体的角度，顺时针计算，0° 为水平，也就是 3 点钟的方向（由左到右），90° 则为由下到上的文字
x	文字的 x 坐标值。设定第一个字符的基本点
y	文字的 y 坐标值。设定字体基线的位置，不是字符的最底端
color	文字的颜色
fontfile	字体的文件名称，也可以是远端的文件
text	字符串内容

11．imagecopy()函数

imagecopy()函数将图像复制到指定的另外一个图像中，语法如下：

```
bool imagecopy ( resource dst_im, resource src_im, int dst_x, int dst_y, int src_x,  int src_y, int src_w, int src_h )
```

将图像 src_im 中坐标从（src_x，src_y）开始，宽度为 src_w，高度为 src_h 的一部分复制到图像 dst_im 中坐标为（dst_x，dst_y）的位置上。

12．生成带有干扰线的数字图形验证码

应用 GD2 函数生成的是清晰的数字图形验证码，还可以在此基础上为验证码增加干扰背景，使其看上去模糊一些。具体方法如下：在 ValidatorCode.php 文件中，通过 for 循环语句，应用 imagesetpixel()函数在画布的背景上绘制一些单一元素，代码如下：

```
for ($i = 0; $i < 200; $i ++) {                                          //填充干扰背景
    imagesetpixel($im, rand() % 70, rand() % 30, imagecolorallocate($im, rand(0, 255),
        rand(0, 255), rand(0, 255)));
}
```

13．imageline()函数——绘制线条

用 imageline()函数绘制线条，imageline()函数用指定颜色在图像中两点之间绘制一条线段，语法如下：

```
bool imageline ( resource image, int x1, int y1, int x2, int y2, int color )
```

- ☑ image：图像标识。
- ☑ x1：起始点的横坐标。
- ☑ y1：起始点的纵坐标。
- ☑ x2：结束点的横坐标。
- ☑ y2：结束点的纵坐标。
- ☑ color：颜色标识。

14．imagefilledrectangle()函数——绘制填充矩形

通过 GD2 函数创建柱形图，关键是应用 imagefilledrectangle()函数完成柱形图的绘制及填充。imagefilledrectangle()函数在图像中绘制一个用指定颜色填充的矩形，语法如下：

```
bool imagefilledrectangle ( resource image, int x1, int y1, int x2, int y2, int color )
```

- ☑ image：图像资源。
- ☑ x1：柱形图左上角横坐标。
- ☑ y1：柱形图左上角纵坐标。
- ☑ x2：柱形图右下角横坐标。
- ☑ y2：柱形图右下角纵坐标。
- ☑ color：填充颜色。

15．SetFont()方法——设置文字样式

SetFont()方法设置统计图标题、坐标轴等文字样式。

制作统计图时，需要对图像的标题、坐标轴内文字进行样式设置，在 JpGraph 类库中，可以使用 SetFont()实现，语法如下：

```
SetFont($family, [$style,] [$size])
```

- ☑ $family：指定文字的字体。
- ☑ $style：指定文字的样式。
- ☑ $size：指定文字的大小，默认为 10。

16．SetMargin()方法——设置边距

SetMargin()方法设置图像、标题、坐标轴上文字与边框的距离，语法如下：

```
SetMargin($left,$right,$top,$bottom)
```

参数指定其与左右、上下边框的距离。或者：

```
SetMargin($data)
```

参数$data 同样指定与边框的距离。

17. Set90AndMargin()方法——旋转 90°

通过 JpGraph 类库创建柱形图，将柱形图旋转 90°，主要应用图像对象中的 Set90AndMargin()方法，语法如下：

```
Set90AndMargin($lm, $rm, $tm, $bm)
```

- ☑ $lm：左边框旋转角度；
- ☑ $rm：右边框旋转角度；
- ☑ $tm：上边框旋转角度；
- ☑ $bm：下边框旋转角度。

18. JpGraph 中文乱码

JpGraph 生成图片的中文乱码是一个常见的问题，使用 JpGraph 前请按照 JpGraph 的中文配置进行相应修改。修改完成后，在输出中文文字前，需要设置文字字体，如$graph->title->SetFont(FF_CHINESE);。此外，需要注意设置的字体在 C:\Windows\Fonts 路径下必须存在。

19. 如何使用 JpGraph 的其他图形

使用 JpGraph 除了可以生成折线图、柱状图和饼图外，还可以生成散点图、脉冲图、样条图等。在使用这些图形前，需要先查看官方手册。例如，需要画散点图，在手册中搜索 Scatter graphs，进入 Scatter graphs 手册，在手册中查找相应的示例代码，然后根据个人需求，修改相应代码即可。

实战技能强化训练

训练一：基本功强化训练

1. 数字验证码　▷①②③④⑤⑥

为了防止用户通过恶意程序登录站点，提高网站的安全性，项目开发时，在用户登录、注册以及发表主题等模块中加入验证码模块是必不可少的。应用验证码技术，可以有效地防止用户通过探测的方式非法登录，从而有效地提高站点的安全性。在本实例中，应用 JavaScript 技术及 0~9 这 10 个别致数字图片为博客的后台登录设计验证码功能，运行效果如图 11.1 所示。

2. 通过鼠标滚轮控制图片大小　▷①②③④⑤⑥

为了合理利用网页空间，在网页设计时会缩小某些图片的实际尺寸，但这样可能导致浏览者看不清图片的内容，为了解决上述问题，可以通过鼠标滚轮改变图片的大小。运行本实例，将显示图 11.2 所示的页面，将鼠标指针放到图片上，通过滚动鼠标滚轮即可改变图片的大小。

图 11.1　数字验证码

图 11.2　通过鼠标滚轮控制图片大小

3．显示随机图像　▷①②③④⑤⑥

在用户登录页面或留言发表页面经常会看到验证码的身影，通过这项技术可以很大程度提高网站的安全性。运行本实例，可以发现在图 11.3 所示的登录页面中随机产生了 4 位数字（6191），每次刷新页面这 4 位数字都会发生改变，用户登录时必须输入这 4 位数字，这样可以防止用户通过恶意程序来试探登录密码的值从而非法登录网站。

4．获取页面中图像的实际尺寸　▷①②③④⑤⑥

在开发 Web 项目中，经常需要准确地获取图像的尺寸，以达到精确定位的目的。运行本实例，将显示图 11.4 所示的页面，生成该页面的同时程序会计算出页面中图像的高度和宽度，以便于开发人员实现对图片的定位。

5．图像的手动播放　▷①②③④⑤⑥

在图片信息较多的网页中，通过图像手动播放的方式显示图片，不仅可以节省页面空间，而且可以使浏览者自主选择喜爱的图片进行显示。运行本实例，浏览者可以通过图 11.5 中所示的“左”和“右”文字超链接浏览所有图片。

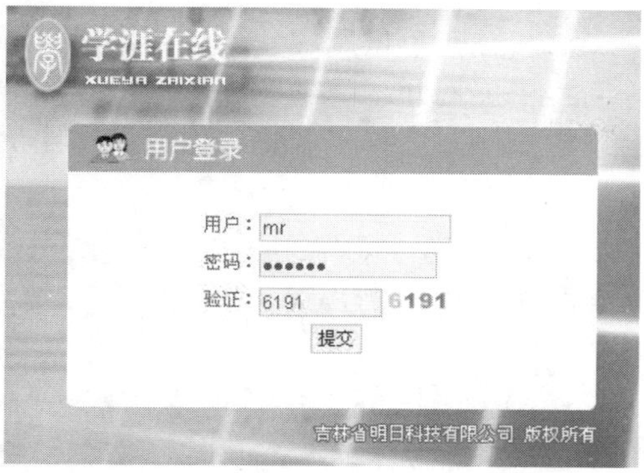

图 11.3　显示随机图像

图 11.4　获取图像的实际尺寸

图 11.5　获取图像的实际尺寸

6. 图像的自动播放　▷①②③④⑤⑥

图像的自动播放不仅可以增添 Web 页面的动态效果，而且可以节省网页空间，有效地保证在有限的页面中显示更多的图片。运行本实例，如图 11.6 所示，图像将从右向左自动播放。

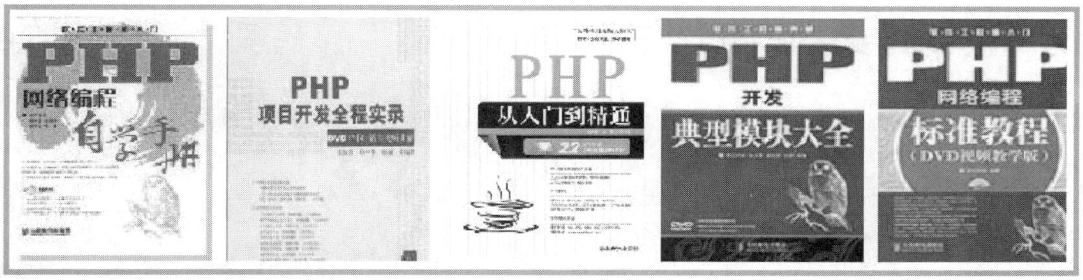

图 11.6　图像的自动播放

7. 任意调整上传图像的大小　▷①②③④⑤⑥

图像大小的调整对于专业的美工或者网页设计者来说不算什么，但是对于程序员来说，特别是对那些不善于处理图像的程序员来说，是一个非常头疼的问题。虽说图像处理不在程序员的工作范围之内，但是有些小问题，还是自己解决更好。本实例向程序员们介绍一种方法，通过我们编写的程序实现对图像大小的任意调整。运行本实例，在上传图像的右侧，选择要调整图像的大小比例，然后单击“调整图像大小”按钮，运行结果如图 11.7 所示。

图 11.7　任意调整图像的大小

8．Apache 防盗链技术 ▷①②③④⑤⑥

网站的图片被盗链，是一件让人非常郁闷的事情。盗链不仅盗用图片，更直接的问题是用户在下载盗链人网站上的图片时，会给服务器带来压力，导致日志中的访问记录暴涨，而带宽被耗尽。为了打击盗链行为，本实例介绍一种方法，让盗链者的某些小伎俩不能得逞——Apache 防盗技术。

对 Apache 服务器进行设置后，当盗链者盗链网站的图片时，将输出如图 12.8 所示的效果。

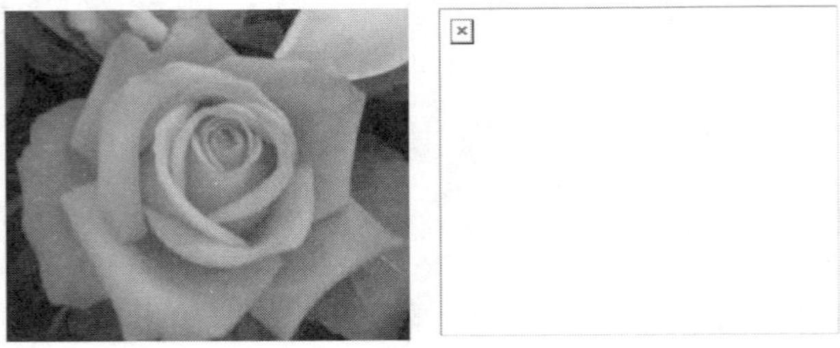

图 11.8　被盗链图片和盗链后的输出效果

9．通过 Session 变量防盗链 ▷①②③④⑤⑥

当网站中应用了 Session 防盗链技术后，如果网站的图片被盗链，将输出图 11.9 所示的效果。

10．GD2 函数在照片上添加文字 ▷①②③④⑤⑥

PHP 中的 GD 库支持中文，但必须要以 UTF-8 格式的参数来进行传递，如果使用 imagestring()函数直接绘制中文字符串就会显示乱码。这是因为 GD2 对中文只能接收 UTF-8 编码格式，并且默认使用了英文的字体，所以要输出中文字符串，必须对其进行转码，并设置中文字符使用的字体。否则，输出的只能是乱码。本实例实现 GD2 函数输出中文字符串，并且通过 GD2 函数将中文字符串在照片上输出，运行结果如图 11.10 所示。

图 11.9　盗链后的输出效果

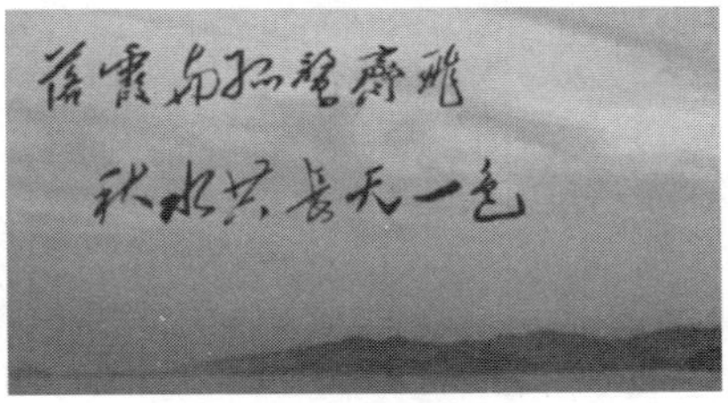

图 11.10　在照片上输出中文字符串

11．GD2 函数为图片添加文字水印　▷①②③④⑤⑥

图片是 Web 页面最为重要的组成元素之一，新闻网站、图片资料网站等备受网民关注的网站每天都会上传大量的图片。如果直接将图片上传到页面中，很可能被浏览者保存使用，这样站点的版权就不能很好地得到保证。在上传图片过程中，动态地为图片添加水印效果，这样不仅可以对保证站点版权起到一定作用，如果设计合理还能有助于网站的推广。在本实例中，将讲解如何在上传图片的过程中为图片添加水印文字，运行结果如图 11.11 所示。

12．GD2 函数为图片添加图像水印　▷①②③④⑤⑥

本实例将介绍如何为上传图片添加图像水印，运行结果如图 11.12 所示。

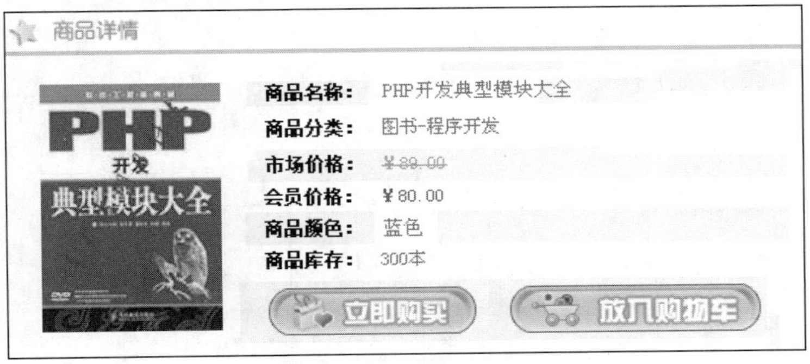

图 11.11　为上传图片添加文字水印

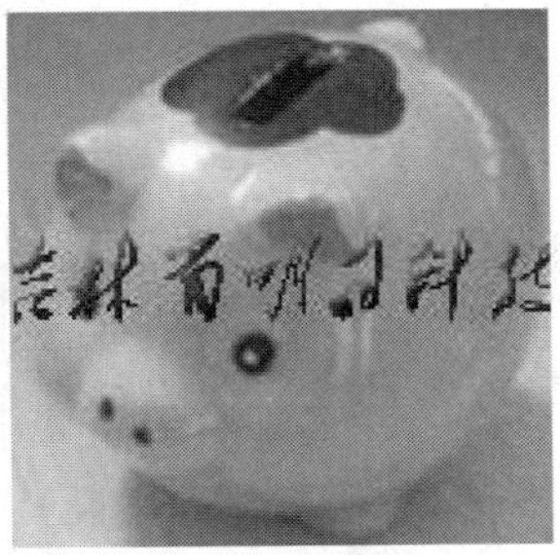

图 11.12　在照片上输出中文字符串

训练二：实战能力强化训练

13．GD2 函数生成图形验证码　▷①②③④⑤⑥

验证码技术的应用，是为了提高站点的安全性，避免因网页运行速度慢而造成数据的重复提交。本实例中，将通过 JavaScript 脚本和 GD2 函数开发一个无刷新验证码，运行结果如图 11.13 所示。

图 11.13　GD2 函数生成图形验证码

14．GD2 函数折线图分析网站月访问量走势　▷①②③④⑤⑥

在本实例中，运用 GD2 函数自行编写一个绘制折线图的方法，对 2019 年公司网站的月访问量进行分析。本实例中的方法完全由笔者自行编写，不借助于任何图像的操作类库，运行结果如图 11.14 所示。

15．GD2 函数柱形图分析编程词典满意度调查　▷①②③④⑤⑥

在网站中，经常需要对相关的信息进行调查统计，然后根据访问者的投票结果制订相关计划，为了能够更直观地查看访问者的投票结果，本实例采用柱形图显示编程词典满意度的投票结果，运行结果如图 11.15 所示。

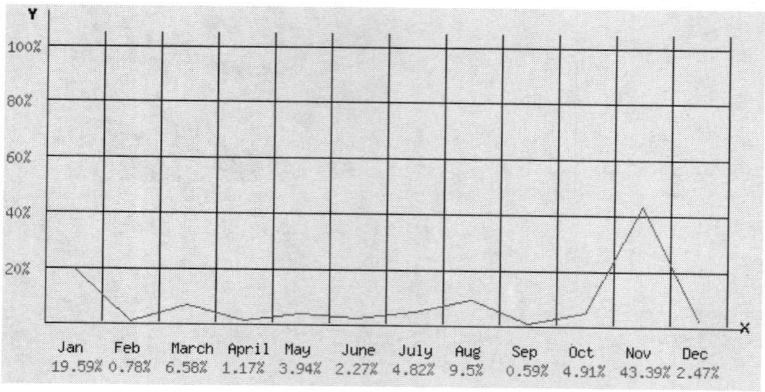

图 11.14　GD2 函数折线图分析网站月访问量走势

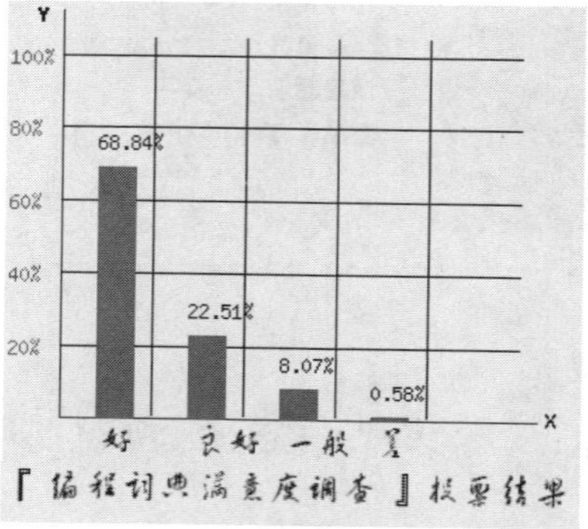

图 11.15　GD2 函数柱形图分析编程词典满意度调查

16．GD2 函数饼形图分析图书市场的份额　▷①②③④⑤⑥

在调查某类商品的市场占有率时，最好的显示方式就是使用饼形图，通过饼形图可以直观地看到某类产品的不同品牌在市场中的占有比例。运行本实例，通过饼形图将不同语言的软件图书在市场中的占有率显示出来，运行结果如图 11.16 所示。

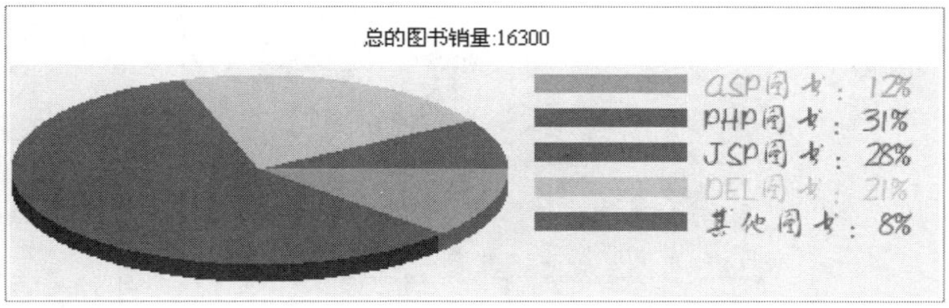

图 11.16　GD2 函数饼形图分析软件图书市场占有率

17. 柱形图分析产品月销售量　▷①②③④⑤⑥

使用 JpGraph 类库可以创建柱形图，完成对产品月销售量的统计分析，运行结果如图 11.17 所示。

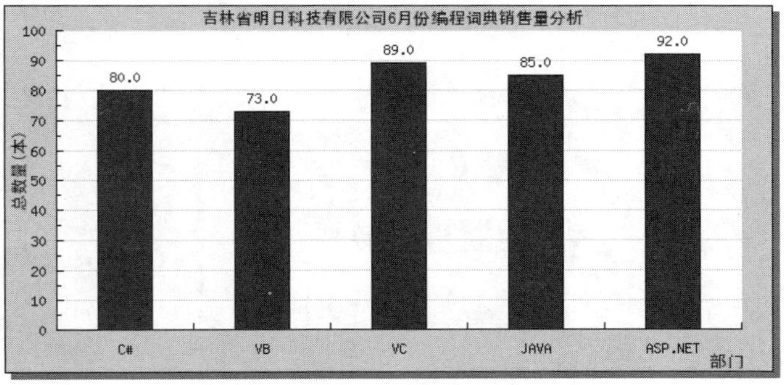

图 11.17　柱形图分析产品月销售量

18. 柱形图展示编程词典上半年销量　▷①②③④⑤⑥

在本实例中，运用 JpGraph 生成柱形图，对公司编程词典上半年的销量进行统计，运行结果如图 11.18 所示。

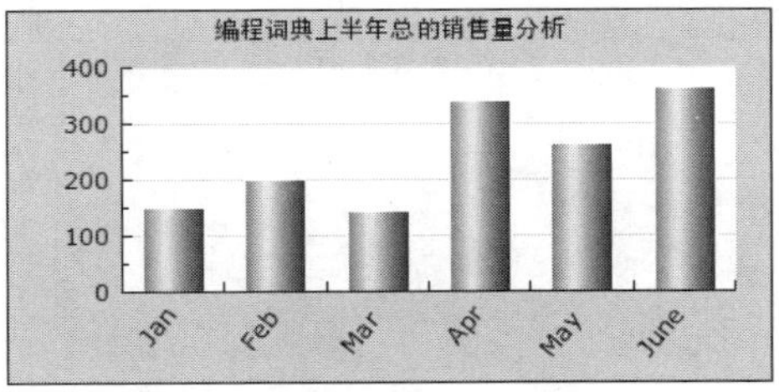

图 11.18　编程词典上半年销量展示

19. 折线图分析网站一天内的访问走势　▷①②③④⑤⑥

在本实例中，运用 JpGraph 生成折线图，分析网站一天内的访问走势，运行结果如图 11.19 所示。

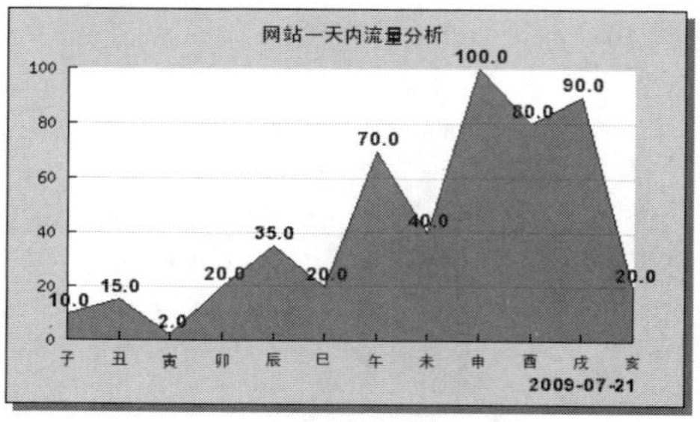

图 11.19　网站访问走势分析

20. 柱形图分析编程词典销售比例　▷①②③④⑤⑥

运用 JpGraph 生成柱形图，对编程词典的销售比例进行分析，运行结果如图 11.20 所示。

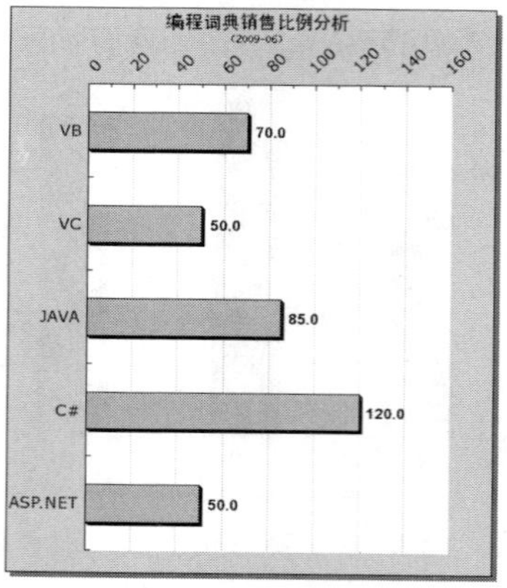

图 11.20　编程词典销售比例分析

21. 饼形图展示各语言编程词典销售比例　▷①②③④⑤⑥

运用 JpGraph 生成饼形图，对公司各语言编程词典的销售比例进行分析，运行结果如图 11.21 所示。

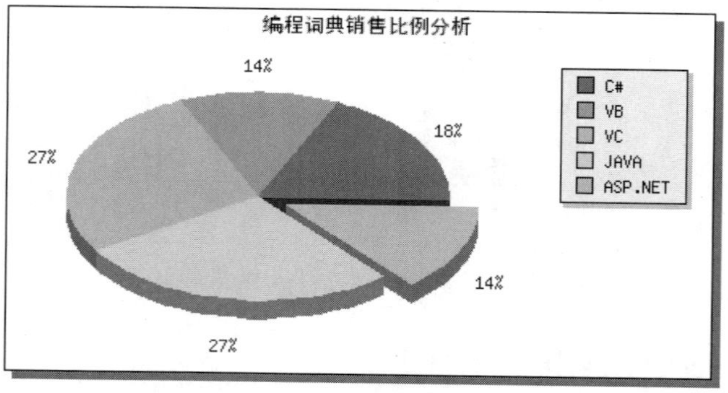

图 11.21　编程词典销售比例

第 12 章　文 件 系 统

学习指南

本章训练任务对应核心技术分册第 13 章“文件系统”部分。

重点练习内容：

1. 熟练掌握文件下载的应用。
2. 熟练掌握目录操作。
3. 掌握文件操作。
4. 了解表单属性enctype。

应用技能拓展学习

1. header()函数——通过 HTTP 方式下载文件

通过 HTTP 方式下载文件，主要用 header()函数。header()函数属于 HTTP 函数，其作用是以 HTTP 协议将 HTML 文档的标头送到浏览器，并告诉浏览器具体怎么处理这个页面。header()函数的语法如下：

```
void header ( string string [, bool replace [, int http_response_code]] )
```

☑ string：发送的标头。

☑ replace：如果一次发送多个标头，对于相似的标头是替换还是添加。如果是 FALSE，则强制发送多个同类型的标头。默认是 TRUE，即替换。

☑ http_response_code：强制 HTTP 响应为指定值。

通过 HTTP 下载的代码如下：

```
header("Content-type: application/x-gzip");
header("Content-Disposition: attachment; filename=文件名");
header("Content-Description: PHP3 Generated Data"); >
```

HTTP 标头有很多，这里介绍的是下载的 HTTP 标头，代码如下：

```
header('Content-Disposition: attachment; filename="filename"');
```

在应用过程中，唯一需要改动的就是 filename，即将 filename 替换为要下载的文件。

2. 文本计数器设计原理

文本计数器的设计思路如下：首先，判断文本文件是否存在，如不存在则打开失败；如打开成功则继续执行并读取文件中的数据，将计数器增加 1。然后，以写的方式重新打开文件，把新的统计数据写入文件后，关闭文件。最后，重新打开文件，读取并输出文件中的数据。

操作流程如图 12.1 所示。

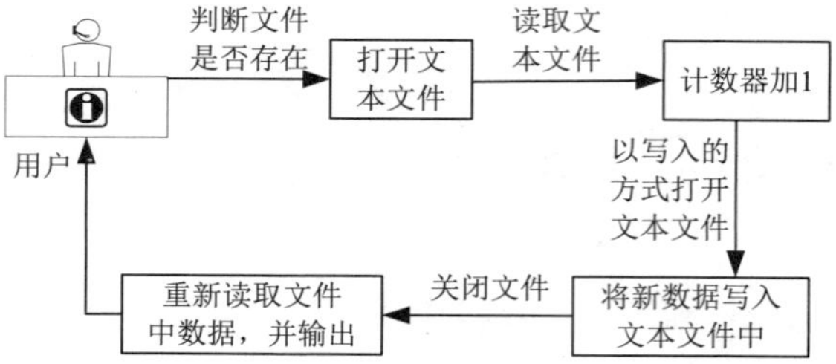

图 12.1　文本计数器的操作流程

按照这个原理设计的计数器，当刷新页面时计数器的值也会增加，那么这个计数器就没有任何意义。所以要想这个计数器有意义，必须屏蔽页面刷新对计数器的影响。

这里通过 Session 来实现这个功能，其原理如图 12.2 所示。

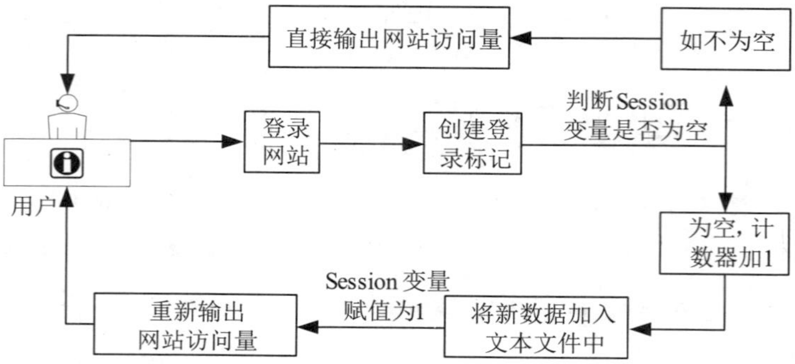

图 12.2　网站计数器的设计原理

3．basename()函数——返回指定文件目录中的基本文件名

basename()函数返回指定文件目录中的基本文件名，语法如下：

```
string basename(string path [, string suffix])
```

参数 path 指定文件的路径；参数 suffix 为可选参数，如果文件路径以 suffix 结尾，那么这部分内容将被删除。

通过此函数获取上传文件的原始名称，并对这个名称进行重新定义，进而避免在将文件上传到服务器时出现重名的问题。

4．allow_url_fopen 参数

在 PHP 中，如果要访问远程文件，必须将配置文件 php.ini 中的参数 allow_url_fopen 设置为开启。allow_url_fopen 参数默认是开启的，允许打开 HTTP 协议和 FTP 协议指定的远程文件，如果 allow_url_fopen 设置为 OFF，则不允许打开远程文件，函数将返回 FALSE。

5．删除指定目录下特定格式文件

删除指定目录下特定格式文件的实现原理与删除所有文件相同，只是在创建删除链接前对文件的格式进行判断，如果文件是.int 类型，那么就输出删除的超链接，否则将直接输出文件的名称，关键代码如下：

```
$catalog = getcwd () . "\\$gain_directory";                          //子目录
$ext = substr ( $gain_directory, strrpos ( $gain_directory, "." ) ); //获取文件的后缀
if (strtoupper ( $ext ) == ".INI") {                                 //如果文件后缀是.ini，则创建删除超链接
    echo "<a href='delete.php?catalog=".urlencode($catalog)."&filename=" . urlencode(getcwd ()) . "' title='删除目录或者文件' >删除</a>";
} else {                                                             //如果文件后缀不是.ini，则直接输出文件名称
    echo iconv ( "gb2312", "utf-8", $gain_directory );
}
```

6．addslashes()函数——通过反斜线来引用字符串

addslashes()函数通过反斜线来引用字符串，语法如下：

```
string addslashes ( string str)
```

在其返回的字符串中，为了数据库查询语句等的需要在某些特定字符前加上了反斜线，这些特定字符包括单引号（'）、双引号（"）、反斜线（\）和 NUL（NULL 字符）。

7．目录函数

通过使用 mkdir()、is_dir()、getcwd()、rmdir()，opendir()和 readdir()函数等，可以实现目录的判断、创建、打开、读取和删除操作。所使用函数的功能和语法如表 12.1 所示。

表 12.1　目录操作函数汇总

名　称	语　法	功　能
mkdir()	bool mkdir(string pathname [, int mode])	新建一个由 pathname 指定的目录。参数 mode 指定目录的模式，在 Windows 下被忽略、自 PHP 4.2.0 起成为可选项。 默认的 mode 是 0777，意味着最大可能的访问权
is_dir()	bool is_dir (string filename)	如果文件名存在并且为目录则返回 TRUE。如果 filename 是一个相对路径，则按照当前工作目录检查其相对路径
getcwd()	string getcwd (void)	返回当前的工作目录
rmdir	bool rmdir (string dirname)	删除 dirname 所指定的目录。该目录必须是空的，而且要有相应的权限。如果成功则返回 TRUE，失败返回 FALSE
opendir()	resource opendir (string path [, resource context])	打开一个目录句柄，成功返回目录句柄的 resource，失败返回 FALSE。返回值可用于 closedir()、readdir()和 rewinddir()函数中。如果参数 path 不是一个合法的目录或者因为权限限制或文件系统错误而不能打开目录，opendir() 返回 FALSE 并产生一个 E_WARNING 级别的 PHP 错误信息。可以在 opendir() 前面加上“@”符号来抑制错误信息的输出

续表

名　称	语　法	功　能
readdir()	string readdir (resource dir_handle)	从目录句柄中读取条目，成功则返回目录中下一个文件的文件名，否则返回FALSE。其参数dir_handle是目录句柄的 resource，之前由 opendir()打开

8．disk_total_space()函数——获取磁盘分区的大小

获取磁盘分区的大小用的是 disk_total_space()函数；获取磁盘分区的剩余空间用的是 disk_free_space()函数。

disk_total_space()函数获取一个目录的磁盘总大小，语法如下：

```
float disk_total_space ( string directory )
```

该函数根据参数 directory 提供的一个目录字符串，返回相应的文件系统或磁盘分区的所有字节数。

9．filectime()函数——返回指定文件的索引节点修改时间

filectime()函数返回指定文件的索引节点修改时间，语法如下：

```
int filectime(string filename);
```

返回文件上次索引节点被修改的时间，如果出错则返回 FALSE。时间以 UNIX 时间戳的方式返回。

10．filemtime ()函数——返回指定文件 filename 的最后修改时间

filemtime()函数返回指定文件 filename 的最后修改时间，语法如下：

```
int filemtime(string filename);
```

返回文件上次被修改的时间，失败则返回 FALSE。时间以 UNIX 时间戳的方式返回。

11．对 URL 字符串进行编码的重要性

在通过 URL 传递字符串参数时，尽量用 urlencode()函数对传递的参数值进行编码，这样不但可以保证传递参数值的安全，而且可以防止传递的参数值出现乱码。

12．file()函数和 file_get_contents()函数的区别

file()函数和 file_get_contents()函数的作用都是将整个文件读入某个介质，其主要区别就在于这个介质的不同。file()函数是将文件读入一个数组中，而 file_get_contents()是将文件读入一个字符串中。file()函数是把整个文件读入一个数组中，然后将文件作为一个数组返回。数组中的每个单元都是文件中相应的一行，包括换行符在内。如果失败，则返回 FALSE。file_get_contents()函数是用于将文件的内容读入到一个字符串中的首选方法。

13. 设置表单属性 enctype

在使用表单上传文件时，必须设置表单的 enctype 属性为 multipart/form-data。这是因为 enctype 属性规定在发送到服务器之前应该如何对表单数据进行编码。enctype 属性值说明如表 12.2 所示。

表 12.2 enctype 属性值说明

值	描述
application/x-www-form-urlencoded	在发送前编码所有字符（默认）
multipart/form-data	不对字符编码。在使用包含文件上传控件的表单时，必须使用该值
text/plain	空格转换为“+”加号，但不对特殊字符编码

实战技能强化训练

训练一：基本功强化训练

1. 通过 header()函数进行下载 ▷①②③④⑤⑥

除了可以通过链接方式下载文件之外，还可以通过 header()函数完成下载操作。例如，本实例中就是应用 header()函数实现文件的下载，如果下载的文件不存在，则会给出提示信息，运行结果如图 12.3 所示。

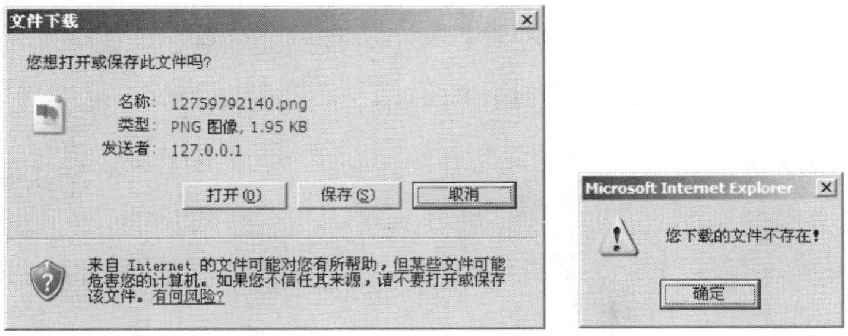

图 12.3 header()函数实现文件下载

2. 从文本文件中读取注册服务条款 ▷①②③④⑤⑥

在网站开发的过程中，经常会创建注册服务条款或者会员须知之类的文件。处理此类文件最直接的方法是将其生成一个独立的页面，而最实用的方法是将其存储于独立的文本文件中，从文本文件中读取这些服务条款，这样不占用数据库的空间，而且不占用过多的页面。运行本实例，实现一个用户注册的功能，并从文本文件中读取服务条款，运行结果如图 12.4 所示。

图 12.4　从文本文件中读取注册服务条款

3．可以屏蔽刷新功能的文本计数器　▷①②③④⑤⑥

网站的计数器对于网站管理者来说是一个非常值得关注的部分，它记录了网站被访问的次数，客观地反映了网站受欢迎的程度。而文本计数器是最简单的一种，它将数据存储于文本文件中。在本实例中，将介绍这种文本计数器的实现方法，并且将重点阐述如何屏蔽网页刷新对计数器的影响。运行本实例，将输出图 12.5 所示的内容。

图 12.5　可以屏蔽刷新功能的文本计数器

此时，无论如何刷新当前页面，计数器统计的值都不会再发生变化，除非关闭此页面，重新打开。

4．判断文件是否被改动　▷①②③④⑤⑥

在网站的管理系统中，有时需要查看某个文件是否被修改过、在什么时间被修改的、最后的修改时间是什么时候，本实例就可以实现这个功能，对表单中提交的文件进行判断，检测出修改时间，运行结果如图 12.6 所示。

图 12.6　检测文件是否被改动

5. 重新定义上传文件的名称　▷①②③④⑤⑥

应用 POST 方法上传文件时，需要将上传文件保存到服务器指定的目录中，这时可能会出现因名称相同而文件相互替换的情况。为了解决上述问题，可以应用 basename()函数和随机函数 mt_rand()对上传文件进行重新命名。在本实例中，成功上传一个文件之后，将弹出新的文件名称对话框，如图 12.7 所示。

图 12.7　重新定义上传文件的名称

6. 读取远程文件的数据　▷①②③④⑤⑥

设想这样一个场景，若知道某个网站中一个文件的具体路径，我们在本地就可以完成对这个文件内容的读取操作，这将是一件多么有趣的事情。本实例就将这个场景变为现实，实现读取远程文件的功能，运行结果如图 12.8 所示。

图 12.8　读取远程文件的数据

7. 删除指定目录下的所有.ini 文件　▷①②③④⑤⑥

删除指定目录下的所有.ini 文件，运行结果如图 12.9 所示。

图 12.9　删除指定目录下的所有.ini 文件

8．将文本文件中数据存储到数据库中

▷①②③④⑤⑥

文本文件中的数据也可以转存到数据库中。例如，在编程词典服务网中，有一个编程词典系列软件注册信息提交页面，在该页面中，编程词典用户不但提交个人信息，而且将安装编程词典生成的注册信息文件提交到服务器中，在提交注册信息的同时，将注册信息中的数据与用户个人信息一起存储到数据库中。本实例模拟这个功能，开发一个将文本文件上传到服务器，并且将文本文件中数据转存到数据库中的实例，运行结果如图 12.10 所示。

图 12.10　将文本文件中数据存储到数据库中

训练二：实战能力强化训练

9．目录操作汇总

▷①②③④⑤⑥

本实例将对目录的基本操作进行一次汇总，方便大家对目录操作方法有一个系统的了解。运行本实例，可以实现目录的创建、浏览和删除操作，运行结果如图 12.11 所示。

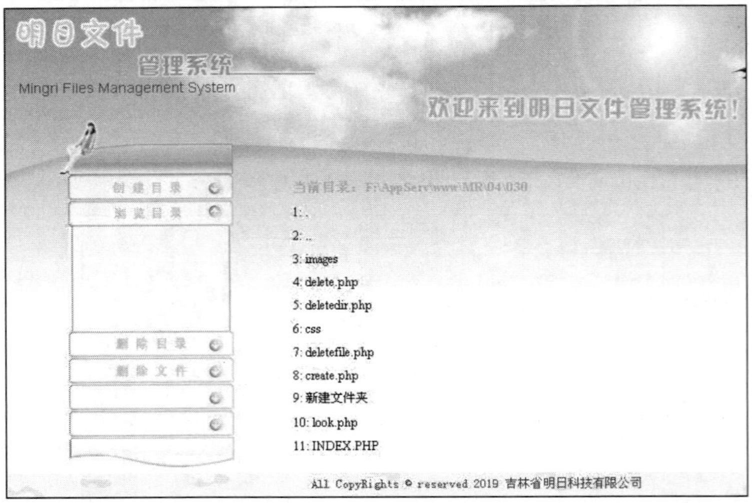

图 12.11　目录操作汇总

10. 重新定义目录的名称　▷①②③④⑤⑥

在对网站进行管理和维护的过程中，经常会修改文件夹的名称，这也是目录的一项基本操作。本实例将介绍更新目录名称的方法。运行本实例，单击当前目录中文件夹后的“重命名”超链接，将进入到如图 12.12 所示的页面，在这个页面中完成对指定目录的重命名操作。

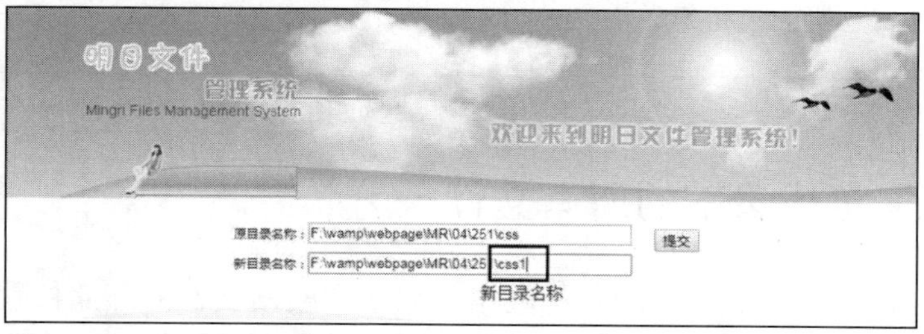

图 12.12　执行目录的重命名

11. 获取磁盘分区的大小　▷①②③④⑤⑥

通过文件系统函数不但可以对目录、文件进行操作，获取目录、文件的相关信息，而且可以获取磁盘分区的大小。运行本实例，将根据文本框提交的目录，获取该目录所在磁盘分区的大小，以及该目录下的所有文件，运行结果如图 12.13 所示。

图 12.13　获取磁盘分区的大小

12. 遍历指定目录下的所有文件　▷①②③④⑤⑥

在网站的后台管理系统中，经常需要对网站服务器中的文件进行管理和维护，有时需要添加一个文件夹或删除某个文件夹或者文件，为了更有效地查看这些文件或者文件夹，最好的方法就是创建一个文件查询系统，通过它可以查看指定文件夹下的所有文件。运行本实例，在文本框中输入一个指定的文件夹，单击“提交”按钮，如果该文件夹存在，就可以显示出该文件夹包括的所有文件，运行结果如图 12.14 所示。

图 12.14　遍历指定目录下的所有文件

13．遍历、删除指定目录下的所有文件　▷①②③④⑤⑥

通过对网站目录的遍历，能够更快地了解网站的结构和网站文件的存储位置；通过对文件内容的遍历，能够掌握网站中每个文件的作用；同时也便于对目录和文件的管理。本实例将介绍如何实现目录和文件的遍历以及删除。运行本实例，如图 12.15 所示。

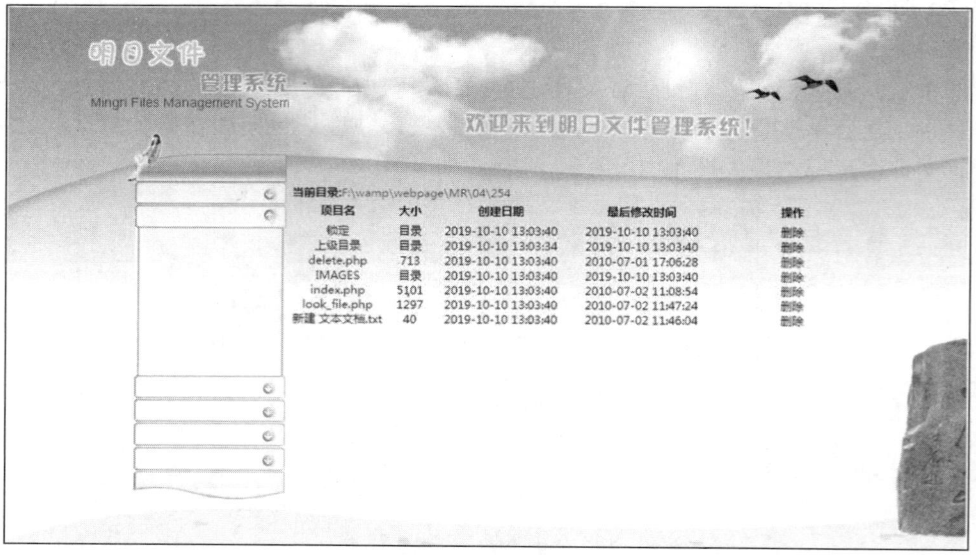

图 12.15　遍历、删除指定目录下的所有文件

第 13 章　PHP 与 Ajax 技术

学习指南

本章训练任务对应核心技术分册第 14 章“PHP 与 Ajax 技术”部分。

重点练习内容：

1. 熟练掌握Ajax文件上传技术。
2. 掌握Ajax无刷新分页。
3. 掌握Ajax数据读取。
4. 掌握Ajax中的编码转换技术。

应用技能拓展学习

1. 使用<iframe>实现 Ajax 文件上传

Ajax 文件上传的关键是把<iframe>的 CSS 属性 display 设置成 none，该元素就能在上传表单中使用，但对于最终用户是不可见的。通过为<iframe>标签赋予一个 name 属性，就可以使用<form>标签中的 target 属性来将请求传送给这个隐藏<iframe>。当配置完这个<iframe>后，就能够完成任何需要的上传操作，然后再使用 Ajax 来执行其他的功能。

2. Createthumb()函数——创建缩略图

Createthumb()函数的参数是图像的路径和大小，它将确定要创建的图像类。寻找指定的图像路径，如果找到则计算出新的大小参数，然后根据处理的图像是哪种类型来调用相应的图像创建函数。这是通过一个数组实现的，该数组内容是各种图像类型以及用来读写此类图像的 GD 函数。当缩略图创建成功之后，该脚本将输出这个新创建的缩略图，然后显示同样的导航按钮，使用户可以根据需要创建不同大小的新缩略图。

3. array_unique()函数——去除数组中的重复元素

在 PHP 中，通过 array_unique()函数去除数组中的重复元素，语法如下：

```
array array_unique ( array array);
```

参数 array 为指定参数的数组，其返回值为一个没有重复元素的新数组。

4. 无刷新分页实现原理

☑　超级链接 href 值的设置

通过 Ajax 实现无刷新分页的过程中，在创建分页超级链接时，href 的值设置为“#”，通过 onClick 调用 no_refurbish_pagination()方法完成分页操作。

这里必须要注意 href 的值，如果将 href 的值设置为空（""），那么就不能实现页面跳转，因为其链接的是当前页。

☑ no_refurbish_pagination()方法中的参数

onClick 事件调用 no_refurbish_pagination()方法完成分页操作，在 no_refurbish_pagination()方法中传递了一个参数，即异步请求的文件和相应的参数值。

在 no_refurbish_pagination()方法中定义这个参数时，如果这个参数中存在 PHP 脚本，那么必须要使用双引号或者单引号进行定义，其正确格式如下：

```
<a href="#" onClick='return no_refurbish_pagination("index_ok.php?page=<?php echo $_GET['page']+1;?>")'>
下一页</a>
```

由上面代码可知，如果 onClick 事件使用的是单引号，那么在定义 no_refurbish_pagination()方法的参数时就要使用双引号；同样，如果 onClick 事件使用的是双引号，那么在定义 no_refurbish_pagination()方法的参数时就要使用单引号。

5．iconv()函数——实现编码转换功能

在与 Ajax 进行交互的 PHP 页面中，使用 require_once 语句包含 conn.php 文件从而建立与数据库的连接，由于 Ajax 在通过 POST 方法提交数据时默认采用 UTF-8 编码，所以在接收提交的相关信息后需要使用 iconv()函数将所接收的内容由 UTF-8 编码转换为 GB2312 编码，完成转码后再使用 mysql_query()函数将类别信息保存到数据库中。

6．Ajax 技术中的编码转换

Ajax 不支持多种字符集，它默认的字符集是 UTF-8，所以在应用 Ajax 技术的程序中应及时进行编码转换，否则程序中出现的中文字符将变成乱码。一般来说，以下两种情况会产生中文乱码。

☑ PHP 发送中文，Ajax 接收。只需要在 PHP 顶部添加如下语句：

```
header('Content-type: text/html;charset=GB2312');                    //指定发送数据的编码格式
```

XMLHttp 会正确解析其中的中文。

☑ Ajax 发送中文，PHP 接收。这个比较复杂，Ajax 中先用 encodeURIComponent 对要提交的中文进行编码，在 PHP 页中添加如下代码：

```
$GB2312string=iconv( 'UTF-8', 'gb2312//IGNORE' , $RequestAjaxString);
```

PHP 选择 MySQL 数据库时，应用如下语句设置数据库的编码类型：

```
mysql_query("set names gb2312");
```

7．mysql_insert_id()获取插入数据的 ID

将用户输入的个人信息添加到数据库中后需要对刚刚添加的信息进行查询，这里使用了 MySQL

函数 mysql_insert_id()获取最新插入数据的 ID。使用该函数需要注意，如果数据表中 AUTO_INCREMENT 的列的类型是 BIGINT，则 mysql_insert_id()返回的值将不正确。

8．防止输出缓存数据

通过 GET 方式向后台传递参数时，在 URL 地址中附加了一个传递参数 sid，并将它的值定义为 JavaScript 中生成随机数的函数 Math.random()，这样做的目的是防止运行页面时输出缓存数据。

9．返回文档中所有元素的列表

如果把特殊字符串“*”传递给 getElementsByTagName()方法，它将返回文档中所有元素的列表，元素排列的顺序就是它们在文档中的顺序。

10．无刷新级联下拉列表实现原理

下拉列表的关联功能，其原理是根据下拉列表 A 中值的变化，下拉列表 B 中也同时生成一个对应的值。

在这个过程中，下拉列表 A 中的值是从数据库中读取的，并且通过 onChange()事件调用 JavaScript 脚本函数，应用 Ajax 将下拉列表的值传递到指定的文件中，根据传递的值，在指定的文件中生成下拉列表 B 的值，最后通过 Ajax 将下拉列表 B 的值返回到客户端。

11．浏览器兼容性问题

微软公司先在 Internet Explorer 5 for Windows 中以一个 ActiveX 对象形式实现了 XMLHttpRequest 对象。随后，由 Mozilla 工程的工程师实现了 Mozilla 1.0（和 Netscape 7）的一种兼容的本机版本；稍后，苹果公司在其 Safari 1.2 上也实现了相同的工作。

其实，在 W3C 标准的文档对象模型（DOM）Level 3 加载与存储规范中，也提到了类似的功能。现在，它成为一种事实上的标准，并开始在以后发行的大多数浏览器中得到实现。现代主流浏览器几乎都已经支持 XMLHttpRequest 对象，但 IE10 以下版本的浏览器是不可以直接实例化 XMLHttpRequest 的，所以，首先需要考虑浏览器兼容问题。

12．使用 jQuery 的 Ajax 方法

使用 jQuery 的 Ajax 方法能够简化代码，提高代码的可读性，所以，需要读者熟悉 jQuery 的 Ajax 相关的方法，以及 jQuery 的其他常用语法。例如，使用 Ajax 无刷新添加数据时，当 success 属性回调成功后，通常需要拼接成指定的 HTML 语句，并插入到指定位置。此时就需要使用 jQuery 插入节点的方法，如 append()、prepend()、after()等。

实战技能强化训练

训练一：基本功强化训练

1．使用 iframe 实现 Ajax 文件上传 ▷①②③④⑤⑥

XMLHttpRequest 对象无法实现文件上传，执行类似 Ajax 的功能，通过一个<iframe>来提供表单请求，通过这样的方法实现文件上传也无须对整个页面进行刷新。实现这个功能，运行结果如图 13.1 所示。

2．createthumb 函数——创建缩略图 ▷①②③④⑤⑥

浏览网站时，经常会看到类似于“载入中”这样的信息。实现图像载入功能，并在图像显示之前显示“图像载入中…”提示信息，如图 13.2 所示。

图 13.1　上传图像成功

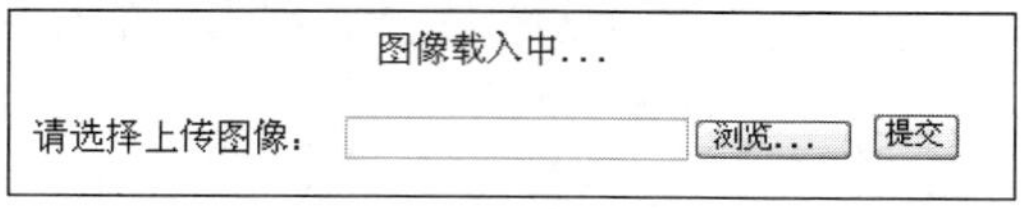

图 13.2　图像正在载入中

3．Ajax 动态生成缩略图 ▷①②③④⑤⑥

使用 PHP 和 Ajax 可以创建一个缩略图生成机制，提供文件上传功能，并且可以让用户实时调整图像的大小，运行结果如图 13.3 所示。

图 13.3　生成缩略图

4．Ajax 无刷新级联下拉列表 ▷①②③④⑤⑥

Ajax 技术还可以在实现关联下拉列表中使用。在下拉列表 A 中选择一个指定的值，当鼠标失去焦点并发生变化时，会在下拉列表 B 中输出一个与下拉列表 A 对应的值。本实例的运行结果如图 13.4 所示。

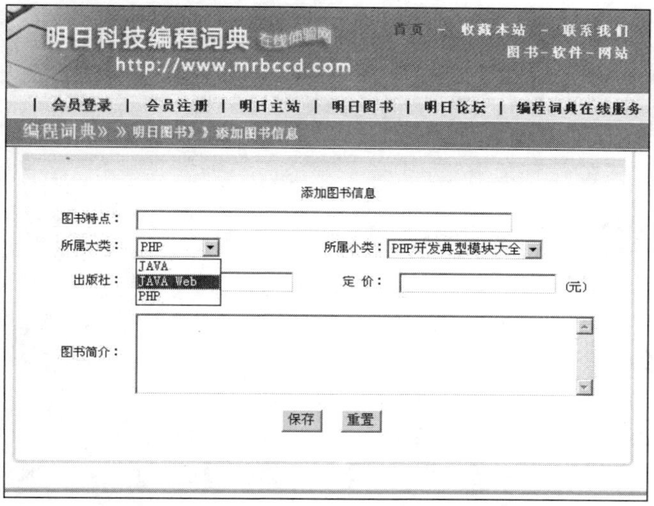

图 13.4　Ajax 实现无刷新级联下拉列表

5. Ajax 读取 HTML 文件　▷①②③④⑤⑥

通过 XMLHttpRequest 对象也可以无刷新读取 HTML 文件。运行代码，单击“读取 HTML 文件”超链接，将输出如图 13.5 所示的页面。

图 13.5　读取 HTML 文件

6. Ajax 查询图书信息　▷①②③④⑤⑥

本实例使用 Ajax 技术查询图书管理系统中的图书信息。在浏览器中运行 index.php 文件将输出查询文本框，输入要查询的图书名称后单击“查询”按钮即可将查询结果显示在页面中，运行结果如图 13.6 所示。

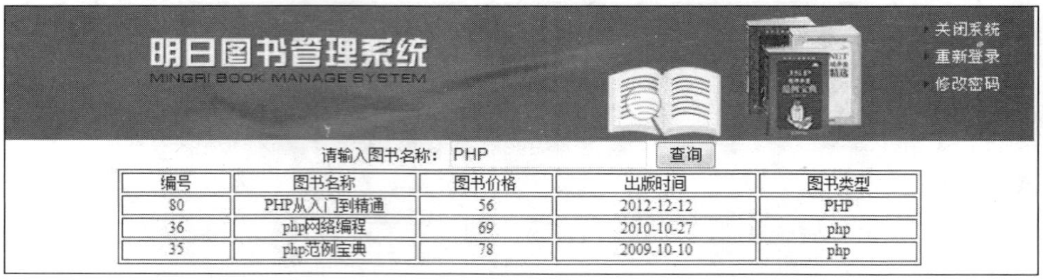

图 13.6　查询图书信息

7. Ajax 无刷新分页　▷①②③④⑤⑥

所谓无刷新分页，是指翻页过程中不重新加载页面，只在当前页面中完成翻页操作。无刷新分页最常用的地方是在聊天室、播客以及在线视频。例如，观看视频时，如果未使用无刷新分页，那么执行翻页操作后，视频文件将会被重新打开。

在播放 flv 文件的同时执行无刷新翻页操作，运行结果如图 13.7 所示。

图 13.7　Ajax 无刷新分页

8. Ajax 实现博客文章类别添加　▷①②③④⑤⑥

传统方式中，通过 POST 方法提交表单中的数据，页面需要刷新，而使用 Ajax 技术通过 POST 方法提交数据，不需要刷新页面即可实现与服务器的交互，这样可以有效减少刷新页面的等待时间。本实例将实现使用 Ajax 技术通过 POST 方法添加文章类别。运行本实例，结果如图 13.8 所示，在“请输入博客类别”和“发布人”文本框中填写相关信息后，单击“保存”按钮即可将类别信息保存到数据库中，单击“保存”按钮时可以发现没有刷新页面就弹出类别添加成功对话框。这时手工刷新页面可以在图中左侧导航栏中查看到新添加的类别名称。

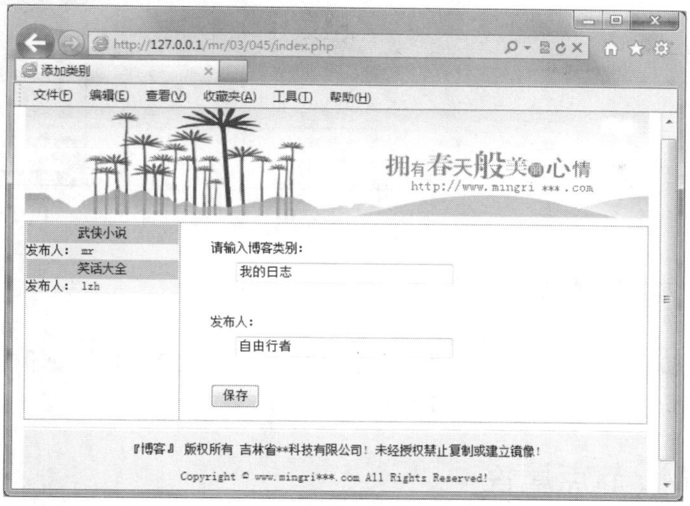

图 13.8　保存博客类别信息

训练二：实战能力强化训练

9．Ajax 实现用户登录　▷①②③④⑤⑥

用户登录功能，其原理是在客户端通过表单提交用户名和密码，将数据提交到服务器中，在服务器中完成对提交用户名和密码的验证，从而判断这个用户是否可以登录。这是该功能实现的基本原理，但是如果通过 Ajax 技术来实现该功能，那么就不需要刷新页面，或者说不需要重新加载程序，就可以完成用户名和密码的验证，从而减少了刷新页面的等待时间。本实例将应用 Ajax 技术实现一个用户登录的功能，运行结果如图 13.9 所示。

10．Ajax 无刷新倒计时　▷①②③④⑤⑥

在网页中实现倒计时非常普遍，其原理很简单，就是用指定日期的时间戳减去当前的时间戳，得到的就是距离目标日期的期限。但是当倒计时的时间以分秒进行计算时，这个问题似乎就变得有点意思了，因为我们毕竟不能通过手动来不停刷新网页，达到刷新倒计时时间的目的，那么就必须实现倒计时时间的无刷新输出。本实例就来实现 Ajax 无刷新倒计时，当两个时间戳的差值为 0 时提示“时间到”，运行结果如图 13.10 所示。

11．Ajax 无刷新显示聊天信息　▷①②③④⑤⑥

聊天室拉近了人与人之间的距离，是人与人之间交流的另一个平台，一直倍受网民的青睐。本实例中的聊天功能应用 Ajax 技术实现，在发送聊天信息时，直接按 Enter 键实现信息的快速发送，无刷新聊天室运行结果如图 13.11 所示。

图 13.9　Ajax 实现用户登录

图 13.10　无刷新倒计时

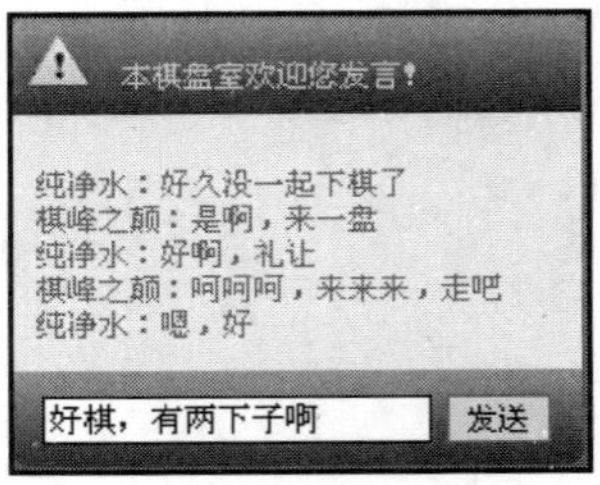

图 13.11　无刷新聊天

12．Ajax 无刷新读取 XML 文件　▷①②③④⑤⑥

通过 Ajax 可以实现对 XML 文件的无刷新读取。单击“读取 XML”按钮即可对 XML 文件中的内容进行读取，并显示在页面中，运行结果如图 13.12 所示。

13．Ajax 读取 XML 节点属性　▷①②③④⑤⑥

本实例通过 Ajax 技术无刷新读取 XML 文件中节点的属性，运行本实例，单击“读取 XML 节点属性”按钮，可以看到 XML 文件节点的属性被显示在页面当中，运行结果如图 13.13 所示。

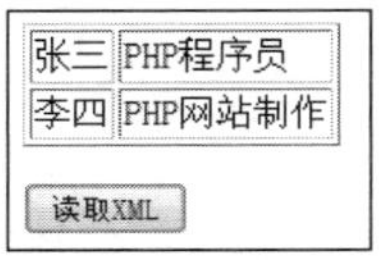

图 13.12　Ajax 读取 XML 文件

图 13.13　读取 XML 节点属性

14．Ajax 无刷新获取用户的个人信息　▷①②③④⑤⑥

本实例使用 Ajax 技术将用户输入的个人信息添加到数据库中，然后在页面中无刷新获取用户刚刚添加的个人信息。运行本实例，在表单中输入用户的个人信息，然后单击“提交”按钮查看运行结果，如图 13.14 所示。

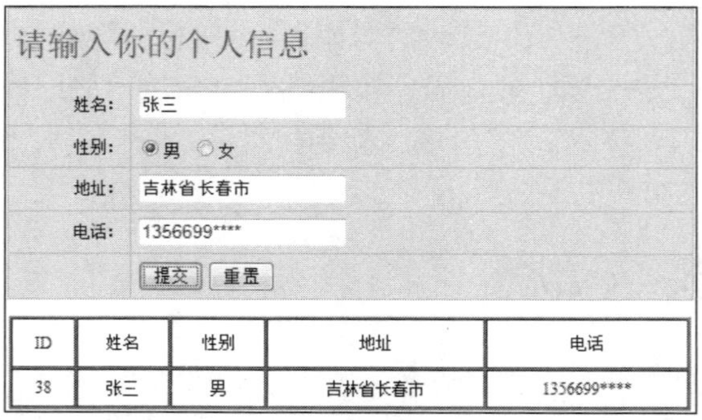

图 13.14　无刷新获取用户的个人信息

15. Ajax 无刷新获取指定信息　▷①②③④⑤⑥

本实例实现应用 Ajax 技术将指定的图书信息显示在页面当中。运行本实例，在页面中会输出一个图书下拉列表，当单击某个图书名称时，该图书的详细信息会显示在页面当中，运行结果如图 13.15 所示。

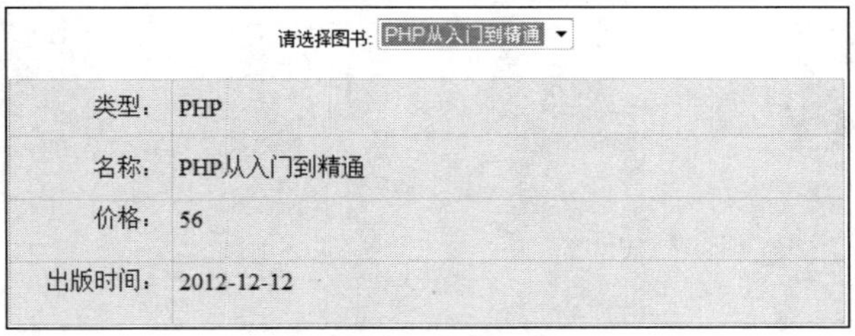

图 13.15　获取指定图书信息

答 案 提 示

第 1 章 基本功训练

第 1 章 实战强化训练

第 2 章 基本功训练

第 2 章 实战强化训练

第 3 章 基本功训练

第 3 章 实战强化训练

第 4 章 基本功训练

第 4 章 实战强化训练

第 5 章 基本功训练

第 5 章 实战强化训练

第 6 章 基本功训练

第 6 章 实战强化训练

第 7 章 基本功训练

第 7 章 实战强化训练

第 8 章 基本功训练

第 8 章 实战强化训练

第 9 章 基本功训练

第 9 章 实战强化训练

第 10 章 基本功训练

第 10 章 实战强化训练

第 11 章 基本功训练

第 11 章 实战强化训练

第 12 章 基本功训练

第 12 章 实战强化训练

第 13 章 基本功训练

第 13 章 实战强化训练